MXene 材料：制备、性质与储能应用

徐 斌 著

科学出版社

北 京

内 容 简 介

MXene 材料发现于 2011 年，是继石墨烯之后最受关注的二维纳米材料之一，近年来发展迅速，已成为材料、能源、催化、环保、传感等诸多领域研究的前沿热点。本书系统地介绍了 MXene 材料的各种刻蚀和剥离方法，分析了 MXene 材料的组成、结构及其在电、磁、光、热、机械等方面的基本性质，重点梳理了 MXene 材料在超级电容器、锂/钠/钾离子电池、锂硫电池和水系锌离子电池等先进电化学储能体系中的应用方式和性能特点，并探讨了 MXene 材料作为多功能导电黏结剂在电极成型中的应用。本书汇集了国内外研究者在 MXene 材料及其电化学储能领域的最新研究成果，并结合作者的研究对其发展方向和趋势进行了分析和展望。全书共 8 章，包括 MXene 材料概述、MXene 材料的制备、MXene 材料的结构与性质、MXene 在超级电容器中的应用、MXene 在碱金属离子电池中的应用、MXene 在锂硫电池中的应用、MXene 在水系锌离子电池中的应用和 MXene 多功能导电黏结剂在电极成型中的应用。

本书深入浅出，适合从事纳米材料和储能技术研发的科研人员和企业技术人员阅读和参考，也可作为高等院校相关专业的教材和参考书目。

图书在版编目（CIP）数据

MXene 材料：制备、性质与储能应用/徐斌著. —北京：科学出版社，2022.6

ISBN 978-7-03-072067-2

Ⅰ.①M… Ⅱ.①徐… Ⅲ.①纳米材料–研究 Ⅳ.①TB383

中国版本图书馆 CIP 数据核字（2022）第 059074 号

责任编辑：张淑晓 孙 曼 / 责任校对：杜子昂
责任印制：吴兆东 / 封面设计：东方人华

科 学 出 版 社 出版
北京东黄城根北街 16 号
邮政编码：100717
http://www.sciencep.com

北京中科印刷有限公司 印刷
科学出版社发行 各地新华书店经销

*

2022 年 6 月第 一 版 开本：720×1000 1/16
2023 年 3 月第三次印刷 印张：22 3/4
字数：456 000

定价：168.00 元
（如有印装质量问题，我社负责调换）

作者介绍

徐　斌　北京化工大学教授、博士生导师，中国超级电容产业联盟副秘书长、材料电化学过程与技术北京市重点实验室副主任、*Nano-Micro Letters* 编委，曾任国家 863 计划项目首席专家、第二届国际二维过渡金属碳化物（MXenes）学术研讨会大会主席。2006 年博士毕业于北京理工大学（导师吴锋教授），2016～2017 年在美国德雷塞尔大学访学。主要从事先进化学电源、碳基和二维 MXene 基能源材料的研究与开发。在 *Advanced Materials*、*Advanced Energy Materials*、*Advanced Functional Materials* 等国际重要学术期刊发表论文 130 余篇；以第一发明人申请国家发明专利 40 余件，已获授权 22 件；获省部级科技进步奖二等奖 2 项和全国优秀博士学位论文提名。

序

材料是人类文明的里程碑，是现代工业发展的基础和先导。纳米材料的出现，为高新技术的发展开辟了新的空间。从纳米尺度上调控和扩展材料的性能，已成为当前新材料领域研究的重要方向。

二维纳米材料的横向尺寸较大，而纵向仅为一个到几个原子层的厚度，是纳米材料领域中令人瞩目的一类，独有的尺寸特征使它们表现出新的光学、电学、磁学和热学等性质。2004年石墨烯的发现掀起了二维纳米材料研究的热潮，之后一些新型的二维纳米材料不断涌现，时至今日二维纳米材料的研究方兴未艾。2011年由美国德雷塞尔大学的科学家发现的二维过渡金属碳/氮化物(MXene)，无疑是继石墨烯之后二维纳米材料中又一颗耀眼的明星。MXene材料组成多样，性能可调，在储能、催化、环保、生物医学等诸多领域展现出广阔的应用前景，已成为国际研究的前沿热点。

随着科技的进步和人类社会的发展，能源和环境问题日益凸显。推进能源结构调整、大力发展电动汽车和可再生能源是我国能源产业发展的既定方针。2020年9月我国明确提出"碳达峰"与"碳中和"的"双碳"目标，在兼顾经济发展的同时实现能源的绿色转型。高效的储能技术是发展电动汽车、可再生能源和新型电力系统的关键技术支撑，国家发展和改革委员会与国家能源局联合印发的《"十四五"新型储能发展实施方案》提出，到2025年，新型储能由商业化初期步入规模化发展阶段，到2030年，新型储能全面市场化发展，全面支撑能源领域碳达峰目标如期实现。电动汽车和规模储能的发展，迫切需要先进的动力和储能电池来支撑。各种先进的电化学储能体系，如高比能高功率的锂离子电池、下一代超高比能的锂硫电池和锂空气电池、高功率的超级电容器、资源广泛的钠/钾离子电池、高安全性的水系电池等，受到国内外研究者的高度关注。在各种电化学储能器件中，电极材料均处于关键地位，新型电极材料的研发也一直是动力和储能电池领域最为活跃的研究方向。

新型二维MXene材料的出现为高性能电极材料的研究开辟了新的广阔空间。MXene独特的二维层状结构、类金属的导电性、可调控的表面端基和高的密度，使其成为一种很有前景的电化学储能材料，广泛应用于各种电化学储能体系。MXene可直接用作超级电容器和碱金属离子电池的负极，基于插层赝电容储能的特性使其具有优异的倍率性能。特别是利用MXene独特的二维形貌和高的导电性，将各种高容量的电极材料与 MXene 复合，可以提高复合材料的导电性、改善其结构稳定性，从而获得兼具高容量、长寿命和高倍率性能的复合电极材料。同时，MXene 二维纳米片良好的柔性和机械性能，使其在柔性储能器件中也很有应用优势。

徐斌教授是 MXene 材料研究领域的国际知名学者，多年来专注于 MXene 材料及其储能应用研究，在 MXene 材料的结构调控、复合电极材料制备与储能性能研究，特别是在原创的 MXene 导电黏结剂用于柔性电极构筑等方面取得一系列创新成果。《MXene 材料：制备、性质与储能应用》一书全面介绍了 MXene 材料的结构、性质和制备方法，特别是详细阐述了 MXene 材料在超级电容器、碱金属离子电池、锂硫电池、水系锌离子电池等各种先进化学电源中的优势、应用方式和性能特点。该书反映了 MXene 材料及其在储能领域应用的最新研究进展，并对该领域的未来发展方向进行了展望。希望该书能够促进国内相关科研工作者和广大研究生对 MXene 材料的理解，推动我国科技界在 MXene 材料及其储能应用领域取得更加丰硕的成果。

2022 年 4 月

前　言

二维过渡金属碳化物、氮化物或碳氮化物，即 MXene 材料，是由层状陶瓷材料 MAX 相刻蚀去除 A 元素后得到的一类新型二维纳米材料。此命名既体现出该材料来源于 MAX 相，又突出其具有类石墨烯(graphene)的二维片层结构的特征。MXene 的化学式可表示为 $M_{n+1}X_nT_x$，其中 M 代表前过渡金属元素(Sc、Ti、V、Cr、Zr、Nb、Mo 等)，X 代表 C 或/和 N 元素，T 代表表面端基(—O、—OH、—F 等)。由于 MAX 相组成和结构的多样性，由其衍生的 MXene 材料也成为二维材料中最为庞大的一个家族，理论预测有 100 多种，目前已合成的有 40 多种。自 2011 年由美国德雷塞尔大学的研究者们首次报道以来，MXene 材料发展至今只有十年多时间，但组成和结构的多样性赋予了 MXene 材料丰富可调的电、磁、光、热和机械等性能，使其得到了国内外不同领域研究者们的广泛关注，并成为继石墨烯之后二维纳米材料领域一颗冉冉升起的新星。近年来，MXene 材料相关的研究论文呈现指数增长，2021 年的论文发表数已超 2200 篇，其研究方向也几乎涵盖了能源、催化、吸附分离、传感探测、电磁屏蔽、生物医用、气体存储等所有前沿领域。

MXene 独特的二维层状结构、高的密度、类金属的导电性、可调控的表面端基、优异的机械性能以及赝电容的储能机理，使其成为一种非常有前景的电化学储能材料，在超级电容器、锂/钠/钾离子电池、锂硫电池、水系锌离子电池等诸多先进储能器件中都有独特的应用优势。MXene 作为活性材料应用于超级电容器表现出超高的体积比电容，用于锂/钠/钾离子电池负极具有优异的倍率性能，用于锂硫电池可显著改善其循环性能。此外，MXene 易于制备成柔性一体化膜电极，应用于柔性可穿戴储能器件中也展现出独特的优势。特别是，以 MXene 为基底，将金属化合物、合金、导电聚合物等各种高比容量的活性物质负载于 MXene 纳米片上，可制备出电化学性能优异的 MXene 基复合电极材料。其中，MXene 类金属的导电性可以保证电极中电子的快速传输，提高电极的倍率特性；将活性物质均匀负载在 MXene 片层上，可以有效缓解纳米材料团聚和充放电过程中体积膨胀的问题，提高电极材料的结构稳定性，改善循环性能。因此，MXene 材料成为当前能源材料领域研究的前沿热点，其论文数量占据 MXene 总发表论文数的半壁江山。

北京化工大学先进化学电源与能源材料课题组是国内较早从事 MXene 材料

研究的团队，自 2015 年以来一直致力于 MXene 材料的电化学储能应用研究，2020 年获批国家自然科学基金委员会在 MXene 材料领域资助的第一个重点项目——河南联合基金重点项目"MXene 基异质结构储能材料"。团队在 MXene 及其复合材料的制备、结构调控及在各种储能体系（超级电容器、锂/钠/钾离子电池、锂硫电池、水系锌离子电池等）的应用方面开展了大量的研究工作，首创了以 MXene 为多功能导电黏结剂的电极成型新方法，相关成果在 *Advanced Materials*、*Advanced Functional Materials*、*Energy Storage Materials* 等期刊发表学术论文 30 余篇，获授权国家发明专利 9 件。2019 年 5 月，著者和 Yury Gogotsi 教授共同担任大会主席，在北京化工大学成功主办了第二届国际二维过渡金属碳化物学术研讨会（2nd International Conference on MXenes），来自中国、美国、法国、英国、日本、韩国等 14 个国家的 90 余家高等院校、科研院所和企业代表共 450 余人出席了本次会议。著者和 Yury Gogotsi 教授还作为客座编辑应邀为《先进功能材料》（*Advanced Functional Materials*）和《中国化学快报》（*Chinese Chemical Letters*）各组织了一期 MXene 材料研究专辑，扩大了 MXene 材料领域的国际交流与合作，提升了中国在这一领域的国际影响力。

我国在 MXene 材料领域无论是在研究的广度还是深度方面都处于国际前列。据不完全统计，我国目前开展 MXene 材料相关研究工作的高等院校和科研院所已有 200 家以上，一些企业也已经开始推动 MXene 材料的商业化。面对不断涌入这一研究领域的研究学者和青年学子，急需一部关于 MXene 材料及其在储能领域应用的专著以帮助他们获得系统性、前沿性的专业知识和理论，取得更富创新和更有深度的研究成果。为此，著者撰写了这部关于 MXene 材料的制备、性质及其储能应用的专业书籍，在系统介绍 MXene 材料的制备方法、组成和结构特点与基本性质的基础上，深入阐述了 MXene 材料在超级电容器、锂/钠/钾离子电池、锂硫电池和水系锌离子电池等先进电化学储能体系中的应用方式、性能特点和储能机制，集中探讨相关的基础科学问题，并对其下一步的发展方向和趋势进行了分析和展望。全书共 8 章，包括 MXene 材料概述、MXene 材料的制备、MXene 材料的结构与性质、MXene 在超级电容器中的应用、MXene 在碱金属离子电池中的应用、MXene 在锂硫电池中的应用、MXene 在水系锌离子电池中的应用和 MXene 多功能导电黏结剂在电极成型中的应用。在本书的撰写过程中，著者团队的青年教师和研究生们做了大量的文献搜集、图表绘制、数据整理等工作，他们是：朱奇珍、张鹏、孙宁、魏怡、赵倩、刘欢、张然、陈俊佑、欧延超、曹斌、李延泽、臧碧莹、谈佳仪、贡淑雅、李伟丽、李雪、王皓等，在此，对他们的辛勤工作表示诚挚的感谢！非常感谢吉林大学魏英进老师等在本书校稿过程中给予的支持和帮助。由衷感谢我的博士生导师、中国工程院院士吴锋教授在百忙之中为本书作序。感谢国家自然科学基金联合基金重点项目、面上项目和青年科学基金项目

（U2004212、51572011 和 51802012）等对相关研究工作的资助和大力支持。特别感谢科学出版社张淑晓编辑在本书出版过程中给予的大力帮助。

　　MXene 材料组成、结构和性质多样、应用广泛，同时 MXene 材料正处于快速蓬勃发展的时期，各种新理论、新方法和新材料正在不断涌现，加之著者水平有限，书中可能存在疏漏和不妥之处，敬请专家和广大读者批评指正。

徐　斌

2022 年 1 月

目　录

第1章

MXene 材料概述

1.1 MXene 材料简介

2004 年，英国曼彻斯特大学物理学家 Andre Geim 与其同事 Konstantin Novoselov 首次从高定向热解石墨中成功分离出单层石墨片——石墨烯，用事实证明二维材料可在常温常压下稳定存在。可以说，石墨烯的发现敲开了二维材料世界的大门[1, 2]。二维材料的超薄原子层结构和超大横纵尺寸比赋予了其在电学、磁学、力学、热学、光学、催化等方面的许多优异可调的特性[3, 4]，使其迅速成为一类极其重要的材料体系。围绕二维材料的研究工作也成为纳米材料研究中的重要组成部分。继石墨烯之后，层状双金属氢氧化物(LDH)、过渡金属硫族化合物 (MoS_2、$MoSe_2$、$MoTe_2$、WS_2、WSe_2、ReS_2、TaS_2 等)、石墨相氮化碳($g\text{-}C_3N_4$)、六方氮化硼(h-BN)、石墨炔、磷烯、金属有机框架(MOF)材料、共价有机框架(COF)材料等一系列具有二维结构的物质陆续被发现[5, 6]，二维材料家族成员得到迅速扩大。

2011 年，美国德雷塞尔大学 Yury Gogotsi 教授和 Michel W. Barsoum 教授等报道了一种从三元层状陶瓷 MAX 相中选择性刻蚀去除 A 层原子得到的新型二维材料，也就是现在被称为 "MXene" 的材料[7]。第一个被刻蚀出来的 MXene 种类是 $Ti_3C_2T_x$，随着研究的进行，MXene 已经成为二维过渡金属碳化物、氮化物和碳氮化物这一类材料的总称[8, 9]。在二维材料的大家族中，MXene 以其组成的多样性、性能的可调性和应用的广泛性，成为继石墨烯之后二维材料家族中一颗冉冉升起的新星，是当前国内外研究的热点，并得到了能源、催化、吸附分离、传感探测、电磁屏蔽等诸多领域研究人员的广泛关注。图 1-1 为在 Web of Science 以 "MXene" 为关键词检索的有关 MXene 的学术论文年发表数量趋势图。可以看出，有关 MXene 材料的论文年发表量近年来急剧攀升，2021 年的论文发表数量已超 2200 篇，几乎是 2019 年的 3 倍，可见 MXene 材料正在受到越来越多的研究者的青睐。

谈及 MXene 材料，就不得不先了解其前驱体 MAX 相。MAX 相是一类分子式为 $M_{n+1}AX_n$ 的三元层状化合物[8, 10]，其中 M 代表前过渡金属元素(Sc、Ti、V、

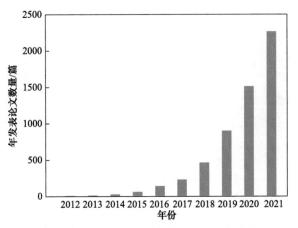

图 1-1   MXene 材料年发表论文数量趋势图

Cr、Zr、Nb、Mo 等），A 主要是ⅢA～ⅥA 族元素（Al、Si、Ga 等），X 代表碳或/和氮元素。根据 n 值的变化，MAX 相主要可分为 211 相（M_2AX）、312 相（M_3AX_2）、413 相（M_4AX_3）和 514 相（M_5AX_4）。MAX 相的晶体结构可以看作由 $M_{n+1}X_n$ 层与 A 原子层交替排列而成[11, 12]，呈现出典型的层状材料特征。二维材料研究的兴起也让研究者们从 MAX 相的层状结构中看到了由其获得二维纳米片层的可能。由于石墨的层与层之间是依靠较弱的范德瓦耳斯力维系的，因此通过剥离石墨可以得到二维石墨烯纳米片，但 MAX 相的相邻层由共价键或金属键键合在一起，层间作用力相对较强，因此无法通过机械剥离法得到二维材料。

MXene 材料的发现，源于对 MAX 相储锂性能的探索。Yury Gogotsi 教授认为具有硅层且导电性良好的 MAX 相 Ti_3SiC_2 可能是一种优异的锂离子电池负极材料，并对该材料展开了研究。但与石墨层间由较弱的范德瓦耳斯力相连不同，MAX 相层间由共价键或金属键连接，结合紧密，这使得锂离子在其层间的脱嵌很困难，嵌锂容量也很小。为了在 MAX 相中引入孔隙来为锂离子的嵌入提供通道，Yury Gogotsi 教授和合作者们尝试了一系列可能的刻蚀剂，包括氟气、氟化氢气体和一些熔融盐，但结果并不理想，只是得到了一些立方相结构。

直到 2011 年，Yury Gogotsi 教授和 Michel W. Barsoum 教授的学生 Michael Naguib 把另一种 MAX 相材料——Ti_3AlC_2 放进氢氟酸中，才为二维材料世界推开了一扇新的大门。MAX 相中间层的 Al 原子被氢氟酸溶解掉，剩下了层状的 Ti_3C_2，这种材料能稳定存在并具有金属性[7]。Gogotsi 教授等将这种新型二维层状材料命名为 MXene，既体现出其来源于 MAX 相，又突出其具有类石墨烯二维片层结构的特征。

进一步的研究发现，A 原子层的刻蚀伴随着多种端基与 M 层原子的结合，即 MXene 表面带有丰富的表面端基，这些端基的种类与刻蚀环境有关，如在最早用氢氟酸溶液刻蚀 Ti_3AlC_2 得到的 Ti_3C_2 表面，具有—OH、—O 和—F 三种端基，化学式为 $Ti_3C_2T_x$（T=—OH、—O、—F）。在 $Ti_3C_2T_x$ 被发现后，以氢氟酸为刻蚀剂相继实现了多种 A 层原子为 Al 的 MAX 相的刻蚀，制得了相应的 MXene 材料[13]。由于 MXene 的原子结构和化学计量与对应的 MAX 相前驱体一致，因此 MXene 的化学式可表示为 $M_{n+1}X_nT_x$。随着对刻蚀方法研究的不断深入，可刻蚀的 MAX 相种类也不断扩大，带动了二维 MXene 材料家族不断发展壮大。一些特殊的 MAX 相结构，如面外有序 MAX 相（o-MAX）[14, 15]和面内有序 MAX 相（i-MAX）[16, 17]、中熵[18]和高熵 MAX 相[19, 20]以及非 MAX 相[21, 22]，都被报道可用作前驱体来刻蚀制备相应的 MXene 材料。前驱体范围的扩展不仅可以降低一些高形成能 MXene 的合成难度，还能够得到特殊结构的 MXene。例如，i-MAX 相作为前驱体时，能获得面内有序空位 MXene[23, 24]；高熵 MAX 相作为前驱体时，能获得晶格畸变的 MXene。这些特殊结构也给 MXene 的应用开辟了更广阔的空间。图 1-2 为目前理论预测或实际获得的 MXene 的种类与结构示意图[25]。

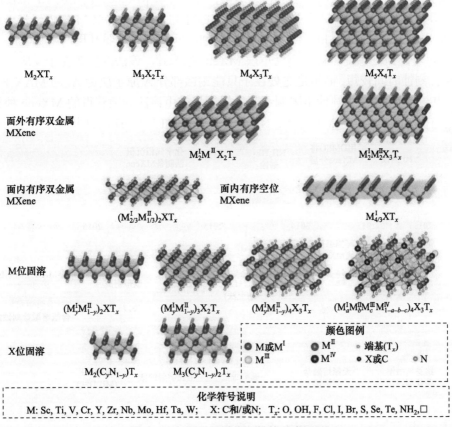

图 1-2　MXene 的种类与结构示意图[25]

1.2　MXene 材料的制备方法

　　尽管 MAX 相种类繁多，理论预测有 100 余种，但并非所有 MAX 相都能用氢氟酸或其他刻蚀剂刻蚀，因此实际获得的 MXene 种类数量远少于理论预测值。截至 2021 年，通过实验制备出的 MXene 材料已有 40 余种[25]。"自上而下"合成是制备 MXene 的主流路线，图 1-3 为 MXene 制备方法的发展时间轴[26]。从前驱体 MAX 相到获得 MXene 纳米片一般需要经历从 MAX 相刻蚀去除 A 原子层和对多片层 MXene 进行插层剥离两个步骤。大多数刻蚀方法都离不开 F⁻ 的存在，最早被报道的刻蚀法就是 HF 刻蚀法，可用于刻蚀大多数 A 原子层为 Al 的 MAX相。其原理为 HF 中的 F⁻ 与 Al 原子反应生成 AlF_3，从而使 M—Al 键断开，Al 原子层被选择性刻蚀除去，而 M—X 层则不受影响。刻蚀过程中伴随着 H_2 的生成和逸出，MAX 相的层状块体结构逐渐转变为由大量二维 MXene 片层通过范德瓦耳斯力堆叠而成的蓬松的"手风琴"结构，即多片层 MXene。使用的 HF 浓度越高，反应越剧烈，"手风琴"形貌越显著。HF 刻蚀所得的多片层 MXene 经过二甲基亚砜(dimethyl sulfoxide, DMSO)等插层剂的插层可以减弱其层间范德瓦耳斯力，再经超声处理即可被剥离为单层 MXene 纳米片。该法的优势在于反应温度较低、刻蚀时间较短，而不足之处在于只能刻蚀部分 A 原子层为 Al 的 MAX 相，且 HF 的毒性和高腐蚀性也限制了其发展。目前由该法刻蚀获得的 MXene 种类主要有 $Ti_3C_2T_x$[27-30]、V_2CT_x[31]、Nb_2CT_x[31]、$Ta_4C_3T_x$[13]、Ti_3CNT_x[13]等。

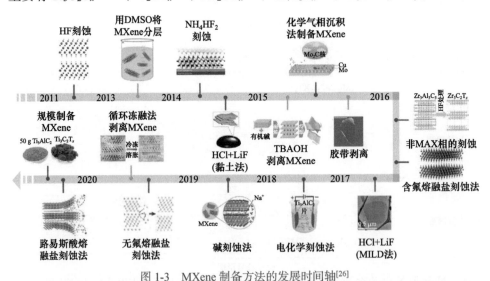

图 1-3　MXene 制备方法的发展时间轴[26]

　　由于 HF 的强腐蚀性、高危险性和非环境友好性，发展其他刻蚀方法成为研究者们的必然选择。原位形成 HF 刻蚀法是一种改进的刻蚀方法,将含氟盐(LiF、NaF、KF 等)和酸(HCl、H_2SO_4 等)混合作为刻蚀剂,避免了高腐蚀性 HF 的直接使用,更重要的是,该法中的 LiF/HCl 刻蚀体系能够在刻蚀后直接通过手摇法或温和的超声处理将手风琴状 MXene 剥离为单层 MXene 纳米片。由于无需额外的插层步骤,MXene 纳米片的制备流程大大简化,该法成为目前应用最为广泛的刻蚀方法。但是,与 HF 刻蚀法类似,原位形成 HF 刻蚀法的适用范围也局限于 A 原子层为 Al 原子的 MAX 相。目前由该法刻蚀制备获得的 MXene 主要有 Ti_2CT_x[32-34]、$Ti_3C_2T_x$[33, 35-37]、Ti_2NT_x[38]、Ti_3CNT_x[39]、Mo_2CT_x[40]和 V_2CT_x[41]等。

在进一步向无氟化刻蚀发展的过程中,碱刻蚀法和电化学刻蚀法也相继被报道[42-45]。碱刻蚀法可以获得表面只有含氧端基、无卤素端基的 MXene,但浓碱和高温条件使操作不便,具有危险性。目前利用碱刻蚀法得到的MXene只有 $Ti_3C_2T_x$。电化学刻蚀法是在双电极或三电极体系中,将待刻蚀的 MAX 相块体作为工作电极,利用阳极氧化过程将其刻蚀[46-48]。该法的优势是绿色、安全,但产率较低,且生成的副产物碳化物衍生碳难以与产物分离。目前报道的可由电化学刻蚀法获得的 MXene 有 $Ti_3C_2T_x$、Ti_2CT_x、V_2CT_x 和 Cr_2CT_x 等。

有别于上述液相刻蚀法,熔融盐刻蚀法一般具有更强的刻蚀能力。2020 年报道的路易斯酸熔融盐刻蚀法,对不同的 MAX 相具有较好的普适性,且无须使用含氟刻蚀剂[49]。该法基于氧化还原电位的机理,利用较高氧化还原电位的路易斯酸盐在熔融态下对具有较低氧化还原电位的 A 层原子进行刻蚀,因此该法对 A 层原子为 Al、Ga、Si、Zn 等的 MAX 相都有效。更为重要的是,该法可以通过改变路易斯酸盐的种类来改变 MXene 的表面端基,为研究人员自由调控 MXene 的表面端基提供了可能[50]。

除了发展新的刻蚀方法外,拓展前驱体的种类也是一个重要的思路。MAX 相的种类在近年来不断扩大,除了经典的 $M_{n+1}AX_n$ 外,还发展出了多种新型 MAX 相。这些新型 MAX 相的特点是包含不止一种 M 元素,由两种或多种 M 元素呈现层间有序排列(面外有序 MAX 相,即 o-MAX 相)[14, 15]、层内有序排列(面内有序 MAX 相,即 i-MAX 相)[16, 17]或者无规则排列(固溶体 MAX 相)[19, 20]。对这些新型 MAX 相的成功刻蚀,使可合成的 MXene 种类也随之增加,如 o-MXene、i-MXene、高熵 MXene 等。这些新型 MXene 的出现也为 MXene 材料的性能调控提供了更大的空间,如 i-MXene 相面内通常具有有序的空位,高熵 MXene 常常伴随着晶格畸变。此外,一些非 MAX 相结构[$Hf_3(AlSi)_4C_6$、Mo_2Ga_2C 等][21, 22]也被用作前驱体,通过选择性刻蚀中间层得到 MXene。非 MAX 相的使用可以扩大刻蚀剂的使用范围,如 HF 无法刻蚀中间层非 Al 的 MAX 相,但却可以刻蚀掉 $Hf_3(AlSi)_4C_6$ 的[Al(Si)]-C 亚层,得到 $Hf_3C_2T_x$。

由于多数刻蚀方法制备的 MXene 材料均为多片层的手风琴状结构,要得到单片层的 MXene 纳米片还需要对制备的多片层 MXene 进行插层剥离处理。DMSO 是首个被发现可以插入 MXene 层间实现其片层剥离的插层剂[51]，但 DMSO 只适用于对 $Ti_3C_2T_x$ 的插层剥离。四丁基氢氧化铵（TBAOH）、四甲基氢氧化铵（TMAOH）等大分子有机碱是普适性更强的插层剂[52, 53]。目前对插层剂的研究多集中于对液相刻蚀法制备的多片层 MXene 进行剥离，对熔融盐刻蚀法获得的多片层 MXene 进行插层剥离的报道还较少。Patrice Simon 等[54]采用 TBAOH 和 TMAOH 对熔融 $CuCl_2$ 刻蚀出的 $Ti_3C_2T_x$ 进行了剥离，剥离后的 MXene 纳米片可以稳定地分散在水溶液中，但受限于熔融盐法产物较差的亲水性，剥离后的 MXene 经抽滤制得的 MXene 膜柔性较差，容易破碎。

采用"自下而上"的方法制备 MXene 也有报道，如采用化学气相沉积（CVD）法[55]、离子溅射法[56]等。这类方法的优势在于能够得到缺陷少、无表面端基的单层 MXene，但因存在产率低、对设备要求高等问题，目前研究相对较少。

1.3   MXene 材料的性质

（1）导电性。MXene 材料大多具有优异的导电性。第一个被报道的 MXene 材料——$Ti_3C_2T_x$ 就具有类金属的导电性，更为特别的是，$Ti_3C_2T_x$ 在具有高导电性的同时还兼具亲水性，适用于更多应用场景。根据前驱体品质和制备方法的不同，MXene 材料的电导率最高可达 24000 S/cm[57]。进一步利用密度泛函理论对各类 MXene 进行电学性能研究时发现，由于 M 层原子的费米能级附近态密度较大，理论上无表面端基的 MXene 都具有金属性[58]，但由于实际制备过程无法避免表面端基的引入，MXene 的导电性会受到不同程度的影响。Ti_3C_2、Zr_3C_2、Nb_4C_3 等的导电性受表面端基的影响较少，表面结合不同的端基均能表现出金属性，而 Ti_2C、Zr_2C、Hf_2C 等 MXene 与氧端基结合后则会由导体转变为半导体性质。在实际制备过程中，产物的缺陷浓度、尺寸大小也会对 MXene 的电导率造成影响。一般缺陷浓度低、尺寸大的 MXene 纳米片具有更高的电导率。因此，通过对刻蚀条件的优化也能对电导率进行调控。

（2）磁学性质。除了导电性外，MXene 的磁学性质也备受关注。MXene 的磁性来源为 M 层的过渡金属原子。根据理论计算，表面无端基的 MXene 均具有一定的磁性[59]。但与导电性类似，表面端基的存在会对磁性产生影响[58]。如研究最为广泛的 $Ti_3C_2T_x$ MXene 就由于表面端基的存在失去了原有的磁性。而对于一些 MXene 来说，磁性的变化更多样，如 Cr_2C 在无表面端基时为铁磁性半金属，表面引入—F、—OH 等端基后则转变为反铁磁性半导体。除了表面端基外，通过掺杂、空位等方式也可以对 MXene 的磁性进行调控。MXene 在磁学性质上的多样性使其在自旋电子器件、磁性纳米器件等领域具有广阔的应用空间。

（3）分散性。对于二维纳米材料，在不同溶剂中的分散性是其重要性能指标之一。研究表明，MXene 在水和多种有机溶剂中具有良好的分散性。MXene 的分散性与其表面端基类型紧密相关，一般来说，具有—OH、—O 端基的单片层 MXene 表现出更优异的分散性。如对于去离子水溶剂来说，采用液相刻蚀法制备和剥离的 MXene 纳米片，一般都具有亲水性，且由于表面端基的负电性，MXene 纳米片可在水中形成稳定的胶体分散液。该性质使得 MXene 材料可作为油墨应用于印刷领域，也可以很方便地将其在水溶液中与其他物质通过各种原位或非原位的方式进行复合。MXene 在一些有机溶剂中也具有良好的分散性，如图 1-4 所示[60]，用 HF 刻蚀所得的 $Ti_3C_2T_x$ MXene 可在乙醇、二甲基亚砜（DMSO）、二甲基甲酰胺（DMF）、N-甲基吡咯烷酮（NMP）、碳酸丙烯酯（PC）等有机溶剂中稳定分散 96 h 以上；而在丙酮、乙腈中分散稳定性稍弱，在 96 h 后有沉降现象；在二氯苯（DCB）、甲苯、正己烷中分散性较差。由于 MXene 在水溶液中易被氧化，采用置换溶剂的方式将 MXene 分散在有机溶剂中进行储存，可以显著延长 MXene 的储存寿命。

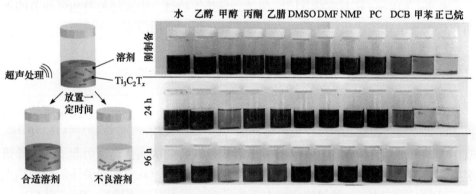

图 1-4　50 wt% HF 刻蚀所得 MXene 在各种溶剂中的分散性对比[60]

（4）机械性能。由于 MXene 的单层结构中存在结合强度高的 M—C 键或/和 M—N 键[61]，MXene 还具有良好的机械性能。Gogotsi 等[62]对 Ti_2C、V_2C、Cr_2C、Zr_2C、Ti_3C_2、Ti_4C_3 等不同组成和结构的 MXene 进行第一性原理计算时发现，当沿着 MXene 的基准面进行拉伸时，其弹性模量和弯曲强度高于相同厚度的多层石墨烯，具有更好的力学性能。除了具有一定的刚度外，采用 LiF/HCl 刻蚀体系得到的 MXene 导电黏土有很强的可加工性，可以塑造成不同的形状；而通过真空抽滤法可将 MXene 分散液制备为柔性自支撑的 MXene 薄膜，具有良好的柔韧性，可以折叠弯曲成不同形状。MXene 的这些力学性质不仅优于其 MAX 相前驱体，某些方面相比于二维石墨烯材料也更具优势。

（5）稳定性。MXene 在储存或使用过程中容易被氧化为对应的过渡金属氧化物，且不同的 MXene 氧化速率不一。MXene 的稳定存储和抗氧化也是近年来研究的热点方向。一般认为，水分子和氧分子是造成 MXene 氧化为对应过渡金属氧化物的主要原因[63-65]。MXene 的氧化会破坏 MXene 的二维片层结构，影响其主要的物理化学性质，从而失去应用价值。解决 MXene 易氧化的问题对推进其实际应用具有重要意义。不少研究者通过理论计算和实验研究相结合的方法来模拟氧化的过程、探寻氧化的具体机制。研究表明，改变存储环境、添加抗氧化剂、优化前驱体晶体结构等措施可以提高 MXene 的稳定性[66-70]。

(6)光学性能。MXene 具有可调的光学性质。不同的表面端基会影响 MXene 的电子特性，从而影响其对各段波光的吸收系数[58]。例如，对于可见光，—F 和 —OH 端基会降低吸收和反射率，而对紫外光，带有端基的 MXene 比无端基的 MXene 有更高的反射率。除了通过端基调控外，对 MXene 进行插层处理以改变层间距大小，也能对其光学性质造成影响。如 $Ti_3C_2T_x$ 对 550 nm 波长的可见光有 77%的透射率，在使用 NH_4HF_2 进行插层处理后，透射率提高到 90%[71]。MXene 的光学性质使其在光热疗法、透明导电涂料、光热应用等领域具有应用前景。

此外，MXene 还具有超导[50]、吸波、导热等特性。丰富的种类和可调节的表面化学使其呈现多样化的性质，也拓宽了该材料的应用范围。

1.4　MXene 材料的应用

MXene 材料具有独特的二维层状结构、高密度($3\sim4$ g/cm^3)、类金属的导电性、可调控的表面端基、良好的机械性能等特性，使其在能量存储与转换、传感、吸附、电磁屏蔽、生物医用等诸多领域表现出独特的应用优势，引起了国内外研究者们的广泛兴趣。MXene 材料在储能领域的应用是近几年最受关注的前沿热点之一。国内外在 MXene 的储能应用方面的研究论文正在迅速增长，图 1-5 对 MXene 在各类应用的发展现状做了总结，可以看出 MXene 涉及的领域十分丰富。在能量存储方面，MXene 不仅在碱金属离子电池中有广泛应用，在锂硫电池、金属-空气电池、锌离子电池等金属负极电池中也展现出独特的应用优势。此外，鉴于 MXene 材料的插层赝电容储能机理，可以利用 MXene 材料在传统双电层超级电容器与电池之间架设桥梁，成为设计高能量密度和高功率密度超级电容器的理想电极材料。此外，MXene 还可以与比电容高但导电性不佳的活性材料(如金属化合物、导电聚合物等)结合，构筑高性能复合电极材料。最近有大量报道介绍 MXene 作为高功率储能材料的研究工作，其在超级电容器领域巨大的应用潜力正在被逐渐开发出来。在能量转化领域，MXene 材料不仅应用于电催化、光催化等方向，在电致发光、光热转换、纳米发电机等方面也有诸多报道。在传感领域，MXene 材料的研究涉及了气体、生物、湿度、应力应变传感等，几乎涵盖了传感的所有方向。在吸附分离领域，MXene 纳米片对有毒离子、染料、重金属离子等有良好的吸附能力，且基于 MXene 柔性自支撑膜的膜分离技术也在吸附分离领域得到应用。在电磁屏蔽领域，MXene 不仅可以作为传统的屏蔽或吸收微波的材料，对于新兴发展的太赫兹波也有着良好的效果。

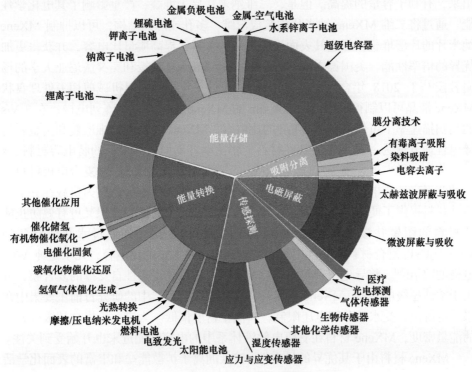

图 1-5　MXene 材料在各个领域的应用

1.4.1　MXene 在储能领域的应用

独特的二维层状结构、高密度、类金属的导电性、可调控的表面端基以及插层赝电容的储能机理，使 MXene 材料成为一种很有前景的电化学储能材料，在超级电容器、锂/钠/钾离子电池、锂硫电池、水系锌离子电池等储能器件中都有独特的应用优势，成为能源材料领域研究的热点。

对于超级电容器来说，MXene 可以产生基于阳离子插层的赝电容，其质量比电容在 300~400 F/g，且由于 MXene 的密度较高（3~4 g/cm³），因此其体积比电容的优势非常突出。采用 LiF/HCl 刻蚀制备的 $Ti_3C_2T_x$ MXene 膜，体积比电容可达 1500 F/cm³[72]。相比之下，石墨烯、多孔炭等双电层电容炭材料虽然具有高的比表面积和较高的质量比电容（200~300 F/g），但由于密度很低（一般小于 0.6 g/cm³），体积比电容一般在 200 F/cm³ 以内。而相比于同样具有赝电容性质的过渡金属氧化物，MXene 由于具有类金属的导电性和快速的离子插层过程，其循环和倍率性能也很有优势。MXene 应用于超级电容器的研究起步很早，以 $Ti_3C_2T_x$ 居多。一般来说，插层剥离得到的单层 MXene 纳米片会比手风琴状的多层 MXene 表现出更优异的电容性能，这是由于剥离后的单层 MXene 纳米片的表面端基完全暴露出来，有利于容量的提高。但是，二维纳米片易于堆叠，严重影响了其电化学性能。通过将二维 MXene 纳米片构筑成三维、多孔或阵列结构，可以抑制 MXene 纳米片的片层堆叠，促进其表面活性位点的暴露，提高质量比电容，并获得更加优异的倍率性能。美国德雷塞尔大学的 Yury Gogotsi 教授和宾夕法尼亚大学的杨澍教授[73]于 2018 年合作发表在 Nature 上的工作显示，以机械剪切力处理盘状 MXene 液晶可以制得厚度高达 200 μm 的 MXene 纳米片垂直阵列电极，在 2 V/s 的高扫描速率下可保持有 200 F/g 的比电容。MXene 独特的二维形貌和类金属的导电性使其成为一种理想的基底材料，将比电容高但电导率低的赝电容材料（金属氧化物、导电聚合物等）负载在 MXene 表面制备成 MXene 基复合电极材料是一种获得高性能电容材料的有效途径。高电导率的 MXene 片层为负载在其上的活性材料提供了便捷的电子传输路径，且 MXene 大的比表面积又可有效防止活性材料的团聚并缓冲其在充放电过程中的结构变化。如通过水热法制备的 $WO_3/Ti_3C_2T_x$ 复合材料在酸性电解液中表现出 566 F/g 的比电容，几乎是纯 WO_3 电极的两倍[74]。将导电聚合物与 MXene 复合还可获得柔性自支撑的复合膜，可用于柔性超级电容器。MXene 基复合材料在超级电容器中的研究目前主要集中在水系电解液，受水的分解电压限制，其能量密度偏低。为进一步提高超级电容器的能量密度，MXene 材料在有机电解液体系中的电容性能近来也开始受到关注。

MXene 材料由于其优异的导电性、较低的离子扩散能垒和丰富的表面化学活性位点，也可用作高功率碱金属离子二次电池的负极材料。根据密度泛函理论，MXene 可通过金属阳离子的嵌入和脱出进行储能，而 $Ti_3C_2T_x$ 中锂离子扩散能垒仅为 0.07 eV，远低于石墨负极的 0.3 eV，因此 MXene 储锂的倍率性能优异[75]。对于纯 MXene 来说，不同种类 MXene 的储能能力各异。在锂离子电池中，研究最为广泛的 MXene 材料——$Ti_3C_2T_x$ 的理论比容量为 447.8 mA·h/g[76]，而 V_2CT_x 的理论比容量高达 940 mA·h/g，且锂离子扩散能垒仅为 0.04 eV[77, 78]。此外，由于 MXene 具有高电导率和高比表面积的优势，将 MXene 与各种高容量活性物质复合可制备出高性能的 MXene 基复合电极材料。其中，MXene 起到基底作用，一方面形成导电网络，为电极提供电子传输通道；另一方面与活性物质紧密结合，提供反应场所，缓冲循环过程中的体积膨胀，稳定电极结构，因此 MXene 基复合电极材料可以表现出较高的可逆比容量和较好的循环稳定性。基于 $Ti_3C_2T_x$ MXene 的复合电极材料的研究已有许多报道，$Ti_3N_2T_x$、$V_4C_3T_x$、V_2NT_x、Mo_2NT_x、$Mo_2TiC_2T_x$ 等新型 MXene 在复合电极材料中的应用还有待深入研究。

在锂硫电池中，MXene 可作为锂硫电池的硫正极改性材料，利用 MXene 的类金属导电性和结构多样性可以促进硫的高效利用，而其表面的含氧端基可通过化学吸附锚定多硫化物并催化其与 Li_2S 间的快速转化，有效抑制多硫化物的"穿梭效应"。在金属负极方面，MXene 也可以诱导金属锂的均匀形核，抑制锂负极的枝晶生长，延长电池的循环寿命。

除了作为金属离子电池负极材料外，MXene 也可作为多功能导电黏结剂用于柔性电极的构筑[79]，为超级电容器和二次电池的电极成型提供了新途径。MXene 纳米片在电极中同时充当黏结剂、导电剂、活性物质和柔性骨架，还可缓冲活性物质在充放电过程中的体积膨胀，使得构筑的电极不仅具有优异的柔性，而且电化学性能优于传统以高分子为黏结剂成型的电极。MXene 作为导电黏结剂的研究是区别于 MXene 作为电极材料研究的全新体系，在柔性储能器件领域极具应用前景。

1.4.2　MXene 在催化领域的应用

理论上，MXene 是一种良好的电催化活性材料。MXene 最外层的过渡金属层使其具有催化潜力[80]，这意味着 MXene 的活性位点位于整个基面，相比于其他一些活性位点只分布于边缘的二维材料更具优势，而中间层的 C 原子或 N 原子及表面端基可以对过渡金属的电子结构起到调控作用[81, 82]。此外，MXene 表面的含氧端基是催化反应的活性位点，本身具有高反应活性。这些优势使 MXene 成为电催化剂领域研究的热点，近年来基于 MXene 进行电催化剂设计的报道层出不穷，在电化学析氢、析氧、二氧化碳还原等中均展现出优势。通过改变 MXene 表面端基、掺杂杂原子或在表面引入缺陷，可调节 MXene 的能带结构，进一步优化催化性能。MXene 除了单独作为催化剂使用外，大尺寸二维片层结构和高电导率使其也可以作为其他催化剂的良好载体。将贵金属或非贵金属催化剂负载在 MXene 表面，使其在 MXene 二维片层表面均匀分布并稳定结合，可有效地提高催化活性及循环寿命。

在光催化领域，MXene 的应用可分为三个方向。一是一些具有良好导电性的 MXene 材料可直接作为光催化反应中的助催化剂，起到电荷分离和传递的作用；二是 MXene 也可作为基底与 $g-C_3N_4$[83, 84]、过渡金属化合物[85, 86]（如 CdS、TiO_2）等具有催化活性的物质复合，构筑具有高催化活性和高稳定性的复合催化剂；此外，还可利用钛基 MXene 原位氧化衍生形成 TiO_2/MXene 异质结构[87, 88]，得到兼具高电导率和光催化活性的复合材料。

1.4.3 MXene 在传感领域的应用

在气体传感器领域，常利用 MXene 的表面端基作为响应气体分子的活性位点。不同气体对 MXene 表面表现出不同的亲和力。当与 MXene 表面具有良好亲和力的气体分子被吸附到表面时，电子从气体分子转移到 MXene 表面，这将导致 MXene 电导率的变化；而与 MXene 之间不具有亲和力或与 MXene 表面相互作用较弱的气体则不会引起 MXene 电导率的显著变化。因此如果 MXene 的电导率对某种气体具有高灵敏度的响应，该 MXene 材料就能作为此气体分子检测的传感材料。不同种类的 MXene 对气体的响应不同，如 V_2CT_x 对氢气、甲烷等非极性气体分子的检测具有超高灵敏度[H_2 和 CH_4 的理论检测限（LOD）分别为 1 ppm* 和 9 ppm][89]，而 Hf_2CO_2 吸附氨的能力是 Ti 基 MXene 的 2.7 倍[90]。MXene 对不同气体分子响应灵敏度的不同可归因于其表面不同过渡金属的电子结构的差异。通过改变 MXene 中的过渡金属元素的种类可以调控目标气体分子和 MXene 之间相互作用的强度，从而实现对特定气体分子的选择性。此外，由于 MXene 表面的含氧端基是其与气体分子作用的活性位点，对 MXene 进行表面功能化也是提高 MXene 基气体传感器性能的有效途径[91, 92]。功能化调控方式包括对其表面进行碱化、氧化、还原处理或将化学受体附着在其表面等。

在生物传感器领域，MXene 由于具有高电导率、丰富的表面端基和良好的亲水性，而成为开发生物传感器的理想材料。近年来，MXene 用于检测药物、环境污染物和重要的疾病生物标志物（如癌症生物标志物、葡萄糖、过氧化氢等）方面的工作屡见报道，展现出 MXene 在生物传感领域的巨大潜力。MXene 材料一般基于电化学过程来有效选择和灵敏检测溶液状态下的特定分子[93]。除此之外，许多工作引入了第二组分与 MXene 复合，进一步降低其检出限。如将 MXene 与金、铂等贵金属颗粒复合，能对超氧化物进行选择性探测[94, 95]。MXene 也能作为酶的良好基底，与酶的稳定结合可以进一步提高生物传感器的性能[96]。在生物传感器的应用中，需考虑 MXene 在应用环境下的稳定性，避免 MXene 的氧化失效。此外，构筑均一致密的电极结构也是提升传感器灵敏度、增强信号稳定性的手段，值得进一步研究。

在物理传感器领域，MXene 在应变传感器、压力传感器、温度传感器和光传感器等方面均有应用潜力。由于 MXene 具有高导电性，可利用压阻式传感机理，通过监测压力变形下引起的电阻变化来实现力信号的传感功能。因此应变/应力传感器是 MXene 基物理传感器的主流研究方向。对基于 MXene 的应变/应力传感器来说，当外部应变施加到传感器上时，随机分布的 MXene 纳米片之间的接触面积

---

* 1 ppm=10^{-6}。

发生变化，从而引起电阻的变化，因此，MXene 传感器的压阻特性强烈依赖于结构的调变。目前报道的 MXene 应力应变传感器包括一维结构的纤维传感器、二维结构的薄膜传感器和三维结构传感器。

1.4.4　MXene 在电磁屏蔽领域的应用

由于具有优异的类金属导电性、表面丰富的化学活性和易加工等特性，MXene 在电磁屏蔽领域也展现出巨大的潜力。高导电性材料通常具有优异的屏蔽性能。具有高电导率的金属虽然有电磁屏蔽能力，但存在着易腐蚀、难加工、密度高等问题；二维炭材料石墨烯尽管也具有优异的电磁屏蔽性能，但其表面惰性使其加工和设计有一定难度。此外，通过对天然石墨先氧化剥离再还原制备的还原氧化石墨烯表面通常存在较多缺陷，导致电磁屏蔽性能下降。MXene 材料被发现后，其高电导率和丰富的表面化学特性使其在电磁屏蔽领域的应用很快受到研究人员的关注。理论计算和实验研究表明，在已制备出的 MXene 材料中，Ti_2CT_x、$Ti_3C_2T_x$、$Mo_2TiC_2T_x$、$Mo_2Ti_2C_3T_x$ 等在电磁屏蔽上很有应用价值。将这些 MXene 抽滤制得的柔性自支撑膜可以直接作为电磁屏蔽材料，其中，$Ti_3C_2T_x$ 膜因其突出的导电性而表现出最优异的电磁屏蔽性能，在厚度为 45 μm 时电磁屏蔽效能值可高达 92 dB[97]。值得注意的是，不仅高导电性 MXene 具有良好的电磁屏蔽性能，电导率较低的 MXene 同样表现出电磁屏蔽能力。这是因为高电导率的 MXene 片层间具有大量的自由电子，主导了电磁屏蔽性能，且很少有介电极化损耗；而对于电导率较低的 MXene 来说，片层间的极性端基会产生大量的弛豫损耗，这有助于对电磁波的吸收，从而也表现出电磁屏蔽的性质。也就是说，自支撑 MXene 柔性膜优异的电磁屏蔽性能不仅缘于材料的高导电性，与其特殊的层状结构也有关系。

MXene 可以方便地与其他电磁屏蔽材料进行复合，再通过真空辅助抽滤制备为复合膜。以 MXene 和高分子纤维素材料进行混合抽滤为例，高分子纤维素穿插在 MXene 片层间，与 MXene 表面端基具有氢键等相互作用，可以增强柔性膜的力学性能，而 MXene 纳米片则构成导电网络，保证电磁屏蔽性能。将高分子纤维素替换为导电聚合物可以在提高复合膜机械强度的同时保证电子传输速率不受影响。在复合的过程中，MXene 与另一组分的比例是影响电磁屏蔽性能的重要因素。比例的改变会对膜的微观结构及电子传输速率造成影响，适当的比例可以让纳米纤维将 MXene 纳米片相互连接成导电骨架，降低了接触电阻，形成导电路径，从而保证复合膜的性能。

1.4.5　MXene 在吸附领域的应用

吸附是目前应用最广泛的水处理技术之一，人们通过选择合适的吸附剂来去除水中的无机和有机污染物，以解决环境污染问题，维持生态平衡。MXene 可以通过刻蚀过程中产生的各类表面端基与污染物之间的相互作用对其进行吸附，在水处理领域显示出巨大的潜力。由于含氧端基的影响，MXene 表面带负电，可以与水中带正电荷的污染物产生静电相互作用，从而达到良好的吸附效果。此外，通过改变溶液的 pH 可以将 MXene 表面质子化，使其带正电后又可以用于吸附带负电荷的污染物。研究表明，基于静电相互作用的机理，MXene 基吸附剂可以去除水中最常见的无机污染物，如重金属离子和放射性核元素。影响 MXene 基吸附剂性能的主要因素除 pH 外，还有比表面积、温度等。比表面积越大，暴露出的可与污染物相互作用的活性位点数量越多，吸附效果越好；而温度影响的则是吸附热力学，温度的升高通常会伴随着吸附量的增加。

对 MXene 进行插层处理以扩大其层间距，是改善其吸附性能的有效途径。水分子插层、有机大分子插层或者碱金属阳离子插层都可以使 MXene 的层间距增大，暴露出更多表面活性位点，从而提高对污染物的吸附容量。

1.4.6　MXene 在储氢领域的应用

在储氢领域，MXene 具有较高的储氢量和可逆放氢能力。MXene 优异的储氢能力与其表面的—F 端基有关。由于 H 原子与 MXene 上的 Ti 原子的化学吸附较弱，所存储的氢仅吸附在 MXene 表面，而非进入晶格中，窄的层间距和表面—F 端基诱导了纳米泵效应辅助的弱化学吸附，使得氢气和 MXene 之间存在着适当的相互作用，从而能够可逆存储高容量的氢气。以 Ti_2CT_x MXene 为例，其在室温、60 bar（1 bar=10^5 Pa）压力下可以可逆地储存高达 8.8 wt%（质量分数）的氢气[98]。由于 MXene 表面的端基可调，可通过调控端基与氢原子的相互作用来调控储氢能力，因此其在储氢领域也很有发展前景。

1.4.7　MXene 在生物医疗领域的应用

独特的物理化学性质使得 MXene 在生物安全、生物成像、抗菌治疗、辐射防护等生物医学领域也有广泛的应用[99]。MXene 的二维片层结构和大的比表面积，使其可以作为药物的良好载体。含有高原子序数过渡金属（如 Ta 和 W）的 MXene 往往能在计算机断层扫描（CT）成像和辐射敏化中表现出较强的 X 射线衰减能力；而含有顺磁性过渡金属组分（如 Cr 和 V）的 MXene 可被用作核磁共振成像的造影剂。MXene 在近红外区域具有很强的吸收能力和较高的光热转换性能，这使它们在光声成像和光热治疗中具有一定的应用前景。而 MXene 的超低毒性和良好的生物相容性为生物医学应用提供了良好的条件。MXene 具有光致发光特性，因而对溶液中 Mg^{2+}、K^+、Ca^{2+} 等阳离子具有选择性发射猝灭的特性，从而在生物和环境诊断分析领域具有应用潜力。此外，MXene 的光热特性也可以在治疗肿瘤、药物释放等方面得以应用。

由于其独特的二维层状结构，良好的机械性能，可调控的电、磁、光、热性能，良好的亲水性和丰富的表面化学特性，MXene 材料在摩擦润滑、光热转换、压电纳米发电机等领域也有应用潜力。

1.5　总结与展望

自从 2011 年被首次发现以来，MXene 材料的研究至今已走过了十多年。独特的结构、丰富的种类、多样化可调控的性能，使 MXene 材料迅速得到不同领域研究者们的广泛关注，成为当前国内外研究的前沿热点领域。随着研究的不断深入，新的 MXene 材料的合成方法不断涌现，制备 MXene 的前驱体的种类不断扩展，越来越多的 MXene 材料得以成功制备。表面端基、层间距和宏观形貌与结构的自由调控使 MXene 材料呈现出多样化的性能，使其在能量存储与转换、电磁屏蔽、传感、生物医疗、环境等诸多领域展现出广阔的应用前景。特别是在电化学储能领域，MXene 在超级电容器、碱金属离子二次电池、锂硫电池和水系锌离子电池等先进储能技术中均有独特的应用优势，为电化学储能技术的进一步发展注入了新的活力。毋庸置疑，MXene 材料的发展还面临着一些挑战，如绿色、高效、普适的 MXene 材料制备新方法、更多非 $Ti_3C_2T_x$ 的新型 MXene 材料的制备、MXene 的规模化制备与稳定存储、MXene 基能源材料的高效制备与结构调控等。MXene 材料的研究已经引起了全世界越来越多的研究者们的关注，中国在这一领域也处于国际领先之列，一些企业也开始进入 MXene 材料领域，相信 MXene 材料一定能够获得更大的发展，并在不远的将来实现商业化应用。

参 考 文 献

[1] Geim A K, Novoselov K S. The rise of graphene. Nature Materials, 2007, 6: 183-191.

[2] Rao C N R, Sood A K, Subrahmanyam K S, Govindaraj A. Graphene: the new two-dimensional nanomaterial. Angewandte Chemie International Edition, 2009, 48: 7752-7777.

[3] Dai Z, Liu L, Zhang Z. Strain engineering of 2D materials: issues and opportunities at the interface. Advanced Materials, 2019, 31: 1805417.

[4] Cheng J, Wang C, Zou X, Liao L. Recent advances in optoelectronic devices based on 2D materials and their heterostructures. Advanced Optical Materials, 2019, 7: 1800441.

[5] Wang F, Wang Z, Wang Q, Wang F, Yin L, Xu K, Huang Y, He J. Synthesis, properties and applications of 2D non-graphene materials. Nanotechnology, 2015, 26: 292001.

[6] Mannix A J, Kiraly B, Hersam M C, Guisinger N P. Synthesis and chemistry of elemental 2D materials. Nature Reviews Chemistry, 2017, 1: 1-14.

[7] Naguib M, Kurtoglu M, Presser V, Lu J, Niu J, Heon M, Hultman L, Gogotsi Y, Barsoum M W. Two-dimensional nanocrystals produced by exfoliation of Ti₃AlC₂. Advanced Materials, 2011, 23:

4248-4253.

[8] Gogotsi Y, Anasori B. The rise of MXenes. ACS Nano, 2019, 13: 8491-8494.

[9] Xu B, Gogotsi Y. MXenes-The fastest growing materials family in the two-dimensional world. Chinese Chemical Letters, 2020, 31: 919-921.

[10] Xiu L Y, Wang Z Y, Qiu J S. General synthesis of MXene by green etching chemistry of fluoride-free Lewis acidic melts. Rare Metals, 2020, 39: 1237-1238.

[11] Fu L, Xia W. MAX phases as nanolaminate materials: chemical composition, microstructure, synthesis, properties, and applications. Advanced Engineering Materials, 2021, 23: 2001191.

[12] Haemers J, Gusmão R, Sofer Z. Synthesis protocols of the most common layered carbide and nitride MAX phases. Small Methods, 2020, 4: 1900780.

[13] Naguib M, Mashtalir O, Carle J, Presser V, Lu J, Hultman L, Gogotsi Y, Barsoum M W. Two-dimensional transition metal carbides. ACS Nano, 2012, 6: 1322-1331.

[14] Caffrey N M. Prediction of optimal synthesis conditions for the formation of ordered double-transition-metal MXenes (o-MXenes). The Journal of Physical Chemistry C, 2020, 124: 18797-18804.

[15] Dahlqvist M, Rosen J. Predictive theoretical screening of phase stability for chemical order and disorder in quaternary 312 and 413 MAX phases. Nanoscale, 2020, 12: 785-794.

[16] Dahlqvist M, Petruhins A, Lu J, Hultman L, Rosen J. Origin of chemically ordered atomic laminates (i-MAX): expanding the elemental space by a theoretical/experimental approach. ACS Nano, 2018, 12: 7761-7770.

[17] Ahmed B, Ghazaly A E, Rosen J. i-MXenes for energy storage and catalysis. Advanced Functional Materials, 2020, 30: 2000894.

[18] Chen K, Chen Y, Zhang J, Song Y, Zhou X, Li M, Fan X, Zhou J, Huang Q. Medium-entropy (Ti, Zr, Hf)$_2$SC MAX phase. Ceramics International, 2021, 47: 7582-7587.

[19] Du Z, Wu C, Chen Y, Cao Z, Hu R, Zhang Y, Gu J, Cui Y, Chen H, Shi Y, Shang J, Li B, Yang S. High-entropy atomic layers of transition-metal carbides (MXenes). Advanced Materials, 2021, 33: 2101473.

[20] Nemani S K, Zhang B, Wyatt B C, Hood Z D, Manna S, Khaledialidusti R, Hong W, Sternberg M G, Sankaranarayanan S K R S, Anasori B. High-entropy 2D carbide MXenes: TiVNbMoC$_3$ and TiVCrMoC$_3$. ACS Nano, 2021, 15: 12815-12825.

[21] Zhou J, Zha X, Chen F Y, Ye Q, Eklund P, Du S, Huang Q. A two-dimensional zirconium carbide by selective etching of Al$_3$C$_3$ from nanolaminated Zr$_3$Al$_3$C$_5$. Angewandte Chemie International Edition, 2016, 55: 5008-5013.

[22] Zhou J, Zha X, Zhou X, Chen F, Gao G, Wang S, Shen C, Chen T, Zhi C, Eklund P, Du S, Xue J, Shi W, Chai Z, Huang Q. Synthesis and electrochemical properties of two-dimensional hafnium carbide. ACS Nano, 2017, 11: 3841-3850.

[23] Thörnberg J, Halim J, Lu J, Meshkian R, Palisaitis J, Hultman L, Persson P O Å, Rosen J. Synthesis of (V$_{2/3}$Sc$_{1/3}$)$_2$AlC i-MAX phase and V$_{2-x}$C MXene scrolls. Nanoscale, 2019, 11: 14720-14726.

[24] Tao Q, Dahlqvist M, Lu J, Kota S, Meshkian R, Halim J, Palisaitis J, Hultman L, Barsoum M W, Persson P O Å, Rosen J. Two-dimensional Mo$_{1.33}$C MXene with divacancy ordering prepared from

parent 3D laminate with in-plane chemical ordering. Nature Communications, 2017, 8: 14949.

[25] Naguib M, Barsoum M W, Gogotsi Y. Ten years of progress in the synthesis and development of MXenes. Advanced Materials, 2021, 33: 2103393.

[26] Wei Y, Zhang P, Soomro R A, Zhu Q, Xu B. Advances in the synthesis of 2D MXenes. Advanced Materials, 2021, 33: 2103148.

[27] Alhabeb M, Maleski K, Anasori B, Lelyukh P, Clark L, Sin S, Gogotsi Y. Guidelines for synthesis and processing of two-dimensional titanium carbide ($Ti_3C_2T_x$ MXene). Chemistry of Materials, 2017, 29: 7633-7644.

[28] Ying Y, Liu Y, Wang X, Mao Y, Cao W, Hu P, Peng X. Two-dimensional titanium carbide for efficiently reductive removal of highly toxic chromium (VI) from water. ACS Applied Materials & Interfaces, 2015, 7: 1795-1803.

[29] Luo J, Tao X, Zhang J, Xia Y, Huang H, Zhang L, Gan Y, Liang C, Zhang W. Sn^{4+} ion decorated highly conductive Ti_3C_2 MXene: promising lithium-ion anodes with enhanced volumetric capacity and cyclic performance. ACS Nano, 2016, 10: 2491-2499.

[30] Lukatskaya M R, Mashtalir O, Ren C E, Dall'Agnese Y, Rozier P, Taberna P L, Naguib M, Simon P, Barsoum M W, Gogotsi Y. Cation intercalation and high volumetric capacitance of two-dimensional titanium carbide. Science, 2013, 341: 1502-1505.

[31] Naguib M, Halim J, Lu J, Cook K M, Hultman L, Gogotsi Y, Barsoum M W. New two-dimensional niobium and vanadium carbides as promising materials for Li-ion batteries. Journal of the American Chemical Society, 2013, 135: 15966-15969.

[32] Kajiyama S, Szabova L, Iinuma H, Sugahara A, Gotoh K, Sodeyama K, Tateyama Y, Okubo M, Yamada A. Enhanced Li-ion accessibility in MXene titanium carbide by steric chloride termination. Advanced Energy Materials, 2017, 7: 1601873.

[33] Liu F, Zhou A, Chen J, Jia J, Zhou W, Wang L, Hu Q. Preparation of Ti_3C_2 and Ti_2C MXenes by fluoride salts etching and methane adsorptive properties. Applied Surface Science, 2017, 416: 781-789.

[34] Wang X, Garnero C, Rochard G, Magne D, Morisset S, Hurand S, Chartier P, Rousseau J, Cabioc'h T, Coutanceau C, Mauchamp V, Célérier S. A new etching environment (FeF$_3$/HCl) for the synthesis of two-dimensional titanium carbide MXenes: a route towards selective reactivity *vs.* water. Journal of Materials Chemistry A, 2017, 5: 22012-22023.

[35] Feng A, Yu Y, Wang Y, Jiang F, Yu Y, Mi L, Song L. Two-dimensional MXene Ti_3C_2 produced by exfoliation of Ti_3AlC_2. Materials & Design, 2017, 114: 161-166.

[36] Ghidiu M, Lukatskaya M R, Zhao M Q, Gogotsi Y, Barsoum M W. Conductive two-dimensional titanium carbide 'clay' with high volumetric capacitance. Nature, 2014, 516: 78-81.

[37] Lipatov A, Alhabeb M, Lukatskaya M, Boson A, Gogotsi Y, Sinitskii A. Effect of synthesis on quality, electronic properties and environmental stability of individual monolayer Ti_3C_2 MXene flakes. Advanced Electronic Materials, 2016, 2: 1600255.

[38] Soundiraraju B, George B K. Two-dimensional titanium nitride (Ti_2N) MXene: synthesis, characterization, and potential application as surface-enhanced Raman scattering substrate. ACS Nano, 2017, 11: 8892-8900.

[39] Du F, Tang H, Pan L, Zhang T, Lu H, Xiong J, Yang J, Zhang C. Environmental friendly scalable production of colloidal 2D titanium carbonitride MXene with minimized nanosheets restacking for excellent cycle life lithium-ion batteries. Electrochimica Acta, 2017, 235: 690-699.

[40] Halim J, Kota S, Lukatskaya M R, Naguib M, Zhao M Q, Moon E J, Pitock J, Nanda J, May S J, Gogotsi Y, Barsoum M W. Synthesis and characterization of 2D molybdenum carbide (MXene). Advanced Functional Materials, 2016, 26: 3118-3127.

[41] Liu F, Zhou J, Wang S, Wang B, Shen C, Wang L, Hu Q, Huang Q, Zhou A. Preparation of high-purity V_2C MXene and electrochemical properties as Li-ion batteries. Journal of the Electrochemical Society, 2017, 164: A709-A713.

[42] Xie X, Xue Y, Li L, Chen S, Nie Y, Ding W, Wei Z. Surface Al leached Ti_3AlC_2 as a substitute for carbon for use as a catalyst support in a harsh corrosive electrochemical system. Nanoscale, 2014, 6: 11035-11040.

[43] Li T, Yao L, Liu Q, Gu J, Luo R, Li J, Yan X, Wang W, Liu P, Chen B, Zhang W, Abbas W, Naz R, Zhang D. Fluorine-free synthesis of high-purity $Ti_3C_2T_x$ (T=OH, O) via alkali treatment. Angewandte Chemie International Edition, 2018, 57: 6115-6119.

[44] Li G, Tan L, Zhang Y, Wu B, Li L. Highly efficiently delaminated single-layered MXene nanosheets with large lateral size. Langmuir, 2017, 33: 9000-9006.

[45] Zhang B, Zhu J, Shi P, Wu W, Wang F. Fluoride-free synthesis and microstructure evolution of novel two-dimensional $Ti_3C_2(OH)_2$ nanoribbons as high-performance anode materials for lithium-ion batteries. Ceramics International, 2019, 45: 8395-8405.

[46] Yang C, Liu Y, Sun X, Zhang Y, Hou L, Zhang Q, Yuan C. *In-situ* construction of hierarchical accordion-like TiO_2/Ti_3C_2 nanohybrid as anode material for lithium and sodium ion batteries. Electrochimica Acta, 2018, 271: 165-172.

[47] Sun W, Shah S A, Chen Y, Tan Z, Gao H, Habib T, Radovic M, Green M J. Electrochemical etching of Ti_2AlC to Ti_2CT_x (MXene) in low-concentration hydrochloric acid solution. Journal of Materials Chemistry A, 2017, 5: 21663-21668.

[48] Pang S Y, Wong Y T, Yuan S, Liu Y, Tsang M K, Yang Z, Huang H, Wong W T, Hao J. Universal strategy for HF-free facile and rapid synthesis of two-dimensional MXenes as multifunctional energy materials. Journal of the American Chemical Society, 2019, 141: 9610-9616.

[49] Liu Y, He Y, Vargun E, Plachy T, Saha P, Cheng Q. 3D porous Ti_3C_2 MXene/NiCo-MOF composites for enhanced lithium storage. Nanomaterials, 2020, 10: 695.

[50] Kamysbayev V, Filatov A S, Hu H, Rui X, Lagunas F, Wang D, Klie R, Talapin D. Covalent surface modifications and superconductivity of two-dimensional metal carbide MXenes. Science, 2020, 369: 979-983.

[51] Mashtalir O, Naguib M, Mochalin V N, Dall'Agnese Y, Heon M, Barsoum M W, Gogotsi Y. Intercalation and delamination of layered carbides and carbonitrides. Nature Communications, 2013, 4: 1-7.

[52] Naguib M, Unocic R, Armstrong B, Nanda J. Large-scale delamination of multi-layers transition metal carbides and carbonitrides "MXenes". Dalton Transactions, 2015, 44: 9353-9358.

[53] Sun N, Zhu Q, Anasori B, Zhang P, Liu H, Gogotsi Y, Xu B. MXene-bonded flexible hard carbon

film as anode for stable Na/K-ion storage. Advanced Functional Materials, 2019, 29: 1906282.

[54] Liu L, Orbay M, Luo S, Duluard S, Shao H, Harmel J, Rozier P, Taberna P L, Simon P. Exfoliation and delamination of $Ti_3C_2T_x$ MXene prepared via molten salt etching route. ACS Nano, 2022, 16: 111-118.

[55] Xu C, Wang L, Liu Z, Chen L, Guo J, Kang N, Ma X L, Cheng H M, Ren W. Large-area high-quality 2D ultrathin Mo_2C superconducting crystals. Nature Materials, 2015, 14: 1135-1141.

[56] Vacík J, Horák P, Bakardjieva S, Bejsovec V, Ceccio G, Cannavo A, Torrisi A, Lavrentiev V, Klie R. Ion sputtering for preparation of thin MAX and MXene phases. Radiation Effects and Defects in Solids, 2020, 175: 177-189.

[57] Shayesteh Zeraati A, Mirkhani S A, Sun P, Naguib M, Braun P V, Sundararaj U. Improved synthesis of $Ti_3C_2T_x$ MXenes resulting in exceptional electrical conductivity, high synthesis yield, and enhanced capacitance. Nanoscale, 2021, 13: 3572-3580.

[58] Ronchi R M, Arantes J T, Santos S F. Synthesis, structure, properties and applications of MXenes: current status and perspectives. Ceramics International, 2019, 45: 18167-18188.

[59] Khazaei M, Mishra A, Venkataramanan N S, Singh A K, Yunoki S. Recent advances in MXenes: from fundamentals to applications. Current Opinion in Solid State and Materials Science, 2019, 23: 164-178.

[60] Maleski K, Mochalin V N, Gogotsi Y. Dispersions of two-dimensional titanium carbide MXene in organic solvents. Chemistry of Materials, 2017, 29: 1632-1640.

[61] Naguib M, Mochalin V N, Barsoum M W, Gogotsi Y. 25th anniversary article: MXenes: a new family of two-dimensional materials. Advanced Materials, 2014, 26: 992-1005.

[62] Kurtoglu M, Naguib M, Gogotsi Y, Barsoum M W. First principles study of two-dimensional early transition metal carbides. MRS Communications, 2012, 2: 133-137.

[63] Huang S, Mochalin V N. Hydrolysis of 2D transition-metal carbides (MXenes) in colloidal solutions. Inorganic Chemistry, 2019, 58: 1958-1966.

[64] Mashtalir O, Cook K M, Mochalin V N, Crowe M, Barsoum M W, Gogotsi Y. Dye adsorption and decomposition on two-dimensional titanium carbide in aqueous media. Journal of Materials Chemistry A, 2014, 2: 14334-14338.

[65] Lotfi R, Naguib M, Yilmaz D E, Nanda J, van Duin A C T. A comparative study on the oxidation of two-dimensional Ti_3C_2 MXene structures in different environments. Journal of Materials Chemistry A, 2018, 6: 12733-12743.

[66] Zhang C J, Pinilla S, Mcevoy N, Cullen C P, Anasori B, Long E, Park S H, Seral-Ascaso A, Shmeliov A, Krishnan D, Morant C, Liu X, Duesberg G S, Gogotsi Y, Nicolosi V. Oxidation stability of colloidal two-dimensional titanium carbides (MXenes). Chemistry of Materials, 2017, 29: 4848-4856.

[67] Wu C W, Unnikrishnan B, Chen I W P, Harroun S G, Chang H T, Huang C C. Excellent oxidation resistive MXene aqueous ink for micro-supercapacitor application. Energy Storage Materials, 2020, 25: 563-571.

[68] Chae Y, Kim S J, Cho S Y, Choi J, Maleski K, Lee B J, Jung H T, Gogotsi Y, Lee Y, Ahn C W. An investigation into the factors governing the oxidation of two-dimensional Ti_3C_2 MXene.

Nanoscale, 2019, 11: 8387-8393.

[69] Zhao X, Vashisth A, Prehn E, Sun W, Shah S A, Habib T, Chen Y, Tan Z, Lutkenhaus J L, Radovic M, Green M J. Antioxidants unlock shelf-stable Ti$_3$C$_2$T$_x$ (MXene) nanosheet dispersions. Matter, 2019, 1: 513-526.

[70] Natu V, Hart J L, Sokol M, Chiang H, Taheri M L, Barsoum M W. Edge capping of 2D-MXene sheets with polyanionic salts to mitigate oxidation in aqueous colloidal suspensions. Angewandte Chemie International Edition, 2019, 58: 12655-12660.

[71] Khazaei M, Ranjbar A, Arai M, Sasaki T, Yunoki S. Electronic properties and applications of MXenes: a theoretical review. Journal of Materials Chemistry C, 2017, 5: 2488-2503.

[72] Lukatskaya M R, Kota S, Lin Z, Zhao M Q, Shpigel N, Levi M D, Halim J, Taberna P L, Barsoum M W, Simon P, Gogotsi Y. Ultra-high-rate pseudocapacitive energy storage in two-dimensional transition metal carbides. Nature Energy, 2017, 2: 17105.

[73] Xia Y, Mathis T S, Zhao M Q, Anasori B, Dang A, Zhou Z, Cho H, Gogotsi Y, Yang S. Thickness-independent capacitance of vertically aligned liquid-crystalline MXenes. Nature, 2018, 557: 409-412.

[74] Ambade S B, Ambade R B, Eom W, Noh S H, Kim S H, Han T H. 2D Ti$_3$C$_2$ MXene/WO$_3$ hybrid architectures for high-rate supercapacitors. Advanced Materials Interfaces, 2018, 5: 1801361.

[75] Tang Q, Zhou Z, Shen P. Are MXenes promising anode materials for Li ion batteries? Computational studies on electronic properties and Li storage capability of Ti$_3$C$_2$ and Ti$_3$C$_2$X$_2$ (X = F, OH) monolayer. Journal of the American Chemical Society, 2012, 134: 16909-16916.

[76] Er D, Li J, Naguib M, Gogotsi Y, Shenoy V B. Ti$_3$C$_2$ MXene as a high capacity electrode material for metal (Li, Na, K, Ca) ion batteries. ACS Applied Materials & Interfaces, 2014, 6: 11173-11179.

[77] Hu J, Xu B, Ouyang C, Yang S A, Yao Y. Investigations on V$_2$C and V$_2$CX$_2$ (X = F, OH) monolayer as a promising anode material for Li ion batteries from first-principles calculations. The Journal of Physical Chemistry C, 2014, 118: 24274-24281.

[78] Naguib M, Halim J, Lu J, Cook K M, Hultman L, Gogotsi Y, Barsoum M W. New two-dimensional niobium and vanadium carbides as promising materials for Li-ion batteries. Journal of the American Chemical Society, 2013, 135: 15966-15969.

[79] Zhang P, Zhu Q, Guan Z, Zhao Q, Sun N, Xu B. A flexible Si@C electrode with excellent stability employing an MXene as a multifunctional binder for lithium-ion batteries. ChemSusChem, 2020, 13: 1621-1628.

[80] Seh Z W, Fredrickson K D, Anasori B, Kibsgaard J, Strickler A L, Lukatskaya M R, Gogotsi Y, Jaramillo T F, Vojvodic A. Two-dimensional molybdenum carbide (MXene) as an efficient electrocatalyst for hydrogen evolution. ACS Energy Letters, 2016, 1: 589-594.

[81] Zhang N, Hong Y, Yazdanparast S, Asle Zaeem M. Superior structural, elastic and electronic properties of 2D titanium nitride MXenes over carbide MXenes: a comprehensive first principles study. 2D Materials, 2018, 5: 045004.

[82] Pandey M, Thygesen K S. Two-dimensional MXenes as catalysts for electrochemical hydrogen evolution: a computational screening study. The Journal of Physical Chemistry C, 2017, 121: 13593-13598.

[83] Su T M, Hood Z D, Naguib M, Bai L, Luo S, Rouleau C M, Ivanov I N, Ji H B, Qin Z Z, Wu Z L. 2D/2D heterojunction of Ti$_3$C$_2$/g-C$_3$N$_4$ nanosheets for enhanced photocatalytic hydrogen evolution. Nanoscale, 2019, 11: 8138-8149.

[84] Biswal L, Nayak S, Parida K. Recent progress on strategies for the preparation of 2D/2D MXene/g-C$_3$N$_4$ nanocomposites for photocatalytic energy and environmental applications. Catalysis Science & Technology, 2021, 11: 1222-1248.

[85] Xiao R, Zhao C X, Zou Z Y, Chen Z P, Tian L, Xu H T, Tang H, Liu Q Q, Lin Z X, Yang X F. *In situ* fabrication of 1D CdS nanorod/2D Ti$_3$C$_2$ MXene nanosheet Schottky heterojunction toward enhanced photocatalytic hydrogen evolution. Applied Catalysis B: Environmental, 2020, 268: 118382.

[86] Sun B T, Qiu P Y, Liang Z Q, Xue Y J, Zhang X L, Yang L, Cui H Z, Tian J. The fabrication of 1D/2D CdS nanorod@Ti$_3$C$_2$ MXene composites for good photocatalytic activity of hydrogen generation and ammonia synthesis. Chemical Engineering Journal, 2021, 406: 127177.

[87] Jiao L, Zhang C, Geng C N, Wu S C, Li H, Lv W, Tao Y, Chen Z J, Zhou G M, Li J, Ling G W, Wan Y, Yang Q H. Capture and catalytic conversion of polysulfides by *in situ* built TiO$_2$-MXene heterostructures for lithium-sulfur batteries. Advanced Energy Materials, 2019, 9: 1900219.

[88] Han X, An L, Hu Y, Li Y G, Hou C Y, Wang H Z, Zhang Q H. Ti$_3$C$_2$ MXene-derived carbon-doped TiO$_2$ coupled with g-C$_3$N$_2$ as the visible-light photocatalysts for photocatalytic H$_2$ generation. Applied Catalysis B: Environmental, 2020, 265: 118539.

[89] Lee E, Vahidmohammadi A, Yoon Y S, Beidaghi M, Kim D J. Two-dimensional vanadium carbide MXene for gas sensors with ultrahigh sensitivity toward nonpolar gases. ACS Sensors, 2019, 4: 1603-1611.

[90] Wang Y, Ma S, Wang L, Jiao Z. A novel highly selective and sensitive NH$_3$ gas sensor based on monolayer Hf$_2$CO$_2$. Applied Surface Science, 2019, 492: 116-124.

[91] Kim S J, Koh H J, Ren C E, Kwon O, Maleski K, Cho S Y, Anasori B, Kim C K, Choi Y K, Kim J, Gogotsi Y, Jung H T. Metallic Ti$_3$C$_2$T$_x$ MXene gas sensors with ultrahigh signal-to-noise ratio. ACS Nano, 2018, 12: 986-993.

[92] Yang Z, Liu A, Wang C, Liu F, He J, Li S, Wang J, You R, Yan X, Sun P, Duan Y, Lu G. Improvement of gas and humidity sensing properties of organ-like MXene by alkaline treatment. ACS Sensors, 2019, 4: 1261-1269.

[93] Kumar S, Lei Y, Alshareef N H, Quevedo-Lopez M A, Salama K N. Biofunctionalized two-dimensional Ti$_3$C$_2$ MXenes for ultrasensitive detection of cancer biomarker. Biosensors and Bioelectronics, 2018, 121: 243-249.

[94] Riazi H, Taghizadeh G, Soroush M. MXene-based nanocomposite sensors. ACS Omega, 2021, 6: 11103-11112.

[95] Yao Y, Lan L, Liu X, Ying Y, Ping J. Spontaneous growth and regulation of noble metal nanoparticles on flexible biomimetic MXene paper for bioelectronics. Biosensors and Bioelectronics, 2020, 148: 111799.

[96] Liu J, Jiang X, Zhang R, Zhang Y, Wu L, Lu W, Li J, Li Y, Zhang H. MXene-enabled electrochemical microfluidic biosensor: applications toward multicomponent continuous

monitoring in whole blood. Advanced Functional Materials, 2019, 29: 1807326.

[97] Han M, Shuck C E, Rakhmanov R, Parchment D, Anasori B, Koo C M, Friedman G, Gogotsi Y. Beyond $Ti_3C_2T_x$: MXenes for electromagnetic interference shielding. ACS Nano, 2020, 14: 5008-5016.

[98] Liu S, Liu J, Liu J, Shang J, Xu L, Yu R, Shui J. Hydrogen storage in incompletely etched multilayer Ti_2CT_x at room temperature. Nature Nanotechnology, 2021, 16: 1-6.

[99] Wang Y, Feng W, Chen Y. Chemistry of two-dimensional MXene nanosheets in theranostic nanomedicine. Chinese Chemical Letters, 2020, 31: 937-946.

第2章

MXene 材料的制备

2.1 引　言

MXene 材料是由三元层状化合物 MAX 相衍生出来的一类新型二维纳米材料。由于 MAX 相中相邻层间是由很强的共价键或金属键键合在一起的，因此既无法采用简单的机械剥离法将其剥离，又无法采用一些强氧化性的物质对其刻蚀。2011 年，美国德雷塞尔大学的研究者们用氢氟酸刻蚀掉 Ti_3AlC_2 中的 Al 层原子获得了成功，得到了层状的 Ti_3C_2，宣告了二维 MXene 材料的诞生。由于 MAX 相种类众多，不同组成和结构的 MAX 相的刻蚀难易程度不同，氢氟酸又有强的腐蚀性，操作不便，因此寻找绿色、高效、普适的刻蚀方法，刻蚀出更多种类的 MXene 材料就成为研究者们不懈努力的方向。

MAX 相是合成 MXene 的主要前驱体。MXene 的合成路线一般是通过"自上而下"的方法刻蚀三元层状化合物 MAX 相，得到多片层堆叠的手风琴状 MXene，再对多片层 MXene 进行进一步的剥离，从而得到二维单层 MXene 纳米片。由于刻蚀前后 MXene 与其前驱体的化学计量及晶体结构的一致性，MAX 相组成和结构的多样性也使由其衍生的 MXene 材料成为二维材料中最大的一个家族，理论预测有 100 多种。最早被刻蚀出来的 MXene 种类是采用氢氟酸对前驱体 Ti_3AlC_2 MAX 相中的 Al 原子层进行选择性刻蚀，得到表面带—OH、—F、—O 三种端基、呈现出"手风琴状"形貌的 Ti_3C_2。其化学式写作 $Ti_3C_2T_x$，其中"T"代表三种表面端基，"x"代表表面端基的数目是不确定的，也可以展开写为 $Ti_3C_2F_x(OH)_yO_z$。图 2-1 为目前已报道的可刻蚀出的 MXene 中所包含的"M"、"X"、"T"元素及对应前驱体中 A 元素的种类。

$Ti_3C_2T_x$ 的发现标志着 MXene 材料的诞生，这种用氢氟酸作为刻蚀剂的刻蚀方法被称为氢氟酸(HF)刻蚀法。HF 刻蚀所得的手风琴状 MXene 再经过二甲基亚砜(DMSO)等插层剂进行插层、超声处理，即可获得单层 MXene 纳米片。由于 HF 只能刻蚀 A 原子层为 Al 的 MAX 相，而且 HF 具有强的腐蚀性，研究者们陆续提出了一些新的合成方法，如原位形成 HF 刻蚀法、电化学刻蚀法、碱刻蚀法、熔融盐刻蚀法等[1-3]，并尝试对不同的 MAX 相进行刻蚀制备 MXene 材料。目前人

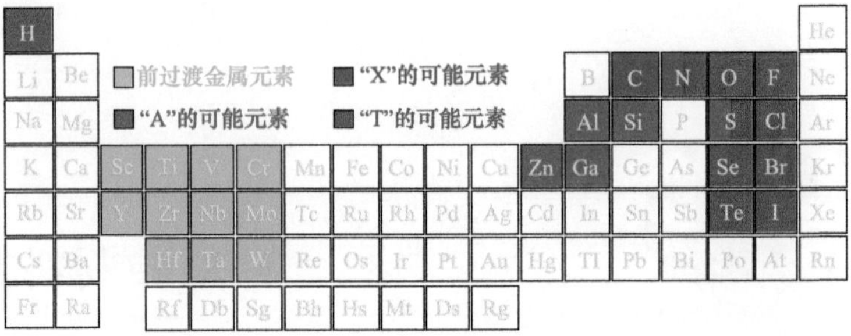

图 2-1　目前已合成的 MXene 中所包含元素种类及对应前驱体的 A 元素种类

们已经合成的 MXene 材料已达 40 余种。由于多数刻蚀方法制备的 MXene 材料均为多片层的手风琴状结构，如何将其插层剥离为单片层的 MXene 纳米片也是人们研究的重要内容。采用有机分子插层、无机物插层和机械法可以实现 MXene 纳米片的剥离，但针对不同的刻蚀方法所得的多片层手风琴状 MXene 产物，所需的插层剥离方法也有所区别[4,5]。此外，由于 MXene 在空气和水溶液中易于氧化，如何提高其抗氧化性，实现稳定存储，对推动 MXene 材料的实际应用也具有重要意义。目前，文献报道的 MXene 的刻蚀、剥离和稳定存储的主要方法如图 2-2 所示。

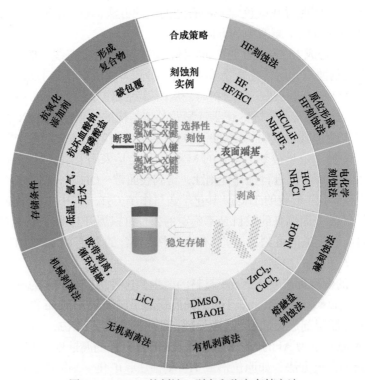

图 2-2　MXene 的刻蚀、剥离和稳定存储方法

2.2　含氟刻蚀法

2.2.1　HF 刻蚀法

2011 年，Yury Gogotsi 和 Michel W. Barsoum 报道了采用氢氟酸(HF)刻蚀 MAX 相 Ti₃AlC₂ 成功制备二维 Ti₃C₂ 的工作，标志着 MXene 材料的诞生[6]。氢氟酸刻蚀法也成为最早报道的 MXene 材料的制备方法。如图 2-3 所示，该法的原理是基于氟离子与铝的高反应活性，使 HF 能够打破 MAX 相中键合较弱的 M—A 键，选择性地刻蚀掉 A 层原子，而键合较强的 M—X 键则不受影响，得到多片层堆叠的 MXene，后续可通过进一步剥离成为二维 MXene 纳米片。同时，刻蚀介质中的 H、O、F 原子与表面不饱和的 M 原子键合，形成—OH、—O、—F 等多种表面端基。在通过 HF 刻蚀 Ti₃AlC₂ MAX 相的首篇报道中，采用了 100 mL 浓度为 50 wt%的 HF 在室温下对 10 g Ti₃AlC₂ 粉末刻蚀 2 h，再经去离子水洗涤、离心、真空干燥收集，得到了由大量二维 MXene 纳米片堆叠而成、片层之间以范德瓦耳斯力和氢键连接的手风琴状的 $Ti_3C_2T_x$ MXene。与前驱体 MAX 相相比，产物的主体结构保持不变，而 A 层原子被除去，表面暴露出的过渡金属原子 Ti 与—OH、—O 或—F 基团结合，以保持结构稳定，最终形成表面带有混合端基的 MXene 材料。刻蚀过程中发生的反应见式(2-1)～式(2-4)。

$$Ti_3AlC_2 + 3HF \longrightarrow AlF_3 + \frac{3}{2}H_2 + Ti_3C_2 \tag{2-1}$$

$$Ti_3C_2 + 2HF \longrightarrow Ti_3C_2F_2 + H_2 \tag{2-2}$$

$$Ti_3C_2 + 2H_2O \longrightarrow Ti_3C_2(OH)_2 + H_2 \tag{2-3}$$

$$Ti_3C_2 + 2H_2O \longrightarrow Ti_3C_2O_2 + 2H_2 \tag{2-4}$$

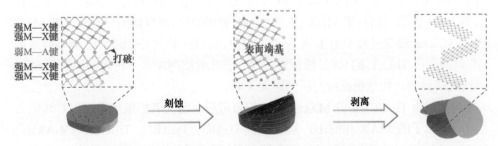

图 2-3　HF 刻蚀 MAX 相制备 MXene 的原理示意图

该刻蚀过程由 HF 插入 MAX 相边缘开始，F⁻与 Al 原子层不断反应形成 AlF₃，

同时生成 H_2 并放出大量热量，H_2 的逸出是产物结构蓬松、呈现手风琴状的原因。因此，HF 的浓度越高，刻蚀反应就越剧烈，产物的手风琴形貌也越显著。图 2-4 为 Ti_3AlC_2 和分别用 5 wt%、10 wt%、30 wt% HF 对 Ti_3AlC_2 刻蚀得到的产物 $Ti_3C_2T_x$ 的形貌[7]，由于 HF 的刻蚀浓度直接影响其刻蚀能力，因此以这三种浓度的 HF 为刻蚀剂实现对 Ti_3AlC_2 的充分刻蚀所需要的刻蚀时间分别为 24 h、18 h 和 5 h。从扫描电子显微镜(SEM)照片可以看出，随着刻蚀剂浓度的增大，在充分刻蚀后得到的 MXene 产物片层分离现象越明显，30 wt% HF 刻蚀所得 $Ti_3C_2T_x$ 具有最蓬松的手风琴结构。

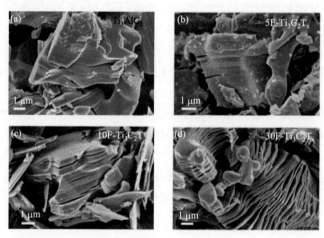

图 2-4 Ti_3AlC_2 MAX 相(a)和不同浓度 HF[(b) 5 wt%、(c) 10 wt%、(d) 30 wt%]作为刻蚀剂对 Ti_3AlC_2 MAX 相进行刻蚀所得产物 $Ti_3C_2T_x$ MXene 的 SEM 形貌[7]

作为一种二维材料，层间距是一个重要的参数。根据布拉格方程，通过 X 射线衍射(XRD)谱图上的(002)峰可以计算层间距的大小，(002)峰的 2θ 角越小，MXene 层间距越大。需要注意的是，手风琴状 MXene 片层堆积蓬松或紧实是宏观上的区分，而与微观上的层间距大小并无联系。图 2-5(a)为图 2-4 中的四个样品的 XRD 谱图。相对于 MAX 相，MXene 的(002)晶面峰位明显左移，即 MAX 相向 MXene 转变过程中由于 A 层原子被刻蚀，层间距明显增大[7]。而不同浓度 HF 刻蚀所得 $Ti_3C_2T_x$ 的(002)峰位置一致，意味着层间距基本相同，证明在 SEM 下所观察到的产物蓬松程度与层间距无关联。

HF 刻蚀 Ti_3AlC_2 制备 MXene 的工作报道后，研究者们很快实现了对其他 A 层为 Al 原子的 MAX 相的 HF 刻蚀，如 Ti_2AlC、Ta_4AlC_3、Ti_3AlCN、V_4AlC_3、V_2AlC、Mo_2TiAlC_2、Ta_4AlC_3、Nb_2AlC 等，刻蚀完成后分别得到手风琴状的 Ti_2CT_x、$Ta_4C_3T_x$、Ti_3CN_x、$V_4C_3T_x$、V_2CT_x、$Mo_2TiC_2T_x$、$Ta_4C_3T_x$、Nb_2CT_x 型 MXene[8]。这些实验结果表明几乎所有 Al 基 MAX 相均可用 HF 刻蚀合成 MXene。

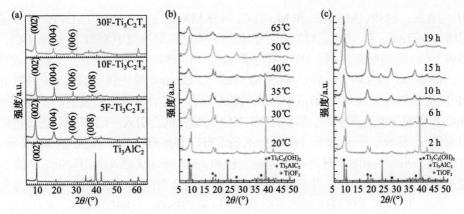

图 2-5　HF 对 Ti$_3$AlC$_2$ 在不同条件下刻蚀所得产物的 XRD 谱图
(a) 30 wt%、10 wt%和 5 wt% HF 分别刻蚀 Ti$_3$AlC$_2$ MAX 相 5 h、18 h、24 h[7]；(b) 使用 50 wt% HF 在不同温度下
刻蚀 2 h[9]；(c) 使用 50 wt% HF 在室温下刻蚀不同时间

　　HF 的浓度、刻蚀温度和刻蚀时间是影响产物产率和性质的主要因素。Barsoum 等使用 50 wt% HF 在 20~65℃一系列温度下对 Ti$_3$AlC$_2$ 刻蚀 2 h，并通过 XRD 观察产物的变化。如图 2-5(b) 所示，在刻蚀温度达到 50℃以上时，MAX 相位于 39°的特征峰消失，代表 Al 的完全刻蚀[9]，也就是说，升高温度有利于刻蚀的进行。图 2-5(c) 为利用 50 wt% HF 在室温下对 MAX 相进行不同时间刻蚀所得的一系列产物的 XRD 谱图。随着反应时间的延长，MAX 相特征峰的强度逐渐减弱，在 15 h 后完全消失，可见延长反应时间也有利于刻蚀过程的进行。由于 HF 极强的腐蚀性，过高的刻蚀温度或过长的刻蚀时间可能会导致过度刻蚀的情况，造成产物缺陷增加、氧化加剧等问题，因此在选择刻蚀条件时，需要从 MAX 相的刻蚀难易程度和预期得到的 MXene 的性质及应用出发进行优化。例如，缺陷较少和横向尺寸较大的 MXene 薄片通常在光学、电子、电磁等领域有广泛的应用前景[10,11]，因此应选择尽可能温和的刻蚀条件。相反地，催化、气体传感和生物医学光热疗法等应用则需要横向尺寸更小、暴露出更多活性边缘的 MXene 纳米片，因此可适度提高刻蚀条件[12-15]。

　　并不是所有的 MAX 相都能被 HF 刻蚀，MAX 相刻蚀的难易程度取决于 M—A 键的强弱及 A 原子对刻蚀剂的敏感程度。一般地，A 层原子在刻蚀剂中的溶解度越大，越易于被 HF 从 MAX 相中刻蚀除去。对于 A 层原子均为 Al 原子的 MAX 相而言，Ti$_3$AlC$_2$ 最易被刻蚀，即使采用浓度低至 5 wt%的 HF 也可在室温下将其成功刻蚀[7]。相比而言，V 基与 Nb 基的 MXene(V$_2$AlC、Nb$_2$AlC 等)的刻蚀难度较大，需要采用浓度高达 50 wt%的 HF 才能刻蚀出对应的 MXene[16,17]。

　　为了避免使用高浓度 HF 时可能带来的操作危险，混酸刻蚀剂成为一种选择。将 HF 与另一种酸如 HCl、H$_2$SO$_4$ 混合，可以在保证刻蚀能力的前提下有效降低

HF 的含量。例如，Mo_2TiC_2 和 $Mo_2Ti_2C_3$ 两种 MXene 原本需要 50 wt% HF 刻蚀前驱体 Mo_2TiAlC_2 和 $Mo_2Ti_2AlC_3$ 相才能获得，通过在刻蚀剂中添加 10 wt% HCl，形成 HCl/HF 混酸刻蚀剂，HF 的浓度降低到 10 wt%，也能实现对二者的有效刻蚀，获得 Mo_2TiC_2 和 $Mo_2Ti_2C_3$ 两种 MXene[18]。Gogotsi 等比较了 HF、HF/HCl 和 HF/H_2SO_4 三种刻蚀剂对 Ti_3AlC_2 的刻蚀效果[19]。结果表明，刻蚀剂的不同会对 $Ti_3C_2T_x$ 表面端基造成影响，如采用 HF/HCl 为刻蚀剂会引入—Cl 基团和更多的结构水分子，导致层间距增大。HF 刻蚀剂通常难以刻蚀掉 A 原子非 Al 的 MAX 相，混合刻蚀剂的使用能够解决这一问题。例如，HF 原本无法刻蚀 Ti_3SiC_2 中的 Si 原子层，但若将 HF 和一些氧化剂混合，形成混合刻蚀剂，则可以对 Ti_3SiC_2 刻蚀，得到 $Ti_3C_2T_x$。可以选择的氧化剂有 H_2O_2、HNO_3、$(NH_4)_2S_2O_8$、$KMnO_4$、$FeCl_3$ 等[20]。也就是说，氧化剂与 HF 按一定比例混合后可以形成具有更强腐蚀性的混合刻蚀剂。但需要注意的是，氧化剂的引入可能给 MXene 带来在制备过程中被氧化的风险。

为了进一步扩大 MXene 的种类，除了刻蚀不同的 MAX 相来制备 MXene 材料外，其他一些非 MAX 相的层状三元化合物也被用作制备 MXene 的前驱体。研究表明，在室温下以 50 wt% 的 HF 为刻蚀剂刻蚀 $Zr_3Al_3C_5$，可得到新型的 $Zr_3C_2T_x$ MXene[21]。与 MAX 相的中间层仅一层原子相比，$Zr_3Al_3C_5$ 的中间层是由 Al 原子和 C 原子组成的多层原子层。在刻蚀过程中发生的反应见式(2-5)～式(2-7)。

$$Zr_3Al_3C_5 + HF \longrightarrow AlF_3 + CH_4 + Zr_3C_2 \qquad (2\text{-}5)$$

$$Zr_3C_2 + 2H_2O \longrightarrow Zr_3C_2(OH)_2 + H_2 \qquad (2\text{-}6)$$

$$Zr_3C_2 + 2HF \longrightarrow Zr_3C_2F_2 + H_2 \qquad (2\text{-}7)$$

与 $Zr_3Al_3C_5$ 类似的前驱体还有 $Hf_3Al_4C_6$[22]，经 HF 刻蚀可以得到 $Hf_3C_2T_x$。

此外，i-MAX 相也可作为合成 MXene 的前驱体，这是一类特殊的面内有序的 MAX 相，通式为 $(M^1_{2/3}M^2_{1/3})_2AX$，其中 M^1 和 M^2 代表两种不同的过渡金属，在基面内化学有序，且 M^2 元素通常处于元素周期表中传统 M 元素和 A 元素之间，不如传统 M 元素稳定，因此在刻蚀过程中，M^2 原子和 A 原子可以一起被刻蚀除去[23]，从而实现了具有平面内有序空位的二维材料的制备。例如，当采用 48 wt% 的 HF 从面内化学有序的 $(Mo_{2/3}Sc_{1/3})_2AlC$ 选择性地刻蚀 Al 和 Sc 原子，可获得具有有序金属空位的 $Mo_{1.33}CT_x$ MXene 纳米片，这些空位赋予了其更高的表面活性，有望在特定应用场景下发挥作用。目前已报道的 i-MAX 相有 10 多种，包括 $(Cr_{2/3}Sc_{1/3})_2AlC$、$(Cr_{2/3}Y_{1/3})_2AlC$、$(Mo_{2/3}Sc_{1/3})_2GaC$、$(Mo_{2/3}Y_{1/3})_2GaC$ 和 $(Cr_{2/3}Zr_{1/3})_2AlC$ 等[24-26]，它们是否能够作为制备 MXene 的前驱体尚有待研究。

HF 刻蚀法操作简单，反应温度低，可刻蚀含 Al 的 MAX 相和部分非 MAX

相。然而，HF 具有强的腐蚀性和毒性，操作过程中存在安全风险和对环境的不利影响等。此外，刻蚀产物的表面存在大量的—F 基团，因此，有必要探索和开发新的更温和、更低毒性、更环保的用于 MXene 材料制备的刻蚀方法。

2.2.2　原位形成 HF 刻蚀法

为解决 HF 刻蚀剂存在的腐蚀性强、操作不便等问题，以 HCl/LiF 混合溶液为代表的原位形成 HF 刻蚀法应运而生。与 HF 刻蚀法类似，该法也依赖于刻蚀剂中的氟离子对 MAX 相中 A 层原子的刻蚀反应活性，反应机制为氟离子刻蚀前驱体中的 A 层原子形成氟化物，伴随着 H^+ 转化为 H_2。与 HF 刻蚀法相比，该法创造了同时具有氟离子和氢离子的溶液环境，不仅避免了 HF 的直接使用，更为重要的是，对 HCl/LiF 混合溶液刻蚀的产物进行多次离心、超声或手摇处理，即可得到单片层的 MXene，该法还具有操作安全简单、能耗低、环境友好等优点，因此成为目前制备 MXene 最为常用的方法。

1. 酸/氟酸盐刻蚀法

Ghidiu 等在 2014 年首次报道了采用 HCl/LiF 溶液为刻蚀剂在 40℃下刻蚀 Ti_3AlC_2 制备 MXene 的方法[27]，制备过程如图 2-6(a)所示。该法成功地制备出了具有较强可塑性的 $Ti_3C_2T_x$ 导电"黏土"，可以进一步用辊压法制成薄膜[图 2-6(b)]。通过轧制得到的自支撑 MXene 薄膜具有良好的柔性，可轻易弯曲成"M"形[图 2-6(c)]，且电导率高达 1500 S/cm。此外，接触角测试表明其亲水性良好[图 2-6(d)]。在微观形貌上，"黏土"呈现多片层堆叠的手风琴结构，与 HF 刻蚀法所得 MXene 形貌类似。

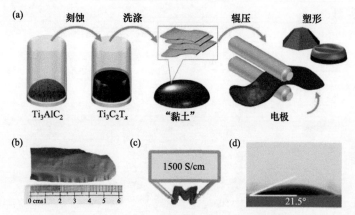

图 2-6　"黏土"MXene 的制备及其基本性质[27]

(a) 从 Ti_3AlC_2 到"黏土" $Ti_3C_2T_x$ 的制备及塑形；(b)"黏土"MXene 辊压干燥得到的薄膜；(c) 弯曲成"M"形的 MXene 及其高电导率；(d) 接触角

目前，用氟酸盐和酸的混合液来刻蚀 MAX 相前驱体已发展为一种制备 MXene 的成熟方法。除了 LiF 外，其他氟酸盐，如 NaF、KF、NH$_4$F 和 FeF$_3$ 等，也可与 HCl 配合，用作刻蚀剂[28, 29]。在刻蚀过程中，Li$^+$ 等阳离子会自发插入到 MXene 层之间，扩大 MXene 的层间距。由于不同阳离子的尺寸不同，采用含不同氟酸盐的混合溶液刻蚀制备的 MXene 层间距不同，因而性质也有差异。HCl/FeF$_3$ 作为刻蚀剂对 MAX 相的成功刻蚀表明过渡金属离子可以通过刻蚀过程进入 MXene 层间。然而，Fe^{3+} 较强的氧化性容易诱发 MXene 的氧化行为，难以获得较高的产率和纯度。除了氟酸盐外，盐酸也可被其他酸代替。例如，可以采用 H$_2$SO$_4$ 代替 HCl，可于刻蚀过程中在 MXene 表面引入—SO$_4$ 端基[30]，应用于超级电容器电极时，—SO$_4$ 的静电效应可以驱动电解液的离子渗透。虽然诸多酸和氟酸盐的混合液都可用于MAX 相的刻蚀，但 HCl/LiF 仍是最为常用的制备 MXene 材料的刻蚀剂。这是由于使用该刻蚀剂得到的手风琴状 MXene 可以直接通过温和的超声或手摇法进一步进行剥离，得到单片层 MXene。对于 HCl/LiF 刻蚀剂来说，LiF 的浓度对刻蚀效果和制备的 MXene 材料的物理化学性质有很大的影响。高的 Li$^+$浓度有助于 Li$^+$的插层及 Al 原子层的刻蚀脱出[31]。图 2-7 给出了分别用 5 mol/L LiF/6 mol/L HCl 和 7.5 mol/L LiF/9 mol/L HCl 两种比例的刻蚀剂对 Ti$_3$AlC$_2$ 进行刻蚀制备的 MXene 的微观形貌。可以看出，由于所用的 LiF 浓度更高，后者所制得的产物具有更大的横向尺寸和更小的缺陷密度。反映在宏观性质上，小尺寸 MXene 呈粉末状，而大尺寸 MXene 呈现出细鳞片状，且难以研磨成粉末。在

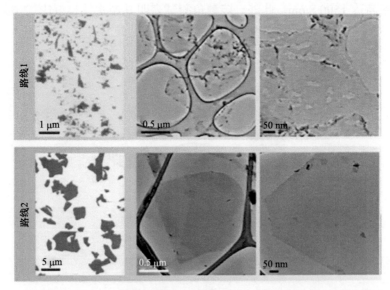

图 2-7 采用不同酸/氟酸盐比例的刻蚀剂对 Ti$_3$AlC$_2$ 进行刻蚀的产物透射电子显微镜(TEM)图[31]
路线 1：5 mol/L LiF/6 mol/L HCl；路线 2：7.5 mol/L LiF/9 mol/L HCl

刻蚀时间方面，常见的 Ti 基 MXene 的刻蚀可以在 24 h 内完成，但对于一些剥离能更高的 MAX 相，往往需要更长的刻蚀时间。例如，在对 $(Nb, Zr)_4AlC_3$ 进行刻蚀时[32]，至少需要刻蚀 7 天才能得到 $(Nb, Zr)_4C_3T_x$。酸/氟酸盐刻蚀法对一些非 MAX 相前驱体也有效果，采用 HCl/LiF 刻蚀剂在 35℃下对 Mo_2Ga_2C 连续刻蚀 144 h 可获得 Mo_2CT_x MXene[33]。

采用酸/氟酸盐刻蚀法得到的 MXene 表面端基类型可能包括—F、—OH、—O 和—SO₄ 等。相比于 HF 刻蚀法，酸/氟酸盐刻蚀出的 MXene 层间还伴有 Li^+、Na^+、K^+ 等阳离子及单层/多层水分子的嵌入，因此在干燥前后层间距会有一层或几层水分子层的变化[29]。表面基团的类型也会影响层间距。由于—F 基团有强的疏水性，当—F 基团占比大时，层间水分子会减少，导致层间距减小。

酸/氟酸盐刻蚀法比 HF 刻蚀法更加安全和环境友好。然而由于其较弱的腐蚀性，对一些难于刻蚀的 MAX 相，在刻蚀后往往有残余的 MAX 相，导致产率偏低。此外，该法的刻蚀范围也局限于含 Al 的 MAX 相和部分非 MAX 相。

2. 双氟盐刻蚀法

除了利用酸/氟酸盐形成 HF 外，另一种原位形成 HF 的刻蚀方法是双氟盐刻蚀剂法。以 NH_4HF_2 为代表的双氟盐可在水中发生电离，具体反应见式 (2-8) 和式 (2-9)。

$$NH_4HF_2 \longrightarrow NH_4^+ + HF_2^- \tag{2-8}$$

$$HF_2^- \longrightarrow HF + F^- \tag{2-9}$$

2014 年，德雷塞尔大学团队和林雪平大学团队合作，首次利用 NH_4HF_2 对溅射沉积外延法制备的 Ti_3AlC_2 薄膜进行室温刻蚀，得到 $Ti_3C_2T_x$[34]，并用扫描透射电子显微镜 (STEM) 图像证实了多层二维 MXene 结构的形成，表明了双氟盐对 MAX 相刻蚀的有效性。刻蚀过程中，双氟盐解离成水合阳离子，吸附在带负电荷的 MXene 纳米片表面，形成较大的层间距。很快，研究者证明双氟盐刻蚀法对粉状的 Ti_3AlC_2 同样可以有效刻蚀，其刻蚀反应过程见式 (2-10) 和式 (2-11)。

$$Ti_3AlC_2 + 3NH_4HF_2 \longrightarrow (NH_4)_3AlF_6 + Ti_3C_2 + 1.5H_2 \tag{2-10}$$

$$Ti_3C_2 + aNH_4HF_2 + bH_2O \longrightarrow (NH_3)_c(NH_4)_dTi_3C_2(OH)_xF_y \tag{2-11}$$

除 NH_4HF_2 外，$NaHF_2$ 和 KHF_2 等双氟盐也可用于刻蚀 MAX 相制备 MXene 材料。刻蚀过程中水合阳离子会插入 MXene 层间，由于 K^+ 和 NH_4^+ 的阳离子半径较大，因此制备的 MXene 具有更大的层间距。然而，通过双氟盐刻蚀法得到的手风琴状的产物并不能直接通过超声或手摇法获得单片层 MXene，仍要加入插层剂，进行进一步的插层处理才能将产物剥离为单层纳米片。

双氟盐刻蚀法目前的研究主要是对 Ti_3AlC_2 的刻蚀，对于其他前驱体能否进行刻蚀尚需探究。

3. 其他原位形成 HF 的方法

除了以上两种原位形成 HF 的方法外，还有一些类似的刻蚀方法。如将 NH_4F 与氯化胆碱和草酸形成的低共晶混合溶剂混合[35]，并在 $100 \sim 180℃$ 之间进行水热反应可以对 Ti_3AlC_2 进行刻蚀。在该刻蚀方法中，草酸与 NH_4F 反应生成 HF，破坏 Ti_3AlC_2 中的 Ti—Al 键，形成手风琴状 $Ti_3C_2T_x$ MXene；而 Cl^- 可以插入到 MXene 的层间，增加层间距。某些离子液体也可作为刻蚀剂使用，如 $EMIMBF_4$ 和 $BMIMPF_6$ 可在 $80℃$ 下对 Ti_3AlC_2 和 Ti_2AlC 进行刻蚀[36]，其原理同样是刻蚀剂中解离出的 BF_4^- / PF_6^- 和 H^+ 对 Al 原子层起到刻蚀作用。

2.2.3   含氟熔融盐刻蚀法

在水溶液中刻蚀的方法适用于大多数含 Al 的 MAX 相，操作温度一般较低，且生成的 MXene 亲水性较好。然而，受限于较高的剥离能，大多数 A 原子层非 Al 的 MAX 相或氮化物 MAX 相却难以在水溶液中完成刻蚀。理论计算表明，由 $Ti_{n+1}AlN_n$ 转化为 $Ti_{n+1}N_n$ 比 $Ti_{n+1}AlC_n$ 转化为 $Ti_{n+1}C_n$ 需要的能量更高[37]，表明 $Ti_{n+1}AlN_n$ 中 Ti 和 Al 原子之间的强键合所导致的热力学原因使其更不易被刻蚀。此外，$Ti_{n+1}N_n$ 的结合能小于 $Ti_{n+1}C_n$，说明氮化物的结构稳定性不如碳化物，容易在含氟水溶液中溶解。为了得到氮化物 MXene，有研究者尝试用氨气对碳化物 MXene 进行高温热处理，以实现对其氮化[38]。结果表明，氨气处理对于将 HF 刻蚀所得的 Mo_2CT_x 转化为 Mo_2NT_x 是有效的。然而，对于 HF 刻蚀制备的 V_2CT_x，NH_3 处理会使其结构发生转变，形成三角相 V_2N 和立方相 VN 的混合层状结构，不能得到 V_2NT_x MXene。鉴于热处理氮化的方法并不具有普适性，因此需要寻找新的制备过渡金属氮化物 MXene 的方法。

相比于水溶液刻蚀法，熔融盐刻蚀法具有更强的刻蚀效果。2016 年，Yury Gogotsi 等首次报道了用含氟熔融盐的方法刻蚀氮化物 MAX 相以制备氮化物 MXene 的方法[39]。该法利用 LiF、NaF 和 KF 的混合熔融盐与 Ti_4AlN_3 在 $550℃$ 下共热，生成了 $Ti_4N_3T_x$，表明熔融盐刻蚀法能实现对一些水系刻蚀法难以成功刻蚀的前驱体的刻蚀。与水系刻蚀法类似，熔融盐刻蚀法得到的 MXene 也呈现手风琴状。由于在无水环境下进行，产物表面不含—OH 基团，因此其亲水性也远不及在水溶液环境刻蚀得到的 MXene。

2.3　无氟刻蚀法

2.3.1　电化学刻蚀法

电化学刻蚀法制备 MXene 是以前驱体 MAX 相为工作电极,在特定电压下进行电化学反应,以选择性去除 Al 原子层得到对应的 MXene。起初,电化学法被用于对 Ti_3AlC_2 进行阳极氧化,将其转化为碳化物衍生碳(carbide-derived carbon,CDC)[40]。在阳极氧化过程中,MAX 相中的 M—A 键首先断裂,使 A 层除去。随着电压的逐渐升高和刻蚀时间的逐渐延长,M 层开始脱出,最终剩下非晶态碳相,即 CDC。因此,从理论上说,通过利用 A 层和 M 层发生腐蚀的电压差,控制刻蚀电位在 A 层和 M 层的刻蚀电压之间,就可以实现对 A 原子的选择性去除,从而合成得到 MXene。

电化学刻蚀法的主要参数包括刻蚀电位、刻蚀时间和电解液。有研究者分别用 H_2SO_4、HNO_3、NaOH、NH_4Cl 和 $FeCl_3$ 作为电解液[41],对 Ti_3AlC_2 进行电化学刻蚀,所用的双电极体系示意图如图 2-8 所示。将块状 MAX 相切割为两块方形材料,分别作为工作电极和对电极,接通电源对作为工作电极的 MAX 相进行电化学刻蚀,即可制备得到 MXene。结果表明,电解液中含有 Cl^- 是刻蚀的必要条件,Cl^- 和 Al 原子的结合可以打破 Ti—Al 键,从而从 MAX 相中选择性刻蚀掉 Al 层;而采用 H_2SO_4、HNO_3 或 NaOH 等无氯刻蚀剂则无法对 Ti_3AlC_2 进行电化学刻蚀。电化学刻蚀的机理见式(2-12)～式(2-14)。

$$Ti_3AlC_2 + 3Cl^- - 3e^- \longrightarrow Ti_3C_2 + AlCl_3 \tag{2-12}$$

$$Ti_3C_2 + 2OH^- - 2e^- \longrightarrow Ti_3C_2(OH)_2 \tag{2-13}$$

$$Ti_3C_2 + 2H_2O \longrightarrow Ti_3C_2(OH)_2 + H_2 \tag{2-14}$$

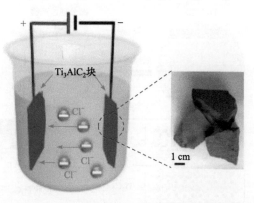

图 2-8　电化学刻蚀 MAX 相的双电极体系示意图及未处理的块状 MAX 相[41]

在实际的电化学刻蚀中，由于 MAX 相是致密块体，只有表面能接触到电解液，因此发生电化学刻蚀最初生成的 MXene 层会包裹在 MAX 相表面，阻碍电解液与内部的接触，使内部 MAX 相难以被电化学刻蚀。随着刻蚀时间的延长，外部的 MXene 层被进一步转化为 CDC 层，因此产生了 MAX 相内核-MXene 中间层-CDC 外层的三层结构，使 MXene 难以收集，产率大大降低[42]。

为了促进 MAX 相的块体内部能与电解液充分接触，保证刻蚀反应的持续进行，可添加插层剂插入 MAX 相，扩大层间距，使电解液离子能够进入 MAX 相内部反应。例如，在电解液中加入适量 TMAOH 作为插层剂[41]，TMAOH 可以很容易地插入到 MAX 相层中，增加 Al 原子层与电解液的接触，促进内部 MAX 相的刻蚀；同时，由于内部 A 原子层可以不断与电解液反应，也有利于抑制外层 MXene 的过刻蚀，减少 CDC 层的产生。进一步研究发现，热辅助电化学刻蚀可使刻蚀效率和产率有所提高[43]，但目前仍无法通过电化学刻蚀法得到高产率和纯相的 MXene。

电化学刻蚀是一种绿色、安全、低能耗的合成方法，目前用电化学刻蚀制备得到的 MXene 包括 $Ti_3C_2T_x$、Ti_2CT_x、V_2CT_x 和 Cr_2CT_x。然而，CDC 层的存在和内部 MAX 相难以被刻蚀仍是其面临的挑战。

2.3.2　碱刻蚀法

最早对碱刻蚀法的尝试是以稀 NaOH 溶液在 80℃下对 Ti_3AlC_2 进行浸泡，通过 Al 原子在 NaOH 中的溶解来实现刻蚀。然而，由于稀碱溶液的腐蚀性较弱，只能对 MAX 相最表层进行刻蚀，形成外层 MXene-内部 MAX 相的结构[图 2-9 (a)][44]。这种方法不仅产率很低，将表层的 MXene 与内部的 MAX 相进行分离收集也很有难度。在采用稀碱溶液处理 MAX 相时，若温度过高，还可能生成氧化物层。有研究表明，采用稀 KOH 或 NaOH 在 200℃下处理 Ti_3AlC_2，表层会生成 $K_2Ti_8O_{17}$ 或 $Na_2Ti_7O_{15}$ 两种氧化物，而中间仍是未反应的 MAX 相[45, 46]。

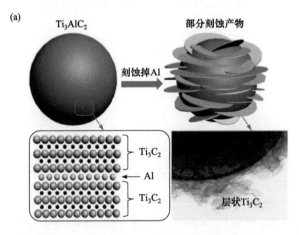

(a)　　Ti_3AlC_2　　部分刻蚀产物

刻蚀掉Al

Ti_3C_2

Al

Ti_3C_2

层状Ti_3C_2

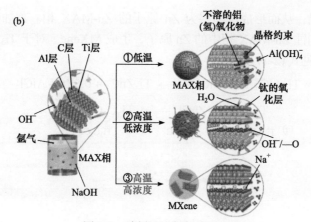

图 2-9　碱刻蚀法制备 MXene

(a) 由稀 NaOH 刻蚀而得的 MXene-MAX 相结构[44]；(b) 利用不同温度和浓度的 NaOH 对 Ti$_3$AlC$_2$ MAX 相进行刻蚀所得的结果[47]

高温和高碱浓度是碱刻蚀法成功制备 MXene 材料的必要条件。如图 2-9(b) 所示，将 Ti$_3$AlC$_2$ 与 27.5 mol/L NaOH 溶液在 270℃下进行水热反应[47]，可获得表面无氟的 Ti$_3$C$_2$T$_x$，产率高达 92%，且产物亲水性良好。水热过程中主要的反应是将 MAX 相中的 Al 原子层转化为 Al(OH)$_3$，然后在碱性介质中溶解，具体反应方程式见式(2-15)~式(2-16)。

$$Ti_3AlC_2 + OH^- + 5H_2O \longrightarrow Ti_3C_2(OH)_2 + Al(OH)_4^- + 2.5H_2 \qquad (2\text{-}15)$$

$$Ti_3AlC_2 + OH^- + 5H_2O \longrightarrow Ti_3C_2O_2 + Al(OH)_4^- + 3.5H_2 \qquad (2\text{-}16)$$

水热反应结束后所得 MXene 的微观形貌同样呈现为手风琴状，表面端基类型为—O 和—OH，具有良好的亲水性，且避免了卤素端基的引入。

此外，有报道将 0.1g Ti$_3$AlC$_2$ 在 0.05 mL 的水与 0.35 g KOH 的混合体系中于 180℃下进行水热处理制备 MXene[48, 49]。由于该方案中水含量过低，无法准确计算浓度，因此将 KOH 的含量表示为质量分数，在这种方法中，KOH 的质量分数需大于 80 wt%，才能刻蚀成功。

碱刻蚀法绿色、环保、高效，且可以得到纯净、表面无氟、高亲水性的产物。然而，高浓度碱和高温水热反应的安全风险限制了该方法的广泛应用。

2.3.3　路易斯酸熔融盐刻蚀法

基于过渡金属卤化物是电子受体，在熔融状态下可以与 MAX 相的 A 原子层反应的原理，采用过渡金属卤化物在熔融态下对 MAX 相进行刻蚀可以制备 MXene 材料。黄庆等利用 ZnCl$_2$ 熔融盐实现了对 Ti$_3$AlC$_2$、Ti$_2$AlC、Ti$_2$AlN 和 V$_2$AlC 几种 MAX 相的刻蚀[50]。其反应机理如图 2-10(a) 所示，ZnCl$_2$ 与 MAX 相反应时，MAX 相中较弱的 M—A 键被打破，Al 原子转化为 Al^{3+} 溶出。Zn 原子随后插入，占据 A 层位置，从而形成中间层为 Zn 原子的 Zn-MAX 相。刻蚀体系中过量的 $ZnCl_2$ 将继续刻蚀 Zn-MAX 相中的 Zn 原子，生成 MXene。对于 Ti_3AlC_2，刻蚀过程发生的反应见式(2-17)～式(2-18)。

$$Ti_3AlC_2 + 1.5ZnCl_2 \longrightarrow Ti_3ZnC_2 + 0.5Zn + AlCl_3 \tag{2-17}$$

$$Ti_3ZnC_2 + ZnCl_2 \longrightarrow Ti_3C_2Cl_2 + 2Zn \tag{2-18}$$

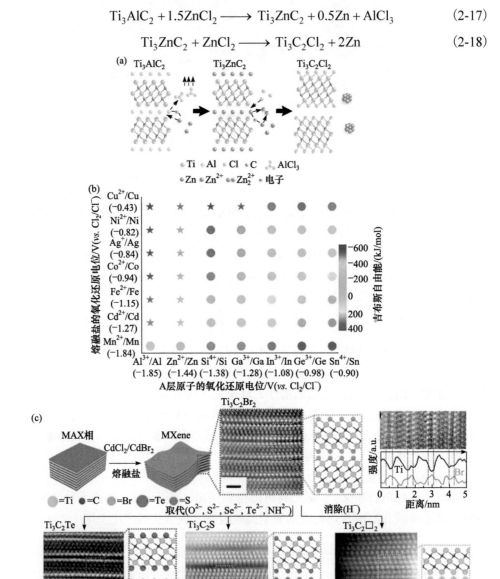

图 2-10　熔融盐刻蚀法制备 MXene

(a) 利用 $ZnCl_2$ 熔融盐刻蚀 Ti_3AlC_2 的原理示意图[50]；(b) 路易斯酸熔融盐和 A 层原子的氧化还原电位总结[51]；
(c) 利用熔融盐刻蚀法调节 MXene 表面端基类型的原理示意图[52]。比例尺为 1nm

　　由于该反应过程会生成中间产物 Zn-MAX 相，$ZnCl_2$ 和 Ti_3AlC_2 的比例会显著影响最终刻蚀产物的纯度。因此，在刻蚀剂中的 $ZnCl_2$ 应充分过量，以保证中间产物能被进一步转化为 MXene。该反应的发生可以用 Zn 在熔融 $ZnCl_2$ 中的溶解来解释，Zn^{2+} 是很强的电子受体，可以与 Zn 发生氧化还原反应，形成低价的锌离子(Zn^+或Zn_2^{2+})，即反应可以写成式(2-19)～式(2-21)。

$$Ti_3ZnC_2 + Zn^{2+} \longrightarrow Ti_3C_2 + Zn_2^{2+} \qquad (2\text{-}19)$$

$$Ti_3C_2 + 2Cl^- \longrightarrow Ti_3C_2Cl_2 + 2e^- \qquad (2\text{-}20)$$

$$Zn_2^{2+} + 2e^- \longrightarrow 2Zn \qquad (2\text{-}21)$$

　　利用这种方法得到的 MXene 表面端基主要是—Cl 基团，而不是水溶液中刻蚀所得产物一般具有的—F、—O 和—OH 基团。

　　黄庆等经过进一步研究提出，根据置换反应的原理，熔融态过渡金属卤化物刻蚀法可扩展为路易斯酸熔融盐刻蚀法[51]。这种刻蚀法对前驱体具有普适性，可以将 MAX 相的刻蚀范围从含 Al 基 MAX 相扩展到 A 原子层为其他元素(如 Si、Zn 和 Ga)的 MAX 相，表明熔融盐刻蚀法相比于水系刻蚀法具有更强的刻蚀能力。路易斯酸熔融盐刻蚀法遵循氧化还原电位序。路易斯酸熔融盐在熔融态时通常具有较高的电化学氧化还原电位，可刻蚀电化学氧化还原电位较低的 MAX 相。例如，由于 $CuCl_2$(-0.43 V $vs.$ Cl_2/Cl^-)具有较 Si^{4+}/Si(-1.38 V)更高的氧化还原电位，因此 $CuCl_2$ 可以作为刻蚀剂，将 Ti_3SiC_2 MAX 相中的 Si 原子层刻蚀掉，$CuCl_2$ 自身将被还原为 Cu。将所得的 $Ti_3C_2T_x$/Cu 混合物用过硫酸铵处理以去除 Cu 颗粒。该过程所发生的反应见式(2-22)～式(2-24)。

$$Ti_3SiC_2 + 2CuCl_2 \longrightarrow Ti_3C_2 + SiCl_4 + 2Cu \qquad (2\text{-}22)$$

$$Ti_3C_2 + CuCl_2 \longrightarrow Ti_3C_2Cl_2 + Cu \qquad (2\text{-}23)$$

$$(NH_4)_2S_2O_8 + Cu \longrightarrow CuSO_4 + (NH_4)_2SO_4 \qquad (2\text{-}24)$$

　　由于过硫酸铵具有一定的氧化性，除铜过程中 MXene 表面部分卤素基团被氧化为—O，最后得到表面端基为—Cl 和—O 基团的 $Ti_3C_2T_x$。不同路易斯酸盐和 A 元素的氧化还原电位的总结如图 2-10(b)所示，根据图中氧化还原电位关系，可选择合适的 MAX 相和对应的刻蚀剂来制备 MXene 材料。表 2-1 列出了各种 MAX 相与选择的刻蚀剂之间的反应条件。这一方法为制备新型 MXene、扩大 MXene 材料的种类提供了重要途径。

表 2-1　不同 MAX 相和路易斯酸熔融盐反应的参数[51]

MAX 相	路易斯酸熔融盐	原料摩尔比				温度 /℃
		MAX 相	路易斯酸熔融盐	NaCl	KCl	
Ti_2AlC	$CdCl_2$	1	3	2	2	650
Ti_3AlC_2	$FeCl_2$	1	3	2	2	700
Ti_3AlC_2	$CoCl_2$	1	3	2	2	700
Ti_3AlCN	$CuCl_2$	1	3	2	2	700
Ti_2AlC	$CuCl_2$	1	3	2	2	650
Ti_3AlC_2	$NiCl_2$	1	3	2	2	700
Ti_3AlC_2	$CuCl_2$	1	3	2	2	700
Nb_2AlC	$AgCl$	1	5	2	2	700
Ta_2AlC	$AgCl$	1	5	2	2	700
Ti_3ZnC_2	$CdCl_2$	1	2	2	2	650
Ti_3ZnC_2	$FeCl_2$	1	3	2	2	700
Ti_3ZnC_2	$CoCl_2$	1	3	2	2	700
Ti_3ZnC_2	$CuCl_2$	1	3	2	2	700
Ti_3ZnC_2	$NiCl_2$	1	3	2	2	700
Ti_3ZnC_2	$AgCl$	1	4	2	2	700
Ti_3SiC_2	$CuCl_2$	1	3	2	2	750
Ti_2GaC	$CuCl_2$	1	3	2	2	600

　　通过改变路易斯酸熔融盐类型可以调控 MXene 的表面端基，进而调节其表面化学性质。如使用 $CuBr_2$ 或 CuI_2 作为刻蚀剂，可分别获得表面端基为—Br 端基和—I 端基的 MXene[52]。如图 2-10(c) 所示，由于—Cl、—Br、—I 等端基与 MXene 表面的结合力相对较弱(弱于—F 端基与表面的结合力)，首先通过路易斯酸熔融盐将 MAX 相进行刻蚀，得到表面为—Cl、—Br、—I 端基的 MXene，再通过基团的置换，即可将—Cl 端基替换为其他基团，为设计具有表面选择性的 MXene 提供了新的途径。目前通过这种方案，已经成功合成出了表面为—O、—NH、—S、—Se、—Te 及表面无端基的 MXene，给 MXene 的性能调控和应用带来了更大的空间。如 Nb_2CT_x 在经过表面端基调控后，在 T=—Cl、—S、—Se 和—NH 时首次实现了 MXene 的超导性质[52]。

　　林紫峰等[53]在路易斯酸熔融盐刻蚀法的基础上，提出了在空气气氛中一锅法快速制备二维 MXene 材料的新思路，将合成 MAX 相和刻蚀制备 MXene 在一锅中完成，从而首次实现了以金属单质为原料直接制备二维 MXene 材料。该法的具体步骤为：将 Ti、Al、C 三种制备 MAX 相的粉末原料按照一定比例混匀压片，并置于 NaCl 和 KCl 的盐床中。当原料在马弗炉中升温时，低熔点共晶盐熔融成为液态，并将片状反应物包裹于其中，从而起到与空气隔离的作用。对于 Ti_3AlC_2 MAX 相的合成来说，在 1300℃下仅反应 1 h 即可生成 Ti_3AlC_2 MAX 相。为了进一步得到 MXene，将马弗炉温度降至 700℃时，加入路易酸盐 $CuCl_2$ 作为刻蚀剂，直接对生成的 Ti_3AlC_2 进行刻蚀。刻蚀过程仅 10 min 即可完成，得到 $Ti_3C_2T_x$ MXene。通过改变原料的比例和合成 MAX 相的温度，也可制备出 Ti_2CT_x MXene。该法不仅可以直接在空气中制备 MXene，还极大地缩短了制备 MXene 所需的反应时间。

根据 MXene 的表面端基和电子特性，可以通过构建 MXene 的理论模型来预测其在某些应用中的行为。然而，实验制备的 MXene 通常表面基团组成复杂，导致理论预测和实际性能之间有很大的差距。因此，通过基于对熔融盐刻蚀法制备的 MXene 的表面基团转化，将 MXene 表面基团转化为预期的构型，使其贴近理论推测的性质，是 MXene 表面工程的重要课题。非水系熔融盐刻蚀法虽然对不同种类 MAX 相的刻蚀具有较好的普适性和较高的操作安全性，但该方法仍处于探索阶段，制备的 MXene 的电导率、亲水性等特性还有待深入研究。此外，目前熔融盐刻蚀法所获得的 MXene 依然为手风琴形貌，尚未找到有效的剥离方式来制备单片层 MXene。

2.3.4　其他无氟刻蚀法

为了追求 MXene 的绿色、高效和安全制备，人们对 MXene 的各种可能的合成路线进行了广泛探索。除了上述方法之外，其他一些无氟工艺也可以用于刻蚀制备 MXene 材料。

除氟以外，碘和溴等其他卤素物质也可以作为由 MAX 相制备 MXene 的刻蚀剂。冯新亮等以无水乙腈(CH_3CN)为溶剂，在 100℃下利用 I_2 作为刻蚀剂对 Ti_3AlC_2 进行刻蚀[54]，得到了手风琴状的 $Ti_3C_2I_x$ MXene。随后用 1 mol/L HCl 处理该产品，以去除刻蚀过程中产生的 AlI_3。表面—I 端基的不稳定性使得其在 HCl 溶液中向—OH 和—O 转化。因此，可以得到无氟的 $Ti_3C_2T_x$(T=—O，—OH)，其原理如图 2-11(a)所示。Vaia 等则在手套箱环境中，利用多种卤素单质(Br_2、I_2)和卤素间化合物(ICl、IBr)刻蚀 Ti_3AlC_2，随刻蚀剂成分的不同，生成的 MXene 表面为纯的或混合的—Cl、—Br 或—I 端基[55]。由于刻蚀过程在手套箱中进行，并且所得 MXene 被存储在四氢呋喃溶剂中，因此表面的卤素基团不会发生任何转化。然而，部分卤素刻蚀剂使用所需的条件比较苛刻，如 ICl 须溶解在 CS_2 中使用，且要求在恒温-78℃的条件下连续搅拌 4 h；对于 I_2 作为刻蚀剂，则需要在环己烷中恒温 70℃连续搅拌 8 h 来完成刻蚀，给实际操作带来了一定困难。

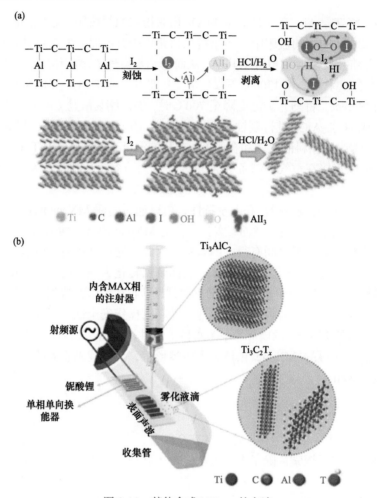

图 2-11　其他合成 MXene 的方法

(a) 用 I_2 作为刻蚀剂，在无水乙腈中刻蚀 Ti_3AlC_2 的原理示意图[55]；(b) 表面声波刻蚀 Ti_3AlC_2 的装置示意图[57]

　　除了化学刻蚀法外，采用机械波或电磁波等物理方法刻蚀 MAX 相的研究也有报道。孙子其等[56]以 Mo_2Ga_2C 为前驱体，在磷酸溶液中用紫外光（100 W）刻蚀 Ga 层，3～5 h 后可产生 Mo_2C MXene。该法的优点是效率高，且能避免使用有害或强腐蚀性的酸，但生成的 MXene 表面并不光滑，而是富有介孔。Rosen 等将 Ti_3AlC_2 置于低浓度（约 0.05 mol/L）的 LiF 溶液中，使用表面声波刻蚀法，通过毫秒级的超速刻蚀过程，实现了由 Ti_3AlC_2 到 $Ti_3C_2T_x$ 的转变[57]。该法的实验装置示意图如图 2-11 (b) 所示。该装置由压电基底（$LiNbO_3$）和单相单向换能器（SPUDTs）组成。表面声波产生并局限于单晶压电基片的表面，具有沿表面传播的能力。压电基底的强机电耦合特性可以驱动原子和分子尺度上的动态极化现象，使大晶体剥落成单层或几层纳米片。此外，表面声波可诱导水分子离解，产生质子，增加了刻蚀 Al 所需的氟离子的扩散能力，加速了反应动力学。该法不仅可以避免酸的使用，还能在极短的时间内完成刻蚀反应，具有很高的效率。

利用热还原法制备 Ti$_2$C MXene 的策略也有报道[58]。研究者们别出心裁，首先采用 Ti、TiS$_2$ 和石墨烯合成了 A 层元素为硫的新型 Ti$_2$SC MAX 相。这种 MAX 相中的硫原子中间层在高温下不稳定，可被 Ar/H$_2$ 解离，生成富有介孔的 Ti$_2$C MXene。然而，该方法强烈依赖于含硫 MAX 相，具有局限性，且当温度超过 700℃ 时，容易引起 TiO$_2$ 形核，直接影响 MXene 的纯度和产率。还有研究团队尝试用藻类来进行 MAX 相的刻蚀[59]。研究表明，藻类中产生的有机酸具有刻蚀 Al 原子的能力。以 V$_2$AlC 为前驱体，用藻类将其在室温下刻蚀一整天后，得到 V$_2$CT$_x$ MXene 纳米片，片层尺寸为 50～100 nm，平均厚度约为 1.8 nm。

MXene 的制备是 MXene 材料研究的重要方向，也是实现 MXene 材料从实验室研究向大规模应用迈进的关键。研究者们在 MXene 材料的合成方面进行了大量的探索，表 2-2 对常见的 MXene 的刻蚀制备方法进行了总结，对比了其各自的特点、优势和不足之处。

表 2-2　MXene 材料的常见刻蚀制备方法总结

刻蚀方法	端基类型	方法优势	方法不足	实例		
				MAX 相	MXene	条件
HF 刻蚀法	—F，—OH，—O	刻蚀温度低，刻蚀时间较短	HF 具有高腐蚀性、毒性、非环境友好性	Ti$_3$AlC$_2$	Ti$_3$C$_2$T$_x$	50 wt% HF, RT, 2 h
				V$_2$AlC	V$_2$CT$_x$	50 wt% HF, RT, 90 h
				Ti$_3$AlCN	Ti$_3$CNT$_x$	30 wt% HF, RT, 18 h
				Mo$_2$Ga$_2$C$_2$	Mo$_2$CT$_x$	50 wt% HF, 55℃, 160 h
				Zr$_3$Al$_3$C$_5$	Zr$_3$C$_2$T$_x$	50 wt% HF, RT, 72 h
原位形成 HF 刻蚀法	—F，—OH，—O	避免了 HF 的直接使用，刻蚀温度较低，可简便剥离为单片层 MXene	刻蚀范围和产率有限	Ti$_3$AlC$_2$	Ti$_3$C$_2$T$_x$	12 mol/L LiF+9 mol/L HCl, RT, 24 h
				V$_2$AlC	V$_2$CT$_x$	2 g NaF+12 mol/L HCl, 90℃, 72 h
				Ti$_2$AlC	Ti$_2$CT$_x$	6 mol/L LiF+9 mol/L HCl, 40℃, 15 h
				(Nb,Zr)$_4$AlC$_3$	(Nb,Zr)$_4$C$_3$T$_x$	2.3 mol/L LiF+12 mol/L HCl, 50℃, 168 h
含氟熔融盐刻蚀法	—F，—O	能刻蚀剥离能较高的前驱体	温度较高，无法避免—F 基团的引入	Ti$_4$AlN$_3$	Ti$_4$N$_3$T$_x$	KF + LiF+ NaF, 550℃, 0.5 h, Ar
碱刻蚀法	—O，—OH	产率高，产物无氟端基，亲水性好	需要浓碱、高温，操作存在安全风险	Ti$_3$AlC$_2$	Ti$_3$C$_2$T$_x$	27.5 mol/L NaOH, 270℃, 12 h

续表

刻蚀方法	端基类型	方法优势	方法不足	实例		
				MAX 相	MXene	条件
电化学刻蚀法	—Cl, —OH, —O	刻蚀温度较低, 产物无氟端基	产率低, 杂质较多	Ti$_2$AlC	Ti$_2$CT$_x$	2 mol/L HCl, 0.6 V, 120 h, RT
				Cr$_2$AlC	Cr$_2$CT$_x$	1 mol/L HCl, 1 V, 9 h, 50℃
路易斯酸熔融盐刻蚀法	—X(X=Cl, Br, I)/—O	普适性好, 表面基团调控方便	产物亲水性差	Ti$_3$AlC$_2$	Ti$_3$C$_2$T$_x$	CuCl$_2$/NaCl/KCl, 700℃, 24 h
				Ti$_3$SiC$_2$	Ti$_3$C$_2$T$_x$	CuCl$_2$/NaCl/KCl, 750℃, 24 h

2.4　多片层 MXene 的插层与剥离

采用氢氟酸、含氟熔融盐、浓碱等刻蚀掉 MAX 相中的 A 层原子，通常得到的是层与层之间通过范德瓦耳斯力和氢键连接堆叠在一起、具有类似手风琴状结构的 MXene。单层 MXene 纳米片具有更大的比表面积和更好的亲水性，如何实现多片层 MXene 的插层与剥离从而制备出单层 MXene 纳米片是 MXene 材料合成的关键科学问题。在首次报道 MXene 的合成时，研究人员就试图用超声处理将手风琴状的 MXene 进行剥离。然而，由于其层间的强相互作用，获得的单片层 MXene 的产率很低，难以收集和应用。因此，剥离多片层 MXene 的关键是破坏强的层间相互作用。目前，在多片层 MXene 层间插入有机大分子或无机离子已被证明是削弱层间相互作用、将其剥离为单片层纳米片的可行选择。

2.4.1　有机物插层剥离

自研究者采用 HF 刻蚀 Ti$_3$AlC$_2$ 制备出具有手风琴结构的多层 MXene 后，如何对其插层剥离制备单层 MXene 纳米片，就成为研究者们关注的一个重要问题。2013 年，Gogotsi 等[60]发现采用二甲基亚砜(DMSO)对 HF 刻蚀后所得的手风琴状 Ti$_3$C$_2$T$_x$进行插层，通过水浴超声可进一步完成多层 MXene 的剥离，得到单层 MXene 纳米片。DMSO 进行插层后，MXene 的层间距由(19.5±0.1)Å 增大到(35.04±0.02)Å，证明了有机分子的插入可使层间相互作用减弱，层间距增大。超声后 MXene 的层间距进一步扩大，最终被剥离成单片层 MXene 纳米片。表面—O、—OH 和—F 端基的存在使 MXene 纳米片呈负电性，并赋予其良好的亲水性，在不添加任何表面活性剂的情况下就能稳定分散在水中，形成均一稳定的胶体溶液。相比于多层 MXene，单层 MXene 纳米片拥有更优异的电化学性能。二者用于锂离子电池负极时，后者的容量约为前者的 4 倍。尽管 DMSO 可以成功

剥离 $Ti_3C_2T_x$，却难以插入其他种类 MXene 的层间。四丁基氢氧化铵（TBAOH）、氢氧胆碱或正丁胺等极性大分子有机碱作为 MXene 材料的插层剥离剂，更具有普适性[61]。将大分子有机碱加入 MXene 水溶液中搅拌时，有机碱解离出的阳离子插入 MXene 层间，使层间距增大，形成"溶胀 MXene"，再通过手摇或超声处理即可将 MXene 剥离，形成稳定的单层 MXene 纳米片胶体溶液。

　　有研究者认为仅利用超声产生的作用力并不足以让已插层的多片层 MXene 充分剥离开，从而导致获得的单片层纳米片的产率较低。为了进一步提高单片层纳米片的产率，有研究者尝试了在插层剥离阶段引入水热反应辅助和微波辅助的方法[62, 63]。在各种可用作剥离多片层 MXene 的极性大分子有机碱中，TMAOH 是比较特殊的一种，因为它可以同时作为刻蚀剂和插层剂，直接将 Ti_3AlC_2 刻蚀、剥离成单层的 $Ti_3C_2T_x$ 纳米片[64]。如图 2-12(a)所示，TMAOH 可以进入 MAX 相层间与 Al 发生反应，得到层间插入 TMA^+ 的 MXene，且表面覆盖有 $Al(OH)_4^-$ 基团。进一步通过手摇法，即可完成多片层 MXene 的剥离，得到单片层 MXene 纳米片。图 2-12(b)为 Ti_3AlC_2 与 TMAOH 反应前后的结构示意图，表明了层间距的扩大和表面性质的变化。

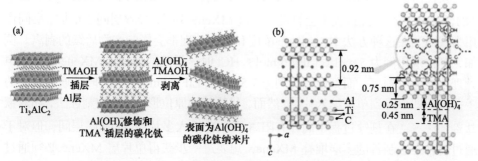

图 2-12　采用 TMAOH 制备 $Ti_3C_2T_x$ 纳米片[64]

(a)典型的刻蚀-剥离原理示意图；(b) Ti_3AlC_2 被刻蚀前后的结构示意图

　　目前有机物插层剥离多片层 MXene 的研究主要是围绕水溶液刻蚀法所得产物进行的，该法对于熔融盐刻蚀法所产生的多片层 MXene 无法插层剥离。采用 TBAOH、TMAOH 等插层剂，虽然能得到少许单片层 MXene，但产率很低。有研究报道，正丁基锂是一种对熔融盐刻蚀法所得的 $Ti_3C_2T_x$ MXene 有效的插层剥离剂[52]，但是正丁基锂极为活泼，操作危险性较高，因此还需要继续寻找更加安全、高效的插层剂。

2.4.2　无机物插层剥离

　　相比于有机物，无机物能作为多片层 MXene 插层剥离剂的种类较少，最常见的是利用 LiCl 处理通过 HF/HCl 混合刻蚀剂刻蚀所得的多片层 MXene[65, 66]，Li+ 插入 MXene 的层间，减弱层间相互作用力，再通过超声辅助剥离，可以得到单片层的 MXene 纳米片。但是，LiCl 对 HF 刻蚀制备的手风琴状 MXene 的剥离效果却不明显，这表明在使用 HF 刻蚀过程中加入的 HCl 对后续的剥离起到了一定的作用，具体机理还有待研究。Barsoum 和 Gogotsi 等尝试了将 LiCl 直接加入 HF 中，形成 HF/LiCl 刻蚀剂进行刻蚀，尽管所得到的 MXene 层间有 Li+ 插层，但并不能继续通过超声处理剥离成单片层。由此可见，层间具有插层物并不是决定能否成功剥离的关键。

近年来，循环冻融法也被报道用于 MXene 的剥离[67]。该法通过将 MXene 水溶液反复冷冻和解冻，将多层 MXene 剥离为分散的单层纳米片。在冻结过程中，层间水转变为固态后体积增大，导致层间空间扩大，范德瓦耳斯力减弱。该方法不需要添加其他化学试剂作为插层剂，方法简单，产物纯净，且全过程保持 MXene 在低温环境下，有利于避免 MXene 在水中氧化。

在原位形成 HF 的刻蚀法中，酸/氟酸盐刻蚀法也可以称为一种特殊的剥离方法。利用该方法制备的多片层 MXene 可以直接通过手摇或超声处理实现剥离，而不需要任何额外的插层过程。其机制在于，氟酸盐中的阳离子如 Li+、Na+、K+、NH_4^+、Fe3+ 等在刻蚀过程中会自发地插进 MXene 层间，导致层间距增加，层间作用力减弱。在这种方法中，刻蚀剂浓度和超声处理都会影响产物后续的剥离。例如，刻蚀剂比例为 5 mol/L LiF / 6 mol/L HCl 时，得到的多片层 MXene 需要超声处理才能完成剥离，而刻蚀剂比例为 7.5 mol/L LiF / 9 mol/L HCl 时，通过简单的手摇过程即可得到单层纳米片[7]。然而，尽管其他原位形成 HF 的刻蚀法，如双氟盐刻蚀法等，在刻蚀过程中同样有阳离子 NH_4^+ 插入多片层 MXene 层间，但对于通过这种方法制备的多层堆叠 MXene，想要进一步获得单片层 MXene 必须通过有机物(如 TBAOH 或 DMSO)进行插层，才能将层间作用力减弱到足够通过超声将其剥离。这同样说明，阳离子在多片层 MXene 层间的插入并不是使其剥离的充分条件。迄今，LiF/HCl 刻蚀法是在刻蚀后能够直接利用超声或手摇法将多层 MXene 剥离，获得单片层 MXene 的唯一方法。因此，该方法也成为制备 MXene 最为常用的方法。

2.4.3 机械剥离

机械剥离是一种通过物理手段将 MXene 剥离成单层纳米片的方法，通过使用胶带在层状结构表面产生纵向或横向应力，以打破多层 MXene 层间的相互作用。机械剥离法已被证明是对石墨烯、二硫化钼和许多其他层状材料都有效的剥离方法[68, 69]。但与石墨烯和二硫化钼不同，MXene 层间具有更强的相互作用[70]，导致很难通过机械应力来对其进行剥离。利用胶带粘贴剥离，将 MXene 纳米片转移到硅片上的方法已在 Ti$_2$CT$_x$ 上有过尝试[71,72]，不过只能得到少层纳米片，无法得到单层 MXene 纳米片。此外，该工艺收率低，无法控制尺寸和形貌，因此很难实际应用。

2.5　MXene 的规模制备

要推动 MXene 材料从实验室研究走向工业应用，必须要解决规模化制备问题。大多数二维材料是通过"自下而上"的方法获得的，受限于基底的尺寸，难以实现二维材料的大规模生产。相比之下，使用"自上而下"的方法刻蚀前躯体产生的 MXene 更易于规模化制备。

保证产物品质的均一性是规模制备要解决的主要问题。最早实现规模刻蚀的路线为利用 HF/HCl 混合刻蚀剂一次性刻蚀 50 g Ti$_3$AlC$_2$[73]，获得手风琴状 MXene，继而通过 LiCl 插层剥离获得单层 MXene 纳米片。大规模刻蚀路线所采用的设备如图 2-13 所示。对于规模化制备 MXene 来说，需考虑反应过程的安全性、自动控制等方面。该设备的容积为 1 L，可通过计算机对反应条件进行设定。在进行反应时，自动加料机将 MAX 相粉末加入刻蚀溶液，避免了人工加料操作的危险性。刻蚀过程中，通过搅拌桨对反应溶液持续搅拌，以使刻蚀剂与 MAX 相充分接触，保证反应均一进行。同时，该反应设备配备有冷却套和水箱，防止在反应一开始时的热失控。此外，该设备还配备了气体出气口，可将反应过程中生成的气体排出，避免压力的积聚，保证制备过程的安全进行。

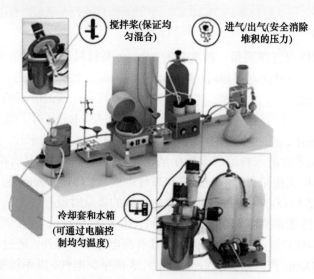

图 2-13　规模制备所用设备[73]

　　为了探究放大刻蚀规模是否会对产物性质造成影响，研究者们将一次性刻蚀 50 g 所得产物（记为 50 g-Ti$_3$C$_2$T$_x$）与利用相同路线刻蚀剥离 1 g Ti$_3$AlC$_2$ 所得产物（记为 1 g-Ti$_3$C$_2$T$_x$）进行对比分析。如图 2-14（a）所示，采用 XRD 确认了 50 g-Ti$_3$C$_2$T$_x$ 和 1 g-Ti$_3$C$_2$T$_x$ 的特征峰位完全相同，反映了二者晶体结构的一致性。而 SEM 图像 [图 2-14（b）] 进一步表明，50 g-Ti$_3$C$_2$T$_x$ 与 1 g-Ti$_3$C$_2$T$_x$ 纳米片的横向尺寸也一致。也就是说一次性刻蚀 50 g 的规模制备并不会影响所生成的 MXene 的基本参数。然而，50 g 量级的刻蚀只是从实验室向规模制备的第一步尝试。将 MXene 推向市场化至少需要实现公斤级或吨级的制备。进一步扩大制备规模时，需考虑的包括随着反应器尺寸的增大，所出现的搅拌不均匀和温度梯度等导致刻蚀不完全的问题，此外，局部过热还可能导致过刻蚀，容器腐蚀和 HF 相关的废酸处理/回用也需要解决。

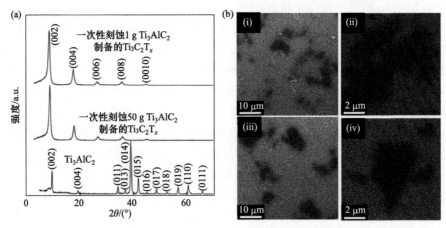

图 2-14　一次性刻蚀 1 g Ti$_3$AlC$_2$ 和一次性刻蚀 50 g Ti$_3$AlC$_2$ 的产物比较[73]

(a) 1 g-Ti$_3$C$_2$T$_x$ 和 50 g-Ti$_3$C$_2$T$_x$ 的 XRD 谱图；(b) 1 g-Ti$_3$C$_2$T$_x$[（i）、（ii）]和 50 g-Ti$_3$C$_2$T$_x$[（iii）、（iv）]的 SEM 图

　　MXene 柔性自支撑膜是一种重要的 MXene 基材料，通常利用单层 MXene 胶体分散液通过真空过滤方式获得。MXene 膜具有良好的力学性能、柔韧性和导电性，在柔性储能器件、水处理、电磁屏蔽等领域具有广阔的应用前景。大尺寸柔性自支撑 MXene 膜的制备对实现其应用也非常重要。Razal 等[74]筛选了大粒径的 MAX 相为前驱体，刻蚀得到 (10±2.1) μm 的大尺寸 MXene 纳米片，然后采用刮刀法将 MXene 纳米片的浆料均匀涂覆在基底上，干燥后得到了具有高拉伸强度（约 570 MPa）、高杨氏模量（约 20.6 GPa）和高导电性（约 15100 S/cm）的大尺寸自支撑 MXene 膜 [图 2-15（a）]。该膜在承受 40 g 物体的重量时没有任何结构断裂，表现出良好的拉伸性能和抗拉强度 [图 2-15（b）]。由于该 MXene 膜在微观上具有高度有序排列的层状结构 [图 2-15（c）]，因此具有高电导率。另外，通过电化学法也可制备大尺寸 MXene 膜。鉴于 MXene 纳米片表面呈负电性，以不锈钢网作为阳极，通过电泳沉积技术将 MXene 纳米片沉积在阳极上，形成大面积的 MXene 膜[75]。

电化学法可以在几分钟内生产出大至 500 cm² 的柔性膜，并且可以通过电泳沉积的时间来控制膜的厚度。该法所制得的 MXene 膜对小型金属离子具有优良的防污性能，可用于水处理领域。

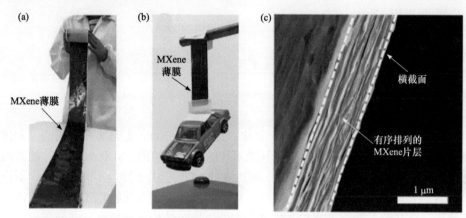

图 2-15　MXene 衍生的大尺寸柔性自支撑膜的性质[74]
(a) 大尺寸柔性自支撑 MXene 膜；(b) MXene 膜承受 40 g 物体的重量；(c) MXene 膜的微观结构

　　MXene 纤维通常采用湿法纺丝或静电纺丝来制备，由于小尺寸 MXene 纳米片之间的层间相互作用较差，MXene 纤维的结构稳定性较弱。通过控制湿法纺丝工艺可以规模化生产超高导电性的 MXene 纤维[76]。湿法纺丝的流程图如图 2-16(a) 所

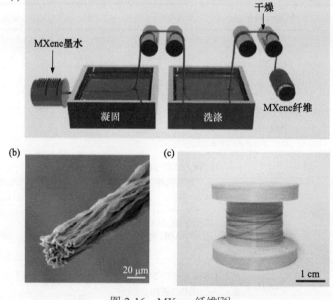

图 2-16　MXene 纤维[76]
(a) 湿纺丝法生产工艺；(b)，(c) MXene 纤维的微观和宏观形貌

示，当 MXene 分散液以一定的剪切速率被挤出到含 NH_4^+ 的溶液中时，会发生凝结并得到 MXene 纤维，继而通过辊轴进行收集并干燥。所制纤维的微观结构和宏观形貌如图 2-16(b) 和 (c) 所示。这些纤维在柔性、便携、可穿戴微电子设备上有着广阔的应用前景。

2.6　MXene 的氧化机制和稳定存储

2.6.1　MXene 的氧化机制

MXene 在水和空气环境中易于氧化，这也是 MXene 走向实际应用的一大挑战。研究表明，MXene 的氧化是从其纳米片的边缘开始的。MXene 纳米片的面内通常与官能团结合，保持结构稳定，而边缘的 M 原子由于键合不完全，处于不稳定状态，当与氧或水分子相互作用时，将开始过渡金属氧化物粒子的形核。边缘的氧化一旦开始，就会迅速扩散到整个表面，导致结构出现裂纹，并暴露出更多的边缘，加速氧化过程。$Ti_3C_2T_x$ 的胶体分散体系在水和氧存在的环境下，将逐渐转化为 TiO_2，失去其固有的导电性和亲水性[77]。为了解决这一问题，研究者们对 MXene 的氧化机制进行了深入研究，并提出了各种抗氧化策略。MXene 的主要抗氧化策略及效果见表 2-3。

表 2-3　MXene 的主要抗氧化策略及效果

储存方法	MXene 种类	刻蚀方法	储存条件	稳定储存时间/天
改变储存环境	$Ti_3C_2T_x$	LiF/HCl, RT, 24 h, 手摇 1 h 剥离	空气，水，80℃ 保存	273
	$Ti_3C_2T_x$	40 wt% HF, 25℃, 24 h	PC、DMA 或 DMF 保存	30
加入添加剂	$Ti_3C_2T_x$	LiF/HCl, RT, 24 h, DMSO 剥离	密封，水，抗坏血酸钠	21
	$Ti_3C_2T_x$	LiF/HCl, 35℃, 24 h, 超声剥离	空气，水，聚磷酸盐、聚硼酸盐或聚硅酸盐	30
	V_2CT_x	50 wt% HF, 55℃, 3 天，TBAOH 剥离	空气，水，聚磷酸盐、聚硼酸盐或聚硅酸盐	21
	$Ti_3C_2T_x$	LiF/HCl, 35℃, 24 h, DMSO 剥离	空气，水，(3-氨基丙基)三乙氧基硅烷	21

续表

储存方法	MXene 种类	刻蚀方法	储存条件	稳定储存时间/天
热处理	$Ti_3C_2T_x$	LiF/HCl, RT, 24 h, 手摇 1 h 剥离	Ar/H_2, 500℃, 30 min	—
优化 MAX 相	$Ti_3C_2T_x$	LiF/HCl, 35℃, 24 h 刻蚀 Al 过量的 MAX 相	空气、水	300

影响 MXene 氧化过程的因素主要有 MXene 的组成和形貌、储存的气氛、温度以及溶剂。由于自身结构的稳定性差异，不同组成的 MXene 的氧化速率不同，如 Ti_2CT_x 比 $Ti_3C_2T_x$ 更容易氧化。由于 MXene 的氧化从边缘开始，因此氧化速率与其边缘暴露程度和接触水/氧气分子的面积有关。对于相同组成的 MXene 来说，单层 MXene 纳米片比多片层 MXene 更容易被氧化，而尺寸较小的 MXene 纳米片会比尺寸较大的 MXene 更容易被氧化。此外，储存环境也是影响 MXene 氧化速率的重要因素。研究表明，相比于常温、湿润及空气环境，低温、干燥及氩气饱和环境更有利于抑制 MXene 的氧化[78, 79]。水分子的存在被认为是导致 MXene 氧化的重要原因[80]。$Ti_3C_2T_x$ 水溶液在饱和氧气或氩气的环境下会在一周内出现氧化，而将分散溶剂替换为异丙醇后，即使在氧饱和的环境下，氧化速率也显著下降，储存一周后仍然保持基本稳定。储存环境的酸碱度也会对 MXene 的氧化进程造成影响[81]。这是因为尽管 MXene 通常被认为是带负电的，但在进一步研究后发现，MXene 的带电状态是面内带负电，而边缘带正电[82]。所以，在碱性条件下，—OH 会与 MXene 反应，使 MXene 表面基团去质子化，从而稳定性降低，容易被氧化。而在酸性条件下，氢离子中和了面内负电荷，使 Zeta 电位降低，造成 MXene 纳米片堆积，暴露的表面较少，从而会延缓氧化过程。且酸性条件中水分子质子化后带正电，与 MXene 边缘相斥，可减缓氧化的发生。然而，pH 过低的储存环境可能会导致 MXene 纳米片被腐蚀并破碎，更多边缘暴露，从而加剧氧化过程。

2.6.2　储存条件

基于对 MXene 氧化机理和影响因素的研究，研究者们提出了一些提高 MXene 稳定性的方法，其中首要的是改变储存条件。储存温度会影响稳定性，低温条件下存储可以延缓 MXene 的氧化。一般来说，短期储存、频繁使用的 MXene 水溶液直接放在冰箱里储存即可，而需要长期存放的 MXene 可以选择更低的温度，或者直接冻成冰块储存[83]。Ahn 等[79]比较了将 $Ti_3C_2T_x$ 水溶液分别在 5℃、−18℃和

–80℃下保存 5 周后的性质变化。如图 2-17(a) 的拉曼测试结果所示，5 周后，5℃存放的 MXene 出现明显的锐钛矿的峰，意味着氧化严重，而在–18℃和–80℃保存的 MXene 出现的拉曼峰位与新制备的 MXene 基本一致。图 2-17(b) 所示的尺寸分布对比图表明，存放 5 周后，存放温度越低的 MXene 的尺寸变化越不明显，再次证明降低储存温度有利于延缓 MXene 的氧化。类似地，另一项研究表明，将 MXene 水溶液在–20℃储存 650 天，未发现 MXene 被氧化的现象。由于氧气的存在是导致 MXene 氧化的因素之一，在氩气(或其他惰性气体)保护下储存也是常见的抗氧化方式，且比超低温环境更容易实现。此外，选择非水溶剂分散对延缓 MXene 的氧化也有很好的效果。MXene 在多种有机溶剂(如碳酸丙烯酯、N,N-二甲基乙酰胺、N,N-二甲基甲酰胺等)中具有良好的分散性，因此可以作为长期储存的溶剂。此外，MXene 也可选择分散在离子液体中。由于咪唑盐类离子液体具有猝灭活性氧的能力[84]，将 MXene 分散在离子液体中可提高其抗氧化能力。在选择溶剂时，需要考虑采用的溶剂是否会干扰 MXene 的使用、是否可方便地除去。尽管将 MXene 分散在水溶液中有氧化的风险，但从使用的角度来说以水为溶剂无疑是最方便的。

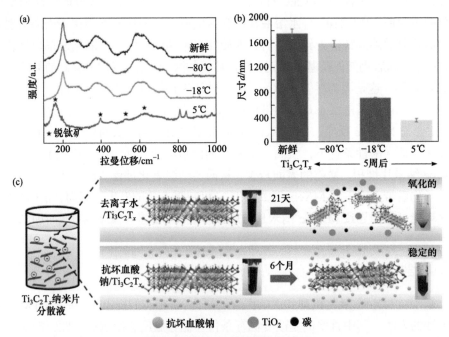

图 2-17   MXene 的抗氧化稳定性

新鲜的和在–80℃、–18℃和 5℃存放 5 周后的 MXene 纳米片分散液的 (a) 拉曼光谱和 (b) 尺寸分布[79]；(c) 将 $Ti_3C_2T_x$ 纳米片分别储存在去离子水和抗坏血酸钠溶液中的机理图；在抗坏血酸钠的情况下，$Ti_3C_2T_x$ 在 21 天后氧化形成 TiO_2 和 C，水溶液完全分层；而在抗坏血酸钠保护下的 $Ti_3C_2T_x$ 纳米片在 6 个月后仍保持稳定的胶体溶液状态[85]

2.6.3　抗氧化剂

由于 MXene 的氧化通常从带正电荷的边缘开始，使用阴离子封装边缘是延缓 MXene 氧化的有效方法。阴离子在边缘上的吸附可以切断边缘过渡金属原子与水分子或氧分子之间的接触，从而降低氧化倾向。目前报道的 MXene 的抗氧化剂包括抗坏血酸钠[85]、聚磷酸盐/硼酸盐/硅酸盐[86]、(3-氨基丙基)三乙氧基硅烷[87]等。Green 等[85]将配制了含 1 mg/mL 抗坏血酸钠的 $6.1×10^{-3}$ mg/mL $Ti_3C_2T_x$ 胶体溶液，在无惰性气体保护的密封体系下将该溶液置于室温下存放。从图 2-17(c)可以清楚地看出，未加入抗坏血酸钠的 $Ti_3C_2T_x$ 分散液存放 21 天后已经氧化分层，形成上清液和底部沉淀，而加入抗坏血酸钠的分散液在 6 个月后还依然保持稳定。抗坏血酸钠延缓 MXene 氧化的原理是：抗坏血酸根与 $Ti_3C_2T_x$ 纳米片边缘的交联，阻碍了周围水分子与边缘 Ti 原子的结合，对 $Ti_3C_2T_x$ 结构形成保护，因此延缓了 $Ti_3C_2T_x$ 纳米片的氧化。类似地，黄志清等[88]利用抗坏血酸钠作为抗氧化剂，将含有 100 mg $Ti_3C_2T_x$ 的 20 mL $Ti_3C_2T_x$ 分散液与 80 mL 12.5 mmol/L 的抗坏血酸钠溶液在氩气流下搅拌 1 h，形成抗坏血酸钠-MXene 分散液，并在开放环境中常温储存了 80 天而没有明显氧化，再次证明抗坏血酸钠对 MXene 的氧化有抑制作用。利用聚阴离子盐(聚磷酸盐、聚硼酸盐和聚硅酸盐)作为 MXene 抗氧化添加剂的原理与抗坏血酸钠类似，通过解离出来的阴离子与 MXene 正电荷的边缘相结合，从而阻断边缘过渡金属原子与水分子的氧化反应。然而，目前所报道的抗氧化添加剂的用量总是远大于 MXene 本身的量，因此需要考虑在应用过程中添加剂对性能的影响，以及在应用前除去添加剂的方法。此外，还需继续寻找更高效的抗氧化添加剂，加入微量即可实现延缓 MXene 氧化的效果。

2.6.4　其他方法

改变储存条件和使用添加剂是提高 MXene 氧化稳定性的有效途径。然而，这些方法具有一定的不足，如持续保持超低温环境的耗能问题，以及在 MXene 中加入的添加剂在使用时如何除去的问题。因此从 MXene 本身出发，增强其固有的抗氧化稳定性，是更佳的抗氧化策略。研究表明，对于 $Ti_3C_2T_x$，可以通过优化其前驱体 Ti_3AlC_2 的性质，从而在刻蚀后得到本身耐氧化的 MXene。Gogotsi 等[89]在合成 Ti_3AlC_2 MAX 相前驱体的过程中，加入了过量的铝粉，从而在烧结过程的早期阶段出现一个熔融态液相，增强了反应物的扩散，最终得到了结晶度提高的 Ti_3AlC_2 晶粒。采用这种改进的 Ti_3AlC_2 刻蚀所得的 $Ti_3C_2T_x$ 纳米片品质更高，氧化温度比普通 MXene 高 100～150℃，其抗氧化能力也大大增强。当在水溶液中保存时，该法制备出的 MXene 纳米片分散液在室温环境储存 10 个月依旧保持稳定。此外，所制备的 MXene 的电导率高达 20000 S/cm，有良好的应用前景。Ahn 等[90]

提出了一种提高 MXene 氧化稳定性的氢气退火方法，认为用氢气对 MXene 进行退火处理，可提高 MXene 的抗氧化稳定性。其可能的原因在于经过氢气退火处理的样品表面—OH 端基减少，—O 端基增加，这使得 MXene 与水的亲和性下降，从而更耐氧化。

对 MXene 表面进行包覆以隔绝其与水和氧的接触，也可提高 MXene 材料的稳定性。最常用的包覆材料是碳材料。如邱介山和王治宇团队[91]以葡萄糖作为碳源，水热并高温退火制备了 $MoS_2/Ti_3C_2T_x@C$ 复合物。在高温退火过程中，表面包裹的碳层有助于减少外界氧对 MXene 的氧化和含氧基团的形成，从而在 MXene 结构保护中发挥关键作用。徐斌等[92]在 MXene 水溶液中加入多巴胺，并诱导其在 MXene 表面自聚合，然后再在惰性气氛中进行热处理使聚多巴胺碳化，从而在 MXene 表面生成均匀包覆的碳层来保护其免于氧化和团聚。该碳包覆 MXene 在锂、钠离子电池中表现出良好的循环稳定性。王晓辉等[93]在 Pt/MXene 复合物中引入碳纳米管，构建了多级 Pt-MXene-SWCNTs 异质结构，在水相环境中表现出良好的抗氧化能力，将其作为电解水析氢的催化剂时能够稳定工作 800 h。

2.7 总结与展望

HF 刻蚀法是最早报道的由 MAX 相刻蚀制备二维 MXene 材料的方法。F⁻对 Al 的刻蚀非常有效，在之后的 MXene 制备研究中所报道的大多数刻蚀方法都离不开 F⁻的存在。刻蚀获得的手风琴状的 MXene 是由大量 MXene 纳米片堆叠而成的，需要经过有机/无机物插层削弱纳米片层间的相互作用力，再经超声或手摇等将其剥离为单层纳米片。常用的插层剂包括 DMSO、TBAOH、TMAOH、LiCl 等。原位形成 HF 刻蚀法（如 LiF+HCl）不仅避免了直接使用高腐蚀性的 HF，而且得到的产物具有相对较弱的层间相互作用力，使单层或少层 MXene 纳米片在刻蚀完成后无需插层剂即可通过手摇或温和超声处理得到。由于氟离子对环境的危害，人们探索了一些无氟刻蚀法，如碱刻蚀法和电化学刻蚀法。碱刻蚀法最大的优势是所得到的 MXene 产物仅带有含氧端基，且具有良好的亲水性。然而对于碱刻蚀法来说，浓碱和高温是必要条件，这给实际操作带来了安全风险，而电化学刻蚀法则存在着产率低、难以得到纯相的问题。新近出现的非水系路易斯酸熔融盐刻蚀法不仅避免了—F 基团的引入，而且扩大了 MAX 相的刻蚀范围。更重要的是，它为研究人员调控 MXene 的表面端基提供了新的途径。然而，熔融盐刻蚀法刚刚出现，还有许多问题有待深入研究，如多片层 MXene 的剥离等。

MXene 的规模制备是推动其工业化应用的关键。目前，HF/HCl 刻蚀法已经实现了一次性 50 g Ti_3AlC_2 前驱体的刻蚀，并通过后续的 LiCl 插层剥离得到 $Ti_3C_2T_x$ 纳米片，如何进一步实现公斤级和更大规模的制备是亟待研究的重要任务，要特别关注大量使用 HF 对生产线的腐蚀和操作的安全防护。对于大规模制备 MXene，对 HCl/LiF 刻蚀路线的尝试是必要的，因为该法一旦实现了 MAX 相的规模刻蚀，就可以使用超声处理或机械振荡获得单层 MXene 纳米片。

　　MXene 在潮湿环境中容易氧化的问题使 MXene 不宜长时间储存，也一定程度上限制了 MXene 的应用，因此 MXene 的抗氧化策略研究非常重要。由于单层 MXene 纳米片相比于手风琴状 MXene 更易氧化，因此目前的抗氧化策略一般针对含有 MXene 纳米片的分散液进行研究。基于对氧化机理的认识，目前的抗氧化策略主要分为改变储存条件、加入抗氧化添加剂和其他方法。一般认为低温、惰性气体、低湿度有利于 MXene 水溶液的稳定储存，而直接将水替换为有机溶剂或离子液体也是延缓 MXene 氧化的有效途径。由于 MXene 带正电荷的边缘常常是氧化的起始位点，因此，通过吸附带正电荷的物质来保护 MXene 的边缘从而阻断其氧化路径被证明是一个可行的途径。最常采用的抗氧化添加剂为阴离子盐，然而尽管它们的加入能有效延长 MXene 的寿命，但盐离子的存在会影响 MXene 在一些场合中应用的性能。因此，在使用前如何去除加入的这些抗氧化剂也是一个需要深入研究的课题。从这一点看，从 MAX 相的结构调控上探寻提高 MXene 材料抗氧化稳定性的途径无疑是更为简便高效的方法。

参 考 文 献

[1] Maleski K, Zhao M Q, Gogotsi Y. Nanomaterials in electrical energy storage applications (review of potential defense applications of MXenes). HDIAC Journal, 2016, 3: 6-12.

[2] Anasori B, Lukatskaya M R, Gogotsi Y. 2D metal carbides and nitrides (MXenes) for energy storage. Nature Reviews Materials, 2017, 2: 1-17.

[3] Xu B, Gogotsi Y. MXenes: the fastest growing materials family in the two-dimensional world. Chinese Chemical Letters, 2020, 31: 919-921.

[4] Xiu L Y, Wang Z Y, Qiu J S. General synthesis of MXene by green etching chemistry of fluoride-free Lewis acidic melts. Rare Metals, 2020, 39: 1237-1238.

[5] Gogotsi Y, Anasori B. The rise of MXenes. ACS Nano, 2019, 13: 8491-8494.

[6] Naguib M, Kurtoglu M, Presser V, Lu J, Niu J, Heon M, Hultman L, Gogotsi Y, Barsoum M W. Two-dimensional nanocrystals produced by exfoliation of Ti$_3$AlC$_2$. Advanced Materials, 2011, 23: 4248-4253.

[7] Alhabeb M, Maleski K, Anasori B, Lelyukh P, Clark L, Sin S, Gogotsi Y. Guidelines for synthesis and processing of two-dimensional titanium carbide (Ti$_3$C$_2$T$_x$ MXene). Chemistry of Materials, 2017, 29: 7633-7644.

[8] Naguib M, Mashtalir O, Carle J, Presser V, Lu J, Hultman L, Gogotsi Y, Barsoum M W. Two-dimensional transition metal carbides. ACS Nano, 2012, 6: 1322-1331.

[9] Mashtalir O, Naguib M, Dyatkin B, Gogotsi Y, Barsoum M W. Kinetics of aluminum extraction from Ti$_3$AlC$_2$ in hydrofluoric acid. Materials Chemistry and Physics, 2013, 139: 147-152.

[10] Hantanasirisakul K, Gogotsi Y. Electronic and optical properties of 2D transition metal carbides and nitrides (MXenes). Advanced Materials, 2018, 30: 1804779.

[11] Cao M S, Cai Y Z, He P, Shu J C, Cao W Q, Yuan J. 2D MXenes: electromagnetic property for microwave absorption and electromagnetic interference shielding. Chemical Engineering Journal, 2019, 359: 1265-1302.

[12] Huang K, Li Z, Lin J, Han G, Huang P. Two-dimensional transition metal carbides and nitrides (MXenes) for biomedical applications. Chemical Society Reviews, 2018, 47: 5109-5124.

[13] Sinha A, Dhanjai, Zhao H, Huang Y, Lu X, Chen J, Jain R. MXene: an emerging material for sensing and biosensing. TrAC Trends in Analytical Chemistry, 2018, 105: 424-435.

[14] Cai Y, Shen J, Ge G, Zhang Y, Jin W, Huang W, Shao J, Yang J, Dong X. Stretchable $Ti_3C_2T_x$ MXene/carbon nanotube composite based strain sensor with ultrahigh sensitivity and tunable sensing range. ACS Nano, 2018, 12: 56-62.

[15] Khazaei M, Arai M, Sasaki T, Estili M, Sakka Y. Two-dimensional molybdenum carbides: potential thermoelectric materials of the MXene family. Physical Chemistry Chemical Physics, 2014, 16: 7841-7849.

[16] Naguib M, Halim J, Lu J, Cook K M, Hultman L, Gogotsi Y, Barsoum M W. New two-dimensional niobium and vanadium carbides as promising materials for Li-ion batteries. Journal of the American Chemical Society, 2013, 135: 15966-15969.

[17] Ghidiu M, Naguib M, Shi C, Mashtalir O, Pan L M, Zhang B, Yang J, Gogotsi Y, Billinge S J L, Barsoum M W. Synthesis and characterization of two-dimensional Nb_4C_3 (MXene). Chemical Communications, 2014, 50: 9517-9520.

[18] Shahzad F, Alhabeb M, Hatter C B, Anasori B, Man Hong S, Koo C M, Gogotsi Y. Electromagnetic interference shielding with 2D transition metal carbides (MXenes). Science, 2016, 353: 1137-1140.

[19] Anayee M, Kurra N, Alhabeb M, Seredych M, Hedhili M, Emwas A H, Alshareef H, Anasori B, Gogotsi Y. Role of acid mixtures etching on the surface chemistry and sodium ion storage in $Ti_3C_2T_x$ MXene. Chemical Communications, 2020, 56: 6090-6093.

[20] Alhabeb M, Maleski K, Mathis T S, Sarycheva A, Hatter C B, Uzun S, Levitt A, Gogotsi Y. Selective etching of silicon from Ti_3SiC_2 (MAX) to obtain 2D titanium carbide (MXene). Angewandte Chemie International Edition, 2018, 57: 5444-5448.

[21] Zhou J, Zha X, Chen F Y, Ye Q, Eklund P, Du S, Huang Q. A two-dimensional zirconium carbide by selective etching of Al_3C_3 from nanolaminated $Zr_3Al_3C_5$. Angewandte Chemie International Edition, 2016, 55: 5008-5013.

[22] Zhou J, Zha X, Zhou X, Chen F, Gao G, Wang S, Shen C, Chen T, Zhi C, Eklund P, Du S, Xue J, Shi W, Chai Z, Huang Q. Synthesis and electrochemical properties of two-dimensional hafnium carbide. ACS Nano, 2017, 11: 3841-3850.

[23] Ahmed B, Ghazaly A E, Rosen J. i-MXenes for energy storage and catalysis. Advanced Functional Materials, 2020, 30: 2000894.

[24] Dahlqvist M, Petruhins A, Lu J, Hultman L, Rosen J. Origin of chemically ordered atomic laminates (i-MAX): expanding the elemental space by a theoretical/experimental approach. ACS

Nano, 2018, 12: 7761-7770.

[25] Lu J, Thore A, Meshkian R, Tao Q, Hultman L, Rosen J. Theoretical and experimental exploration of a novel in-plane chemically ordered $(Cr_{2/3}M_{1/3})_2AlC$ i-MAX phase with M=Sc and Y. Crystal Growth & Design, 2017, 17: 5704-5711.

[26] Chen L, Dahlqvist M, Lapauw T, Tunca B, Wang F, Lu J, Meshkian R, Lambrinou K, Blanpain B, Vleugels J, Rosen J. Theoretical prediction and synthesis of $(Cr_{2/3}Zr_{1/3})_2AlC$ i-MAX phase. Inorganic Chemistry, 2018, 57: 6237-6244.

[27] Ghidiu M, Lukatskaya M R, Zhao M Q, Gogotsi Y, Barsoum M W. Conductive two-dimensional titanium carbide 'clay' with high volumetric capacitance. Nature, 2014, 516: 78-81.

[28] Liu F, Zhou A, Chen J, Jia J, Zhou W, Wang L, Hu Q. Preparation of Ti_3C_2 and Ti_2C MXenes by fluoride salts etching and methane adsorptive properties. Applied Surface Science, 2017, 416: 781-789.

[29] Wang X, Garnero C, Rochard G, Magne D, Morisset S, Hurand S, Chartier P, Rousseau J, Cabioc'h T, Coutanceau C, Mauchamp V, Célérier S. A new etching environment (FeF$_3$/HCl) for the synthesis of two-dimensional titanium carbide MXenes: a route towards selective reactivity vs. water. Journal of Materials Chemistry A, 2017, 5: 22012-22023.

[30] Guo M, Geng W C, Liu C, Gu J, Zhang Z, Tang Y. Ultrahigh areal capacitance of flexible MXene electrodes: electrostatic and steric effects of terminations. Chemistry of Materials, 2020, 32: 8257-8265.

[31] Lipatov A, Alhabeb M, Lukatskaya M, Boson A, Gogotsi Y, Sinitskii A. Effect of synthesis on quality, electronic properties and environmental stability of individual monolayer Ti_3C_2 MXene flakes. Advanced Electronic Materials, 2016, 2: 1600255.

[32] Yang J, Naguib M, Ghidiu M, Pan L M, Gu J, Nanda J, Halim J, Gogotsi Y, Barsoum M W. Two-dimensional Nb-based M_4C_3 solid solutions (MXenes). Journal of the American Ceramic Society, 2016, 99: 660-666.

[33] Halim J, Kota S, Lukatskaya M R, Naguib M, Zhao M Q, Moon E J, Pitock J, Nanda J, May S J, Gogotsi Y, Barsoum M W. Synthesis and characterization of 2D molybdenum carbide (MXene). Advanced Functional Materials, 2016, 26: 3118-3127.

[34] Halim J, Lukatskaya M R, Cook K M, Lu J, Smith C R, NäSlund L Å, May S J, Hultman L, Gogotsi Y, Eklund P. Transparent conductive two-dimensional titanium carbide epitaxial thin films. Chemistry of Materials, 2014, 26: 2374-2381.

[35] Wu J, Wang Y, Zhang Y, Meng H, Xu Y, Han Y, Wang Z, Dong Y, Zhang X. Highly safe and ionothermal synthesis of Ti_3C_2 MXene with expanded interlayer spacing for enhanced lithium storage. Journal of Energy Chemistry, 2020, 47: 203-209.

[36] Husmann S, Budak Ö, Shim H, Liang K, Aslan M, Kruth A, Quade A, Naguib M, Presser V. Ionic liquid-based synthesis of MXene. Chemical Communications, 2020, 11082-11085.

[37] Zhang N, Hong Y, Yazdanparast S, Asle Zaeem M. Superior structural, elastic and electronic properties of 2D titanium nitride MXenes over carbide MXenes: a comprehensive first principles study. 2D Materials, 2018, 5: 045004.

[38] Urbankowski P, Anasori B, Hantanasirisakul K, Yang L, Zhang L, Haines B, May S J, Billinge S

J L, Gogotsi Y. 2D molybdenum and vanadium nitrides synthesized by ammoniation of 2D transition metal carbides(MXenes). Nanoscale, 2017, 9: 17722-17730.

[39] Urbankowski P, Anasori B, Makaryan T, Er D, Kota S, Walsh P L, Zhao M, Shenoy V B, Barsoum M W, Gogotsi Y. Synthesis of two-dimensional titanium nitride Ti_4N_3 (MXene). Nanoscale, 2016, 8: 11385-11391.

[40] Lukatskaya M R, Halim J, Dyatkin B, Naguib M, Buranova Y S, Barsoum M W, Gogotsi Y. Room-temperature carbide-derived carbon synthesis by electrochemical etching of MAX phases. Angewandte Chemie International Edition, 2014, 53: 4877-4880.

[41] Yang S, Zhang P, Wang F, Ricciardulli A G, Lohe M R, Blom P W M, Feng X. Fluoride-free synthesis of two-dimensional titanium carbide(MXene)using a binary aqueous system. Angewandte Chemie International Edition, 2018, 57: 15491-15495.

[42] Sun W, Shah S A, Chen Y, Tan Z, Gao H, Habib T, Radovic M, Green M J. Electrochemical etching of Ti_2AlC to Ti_2CT_x (MXene) in low-concentration hydrochloric acid solution. Journal of Materials Chemistry A, 2017, 5: 21663-21668.

[43] Pang S Y, Wong Y T, Yuan S, Liu Y, Tsang M K, Yang Z, Huang H, Wong W T, Hao J. Universal strategy for HF-free facile and rapid synthesis of two-dimensional MXenes as multifunctional energy materials. Journal of the American Chemical Society, 2019, 141: 9610-9616.

[44] Xie X, Xue Y, Li L, Chen S, Nie Y, Ding W, Wei Z. Surface Al leached Ti_3AlC_2 as a substitute for carbon for use as a catalyst support in a harsh corrosive electrochemical system. Nanoscale, 2014, 6: 11035-11040.

[45] Zou G, Zhang Q, Fernandez C, Huang G, Huang J, Peng Q. Heterogeneous Ti_3SiC_2@C-containing $Na_2Ti_7O_{15}$ architecture for high-performance sodium storage at elevated temperatures. ACS Nano, 2017, 11: 12219-12229.

[46] Zou G, Guo J, Liu X, Zhang Q, Huang G, Fernandez C, Peng Q. Hydrogenated core-shell MAX@$K_2Ti_8O_{17}$ pseudocapacitance with ultrafast sodium storage and long-term cycling. Advanced Energy Materials, 2017, 7: 1700700.

[47] Li T, Yao L, Liu Q, Gu J, Luo R, Li J, Yan X, Wang W, Liu P, Chen B, Zhang W, Abbas W, Naz R, Zhang D. Fluorine-free synthesis of high-purity $Ti_3C_2T_x$ (T=OH, O) via alkali treatment. Angewandte Chemie International Edition, 2018, 57: 6115-6119.

[48] Li G, Tan L, Zhang Y, Wu B, Li L. Highly efficiently delaminated single-layered MXene nanosheets with large lateral size. Langmuir, 2017, 33: 9000-9006.

[49] Zhang B, Zhu J, Shi P, Wu W, Wang F. Fluoride-free synthesis and microstructure evolution of novel two-dimensional $Ti_3C_2(OH)_2$ nanoribbons as high-performance anode materials for lithium-ion batteries. Ceramics International, 2019, 45: 8395-8405.

[50] Li M, Lu J, Luo K, Li Y, Chang K, Chen K, Zhou J, Rosen J, Hultman L, Eklund P, Persson P O Å, Du S, Chai Z, Huang Z, Huang Q. Element replacement approach by reaction with Lewis acidic molten salts to synthesize nanolaminated MAX phases and MXenes. Journal of the American Chemical Society, 2019, 141: 4730-4737.

[51] Li Y, Shao H, Lin Z, Lu J, Liu L, Duployer B, Persson P O Å, Eklund P, Hultman L, Li M, Chen K, Zha X H, Du S, Rozier P, Chai Z, Raymundo-Piñero E, Taberna P L, Simon P, Huang Q. A

general Lewis acidic etching route for preparing MXenes with enhanced electrochemical performance in non-aqueous electrolyte. Nature Materials, 2020, 19: 894-899.

[52] Kamysbayev V, Filatov A S, Hu H, Rui X, Lagunas F, Wang D, Klie R, Talapin D. Covalent surface modifications and superconductivity of two-dimensional metal carbide MXenes. Science, 2020, 369:979-983.

[53] Ma G, Shao H, Xu J, Liu Y, Huang Q, Taberna P L, Simon P, Lin Z. Li-ion storage properties of two-dimensional titanium-carbide synthesized via fast one-pot method in air atmosphere. Nature Communications, 2021, 12: 5085-5090.

[54] Shi H, Zhang P, Liu Z, Park S, Lohe M R, Wu Y, Shaygan Nia A, Yang S, Feng X. Ambient-stable two-dimensional titanium carbide (MXene) enabled by iodine etching. Angewandte Chemie International Edition, 2021, 60: 8689-8693.

[55] Jawaid A, Hassan A, Neher G, Nepal D, Pachter R, Kennedy W J, Ramakrishnan S, Vaia R A. Halogen etch of Ti$_3$AlC$_2$ MAX phase for MXene fabrication. ACS Nano, 2021, 15: 2771-2777.

[56] Mei J, Ayoko G A, Hu C, Bell J M, Sun Z. Two-dimensional fluorine-free mesoporous Mo$_2$C MXene via UV-induced selective etching of Mo$_2$Ga$_2$C for energy storage. Sustainable Materials and Technologies, 2020, 25: e00156.

[57] Ghazaly A E, Ahmed H, Rezk A R, Halim J, Persson P O Å, Yeo L Y, Rosen J. Ultrafast, one-step, salt-solution-based acoustic synthesis of Ti$_3$C$_2$ MXene. ACS Nano, 2021, 15: 4287-4293.

[58] Mei J, Ayoko G A, Hu C, Sun Z. Thermal reduction of sulfur-containing MAX phase for MXene production. Chemical Engineering Journal, 2020, 395: 125111.

[59] Zada S, Dai W, Kai Z, Lu H, Meng X, Zhang Y, Cheng Y, Yan F, Fu P, Zhang X, Dong H. Algae extraction controllable delamination of vanadium carbide nanosheets with enhanced near-infrared photothermal performance. Angewandte Chemie International Edition, 2020, 59: 6601-6606.

[60] Mashtalir O, Naguib M, Mochalin V N, Dall'Agnese Y, Heon M, Barsoum M W, Gogotsi Y. Intercalation and delamination of layered carbides and carbonitrides. Nature communications, 2013, 4: 1-7.

[61] Naguib M, Unocic R R, Armstrong B L, Nanda J. Large-scale delamination of multi-layers transition metal carbides and carbonitrides "MXenes". Dalton transactions, 2015, 44: 9353-9358.

[62] Han F, Luo S, Xie L, Zhu J, Wei W, Chen X, Liu F, Chen W, Zhao J, Dong L, Yu K, Zeng X, Rao F, Wang L, Huang Y. Boosting the yield of MXene 2D sheets via a facile hydrothermal-assisted intercalation. ACS Applied Materials & Interfaces, 2019, 11: 8443-8452.

[63] Wu W, Xu J, Tang X, Xie P, Liu X, Xu J, Zhou H, Zhang D, Fan T. Two-dimensional nanosheets by rapid and efficient microwave exfoliation of layered materials. Chemistry of Materials, 2018, 30: 5932-5940.

[64] Xuan J, Wang Z, Chen Y, Liang D, Cheng L, Yang X, Liu Z, Ma R, Sasaki T, Geng F. Organic-base-driven intercalation and delamination for the production of functionalized titanium carbide nanosheets with superior photothermal therapeutic performance. Angewandte Chemie International Edition, 2016, 55: 14569-14574.

[65] Driscoll N, Richardson A G, Maleski K, Anasori B, Adewole O, Lelyukh P, Escobedo L, Cullen D

K, Lucas T H, Gogotsi Y, Vitale F. Two-dimensional Ti₃C₂ MXene for high-resolution neural interfaces. ACS Nano, 2018, 12: 10419-10429.

[66] Levitt A S, Alhabeb M, Hatter C B, Sarycheva A, Dion G, Gogotsi Y. Electrospun MXene/carbon nanofibers as supercapacitor electrodes. Journal of Materials Chemistry A, 2019, 7: 269-277.

[67] Huang X, Wu P. A facile, high-yield, and freeze-and-thaw-assisted approach to fabricate MXene with plentiful wrinkles and its application in on-chip micro-supercapacitors. Advanced Functional Materials, 2020, 30: 1910048.

[68] Sinclair R, Suter J, Coveney P. Micromechanical exfoliation of graphene on the atomistic scale. Physical Chemistry Chemical Physics, 2019, 21: 5716-5722.

[69] Dicamillo K, Krylyuk S, Shi W, Davydov A, Paranjape M. Automated mechanical exfoliation of MoS₂ and MoTe₂ layers for two-dimensional materials applications. IEEE Transactions on Nanotechnology, 2019, 18: 144-148.

[70] Hu T, Hu M, Li Z, Zhang H, Zhang C, Wang J, Wang X. Interlayer coupling in two-dimensional titanium carbide MXenes. Physical Chemistry Chemical Physics, 2016, 18: 20256-20260.

[71] Xu J, Shim J, Park J H, Lee S. MXene electrode for the integration of WSe₂ and MoS₂ field effect transistors. Advanced Functional Materials, 2016, 26: 5328-5334.

[72] Lai S, Jeon J, Jang S K, Xu J, Choi Y J, Park J H, Hwang E, Lee S. Surface group modification and carrier transport properties of layered transition metal carbides (Ti₂CT$_x$, T: —OH, —F and —O). Nanoscale, 2015, 7: 19390-19396.

[73] Shuck C E, Sarycheva A, Anayee M, Levitt A, Zhu Y, Uzun S, Balitskiy V, Zahorodna V, Gogotsi O, Gogotsi Y. Scalable synthesis of Ti₃C₂T$_x$ MXene. Advanced Engineering Materials, 2020, 22: 1901241.

[74] Zhang J, Kong N, Uzun S, Levitt A, Seyedin S, Lynch P A, Qin S, Han M, Yang W, Liu J, Wang X, Gogotsi Y, Razal J M. Scalable manufacturing of free-standing, strong Ti₃C₂T$_x$ MXene films with outstanding conductivity. Advanced Materials, 2020, 32: 2001093.

[75] Deng J, Lu Z, Ding L, Li Z K, Wei Y, Caro J, Wang H. Fast electrophoretic preparation of large-area two-dimensional titanium carbide membranes for ion sieving. Chemical Engineering Journal, 2021, 408: 127806.

[76] Eom W, Shin H, Ambade R B, Lee S H, Lee K H, Kang D J, Han T H. Large-scale wet-spinning of highly electroconductive MXene fibers. Nature Communications, 2020, 11: 2825.

[77] Mashtalir O, Cook K M, Mochalin V N, Crowe M, Barsoum M W, Gogotsi Y. Dye adsorption and decomposition on two-dimensional titanium carbide in aqueous media. Journal of Materials Chemistry A, 2014, 2: 14334-14338.

[78] Zhang C J, Pinilla S, Mcevoy N, Cullen C P, Anasori B, Long E, Park S H, Seral Ascaso A, Shmeliov A, Krishnan D, Morant C, Liu X, Duesberg G S, Gogotsi Y, Nicolosi V. Oxidation stability of colloidal two-dimensional titanium carbides (MXenes). Chemistry of Materials, 2017, 29: 4848-4856.

[79] Chae Y, Kim S J, Cho S Y, Choi J, Maleski K, Lee B J, Jung H T, Gogotsi Y, Lee Y, Ahn C W. An investigation into the factors governing the oxidation of two-dimensional Ti₃C₂ MXene. Nanoscale, 2019, 11: 8387-8393.

[80] Huang S, Mochalin V N. Hydrolysis of 2D transition-metal carbides(MXenes)in colloidal solutions. Inorganic Chemistry, 2019, 58: 1958-1966.

[81] Zhao X, Vashisth A, Blivin J W, Tan Z, Holta D E, Kotasthane V, Shah S A, Habib T, Liu S, Lutkenhaus J L, Radovic M, Green M J. pH, nanosheet concentration, and antioxidant affect the oxidation of $Ti_3C_2T_x$ and Ti_2CT_x MXene dispersions. Advanced Materials Interfaces, 2020, 7: 2000845.

[82] Natu V, Sokol M, Verger L, Barsoum M W. Effect of edge charges on stability and aggregation of $Ti_3C_2T_z$ MXene colloidal suspensions. Journal of Physical Chemistry C, 2018, 122: 27745-27753.

[83] Zhang J, Kong N, Hegh D, Usman K A S, Guan G, Qin S, Jurewicz I, Yang W, Razal J M. Freezing titanium carbide aqueous dispersions for ultra-long-term storage. ACS Applied Materials & Interfaces, 2020, 12: 34032-34040.

[84] Zhao H, Ding J, Zhou M, Yu H. Air-stable titanium carbide MXene nanosheets for corrosion protection. ACS Applied Nano Materials, 2021, 4: 3075-3086.

[85] Zhao X, Vashisth A, Prehn E, Sun W, Shah S A, Habib T, Chen Y, Tan Z, Lutkenhaus J L, Radovic M, Green M J. Antioxidants unlock shelf-stable $Ti_3C_2T_x$(MXene)nanosheet dispersions. Matter, 2019, 1: 513-526.

[86] Natu V, Hart J L, Sokol M, Chiang H, Taheri M L, Barsoum M W. Edge capping of 2D-MXene sheets with polyanionic salts to mitigate oxidation in aqueous colloidal suspensions. Angewandte Chemie International Edition, 2019, 58: 12655-12660.

[87] Ji J, Zhao L, Shen Y, Liu S, Zhang Y. Covalent stabilization and functionalization of MXene via silylation reactions with improved surface properties. FlatChem, 2019, 17: 100128.

[88] Wu C W, Unnikrishnan B, Chen I W P, Harroun S G, Chang H T, Huang C C. Excellent oxidation resistive MXene aqueous ink for micro-supercapacitor application. Energy Storage Materials, 2020, 25: 563-571.

[89] Mathis T S, Maleski K, Goad A, Sarycheva A, Anayee M, Foucher A C, Hantanasirisakul K, Shuck C E, Stach E A, Gogotsi Y. Modified MAX phase synthesis for environmentally stable and highly conductive Ti_3C_2 MXene. ACS Nano, 2021, 15: 6420-6429.

[90] Lee Y, Kim S J, Kim Y J, Lim Y, Chae Y, Lee B J, Kim Y T, Han H, Gogotsi Y, Ahn C W. Oxidation-resistant titanium carbide MXene films. Journal of Materials Chemistry A, 2020, 8: 573-581.

[91] Wu X, Wang Z, Yu M, Xiu L, Qiu J. Stabilizing the MXenes by carbon nanoplating for developing hierarchical nanohybrids with efficient lithium storage and hydrogen evolution capability. Advanced Materials, 2017, 29: 1607017.

[92] Zhang P, Soomro R A, Guan Z, Sun N, Xu B. 3D carbon-coated MXene architectures with high and ultrafast lithium/sodium-ion storage. Energy Storage Materials, 2020, 29: 163-171.

[93] Cui C, Cheng R, Zhang H, Zhang C, Ma Y, Shi C, Fan B, Wang H, Wang X. Ultrastable MXene@Pt/SWCNTs' nanocatalysts for hydrogen evolution reaction. Advanced Functional Materials, 2020, 30: 2000693.

第3章

MXene 材料的结构与性质

3.1 结 构

3.1.1 前驱体的结构

1. MAX 相的结构

2011 年，Yury Gogotsi 教授和 Michel W. Barsoum 教授等[1]首次采用氢氟酸刻蚀 MAX 相 Ti_3AlC_2，成功制备了具有二维层状结构的 Ti_3C_2 材料，标志着 MXene 材料的诞生。此后，研究者们陆续以不同的 MAX 相为原料，采用各种方法刻蚀 MAX 相中的 A 原子层，获得了不同组成和表面端基的 MXene 材料。因此，在探讨 MXene 的结构之前，有必要先了解其前驱体 MAX 相的结构。

MAX 相是一种周期性重复排列的三元层状材料，它的周期单元即结构通式可以表示为 $M_{n+1}AX_n$。其中，M 为前过渡金属元素，大多位于ⅢB～ⅥB 族，如 Ti、Cr、V、Nb、Sc、Mo、Hf 等；A 主要是ⅢA～ⅥA 族元素，如 Al、Si、Sn、Ga 等；X 为 C 或/和 N 元素。MAX 相通常兼具金属材料优异的导电性、导热性、机械加工性能、抗热冲击和抗氧化性能，以及陶瓷材料高模量、耐高温、抗氧化性和耐腐蚀性等特点。自从 20 世纪 60 年代被发现以来，MAX 相得到了广泛的研究，目前人们合成的 MAX 相已经超过了 150 种[2]。

根据 n 值大小的不同，MAX 相可分为 M_2AX(211 相)、M_3AX_2(312 相)和 M_4AX_3(413 相)等类型。目前，在常见的 MAX 相中，种类最多的是 211 相，其次为 312 相和 413 相[3]，如表 3-1 所示。n 值大于 3 的 MAX 相通常难以合成纯相，在制备上存在困难，随着 n 值增大，MAX 相的性质逐渐接近相应过渡金属的碳化物或氮化物[2,3]。得益于其优异的性质，MAX 相材料已经在高温、抗冲击材料，旋转电触点和轴承、加热元件、喷嘴、热交换器，以及模压工具等许多领域获得了广泛的应用[4-6]。

表 3-1　不同过渡金属的 MAX 相[5]

MAX 相	MAX 相化学式		
	M 3d	M 4d	M 5d
211 相	Ti$_2$CdC, Sc$_2$InC, Ti$_2$SC, Ti$_2$AlC, Ti$_2$GeC, Tl$_2$GaC, Ti$_2$SnC, Ti$_2$InC, Tl$_2$PbC, Tl$_2$TlC, V$_2$AlC, V$_2$GeC, V$_2$PC, V$_2$GaC, V$_2$AsC, Cr$_2$AlC, Cr$_2$GeC, Cr$_2$GaC, T$_2$AlN, Ti$_2$GaN, Ti$_2$InN, V$_2$GaN, Cr$_2$GaN	Zr$_2$InC, Zr$_2$SnC, Zr$_2$SC, Zr$_2$TlC, Zr$_2$PbC, Nb$_2$AlC, Nb$_2$SnC, Nb$_2$PC, Nb$_2$SC, Nb$_2$GaC, Nb$_2$AsC, Nb$_2$InC, Mo$_2$GaC, Zr$_2$InN, Zr$_2$TlN	Hf$_2$InC, Hf$_2$SnC, Hf$_2$SC, Hf$_2$TlC, Hf$_2$PbC, Ta$_2$AlC, Hf$_2$SnN, Ta$_2$GaC
312 相	Ti$_3$AlC$_2$, Ti$_3$SiC$_2$, V$_3$AlC$_2$, Ti$_3$GeC$_2$, Ti$_3$SnC$_2$		Ta$_3$AlC$_2$
413 相	Ta$_4$AlN$_3$, Ta$_4$SiC$_3$, V$_4$AlC$_3$, Ti$_4$GeC$_3$, Ti$_4$GaC$_3$	Nb$_4$AlC$_3$	Ta$_4$AlC$_3$

如图 3-1 所示,从晶体结构上看,MAX 相属于六方晶系,空间群属于 $P6_3/mmc$(空间群编号 No.194)。以 Ti$_2$AlC-MAX 相为例,沿其 c 轴方向周期性地排列着 Ti-C-Ti-Al 4 个原子层,呈现出典型的层状材料的结构特征。其中,两个 Ti 原子层由紧密堆积的 Ti 原子组成,Ti 原子层之间的八面体中心位点被 C 原子占据,形成 C 原子层,而 Al 原子层交错排列在两个 Ti-C-Ti 层周期单元之间[3]。

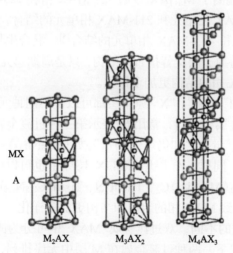

图 3-1　MAX 相的晶体结构[5]

随着 n 值增大,MAX 相的结构变得复杂。312-MAX 相是以 M-X-M-X-M-A 为周期排列的层状结构(图 3-2),此时 M 原子占据两个不同位置,分别是与 A 相邻的位置和与 A 不相邻的位置。当刻蚀除掉 A 原子层后,两种 M 原子位点分别对应暴露在介质中的外层和不与介质直接接触的内层[5]。MAX 相具有明显的晶体学各向异性，其晶格常数 a 通常约为 3 Å，晶格常数 c 随 n 值的增加而增大，M_2AX、M_3AX_2、M_4AX_3 的晶格常数 c 分别约为 13 Å、18 Å 和 23～24 Å[3]。

图 3-2　沿 Ti_3SiC_2-MAX 相的 $[11\bar{2}0]$ 轴获得的高角度环形暗场 TEM 图像[5]

除了上述简单的结构外，MAX 相还存在混合生长的现象，混合生长得到的 MAX 相的结构通式偏离了 $M_{n+1}AX_n$，如 523-MAX 相和 725-MAX 相。523-MAX 相可以理解为 312-MAX 相单元和 211-MAX 相单元的结合，而 725-MAX 相对应于 312-MAX 相单元和 413-MAX 相单元的结合[5]。混合生长的 MAX 相与简单 MAX 相一样，仍保持原子层交替排布的结构，只是周期单元发生了变化，通过混合生长的方式，MAX 相的结构更加多样化。

MAX 相中的 "M"、"A"、"X" 原子层都可以由不同种元素组成。当 MAX 相中的 M 由两种过渡金属构成时，常用 M′ 表示第一种过渡金属，M″ 表示第二种过渡金属，两种金属的计量数之和仍等于 "$n+1$"，如 $(Ti_{0.5}Nb_{0.5})_2AlC$、$(V_{0.5}Cr_{0.5})_3AlC_2$ 等双金属 MAX 相。同样，A 层原子和 X 层原子也可以由多种元素组成，如 $Ti_3Si_{0.75}Al_{0.25}C_2$[7]、$Ti_3(Al_{0.5}Si_{0.5})C_2$、$Ti_3AlCN$、$Ti_2Al(C_{0.5}N_{0.5})$[8]等，这种元素取代和多元素共存现象导致 MAX 相的组成和结构更加多样化。

根据原子排布上的不同，双过渡金属 MAX 相可分为固溶 MAX 相和有序 MAX 相[9]。一般情况下，两种过渡金属在 M 层中无序排列，称为固溶 MAX 相，如 $(Cr,Mn)_2AlC$ 和 $(Mo_{0.5}Mn_{0.5})_2AlC$ 等。有序双过渡金属 MAX 相存在两种排列方式，分别为面外有序 MAX 相（o-MAX 相）和面内有序 MAX 相（i-MAX 相）。与传统的单一过渡金属 MAX 相的结构相似，o-MAX 相的结构中每一个 M 原子层仅由一种过渡金属组成，表现出不同原子层的周期性有序堆叠，仍保持 $P6_3/mmc$ 空间群对称性，典型的 o-MAX 相包括 $TiCr_2AlC_2$ 和 $TiMo_2AlC_2$ 等。与 o-MAX 相不同，i-MAX 相中的每一个 M 层都被两种过渡金属占据，其中原子半径较小的 M′ 和较大的 M″计量比为 2∶1。Rosen 等[10]通过密度泛函理论(DFT)计算发现，保持 2∶1 的原子比且两种金属原子半径差大于 0.2 Å，是保证 i-MAX 相结构稳定的必要条件。i-MAX 相的晶体结构与单金属 MAX 相差异较大，为单斜晶系，属于 $C2/c$ 空间群。如图 3-3 所示，i-MAX 相中原子半径较大的金属原子向 A 层发生偏移，造成 A 层原子重新分布，从 c 轴方向看，原来的六边形原子网格偏离为一系列的对顶三角形，形成类似 Kagome 晶格的结构。常见的 i-MAX 相包括 $(Mo_{2/3}Sc_{1/3})_2AlC$、$(V_{2/3}Zr_{1/3})_2AlC$ 等[10]。

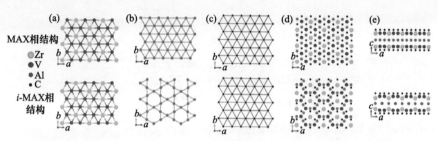

图 3-3　MAX 相与 i-MAX 相晶体结构模型对比[以 $(V_{2/3}Zr_{1/3})_2AlC$ 为例][10]

(a)M 层(由 V 和 Zr 组成)；(b)Al 层；(c)C 层；(d)C-M-Al-M-C 结构的俯视图；(e)C-M-Al-M-C 结构的侧视图

除双过渡金属 MAX 相外，M 层由多种金属组成的 MAX 相，被称为高熵 MAX 相。目前研究较多的高熵 MAX 相包括 $(V_{1-x-y}Ti_xCr_y)_2AlC$[11]、$TiVNbMoAlC_3$ 和 $TiVCrMoAlC_3$[12]等。由于具有较高位形熵，多金属体系 MAX 相通常在机械、化学、电子等方面表现出一些特殊的性质，在腐蚀、极端温度和压力环境中具有潜在的应用前景。

2. 非 MAX 相的结构

目前，通过化学刻蚀一些非 MAX 相前驱体也可以制备得到 MXene。非 MAX 相主要包括两类：$(MC)_nA_mC_{m-1}$ 型层状化合物和 M_2A_2C 型层状化合物。

一些过渡金属元素，如 Zr、Hf 等，在与 Al 和 C 反应时，往往不能生成其对应的 MAX 相，而是更倾向于形成另一类层状三元陶瓷[13]。这类层状三元陶瓷材料与 MAX 相 $(M_{n+1}AX_n)$ 中各元素的计量比不同，其结构通式通常表示为 $(MC)_nA_mC_{m-1}$，且 A 元素通常为 Al 或掺杂少量其他元素(如 Si、Ge 等)的 Al 基固溶体。与 MAX 相类似，$(MC)_nA_mC_{m-1}$ 相的周期单元中也包含 $M_{n+1}X_n$ 结构单元，为其剥离为二维 MXene 材料提供了必要条件。然而，与 MAX 相不同，$(MC)_nA_mC_{m-1}$ 相中隔开 $M_{n+1}X_n$ 结构单元的并非 A 原子层，而是 m 个交替排列的 AC 原子层。以 $T_3Al_3C_5$(T 表示过渡金属)为例，其晶胞由 TC 亚结构和 AlC 亚结构两部分组成，TC 亚结构单元类似于 TiC 陶瓷晶体的结构，AlC 亚结构单元类似

于 Al_4C_3 陶瓷晶体的结构，两者在边界处共用一个碳原子层，并造成一定的晶格畸变，如图 3-4 所示。晶格畸变能的大小与过渡金属原子的半径有关，原子半径越大，产生的晶格畸变能越小，更易形成 $(MC)_nA_mC_{m-1}$ 相结构，如 Sc、Zr、Hf 等过渡金属。相比之下，Ti-Al-C、V-Al-C、Cr-Al-C、Nb-Al-C、Mo-Al-C、W-Al-C 和 Ta-Al-C 体系的晶格畸变能要大一两个数量级，因此难以形成非 MAX 相结构。由于晶格畸变，$(MC)_nA_mC_{m-1}$ 相通常具有优异的机械性能，弹性模量和强度超过 MAX 相，与过渡金属碳化物陶瓷接近[14]。

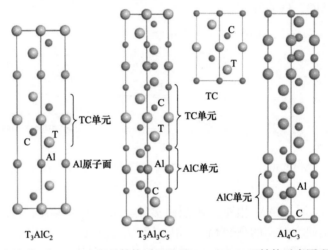

图 3-4 MAX 相和 $(MC)_nA_mC_{m-1}$ 相的结构对比以及 TC、Al_4C_3 亚结构示意图[图示所有结构均为沿 (110) 原子平面的投影][14]

近几十年来，人们已经成功合成了 30 多种 $(MC)_nA_mC_{m-1}$ 相，表 3-2 为现有的不同化学组成的 $(MC)_nA_mC_{m-1}$ 相及其空间群分类。通过刻蚀 $(MC)_nA_mC_{m-1}$ 相也可以得到一些 MXene 材料，如通过刻蚀 $(MC)_nA_mC_{m-1}$ 相 $Zr_3Al_3C_5$、$Hf_3Al_3C_5$ 等可得到 Zr 基、Hf 基的 MXene 材料[15-17]。

表 3-2 不同化学组成的 $(MC)_nA_mC_{m-1}$ 相及其空间群分类[15]

结构通式	化学式	空间群
$(MC)Al_3C_2$	$ScAl_3C_3$, UAl_3C_3, $YbAl_3C_3$, YAl_3C_3, $LuAl_3C_3$, $CeAl_3C_3$, $DyAl_3C_3$, $ErAl_3C_3$, $TmAl_3C_3$, $GdAl_3C_3$, $TbAl_3C_3$, $HoAl_3C_3$	$P6_3/mmc$
$(MC)Al_4C_3$	$ZrAl_4C_4$, $HfAl_4C_4$, $ThAl_4C_4$, $Zr[Al(Si)]_4C_4$	$P3m1$
$(MC)\{[Al(A)]_4C_3\}_2$	$ZrAl_8C_7$, $Zr[Al(Si)]_8C_7$	$R3m$, $R\bar{3}m$
$(MC)_n(Al_3C_2)$	$Zr_3Al_3C_5$, $Hf_3Al_3C_5$, $Zr_2Al_3C_4$, $Hf_2Al_3C_4$, $U_2Al_3C_4$	$P6_3/mmc$
$(MC)_n[Al(A)]_4C_3$	$Zr_2Al_4C_5$, $Hf_2Al_4C_5$, $Zr_3Al_4C_6$, $Hf_2Al_4C_5$, $Hf_3Al_4C_6$, $Zr_2[Al(Si)]_4C_5$, $Zr_3[Al(Si)]_4C_6$, $[(ZrY)]_2Al_4C_5$, $Zr_2[Al(Ge)]_4C_5$, $Zr_3[Al(Ge)]_4C_6$	$R3m$

非 MAX 相 M_2A_2C 型层状碳化物也可以作为刻蚀剥离制备 MXene 的前驱体，如由 Mo_2Ga_2C 刻蚀掉 Ga 原子层可得到 Mo 基的 Mo_2C MXene[18]。如图 3-5 所示，与 MAX 相类似，Mo_2Ga_2C 也属于六方晶系，空间群为 $P6_3/mmc$。然而，不同于 MAX 相 Mo_2GaC，在非 MAX 相 Mo_2Ga_2C 中分隔 Mo_2C 结构的是两个 Ga 原子层，因此这类层状化合物也被称为双 A 层 MAX 相。两个 Ga 原子层在 c 轴方向的投影重合，为非密堆积[19]。由于双 Ga 层的存在，Mo_2Ga_2C 的硬度、弹性模量、泊松比、定向键合强度和热导率等都低于 Mo_2GaC。额外的 Ga 层使得 Mo_2Ga_2C 费米能级上的态密度降低，Mo—C 共价性增强，因此 Mo_2Ga_2C 比 Mo_2GaC 更容易剥离成二维 Mo_2C MXene[20]。

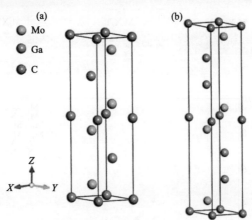

图 3-5　(a) Mo_2GaC 与 (b) Mo_2Ga_2C 的晶胞结构对比[21]

目前，通过"自上而下"的制备方法，即从周期性层状结构的材料出发，刻蚀掉某些特定原子层，是制备二维 MXene 材料的主要途径，如图 3-6 所示。MXene 的前驱体，包括 MAX 相以及非 MAX 相等其他前驱体，都具有明显的层状结构，且包含亚结构 $M_{n+1}X_n$ 单元，这为刻蚀剥离制备 MXene 提供了可能。此外，在前驱体中，不同元素之间的键能大小存在差异 (图 3-7)，A 元素与其他元素的结合力较弱，而 M—X 之间的结合力较强，因此在一定的反应条件下，前驱体中的 A 原子比较容易被刻蚀除去，而前驱体中的亚结构 $M_{n+1}X_n$ 可以保存下来，以二维片层形式存在，成为 MXene。前驱体的组成、结构和性质通常对制备的二维 MXene 的组成和结构具有重要的影响，通过选择不同的前驱体制备不同组成和结构的 MXene，有望进一步丰富和发展 MXene 的种类，拓宽 MXene 的应用领域。

3.1.2　MXene 的结构

1. 单金属元素组成的 MXene

如 3.1.1 节所述，二维材料 MXene 通常由三维体相材料——周期性层状前驱

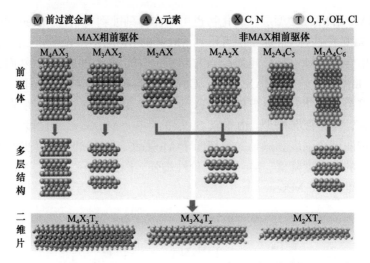

图 3-6　从 MAX 相和非 MAX 前驱体"自上而下"合成 MXene 的示意图[22]

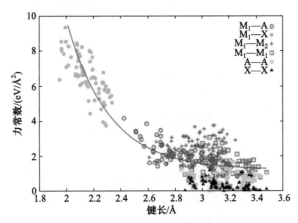

图 3-7　MAX 相中 M、A、X 元素间各键的键能大小比较[23]

体刻蚀得到。以 MAX 相为例，由于 M、A、X 元素之间的结合力不同(图 3-7)，A 元素与 M 元素的结合力相对较弱，在化学刻蚀剂的作用下，可以除去 A 原子层，保留 M 与 X 原子层交替排布的二维片层结构 $M_{n+1}X_n$。此外，在二维片层形成过程中，表面的 M 原子通常会自发地结合其他杂原子或端基，以降低吉布斯自由能。例如，在含氟水溶液中刻蚀，M 原子可结合羟基、氧、氟等端基，在含氯、溴的熔融盐中刻蚀，M 原子可与氯、溴原子结合，最终形成结构通式为 $M_{n+1}X_nT_x$(其中 T 表示表面端基) 的 MXene 材料。2011 年，Gogotsi 等[1]首次用氢氟酸刻蚀 Ti_3AlC_2 得到了二维 $Ti_3C_2T_x$ 材料，根据其组成和形态，将其命名为 "MXene"，其中 "M"、"X" 为结构中交替排布的原子层，"ene" 表示其类似于石墨烯(graphene)的二维层状结构。

　　由于前驱体组成和结构的多样性，MXene 家族成员种类众多，理论预测 MXene 的种类有 100 多种，目前已通过实验成功合成的 MXene 有 40 多种[24,25]。如图 3-8 所示，许多常见的 MAX 相都已经被成功刻蚀为 MXene，如由 211-MAX 相刻蚀得到的 Ti_2N、Ti_2C、Mo_2C、Mo_2N、Nb_2C 等；由 312-MAX 相刻蚀得到的 Ti_3C_2、$(Cr_2Ti)C$、$(Cr_2V)C$、Ti_3CN 等；以及由 413-MAX 相刻蚀得到的 Ti_4N_3、V_4C_3、Nb_4C_3 等。随 n 值增大，M—A 键的断裂需要更多的能量[8]，意味着需要更为苛刻的刻蚀条件。Gogotsi 等[26]最近采用 HF（约 50 wt%）刻蚀 Mo_4VAlC_4，通过提高反应温度（50℃）和延长反应时间（8 d）成功制备了第一个 $n=4$ 的 MXene 材料——Mo_4VC_4。随着研究的不断深入，相信将会有更多结构复杂的 MXene 被成功制备出来，MXene 家族成员数量将会不断增长。

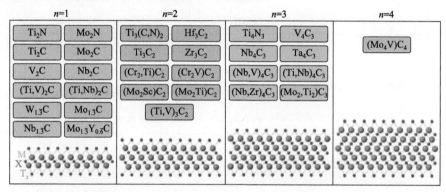

图 3-8　n 值不同（$n=1\sim4$）的 MXene 及其结构示意图[26]

　　将 MAX 相中的 A 原子层除去，即得到二维 MXene 材料。MXene 中 M 原子与 X 原子的堆垛方式与 MAX 相保持一致，在垂直于 c 轴的方向是六方密排的原子面，而在沿着 c 轴的方向 MXene 由 $n+1$ 个过渡金属 M 原子层和 n 个 X 原子层交替排列，如 Ti_3C_2 MXene 由交替排布的 3 个 Ti 层与 2 个 C 层组成。

　　氮化物 MXene 出现的时间较晚，其种类也远少于碳化物 MXene。由于氮化物 MXene 的制备需要更为苛刻的条件，一些合成碳化物 MXene 的方法无法直接应用到氮化物 MXene 的制备上，直至 2016 年，Gogotsi 等[27]通过高温熔盐法才成功制备了首个 Ti_4N_3 MXene。从能量角度分析，与碳化物 MXene 相比，A 元素在氮化物 MAX 相中具有更高的结合能，打开 M—A 键所需要的能量更高，因此通常需要非常苛刻的刻蚀条件。此外，在结构稳定性上，氮化物 MXene 的内聚能较低，结构稳定性低于碳化物 MXene，如 $Ti_{n+1}N_n$ 在氢氟酸中稳定性较差，限制了氮化物 MXene 材料的发展。

2. 多元组成 MXene 的结构

　　由于前驱体结构的复杂性，由多元前驱体出发可以得到一些组成和结构特殊的 MXene，其中，双过渡金属 MAX 相可以分为有序双金属 MAX 相和无序固溶 MAX 相，而有序双金属 MAX 相又具有两种不同的排列方式，分别为面外有序（o-MAX 相）和面内有序（i-MAX 相）的双金属 MAX 相。不同的 MAX 相经过刻蚀反应可以得到不同类型的 MXene，如表 3-3 所示。

表 3-3   不同结构的 MXene 及前驱体类型[33]

MXene 类型	示例	前驱体 MAX 相类型
M_2X	Ti_2CT_x	单金属 MAX 相
	$(Mo_{0.67}Y_{0.33})_2CT_x$	有序双金属 MAX 相
	$(Ti_{0.5}V_{0.5})_2CT_x$	无序双金属 MAX 相
	Mo_2CT_x	M_2A_2C 相
M_3X_2	$Ti_3C_2T_x$	单金属 MAX 相
	$(Cr_{0.67}Ti_{0.33})_3C_2T_x$	面外有序双金属 MAX 相
	$(Ti_{0.5}V_{0.5})_3C_2T_x$	无序双金属 MAX 相
	$Zr_3C_2T_x$	非 MAX 相
M_4X_3	$Ti_4N_3T_x$	单金属 MAX 相
	$(Nb_{0.8}Ti_{0.2})_4C_3T_x$	面外有序双金属 MAX 相
	$(Mo_{0.5}Ti_{0.5})_4C_3T_x$	无序双金属 MAX 相
$M_{1.33}X$	$Mo_{1.33}CT_x$	有序双金属 MAX 相
	$Nb_{1.33}CT_x$	无序双金属 MAX 相

通过 o-MAX 相可刻蚀得到面外化学有序的 o-MXene。与 o-MAX 相类似，o-MXene 中两种不同的金属分别占据不同的 M 层，当 n 值较大时，上下表面通常为同一种过渡金属，另一种过渡金属原子分布在内层，除了原子面边界处外，内层原子不与外界接触。两种金属原子互不相邻，由碳原子层隔开。

通过调控不同的刻蚀条件刻蚀 i-MAX 相，可得到不同的 MXene 产物，实现"定向刻蚀"[9]。在单金属 MAX 相的刻蚀过程中，刻蚀条件太苛刻会破坏 MXene 的结构，形成碳化物衍生碳等杂质相，刻蚀不足则会得到 MAX 相和 MXene 的混合物。而从 i-MAX 相出发，如 $(Mo_{2/3}Y_{1/3})_2AlC$ [28]，通过控制反应条件，既可以除去 Al 原子层，得到化学有序的 $(Mo_{2/3}Y_{1/3})_2C$ i-MXene，又可以将 Y 原子与 Al 原子一同除去，得到空位有序的 $Mo_{1.33}C$ i-MXene。不同于化学有序的 $(Mo_{2/3}Y_{1/3})_2C$ i-MXene，在空位有序的 $Mo_{1.33}C$ i-MXene 的结构中，空位取代了 Y 原子的位置，形成空位与 Mo 原子交替排列的化学有序结构。自从 i-MAX 相 $(Mo_{2/3}Sc_{1/3})_2AlC_2$ 被成功刻蚀得到空位有序的 $Mo_{1.33}C$-MXene 以来[29]，人们相继以不同的 i-MAX 相刻蚀制备了一系列空位有序的 MXene，如将 $(W_{2/3}Sc_{1/3})_2AlC$、$(Mo_{2/3}Y_{1/3})_2AlC$ 刻蚀分别得到了 $W_{1.33}C$、$Mo_{1.33}C$ 等空位有序的 MXene。

与有序结构的 MXene 相对应的是具有无序结构的固溶 MXene，它是由固溶 MAX 相刻蚀得到的。固溶 MXene 保持其前驱体的结构，两种过渡金属在 M 层内以类似固溶体的形式存在，原子排列是化学无序的[30]。例如，从前驱体固溶 MAX 相 $(Nb_{0.8}, Ti_{0.2})_4AlC_3$ 和 $(Nb_{0.8}, Zr_{0.2})_4AlC_3$ 出发，可得到二维固溶 MXene：$(Nb_{0.8}, Ti_{0.2})_4C_3T_x$ 和 $(Nb_{0.8}, Zr_{0.2})_4C_3T_x$[30]。此外，在刻蚀条件较剧烈时，M 层中键合力弱的过渡金属原子也会与 A 元素一起被刻蚀除去，形成的空位占据其 M 层中原过渡金属原子的位置。例如，在固溶 MAX 相 $(Nb_{2/3}Sc_{1/3})_2AlC$ 中，Sc—C 和 Sc—Al 键均弱于 Nb—C 或 Nb—Al 键，在 HF(48 wt%)溶液的作用下，Sc 原子和 Al 原子被一同刻蚀掉，得到了具有无序空位的 $Nb_{1.33}C$-MXene[31]。不同于空位有序的 i-MXene，$Nb_{1.33}C$-MXene 仅在组成上满足 $M_{1.33}C$，且同一个原子面内金属原子与空位的比值为 2:1，然而在结构上空位是毫无规则、无序分布的。

自 2004 年以来，高熵合金由于其特殊的性质引起了人们的广泛关注，高熵材料通常是由多种元素，以高原子浓度且接近等原子比结合，形成稳定单相。Anasori 等[12]从高熵 MAX 相 $TiVNbMoAlC_3$ 和 $TiVCrMoAlC_3$ 出发，采用 HF(48 wt%)刻蚀并剥离得到了高熵二维 MXene 片层材料 $TiVNbMoC_3T_x$ 和 $TiVCrMoC_3T_x$。如图 3-9 所示，高熵 MXene 的原子排布与固溶 MXene 类似，几种过渡金属在 M 层内无序分布，在 c 轴方向与 C 原子层交替排列。由于多元组分的存在，位形熵对单相的结构稳定性十分重要，计算结果表明，与三元过渡金属 MXene 相比，四元过渡金属 MXene 的位形熵较大，更有利于单相的形成，其他已成功制备的高熵 MXene 还有 $(Ti_{1/5}V_{1/5}Zr_{1/5}Nb_{1/5}Ta_{1/5})_2C$ 和 $(Ti_{1/5}V_{1/5}Zr_{1/5}Hf_{1/5}Ta_{1/5})_2C$[32]。由于高熵 MXene 中不同原子尺寸造成晶格畸变，M 层产生较大的机械应变，因此高熵 MXene 通常具有一些特殊的电学、力学性质，有望在传感、电化学等领域展现出良好的应用前景。

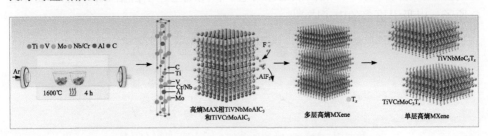

图 3-9　高熵 MXene 的制备过程及其结构示意图[31]

3. MXene 表面端基的排列方式

在刻蚀前驱体除去 A 原子层后，得到 $M_{n+1}X_n$ 结构单元，其中表面 M 原子具有很高的反应活性，直接暴露在水溶液或其他介质中会迅速结合一些表面端基，形成 $M_{n+1}X_nT_x$ 结构。DFT 计算表明，结合表面端基可使 MXene 的吉布斯自由能显著减小，因此反应可自发进行[34]。以 M_3AX_2 MAX 相在 HF 水溶液中的反应为例。

$$M_3AX_2+3HF \longrightarrow AF_3+3/2H_2+M_3X_2 \tag{3-1}$$

$$M_3X_2+2H_2O \longrightarrow M_3X_2(OH)_2+H_2 \tag{3-2}$$

$$M_3X_2+2HF \longrightarrow M_3X_2F_2+H_2 \tag{3-3}$$

在反应式 (3-1) 中，A 元素作为 H^+ 的还原剂，被氧化为 A^{3+}。在反应式 (3-2) 和式 (3-3) 中，H^+ 被表面的 M^{2+} 元素还原[35]。同时，由于—OH 在 MXene 表面会自发相互结合，生成—O 端基和水，直至—O 端基和—OH 端基数量达到平衡[36]。表面端基的存在，尤其是—OH 和—O，使得 MXene 片层具有良好的亲水性。同时，由于表面端基具有较高的电负性，MXene 表面带负电荷，在水溶液中，片层间产生静电排斥作用，使得二维片层可以在水溶液中稳定存在。此外，最新研究结果表明，采用路易斯酸熔融盐法刻蚀可得到多片层 MXene，根据熔融盐的种类及后续处理条件，MXene 表面可以带有—Cl、—I、—Br、—S、—Se 等端基[37]，进一步增加了 MXene 表面端基的种类。

MXene 表面结合端基时有 4 种可能的位点，如图 3-10 所示，分别为 hcp 位点 (紫色)、fcc 位点 (绿色) 和 M 原子顶部位点 (橙色)，两个 M 原子中间桥接位置 (红色)。理论计算表明 4 种结合位点都相对稳定，但是在弛豫过程中，MXene 会发生结构优化，桥接位点和顶部位点会自发向 fcc 和 hcp 位点转化。由于 X 元素和端基都是电负性较大的元素，会产生空间排斥作用，因此通常认为 fcc 位点比 hcp 位点更加稳定[38]，是端基结合的优选位点。然而，无论 fcc 型、hcp 型还是二者的混合排列构型，端基排列构型的相对稳定性均取决于 M 原子的可能氧化态。如果 M 原子呈现出能够为 X 原子和端基提供足够电子的氧化态，端基趋于占据 fcc 位点。如果 M 原子不能提供足够的电子，则端基趋于占据 hcp 位点，更靠近 C 原子，以吸引更多的电子[36,39]。

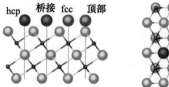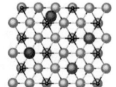

图 3-10　MXene 表面端基结合的 4 种可能位点[36]

4 个位点分别为 hcp (紫色)、两个 M 原子中间桥接位置 (红色)、fcc (绿色)、M 原子顶部 (橙色)

近年来，人们还通过理论和实验发现了 MXene 端基过饱和的现象，即在组成上存在 $x>2$ 的 MXene。Rosen 等[36]模拟了端基结合过程，令端基首先结合在 fcc 位置，然后继续结合在 hcp 位置，随着 hcp 位点的占有率增加，结合能增加，但仍为负值，表明 MXene 表面仍可以继续结合端基，即出现 $x>2$ 的情况。Barsoum 等[40]通过实验发现了端基过饱和的 Nb_4C_3-MXene。目前，表面端基种类对 MXene 端基饱和度的影响机制仍不明确，需要进一步的理论和实验探究[36]。

MXene 表面通常同时含有多种端基，其无序混乱地结合在 MXene 片层表面。人们通过理论计算还预测了端基非对称 MXene 的存在，即片层上下分别结合不同的端基，称为 Janus MXene，如 Cr_2CFCl、Cr_2CHF、Cr_2CFOH 和 V_2CFOH 等[41]。由于端基非对称引起的能带结构变化，Janus MXene 具有特殊的电磁学性质和较高的光催化效率[42]。然而，目前 Janus MXene 的研究大多停留在理论计算层次，如何进行端基非对称合成还是一个有挑战性的课题。于中振等[43]通过将聚苯乙烯选择性地接枝到 MXene 纳米片的一侧，合成了一种 Janus MXene 纳米片，两侧分别具有亲水性和亲油性，可以自发地聚集在水/油界面上，以降低界面张力。这种选择性接枝聚合的方法为端基非对称 MXene 的合成提供了一种新思路。

3.2 性 质

自 2011 年被首次报道以来，MXene 凭借其许多独特的性能如高电导率、高杨氏模量、高热导率等，迅速吸引了诸多领域学者的广泛关注。此外，由于元素组成和结构的多样性，MXene 的各种性质具有可调性。目前，MXene 已经在能量储存与转化、催化、电磁屏蔽、生物医学、环境等领域展现出良好的应用前景[44]。研究 MXene 的性质，详细了解其构效关系，发展 MXene 的改性方法和策略，对于进一步拓宽 MXene 的应用领域具有重要意义。

3.2.1 电学性质

1. MXene 的电学性质

MXene 自问世以来，以其优异的导电性，在储能、电磁屏蔽、导电填料等领域展现出广阔的应用前景。与最常见的二维材料石墨烯相比，MXene 的电导率更高，其理论电子迁移率可达 $10^6\,cm^2/(V\cdot s)$，而石墨烯仅为 $2.5\times10^5\,cm^2/(V\cdot s)$[45]。MXene 的高电导率与其能带结构和电子态密度密不可分。

密度泛函理论(DFT)可在原子尺度上解释各种物理和化学现象，已经被广泛用于 MXene 材料电子性质的研究。然而，简单的 DFT 方法无法预测带隙和范德瓦耳斯力的大小，以及强关联材料的特性，目前通常采用混合泛函[Heyd-Scuseria-

Ernzerhof] (HSE06) 进行 MXene 材料带隙的估算[41]。计算结果表明，由于过渡金属的 d 电子在费米能级附近具有很高的电子态密度 (DOS)，无表面端基的 MXene 一般表现为金属性[46]。然而，通过实验合成的 MXene 往往带有丰富的表面端基，且端基的数量和种类难以精准调控。此外，目前关于 MXene 单层纳米片的电导率测试仍缺乏先进的表征手段，对 MXene 本征电子性质的研究提出了挑战。Ti_2XT_2 (X=C、N) 是最薄也是结构最简单的 MXene 材料，人们从能带结构和电子态密度角度对单层 Ti_2XT_2 的电子性质开展了深入研究，并将其与前驱体 MAX 相进行了对比，如图 3-11 和图 3-12 所示[47]。根据 Perdew-Burke-Ernzerhof (PBE) 和 HSE06 计算结果，Ti_2X 及其 MAX 相都呈现金属性，而结合端基后，Ti_2XT_2 在费米能级处的态密度明显降低，尤其是 Ti_2CO_2，转变为半导体，带隙为 0.88 eV（基于 HSE06 计算结果）。

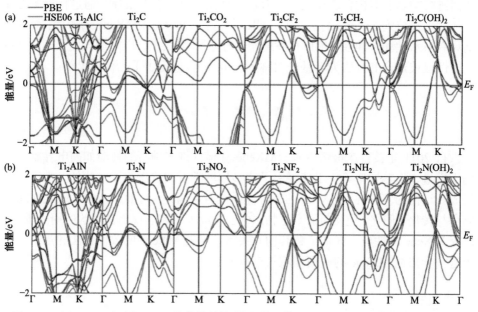

图 3-11   (a) Ti_2CT_2 和 (b) Ti_2NT_2 的能带结构（包括前驱体 MAX 相和不同端基的 MXene）[47]

随着表面端基的引入，MXene 材料的能带结构发生显著变化。由于端基的 p 轨道与过渡金属 M 的 d 轨道之间发生杂化作用，态密度峰值显著降低，且有可能将 d 轨道提高到费米能级以上，从而产生带隙。此外，M 的原子序数越大，通常产生的带隙值越大[46]。由于带隙的产生，原本表现为金属性的 MAX 相和无端基的 MXene ($M_{n+1}X_n$) 在引入端基后 ($M_{n+1}X_nT_x$) 转变为半导体，如表 3-4 所示。

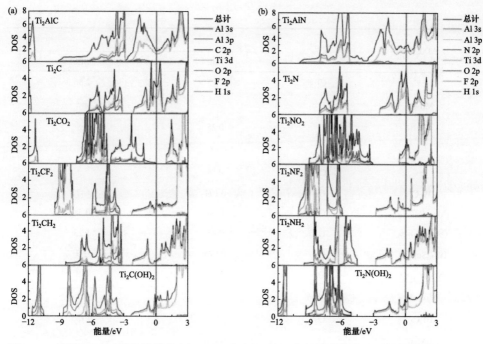

图 3-12　使用 HSE06 函数计算的 (a) Ti₂CT₂ 和 (b) Ti₂NT₂ 的局域态密度(包括前驱体 MAX 相和
不同端基的 MXene)[47]

表 3-4　基于 PBE 和 HSE06 计算的端基化后的半导体 MXene 及其带隙[48]

MXene	端基	带隙/eV	
		PBE	HSE06
Sc₂C	O	1.8～1.86	2.90～3.01
—	F	1.0～1.05	1.64～1.88
—	OH	0.34～0.71	0.71～0.74
—	Cl	1.88	1.64
Ti₂C	O	0.17～0.33	0.78～0.92
Zr₂C	O	0.66～0.95	1.54
Hf₂C	O	0.8～1.00	1.657～1.75
V₂C	F	0.56	—
—	OH	0.44	—
Cr₂C	O	—	—
—	F	0.22	3.15～3.49
—	OH	0.03	1.39～1.76

续表

MXene	端基	带隙/eV	
		PBE	HSE06
—	Cl	0.15	2.56
Mo_2C	O	—	—
—	F	0.25	—
—	OH	0.1	—
—	Cl	0.15	—
W_2C	O	0.194	0.472
$(Mo_{2/3}Sc_{1/3})_2C$	O	0.04	0.58
$(Mo_{2/3}Y_{1/3})_2C$	O	0.45	1.23
$(W_{2/3}Sc_{1/3})_2C$	O	0.675	1.3
$(W_{2/3}Y_{1/3})_2C$	O	0.625	1.3
$Mo_{1.33}C$	$O_{2/3}F_{1/3}$	0.5	—
Hf_3C_2	O	—	0.155
Hf_2MnC_2	O	0.238	
—	F	1.027	—
Hf_2VC_2	F	0.4	0.9
Mo_2TiC_2	O	0.041～0.052	0.119～0.125
Mo_2ZrC_2	O	0.069～0.087	0.125～0.147
Mo_2HfC_2	O	0.153～0.213	0.238～0.301
W_2TiC_2	O	0.136	0.29
W_2ZrC_2	O	0.17	0.28
W_2HfC_2	O	0.285	0.409
Cr_2TiC_2	F	—	1.35
—	OH	—	0.85

　　研究表明，n 值较大的 MXene 更倾向于表现为金属性，且表面端基的引入对其金属性影响较小，如 Ti_3C_2、Zr_3C_2、Ti_4C_3、Nb_4C_3 和 Ta_4C_3 等，不论结合哪种端基，都表现为金属性。在有序双金属 MXene 结构中，费米能级附近的态密度在很大程度上取决于表面金属原子的 d 电子。因此，与内层金属相比，外层过渡金属对电子性能的影响更大[46]。与碳化物 MXene 相比，由于具有更强的 Ti—N 键 (与 Ti—C 键相比) 和额外的氮电子，氮化物和碳氮化物 MXene 在费米能级处通常具有较高的总态密度，因此电导率更高[46]。

基于 MXene 的理想晶体结构，包括在 M 和 X 原子层没有空位，且表面具有类型均一的端基（如单独的—F、—O 或—OH 端基），理论预测的 MXene 通常具有出色的电导率，在诸多领域都具有良好的应用前景。然而，目前通过实验合成理想结构的 MXene 仍存在巨大挑战，制备方法和工艺通常对 MXene 的结构和性质具有显著影响。

2. 处理工艺对 MXene 电导率的影响

由于 MXene 结构和微观性质的差异，实验合成的 MXene 电导率相差较大。层数、片层的大小、片层间的接触和堆叠状态对 MXene 的宏观电导率都有较大影响。尺寸较大、缺陷浓度低、片层接触良好的 MXene 纳米片通常具有更高的电导率。

2014 年，Gogotsi 等[49]通过真空抽滤 $Ti_3C_2T_x$ MXene 的单片层分散液得到了柔性自支撑的 $Ti_3C_2T_x$ MXene 薄膜材料，四探针法测得其电导率为 1500 S/cm。将 $Ti_3C_2T_x$ MXene 薄膜直接用作超级电容器的电极材料，表现出优异的电化学性能，体积比电容高达 900 F/cm^3。减少表面缺陷被认为是提高 MXene 电导率的有效策略。Gogotsi 等[50]采用最小强度分层法（MILD 法），在较为缓和的刻蚀条件下得到了片层尺寸大、缺陷少的二维 $Ti_3C_2T_x$ 片，制备的 MXene 膜的电导率可提高至 4600 S/cm。Mathis 等[51]以铝过量的 MAX 相为前驱体，减少了刻蚀过程中 MXene 表面 Ti 层产生的缺陷，得到了电导率高达 20000 S/cm 的 $Ti_3C_2T_x$ 膜。Sundararaj 等[52]提出了蒸发氮最小强度分层法（EN-MILD 法）制备低缺陷 MXene 材料，在刻蚀阶段通入干燥的氮气，去除溶解氧，并通过蒸发溶剂不断提高酸和锂离子浓度，使得刻蚀条件非常温和，因此可减少 $Ti_3C_2T_x$ MXene 的缺陷，增大 MXene 的片层尺寸，电导率可高达 24000 S/cm，这是目前得到的电导率最高的 MXene 材料。

MXene 的片层堆叠状态对电导率具有较大的影响。目前已通过实验成功合成了 $n=4$ 的 Mo_4VC_4 MXene[26]，与 n 值较小的 MXene 相比，随着 n 值增大，MXene 片层厚度增加，柔性变差，相邻薄片之间可能存在间隙，从而造成导电路径变少，片层间电阻增大。通过提高 MXene 的片层堆叠密度也是制备高电导率 MXene 的常用方法。李春等[53]通过质子酸处理 $Ti_3C_2T_x$ MXene，去除片层间的水分子，使得片层堆叠更为致密，制备的 $Ti_3C_2T_x$ MXene 薄膜材料的电导率可达 10400 S/cm。Razal 等采用刮涂法[54]，利用刮刀的剪切力作用使 MXene 纳米片定向对齐，提高膜的致密度，得到了约 15100 S/cm 的高电导率膜。

除了成型工艺控制外，通过对 MXene 进行特殊结构设计，也是调控其电导率的重要方法。实验结果表明，有空位存在的 MXene 可表现出更高的电导率。Rosen 等[29]从 i-MAX 相（$Mo_{2/3}Sc_{1/3}$）$_2$AlC 出发，选择性刻蚀 Al 和 Sc 原子，得到了 Mo 原子与空位比为 2∶1 的 $Mo_{1.33}$C-MXene 膜，电阻率为 33.7μΩ·m，与结构类似的

Mo_2C-MXene 相比（电阻率为 $0.6\Omega \cdot m$），电阻率降低了约 4 个数量级。

通过调整 MXene 的表面化学性质也可有效地调节其电子导电性[55]。例如，通过高温和碱性处理[56]，可以对 MXene 进行表面改性，改变或去除某些端基（特别是—F）和一些层间分子，使得 MXene 的片层结构更加紧凑，电导率显著增加[46]。如图 3-13 所示，Barsoum 等[56]对真空抽滤得到的 Mo_2CT_x、$Mo_2TiC_2T_x$ 和 $Mo_2Ti_2C_3T_x$ 膜进行热处理，随着处理温度的升高，其电导率*均显著提高。但随着退火过程的进行，当温度降低时，Mo_2CT_x 和 $Mo_2TiC_2T_x$ 的电导率随着温度的降低而逐渐增加，表现出典型的金属行为，而 $Mo_2Ti_2C_3T_x$ 的电导率随着温度的降低而减小，表现出半导体行为。

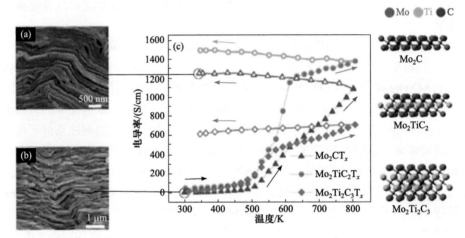

图 3-13   热处理对 MXene 膜电导率的影响[56]

真空抽滤 MXene 膜在 800℃下退火处理之前 (b) 和之后 (a) 的截面扫描电子显微镜图像；(c) Mo_2CT_x、$Mo_2TiC_2T_x$ 和 $Mo_2Ti_2C_3T_x$ 膜的电导率随温度变化的规律

随着 MXene 制备工艺的发展和电学性质研究的不断深入，MXene 的宏观电导率将会有进一步提升的空间。由于具有优异的导电性，MXene 不仅可以制备成独立的电学器件，也可以用于复合材料中改善各种非金属单质、金属化合物、有机小分子、高分子聚合物和陶瓷等材料的导电性，使其在储能、电磁屏蔽、电催化等众多领域具有良好的应用前景。

3.2.2　磁学性质

1. MXene 的磁学性质

目前报道的大多数 MAX 相没有磁性，而一些含有 Cr 或 Mn 的 MAX 相则具

　＊ 如未作说明，本书中的"电导率"均指电子电导率。

有磁性[57]，如 Cr_2AlC、Cr_2GeC、Cr_2GaC、Cr_2AlN、Cr_2GaN、Mn_2AlC、Mn_2GaC 和 Cr_2TiAlC_2。理论计算表明，在除去 MAX 相中的 A 原子层后，得到的无端基 MXene 大多都具有磁性，如 M_2X(M=Ti, V, Cr, Mn; X=C, N)、M_2MnC_2(M=Ti, Hf)、M_2TiX_2(M =V, Cr, Mn; X=C, N)、Hf_2VC_2、Mo_3N_2 等[57]。

在确定 MXene 单位晶胞磁矩时，要考虑的因素主要包括过渡金属氧化态（nominal oxidation states）、过渡金属的配位数和 d 电子的数量，此外，C^{4-}、N^{3-}、F^-、OH^- 和 O^{2-} 也能贡献少量磁矩。与二硫化物类似，MXene 中的非键合 d 轨道在成键态和反键态之间的费米能级附近形成，因此，占据非键合 d 轨道的电子对磁性起主要作用[57]。

根据能带结构性质可以分析 MAX 相及 MXene 的磁性来源。MAX 相的费米能级（E_F）主要由 M 层原子的 d 轨道控制。以 Ti_2AlC 的能带结构为例[47]，费米能级以下的价带分为两个子带：子带 A 靠近费米能级，由杂化的 Ti 3d-Al 3p 轨道组成；子带 B，比费米能级低 3~10 eV，由杂化的 Ti 3d-C 2p 和 Ti 3d-Al 3s 轨道组成，如图 3-12 所示。子带 A 和 B 分别产生 Ti—Al 键和 Ti—C 键。在由 Ti_2AlC 得到 Ti_2C 的过程中，Al 层的去除导致 Ti 3d 电子态或"悬挂键"的重新分布，费米能级附近出现非定域 Ti—Ti 类金属键状态。在 MXene 中，$Ti_{n+1}C_n$ 和 $Ti_{n+1}N_n$ 的费米能级是对应 MAX 相的数倍。Ti 3d 电子态贡献了 $Ti_{n+1}X_n$ 中费米能级附近的高态密度，根据 Stoner 准则，如果满足 $IN_{E_F} > 1$（其中 I 是 Stoner 交换参数，对于第三周期过渡金属元素，I 等于 0.9 eV；N_{E_F} 表示费米面上的态密度），则产生磁性 MXene。磁性 MXene 包括铁磁性 MXene（如 Cr_2C、Cr_2N、Ta_3C_2 等）和反铁磁性 MXene（如 Ti_3C_2 或 Ti_3N_2 等）[8]。由于过渡金属的可用电子数和 d 轨道的电子构型不同，MXene 的磁学行为各异。

Xie 等[47]的研究发现，MXene 的磁矩大小不仅与原子组成有关，还随原子层数的改变而变化。以 Ti 基 MXene 为例，磁矩来源主要是表面 Ti 原子的 3d 电子，Ti_2C 的表面 Ti 和 C 原子的磁矩分别为 0.982 μ_B/原子和 0.065 μ_B/原子，Ti_2N 表面 Ti 和 N 原子的磁矩分别为 0.619 μ_B/原子和 0.027 μ_B/原子。如图 3-14 所示，随着 n 值增大，碳化物 MXene 的总磁矩从 2 μ_B 增加到 3 μ_B，而氮化物 MXene 的总磁矩在 1.2 μ_B 附近波动。

通过计算不同 MXene 体系（M = Ti, Cr, Mn）的磁矩可以发现，具有不同磁相互作用（Ising、XY 或 Heisenberg 类型）的各种磁序，包括铁磁、反铁磁或亚铁磁性，均可以通过控制自旋-轨道耦合的强度来调控。不同过渡金属 M 和不同电负性的端基的组合对磁性的影响也不同[57]。

2. 表面性质/改性对 MXene 磁性的影响

根据理论预测，无端基的 MXene 大多具有磁性，但当引入表面端基后，MXene

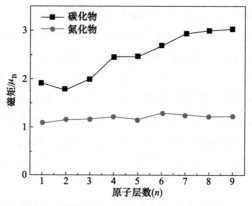

图 3-14   单层碳化物(黑线)和氮化物(红线)MXene 的总磁矩随原子层数变化的趋势[47]

的磁学性质可能会发生较大变化，如表 3-5 所示[46]。此外，在结合不同种类的表面端基时，不同过渡金属的 MXene 的磁学性质通常表现出不同的变化规律。例如，一些磁性 MXene 在表面端基化后转变为非磁性，如 $Ti_3C_2T_x$、$Ti_4C_3T_x$ 等；Cr_2CT_x 的表面端基为—OH 和—F 端基时，室温下仍保持铁磁性，为—O 端基时则磁性消失；而 Mn_2NT_x 始终保持铁磁性，与表面端基无关[46]。单片层 V_2C 为反铁磁性金属，在—F 或—OH 端基化之后，V_2C 转变为小带隙反铁磁半导体。无端基的 Cr_2C 是铁磁性半金属，然而，随着—F、—Cl、—OH 或—H 的端基化，Cr_2CT_x 变为反铁磁半导体。Cr_2N 具有比 Cr_2C 更多的价电子，Cr_2N 的基态为反铁磁性，但是在—F、—O 或—OH 表面端基化后，Cr_2N 变为半金属[41]。

表 3-5   理论计算预测的 MXene 的磁矩值[46]   (单位：μ_B/晶胞)

MXene	磁矩(无端基)	磁矩(有端基)		
		—O	—F	—OH
Ti_3C_2	1.8~1.93	—	无磁性	无磁性
Ti_2N	1.0~1.1	—	—	—
Ti_2C	1.9~1.91	—	—	—
Ti_3N_2	0.34/Ti 原子	—	—	—
V_2C	0.16	—	—	—
V_2N	无磁性	—	—	—
Fe_2C	3.95	—	—	—
Zr_2C	1.90	—	—	—
Zr_3C_2	1.73	—	—	—
Mn_2N	—	7.0	9.0	8.8
Cr_2C	0.54/Cr 原子	无磁性	2.71/Cr 原子	2.24/Cr 原子

续表

MXene	磁矩(无端基)	磁矩(有端基)		
		—O	—F	—OH
Cr$_2$N	—	5.6/Cr 原子	3.23/Cr 原子	3.01/Cr 原子
Sc$_2$N	—	1.00	—	—
Mn$_2$N	—	7.0	9.0	8.8
(Ti$_2$Mn)C$_2$	—	2.97	4.24	3.90
(Hf$_2$Mn)C$_2$	—	3.00	5.00	4.84
(Hf$_2$V)C$_2$	—	1.00	1.27	1.33
Ti$_4$N$_3$	7.00	0.37	0.88	无磁性
(TiMn$_2$)C$_2$	16.3	—	4.0	—
(TiCr$_2$)C$_2$	3.4	1.8	3.3	3.0

　　一些磁性 MXene 在结合表面端基后显示出非磁性，这主要是由于表面过渡金属原子与端基之间形成了 p-d 键，导致磁性消失[8]。轨道分裂理论也可以用来解释 MXene 磁学性质变化的现象：在端基化后的 MXene 中，每个过渡金属被 C/N 原子和表面端基包围，在过渡金属周围形成八面体笼，产生的近八面体的晶体场将过渡金属的 d 轨道分裂为 t$_{2g}$(d$_{xy}$, d$_{yz}$, d$_{xz}$) 和 e$_g$(d$_{x^2-y^2}$, d$_{z^2}$) 轨道。由于轨道形状不同，e$_g$ 轨道流形(manifold) 的能量高于 t$_{2g}$ 轨道流形，因此，电子首先占据 t$_{2g}$ 轨道。过渡金属的价电子数不等，d 轨道的电子构型不同，因此，MXene 的磁学行为各异。例如，Cr 原子具有六个价电子，在 Cr$_2$CF$_2$ 中，Cr 的氧化态为+3 价，每个 Cr 原子向相邻的 C 原子提供两个电子，并向相邻的 F 原子提供一个电子，Cr 原子周围保留三个电子。根据 Hund 法则，电子以最大自旋填充 t 轨道，并产生 3 μ_B 磁矩。根据自旋带的分裂程度，磁性 MXene 可转变为金属、半导体或半金属。例如，铁磁性的 Cr$_2$C，在结合—F、—Cl、—OH 或—H 端基后，转变为抗铁磁体半导体[41,46]。

　　关于有序双过渡金属 MXene 的磁性，人们也已经开展了一些研究。以 Cr$_2$M″C$_2$T$_2$(M″=Ti 和 V，T=F，OH 和 O) 为例，根据 M″ 和 T 种类的不同，Cr$_2$M″C$_2$T$_2$ 可以是非磁性的、反铁磁性或铁磁性的。例如，Cr$_2$TiC$_2$O$_2$ 是非磁性的，而 Cr$_2$TiC$_2$F$_2$ 和 Cr$_2$TiC$_2$(OH)$_2$ 为反铁磁性，Cr$_2$VC$_2$(OH)$_2$、Cr$_2$VC$_2$F$_2$ 和 Cr$_2$VC$_2$O$_2$ 则显示铁磁性[41]。其中，Cr$_2$VC$_2$(OH)$_2$ 和 Cr$_2$VC$_2$F$_2$ 的居里温度分别高达 618.36 K 和 695.65 K。Hf$_2$MnC$_2$O$_2$、Hf$_2$VC$_2$O$_2$ 和 Ti$_2$MnC$_2$T$_2$(T=—F，—OH 和—O) 具有强铁磁性，其磁矩在 3～4 μ_B/晶胞，并且居里温度高达 495～1133 K。强铁磁性二维材料有望在纳米自旋电子学中得到广泛应用。

Janus MXene，即表面端基非对称 MXene 的磁性也已有不少研究。研究结果表明表面端基非对称的 Cr$_2$CFCl、Cr$_2$CHF、Cr$_2$CFOH 和 V$_2$CFOH 是反铁磁半导体[41]。在 Sc$_2$CTT′中，人们基于 T、T′=H、O、OH、F、Cl 五种表面端基构成的 10 种不同非对称端基组合进行了理论研究，其中 4 种含—O 端基的 Sc$_2$COT′表现为铁磁性有序的半金属，而另外 6 种是非磁性半导体。不同的端基组合使得 MXene 的磁学性质差异较大，因此，可以通过调节端基使 MXene 获得多样的磁学性质，拓展 MXene 在磁学领域的应用。

掺杂异质原子、引入机械应变和空位等方法已被广泛用于 MXene 的磁性调控。在 MXene 中引入异质原子，可改变 MXene 的能带结构，调控其磁学性质。例如，通过在非磁性 MXene[如 Sc$_2$CT$_2$（T=—F、—OH 和—O）]中掺杂 Ti、V、Cr、Mn 等可得到磁性 MXene [41]。此外，在 MXene 表面添加磁性材料（如 MnO$_x$ 或 Fe$_3$O$_4$），也可以增加 MXene 的磁性。引入机械应变也是调控 MXene 磁性的有效方法。Gao 等[58]发现，通过引入双轴拉伸或压缩应变，可增加 M$_2$X-MXene 的磁性，使其获得较大磁矩，如 V$_2$C 等，也可使无端基的 M$_2$X-MXene 具有磁性，如 V$_2$N；而 Ti$_2$C 和 Ti$_2$N 在双轴应变下，会从近半金属（nearly half-metal）发生相变，变为半金属，再到自旋无带隙半导体（spin gapless semiconductor）和金属。因此，MXene 有望在自旋电子器件领域具有良好的应用前景。

3.2.3 机械性质

1. MXene 的机械性能

由于 M—C 键和 M—N 键的键能较大，MXene 通常表现出良好的机械性能，且优于其前驱体 MAX 相，这是由于在刻蚀除去 A 原子层后，电子密度在 M$_{n+1}$X$_n$ 层中更集中，因此增强了 MXene 的机械性能[8]。根据现有的研究，Ti$_3$C$_2$T$_x$ 的杨氏模量可达（0.33±0.03）TPa，高于目前其他的二维材料，如氧化石墨烯（约 0.21 TPa）、MoS$_2$（约 0.27 TPa）等，相当于目前强度最高的材料——完美石墨烯片（约 1 TPa）的三分之一[45]。通过 DFT 计算，人们预测了一些 MXene 的弹性常数 c_{11} 的大小[46]，如表 3-6 所示。

表 3-6   理论计算预测得到的 MXene 的 c_{11} 弹性常数[46]   （单位：GPa）

MXene	c_{11}（无端基）	c_{11}（有端基）		
		—O	—F	—OH
Sc$_2$C	—	300	270	240
Ti$_2$C	636	365	245	260
Ti$_2$N	654	—	—	—
V$_2$C	718	410	245	200

续表

MXene	c_{11}(无端基)	c_{11}(有端基)		
		—O	—F	—OH
Nb$_2$C	—	410	260	190
Mo$_2$C	—	305	210	145
Cr$_2$C	690	198	165	240
Zr$_2$C	594	435	245	190
Hf$_2$C	658	489	277	247
Ta$_2$C	788	450	275	195
W$_2$C		593	300	165
Ti$_3$C$_2$	523	402	334	290
Ti$_3$N$_2$	557	—	—	—
Zr$_3$C$_2$	295	393	293	270
Ta$_3$C$_2$	575	—		
Ti$_4$C$_3$	512			
Ti$_4$N$_3$	501			
Ta$_4$C$_3$	633			
石墨烯	1035	—	—	—

  MXene 还表现出良好的力学柔性,通过真空抽滤 M$_{n+1}$X$_n$T$_x$ 分散液,可直接得到柔性自支撑的 MXene 膜,该膜具有良好的力学强度和柔韧性,可承受自身质量5000 倍以上的载荷,经过多次弯折而不被破坏[59]。由于这一特点,MXene 在可穿戴设备、能量收集、人工智能方面具有潜在的应用前景[60]。研究表明,MXene 的柔性很大程度上得益于其表面端基[61]。MXene 无表面端基时,表面金属层容易坍塌,受拉伸应力时结构易遭到破坏,而在端基化后,表面端基(—OH、—O、—F等)可以抑制这种结构塌陷,使 MXene 具有良好的机械柔韧性[3]。端基化后,MXene 具有较大的临界应变,也有益于增强 MXene 的柔韧性。理论计算表明[61],Ti$_2$CO$_2$ 在双轴应力下,最大应变可达到 20%,高于石墨烯(15%)。

  表面端基的引入可改变 MXene 二维纳米片的表面张力,大大提高 MXene 的亲水性,钛基 MXene 在空气中的水滴接触角在 27°～41°之间,其中 Ti$_3$C$_2$T$_x$ 的接触角为 35°,在水溶液中表现出良好的浸润性[57]。然而,在潮湿的环境中,由于水分子插入 MXene 层间,影响其层间作用力,MXene 膜的机械性能通常会受到较大的影响,在一定程度上限制了 MXene 的应用。研究发现通过质子酸处理等策略[53],去除层间隔离物,可以增强 MXene 层间相互作用,提高 MXene 水化稳定性,改善其在潮湿环境中的机械性能。

$Ti_3C_2T_x$ 二维纳米片之间的键合作用较弱，在薄膜被施加拉伸应力后，其变形机制主要为层间滑动[62]。由于在分离和断裂之前的滑移距离更长，片层尺寸较大的 $Ti_3C_2T_x$ 纳米片自组装得到的膜通常具有更佳的机械性能[54]。此外，不同种类的端基在片层间相对滑动时施加的阻力不同，其中，—OH 端基可以产生氢键作用，层间作用力最强，而—O 和—F 端基产生的作用力类似于分子间作用力，明显弱于—OH 端基。表面端基产生的层间耦合作用使得 MXene 片层堆叠结构不易破裂，可显著提高其结构稳定性[63]。

结构缺陷如孔隙和片层褶皱等，对 MXene 膜的机械性能影响较大。缺陷附近通常会产生较大的应力集中，在应力载荷的作用下，产生裂纹以及裂纹扩展，导致片层结构破坏，因此，减少结构缺陷是改善 MXene 片层机械性能的重要途径。例如，选用尺寸较大、缺陷较少的 MXene 薄片，以及采用一些新工艺，如刮涂成型等，可以得到机械性能优异的 MXene 膜[54]。

2. MXene 基复合材料的机械性能

表面端基的存在为 MXene 与其他材料结合，构筑 MXene 基复合材料提供了便利。与单一组分相比，MXene 基复合材料通常表现出优异的机械性能。通过在MXene 主体中引入少量聚合物材料，使 MXene 的表面端基与聚合物链上的极性端基结合或形成氢键，可显著改善 MXene 的拉伸强度和断裂伸长率[64]。聚乙烯醇(PVA)和聚二烯丙基二甲基氯化铵(PDDA)、壳聚糖等聚合物的分子支链上带有极性端基，可以插层在 $Ti_3C_2T_x$ MXene 层间，防止 MXene 二维纳米片的重新堆积，并显著改善 MXene 膜的机械性能[59,65,66]。将 $Ti_3C_2T_x$ 与 10 wt%PVA 复合得到的膜卷绕成直径 6 cm、高 1 cm 的圆柱体，质量为 6.18 mg，可支撑约 15000 倍自身质量的载荷，是未复合时的 3 倍[59]。

利用 MXene 自身的特性也可改善其他聚合物的力学性能，如通过 MXene 与聚吡咯、聚乙烯或聚二甲基硅氧烷(PDMS)、聚乙烯(PE)、聚乙二醇(PEG)、聚偏二氟乙烯(PVDF)和聚丙烯腈(PAN)等复合，通常可以得到具有优异耐磨性、耐疲劳性、耐腐蚀性和抗冲击性，以及较高的强度和刚度的 MXene 基复合材料[65,67]。与传统聚合物填料相比，MXene 具有添加量少和多功能增强的独特优势。将氨基官能化的 $Ti_3C_2T_x$ 纳米片引入环氧树脂中，当 MXene 质量分数为 0.5 wt%时，其磨损率可以降低 72%[64]。Wang 等[68]采用热压法合成了 Ti_3C_2/超高分子量聚乙烯(UHMWPE)复合材料，显著提高了 UHMWPE 的硬度、屈服强度和抗蠕变性能，此外，MXene 的少量加入(2%)还可有效提升材料的减摩擦性能，纯 UHMWPE 的摩擦系数为 0.186，而复合材料仅为 0.128。MXene 的加入改善了材料的结晶度，从而提高了材料的强度，此外，MXene 二维层状结构的剪切强度较低，范德瓦耳斯力较弱，有利于润滑膜的形成，因此，在高剪切强度下，复合材料的表面损伤较小。

除了与高分子材料复合外，在金属或陶瓷材料中引入 MXene 也可以显著改善其机械性能。碳纳米管和石墨烯等纳米材料已被广泛用作金属基复合材料的增强材料，然而，团聚和润湿性较差等问题限制了其进一步发展。MXene 具有丰富的亲水表面和优异的力学性能，是铜、铝等金属材料的理想增强剂。对于陶瓷材料，MXene 的加入可以抑制金属氧化物/硫化物的结构坍塌，同时金属氧化物/硫化物颗粒的存在可有效避免 MXene 二维纳米片层的重堆叠，从而产生共生效应（symbiotic effect），大大提升复合材料的机械性能。

此外，MXene 还可以用作水凝胶的纳米填料或交联剂，改善水凝胶的自愈合性能和拉伸性能。研究发现，MXene/PVA 水凝胶的拉伸率可超过 3400%，且对拉伸应变具有超强的敏感性，在可穿戴设备上展现出良好的应用前景[69]。

3.2.4　光学性质

常见的 MXene，如 Ti_2C、V_2C、Ti_3CN 和 Ti_3C_2，与可见光范围内的光子能量非常匹配，带隙在 0.92~1.75 eV，与可见光谱内的光可发生相互作用，因此 MXene 的光热转换效率较高，具有一定的光热应用前景。通过调控 MXene 的表面端基，可以改变其电子特性，调整 MXene 的带隙，调控其光学性能。在可见光范围内，—F 和—OH 端基的存在会降低 MXene 的吸收和反射率，而在紫外光区域，与无端基的 MXene 相比，所有端基的存在都会提高反射率。此外，最近的研究发现，减小 MXene 纳米片的横向尺寸也可以实现较低的吸收值[46]。

通过研究复介电常数的实部和虚部，可以从理论上分析材料的各种光学特性，如透射率、吸收率、反射率、折射率和能量损耗，而介电常数 ε 与光子的频率 ω 具有如下函数关系：

$$\varepsilon(\omega) = \varepsilon_1(\omega) + i\varepsilon_2(\omega) \tag{3-4}$$

光学介电函数的实部和虚部可以通过 Kramers-Kronig 变换得到。例如，光子吸收系数的表达式可表示为

$$I(\omega) = \sqrt{2}\omega\left[\sqrt{\varepsilon_1(\omega)^2 + \varepsilon_2(\omega)^2} - \varepsilon_1(\omega)\right]^{1/2} \tag{3-5}$$

从上述公式可以看出，较大的 $\varepsilon_2(\omega)$ 可带来更好的光子吸收[57]。端基种类对光吸收具有较大影响，例如，在红外光和可见光范围内，—O 比—F 与—OH 具有更高的 $\varepsilon_2(\omega)$，因此具有更强的光吸收性能，这主要可归因于接近费米能级的氧化态的形成[57]。同时，由于其特殊的晶体结构，MXene 的介电函数张量沿面内和面外方向呈现各向异性。

截至目前，关于无端基 Ti_2C、Ti_2N、Ti_3C_2 和 Ti_3N_2 的能量损失函数、反射率

和吸收光谱等已经有了一些研究[41]。此外，最新研究还发现了无特征吸收光谱的 MXene，如 Mo_4VC_4，在可见光到近红外(400～2500 nm)范围内均显示无特征的吸收光谱，与 n 值较小的 MXene 相比，该材料与电磁辐射相互作用的方式存在根本差异，其光吸收机理还需要进一步的理论研究。根据 Mo_4VC_4 的特征吸收光谱范围，这类 MXene 有望在透明电极上得到广泛应用[26]。

利用磁性过渡金属，如 Fe、Co、Ni 等，对 MXene 进行表面修饰，可以改善 Ti_3C_2 MXene 材料的光学性质，提高 Ti_3C_2 在紫外线区、可见光区和近红外短波区的光吸收系数[70]。与无 Ni 修饰的 Ti_3C_2 相比，Ni/Ti_3C_2 复合材料在可见光和紫外光范围内的光吸收系数增长率高达 50%，Fe/Ti_3C_2 的光吸收系数较修饰前增长率达到 100%以上，特别是在红外区。这种显著的光吸收增强可能与掺杂磁性原子后的电子结构变化有关。密度泛函理论计算表明，Ti_3C_2 MXene 经 Fe、Co 和 Ni 修饰后仍保持金属性质，d 电子轨道在其费米能级附近的电子态中起主导作用，在–4～–1 eV 范围内的 d 轨道出现一个强峰，产生自旋极化态，导致光学性质发生较大变化[70]。

$Ti_3C_2T_x$(T 为 F，OH 和 O 的混合)的光学性质可以通过一些插层剂的插层处理进行改性。$Ti_3C_2T_x$ 在波长为 550 nm 的可见光下具有 77%的透射率，使用 NH_4HF_2 对 $Ti_3C_2T_x$ 插层处理后，透射率可达 90%，而前驱体 Ti_3AlC_2 MAX 相的薄膜透射率为 30%。此外，透光度与 MXene 膜的厚度呈线性关系，通过调整膜厚度也可以得到光学性质不同的 MXene 材料[41]。MXene 在光学领域已经展现出了一些应用前景，如光热疗法，利用药剂将近红外(NIR)光能转化为热能，加热以治疗肿瘤组织。用于光热转换试剂的光热性能基于两个主要参数：消光系数(ε)和光热转换效率(η)。消光系数表征光吸收能力，而光热转换效率表示试剂具有将光转换为热的性能。MXene 由于其特殊的光吸收性质，有望被开发为新型光热剂。Shi 等[71]制备了超薄二维 Ta_4C_3 纳米片，在 808 nm 波长的近红外光照射下，得到了 4.06 L/(g·cm)的高消光系数，以及 44.7%的高光热转换效率，且无毒无害。Ta_4C_3-MXene 在光热疗法领域的效率显著优于石墨烯、金纳米棒等纳米材料，具有一定的应用前景。

3.2.5　其他性质

1. 超导性质

Mo_2GaC 是第一个被发现的超导 MAX 相，超导转变的临界温度(T_C)约 3.9 K。之后，人们又陆续发现了其他超导 MAX 相，如 Nb_2SC、Nb_2InC、Nb_2AsC 和 Ti_2InC 等。有研究认为，在 Mo_2GaC 中，[MoC]层中的低色散 Mo 4d 带形成费米面(Fermi surfaces)，使得 Mo_2GaC 具有超导性[72]。

样品制备困难为研究 MAX 相和 MXene 的超导性能带来了很大的挑战。超导测量对样品的杂质相非常敏感，尤其是超导杂质相的影响，即使所研究的相不是超导的，超导杂质相的存在也会使所测样品显示出超导性。例如，对于 Nb_2SnC 的超导性测量，结论通常难以一致，高纯 Nb_2SnC 样品是非超导的，而在含有 NbC 杂质(超导)的相中，测量结果显示为超导性。因此，制备高纯样品是 MXene 超导性质研究的关键。

通过 CVD 法合成 MXene，可制备得到高纯相、大面积的二维片层，这使得直接测量 MXene 的低温特性和超导性质成为可能。研究发现 Mo_2C 具有超导性[73]，在 50 K 以下 Mo_2C 的电阻率呈对数增加，表明二维排列效应变差，在略低于 3 K 发生超导转变现象，这也证实了 MXene 的超导性与其片层厚度具有内在联系[41]。

表面端基的存在对 MXene 的超导性能具有显著影响，Talapin 等[74]发现 Nb_2AlC MAX 相前驱体在测量温度范围内不具有超导效应，通过传统氢氟酸刻蚀制备的 Nb_2CT_x 表面含有—O、—OH 和—F 等混合端基，也不具备超导性，而通过熔融盐法调控其表面端基，制备得到表面端基为—Cl 的 Nb_2CCl_2 MXene，却具有超导效应，在大约 6.0 K 的临界温度下，电阻率急剧下降了几个数量级，显示出明显的超导效应，同时出现强抗磁性，可以用迈斯纳效应解释这一现象。此外，进一步通过表面端基取代反应，分别得到了表面端基为—S、—Se 的 Nb_2CS_2、Nb_2CSe_2 等，也具有超导效应，临界温度分别为 6.4 K 和 4.5 K。通过端基调控得到新的超导 MXene，探明 MXene 的超导机理，尚需要大量的理论和实验研究。

2. 热电性质

热电性能的衡量主要取决于材料的热电优值(ZT)的大小，ZT 可通过如下公式计算：

$$ZT = S^2 \sigma T \kappa^{-1} \tag{3-6}$$

其中，S 为塞贝克(Seebeck)系数，或称作热功率，定义为 $\Delta V/\Delta T$，即在 ΔT 的温度梯度下材料上产生的电压 ΔV；T 为热力学温度；σ 与 κ 分别为电导率和热导率。高效率的热电材料，一般具有大的 Seebeck 系数和高的电导率、低的热导率。

MAX 相是良好的金属导体，通常表现出较低的 Seebeck 系数。其中，Ti_3SiC_2 的性质较为独特，在 300～850 K 的宽温度范围内，Ti_3SiC_2 的 Seebeck 系数可以忽略不计。根据密度泛函理论(DFT)，Ti_3SiC_2 中 Seebeck 系数的主要贡献来自两类能带：在 ab 平面的空穴带(hole-like band)和在 c 轴的电子带(electron-like band)，在 c 方向上的值是在 a 方向上的两倍，但符号相反，因此，在随机取向的样本中，Seebeck 系数的宏观总和为零[5]。电子结构中的各向异性是这类材料 Seebeck 系数接近零的根本原因[75]。

目前关于 MXene 热电性质的实验研究报道较少，但理论预测表明某些 MXene 可能具有很高的 Seebeck 系数。Khazaei 等[39]基于 Boltzmann 理论研究了 MXene

的热电性质，尤其是 Seebeck 系数，计算结果表明，半导体 MXene 在低温下具有较大的 Seebeck 参数，在 100 K 左右的低温下，Ti_2CO_2 MXene 的 Seebeck 系数约为 1140 μV/K，是目前 Seebeck 系数最高的材料之一[39]。通常来说，MXene 体系的半导体带隙越大，在相同温度下的 Seebeck 系数越大，如 $Sc_2C(OH)_2$。半导体 MXene 较大的 Seebeck 系数，通常归因于电子化学势附近的电子态密度或载流子浓度的巨大差值，特别是在带隙边缘附近，如 Ti_2CO_2，其导带底部的电子态密度峰值非常高，价带顶部的态密度峰值则非常低。由于半导体 MXene 具有较大的 Seebeck 系数，与目前报道的 $SrTiO_3$ 的 Seebeck 系数相当（90 K 时约 850 μV/K），因此在热电领域具有潜在的应用前景[39]。

然而，Boltzmann 理论在热电性质的理论预测上存在局限性。例如，在理论计算中，一般假定弛豫时间 τ 值不随材料和载流子浓度的变化而变化，这有可能产生一些误导性的预测[5]。此外，虽然 Seebeck 系数是衡量材料热电性质的一个重要参数，但并不是唯一的参数。具有高 Seebeck 系数的 MXene 通常是半导体，导电性较差，而金属性的 MXene 导电性好，但难以获得较高的 Seebeck 系数。此外，MXene 也倾向于具有良好的导热性。这些因素都不利于得到高热电优值，从而导致了较低的热电转换效率[75]。因此，如何进一步提升 MXene 的热电效率，是 MXene 热电领域应该关注的重要问题。

3.3　总结与展望

通过"自上而下"的制备方法刻蚀 MAX 相/非 MAX 相，除去与 M 金属键合力较弱的 A 原子层，可制备得到二维 MXene 材料。由于前驱体组成和结构的多样性，MXene 家族成员种类众多，理论预测 MXene 的种类高达 100 多种，目前已通过实验成功合成的有 40 余种。不同元素组成和表面端基排列方式导致 MXene 的结构和性质各异，一般来说，氮化物 MXene 的内聚能较低，结构稳定性低于碳化物 MXene。此外，由多元前驱体出发可以得到一些组成和结构特殊的 MXene，如面外化学有序的 o-MXene、面内有序的 i-MXene 和无序固溶 MXene 等。

MXene 材料具有优异的电学、磁学、光学、热学和机械等特性，在储能、电磁屏蔽、催化、传感和生物医用等领域展现出广阔的应用前景。组成、结构和表面端基等对 MXene 的性质具有显著的影响。通过优化 MXene 的片层堆叠状态和表面化学性质，可有效调节 MXene 的电子导电性。掺杂异质原子、引入机械应变和空位等可调控 MXene 的磁性。通过引入/调控表面端基，可显著改善 MXene 的机械柔韧性和光学特性。此外，MXene 独特的性质使其在超导、热电等领域也有潜在的应用前景。由于组成结构的复杂性和多样性，理论计算在 MXene 的结构和性质研究方面具有不可或缺的作用。对 MXene 材料构效关系的深入研究，可为 MXene 材料的结构和表面化学的精准调控提供思路，并有助于进一步扩展 MXene 的应用领域。

参 考 文 献

[1] Naguib M, Kurtoglu M, Presser V, Lu J, Niu J, Heon M, Hultman L, Gogotsi Y, Barsoum M W. Two-dimensional nanocrystals produced by exfoliation of Ti$_3$AlC$_2$. Advanced Materials, 2011, 23(37): 4248-4253.

[2] Sokol M, Natu V, Kota S, Barsoum M W. On the chemical diversity of the mAX phases. Trends in Chemistry, 2019, 1(2): 210-223.

[3] Pang J, Mendes R G, Bachmatiuk A, Zhao L, Ta H Q, Gemming T, Liu H, Liu Z, Rummeli M H. Applications of 2D MXenes in energy conversion and storage systems. Chemical Society Reviews, 2019, 48(1): 72-133.

[4] Trandafir M M, Neaţu F, Chirica I M, Neaţu Ş, Kuncser A C, Cucolea E I, Natu V, Barsoum M W, Florea M. Highly efficient ultralow pd loading supported on MAX phases for chemoselective hydrogenation. ACS Catalysis, 2020, 10(10): 5899-5908.

[5] Eklund P, Beckers M, Jansson U, Högberg H, Hultman L. The M$_{n+1}$AX$_n$ phases: materials science and thin-film processing. Thin Solid Films, 2010, 518(8): 1851-1878.

[6] Barsoum M W, Radovic M. Elastic and mechanical properties of the MAX phases. Annual Review of Materials Research, 2011, 41(1): 195-227.

[7] Zhang X, Xu J, Wang H, Zhang J, Yan H, Pan B, Zhou J, Xie Y. Ultrathin nanosheets of MAX phases with enhanced thermal and mechanical properties in polymeric compositions: Ti$_3$Si$_{0.75}$Al$_{0.25}$C$_2$. Angewandte Chemie-International Edition, 2013, 52(16): 4361-4365.

[8] Naguib M, Mochalin V N, Barsoum M W, Gogotsi Y. 25th anniversary article: MXenes: a new family of two-dimensional materials. Advanced Materials, 2014, 26(7): 992-1005.

[9] Ahmed B, Ghazaly A E, Rosen J. i-MXenes for energy storage and catalysis. Advanced Functional Materials, 2020, 30(47): 200894.

[10] Martin Dahlqvist J L, Meshkian R, Tao Q Z, Hultman L, Rosen J. Prediction and synthesis of a family of atomic laminate phases with Kagomé-like and in-plane chemical ordering. Science Advances, 2017, 3: e1700642.

[11] Luo W, Liu Y, Wang C, Zhao D, Yuan X, Wang L, Zhu J, Guo S, Kong X. Molten salt assisted synthesis and electromagnetic wave absorption properties of (V$_{1-x-y}$Ti$_x$Cr$_y$)$_2$AlC solid solutions. Journal of Materials Chemistry C, 2021, 9(24): 7697-7705.

[12] Nemani S K, Zhang B, Wyatt B C, Hood Z D, Manna S, Khaledialidusti R, Hong W, Sternberg M G, Sankaranarayanan S, Anasori B. High-entropy 2D carbide MXenes: TiVNbMoC$_3$ and TiVCrMoC$_3$. ACS Nano, 2021, 15: 12815-12825.

[13] Zhou Y C, He L F, Lin Z J, Wang J Y. Synthesis and structure-property relationships of a new family of layered carbides in Zr-Al(Si)-C and Hf-Al(Si)-C systems. Journal of the European Ceramic Society, 2013, 33(15-16): 2831-2865.

[14] Wang J, Zhou Y, Liao T, Lin Z. Trend in crystal structure of layered ternary T-Al-C carbides (T =

Sc, Ti, V, Cr, Zr, Nb, Mo, Hf, W and Ta). Journal of Materials Research, 2011, 22(10): 2685-2690.

[15] Zha X H, Zhou J, Eklund P, Bai X, Du S, Huang Q. Non-MAX phase precursors for MXenes//Anasori B, Gogotsi Y. 2D Metal Carbides and Nitrides(MXenes). New York: Springer, 2019: 53-68.

[16] Zhou J, Zha X, Chen F Y, Ye Q, Eklund P, Du S, Huang Q. A two-dimensional zirconium carbide by selective etching of Al_3C_3 from nanolaminated $Zr_3Al_3C_5$. Angewandte Chemie International Edition, 2016, 55(16): 5008-5013.

[17] Zhou J, Zha X, Zhou X, Chen F, Gao G, Wang S, Shen C, Chen T, Zhi C, Eklund P, Du S, Xue J, Shi W, Chai Z, Huang Q. Synthesis and electrochemical properties of two-dimensional hafnium carbide. ACS Nano, 2017, 11(4): 3841-3850.

[18] Halim J, Kota S, Lukatskaya M R, Naguib M, Zhao M Q, Moon E J, Pitock J, Nanda J, May S J, Gogotsi Y, Barsoum M W. Synthesis and characterization of 2D molybdenum carbide(MXene). Advanced Functional Materials, 2016, 26(18): 3118-3127.

[19] Hu C, Lai C C, Tao Q, Lu J, Halim J, Sun L, Zhang J, Yang J, Anasori B, Wang J, Sakka Y, Hultman L, Eklund P, Rosen J, Barsoum M W. Mo_2Ga_2C: a new ternary nanolaminated carbide. Chemical Communications, 2015, 51(30): 6560-6563.

[20] Hadi M A. New ternary nanolaminated carbide Mo_2Ga_2C: a first-principles comparison with the MAX phase counterpart Mo_2GaC. Computational Materials Science, 2016, 117: 422-427.

[21] Ling W D, Wei P, Duan J Z, Duan W S. First-principles study of newly synthesized nanolaminate Mo_2Ga_2C. Modern Physics Letters B, 2017, 31(27): 1750248.

[22] Anasori B, Gogotsi Y. 2D Metal Carbides and Nitrides(MXenes) //Anasori B, Gogotsi Y. Introduction to 2D transition metal carbides and nitrides(MXenes). New York: Springer, 2019: 3-12.

[23] Khazaei M, Ranjbar A, Esfarjani K, Bogdanovski D, Dronskowski R, Yunoki S. Insights into exfoliation possibility of MAX phases to MXenes. Physical Chemistry Chemical Physics, 2018, 20(13): 8579-8592.

[24] Gogotsi Y, Anasori B. The rise of MXenes. ACS Nano, 2019, 13(8): 8491-8494.

[25] Naguib M, Barsoum M W, Gogotsi Y. Ten years of progress in the synthesis and development of MXenes. Advanced Materials, 2021, 33, 2103393.

[26] Deysher G, Shuck C E, Hantanasirisakul K, Frey N C, Foucher A C, Maleski K, Sarycheva A, Shenoy V B, Stach E A, Anasori B, Gogotsi Y. Synthesis of Mo_4VAlC_4 MAX phase and two-dimensional Mo_4VC_4 MXene with five atomic layers of transition metals. ACS Nano, 2020, 14(1): 204-217.

[27] Urbankowski P, Anasori B, Makaryan T, Er D, Kota S, Walsh P L, Zhao M, Shenoy V B, Barsoum M W, Gogotsi Y. Synthesis of two-dimensional titanium nitride Ti_4N_3(MXene). Nanoscale, 2016, 8(22): 11385-11391.

[28] Persson I, El Ghazaly A, Tao Q, Halim J, Kota S, Darakchieva V, Palisaitis J, Barsoum M W, Rosen J, Persson P O Å. Tailoring structure, composition, and energy storage properties of MXenes from selective etching of in-plane, chemically ordered MAX phases. Small, 2018, 14(17): e1703676.

[29] Tao Q, Dahlqvist M, Lu J, Kota S, Meshkian R, Halim J, Palisaitis J, Hultman L, Barsoum M W, Persson P O A, Rosen J. Two-dimensional Mo$_{1.33}$C MXene with divacancy ordering prepared from parent 3D laminate with in-plane chemical ordering. Nature Communications, 2017, 8: 14949.

[30] Yang J, Naguib M, Ghidiu M, Pan L M, Gu J, Nanda J, Halim J, Gogotsi Y, Barsoum M W, Zhou Y. Two-dimensional Nb-based M$_4$C$_3$ solid solutions (MXenes). Journal of the American Ceramic Society, 2015, 99 (2): 660-666.

[31] Halim J, Palisaitis J, Lu J, Thörnberg J, Moon E J, Precner M, Eklund P, Persson P O A, Barsoum M W, Rosen J. Synthesis of two-dimensional Nb$_{1.33}$C (MXene) with randomly distributed vacancies by etching of the quaternary solid solution (Nb$_{2/3}$Sc$_{1/3}$)$_2$AlC MAX phase. ACS Applied Nano Materials, 2018, 1 (6): 2455-2460.

[32] Du Z, Wu C, Chen Y, Cao Z, Hu R, Zhang Y, Gu J, Cui Y, Chen H, Shi Y, Shang J, Li B, Yang S. High-entropy atomic layers of transition-metal carbides (MXenes). Advanced Materials, 2021, 33 (39): e2101473.

[33] Wang Y, Xu Y, Hu M, Ling H, Zhu X. MXenes: focus on optical and electronic properties and corresponding applications. Nanophotonics, 2020, 9 (7): 1601-1620.

[34] Ashton M, Mathew K, Hennig R G, Sinnott S B. Predicted surface composition and thermodynamic stability of MXenes in solution. The Journal of Physical Chemistry C, 2016, 120 (6): 3550-3556.

[35] Gao L, Bao W, Kuklin A V, Mei S, Zhang H, Agren H. Hetero-MXenes: theory, synthesis, and emerging applications. Advanced Materials, 2021, 33 (10): e2004129.

[36] Persson P O A, Rosen J. Current state of the art on tailoring the MXene composition, structure, and surface chemistry. Current Opinion in Solid State and Materials Science, 2019, 23 (6): 100774.

[37] Li M, Li X, Qin G, Luo K, Lu J, Li Y, Liang G, Huang Z, Zhou J, Hultman L, Eklund P, Persson P O A, Du S, Chai Z, Zhi C, Huang Q. Halogenated Ti$_3$C$_2$ MXenes with electrochemically active terminals for high-performance zinc ion batteries. ACS Nano, 2021, 15 (1): 1077-1085.

[38] Tang Q, Zhou Z, Shen P. Are MXenes promising anode materials for Li ion batteries? Computational studies on electronic properties and Li storage capability of Ti$_3$C$_2$ and Ti$_3$C$_2$X$_2$ (X = F, OH) monolayer. Journal of The American Chemical Society, 2012, 134 (40): 16909-16916.

[39] Khazaei M, Arai M, Sasaki T, Chung C Y, Venkataramanan N S, Estili M, Sakka Y, Kawazoe Y. Novel electronic and magnetic properties of two-dimensional transition metal carbides and nitrides. Advanced Functional Materials, 2013, 23 (17): 2185-2192.

[40] Halim J, Cook K M, Naguib M, Eklund P, Gogotsi Y, Rosen J, Barsoum M W. X-ray photoelectron spectroscopy of select multi-layered transition metal carbides (MXenes). Applied Surface Science, 2016, 362: 406-417.

[41] Khazaei M, Ranjbar A, Arai M, Sasaki T, Yunoki S. Electronic properties and applications of MXenes: a theoretical review. Journal of Materials Chemistry C, 2017, 5 (10): 2488-2503.

[42] Zhang Y, Sa B, Miao N, Zhou J, Sun Z. Computational mining of Janus Sc$_2$C-based MXenes for spintronic, photocatalytic, and solar cell applications. Journal of Materials Chemistry A, 2021, 9 (17): 10882-10892.

[43] Zhao S, Li L, Zhang H B, Qian B, Luo J Q, Deng Z, Shi S, Russell T P, Yu Z Z. Janus MXene nanosheets for macroscopic assemblies. Materials Chemistry Frontiers, 2020, 4(3): 910-917.

[44] Vahidmohammadi A, Rosen J, Gogotsi Y. The world of two-dimensional carbides and nitrides(MXenes). Science, 2021, 372:1165.

[45] Salim O, Mahmoud K A, Pant K K, Joshi R K. Introduction to MXenes: synthesis and characteristics. Materials Today Chemistry, 2019, 14:100191.

[46] Ronchi R M, Arantes J T, Santos S F. Synthesis, structure, properties and applications of MXenes: current status and perspectives. Ceramics International, 2019, 45(15): 18167-18188.

[47] Xie Y, Kent P R C. Hybrid density functional study of structural and electronic properties of functionalized $Ti_{n+1}X_n(X=C, N)$ monolayers. Physical Review B, 2013, 87(23):235441.

[48] Kim H, Wang Z, Alshareef H N. MXetronics: electronic and photonic applications of MXenes. Nano Energy, 2019, 60: 179-197.

[49] Ghidiu M, Lukatskaya M R, Zhao M Q, Gogotsi Y, Barsoum M W. Conductive two-dimensional titanium carbide 'clay' with high volumetric capacitance. Nature, 2014, 516(7529): 78-81.

[50] Shahzad F, Alhabeb M, Hatter C B, Anasori B, Hong S M, Koo C M, Gogotsi Y. Electromagnetic interference shielding with 2D transition metal carbides(MXenes). Science, 2016, 353(6304): 1137-1140.

[51] Mathis T S, Maleski K, Goad A, Sarycheva A, Anayee M, Foucher A C, Hantanasirisakul K, Shuck C E, Stach E A, Gogotsi Y. Modified MAX phase synthesis for environmentally stable and highly conductive Ti_3C_2 MXene. ACS Nano, 2021, 15(4): 6420-6429.

[52] Zeraati A S, Mirkhani S A, Sun P, Naguib M, Braun P V, Sundararaj U. Improved synthesis of $Ti_3C_2T_x$ MXenes resulting in exceptional electrical conductivity, high synthesis yield, and enhanced capacitance. Nanoscale, 2021, 13(6): 3572-3580.

[53] Chen H, Wen Y, Qi Y, Zhao Q, Qu L, Li C. Pristine titanium carbide MXene films with environmentally stable conductivity and superior mechanical strength. Advanced Functional Materials, 2019, 30(5): 1906996.

[54] Zhang J, Kong N, Uzun S, Levitt A, Seyedin S, Lynch P A, Qin S, Han M, Yang W, Liu J, Wang X, Gogotsi Y, Razal J M. Scalable manufacturing of free-standing, strong $Ti_3C_2T_x$ MXene films with outstanding conductivity. Advanced Materials, 2020, 32(23): e2001093.

[55] Yu Y, Zhou J, Sun Z. Modulation engineering of 2D MXene-based compounds for metal-ion batteries. Nanoscale, 2019, 11(48): 23092-23104.

[56] Verger L, Natu V, Carey M, Barsoum M W. MXenes: an introduction of their synthesis, select properties, and applications. Trends in Chemistry, 2019, 1(7): 656-669.

[57] Khazaei M, Mishra A, Venkataramanan N S, Singh A K, Yunoki S. Recent advances in MXenes: from fundamentals to applications. Current Opinion in Solid State and Materials Science, 2019, 23(3): 164-178.

[58] Gao G, Ding G, Li J, Yao K, Wu M, Qian M. Monolayer MXenes: promising half-metals and spin gapless semiconductors. Nanoscale, 2016, 8(16): 8986-8994.

[59] Ling Z, Ren C E, Zhao M Q, Yang J, Giammarco J M, Qiu J, Barsoum M W, Gogotsi Y. Flexible and conductive MXene films and nanocomposites with high capacitance. Proceedings of the

National Academy of Sciences of the United States of America, 2014, 111 (47): 16676-16681.

[60] Cao J, Zhou Z, Song Q, Chen K, Su G, Zhou T, Zheng Z, Lu C, Zhang X. Ultrarobust $Ti_3C_2T_x$ MXene-based soft actuators via bamboo-inspired mesoscale assembly of hybrid nanostructures. ACS Nano, 2020, 14 (6): 7055-7065.

[61] Guo Z, Zhou J, Si C, Sun Z. Flexible two-dimensional $Ti_{n+1}C_n$ (n=1, 2 and 3) and their functionalized MXenes predicted by density functional theories. Physical Chemistry Chemical Physics, 2015, 17 (23): 15348-15354.

[62] Li G, Wyatt B C, Song F, Yu C, Wu Z, Xie X, Anasori B, Zhang N. 2D titanium carbide (MXene) based films: expanding the frontier of functional film materials. Advanced Functional Materials, 2021, 31 (46): 2105043.

[63] Hu T, Hu M, Li Z, Zhang H, Zhang C, Wang J, Wang X. Interlayer coupling in two-dimensional titanium carbide MXenes. Physical Chemistry Chemical Physics, 2016, 18 (30): 20256-20260.

[64] Gong K, Zhou K, Qian X, Shi C, Yu B. MXene as emerging nanofillers for high-performance polymer composites: a review. Composites Part B: Engineering, 2021, 217: 108867.

[65] Anasori B, Lukatskaya M R, Gogotsi Y. 2D metal carbides and nitrides (MXenes) for energy storage. Nature Reviews Materials, 2017, 2 (2): 16098.

[66] Hu C, Shen F, Zhu D, Zhang H, Xue J, Han X. Characteristics of $Ti_3C_2T_x$-chitosan films with enhanced mechanical properties. Frontiers in Energy Research, 2017, 4: 00041.

[67] Jaya Prakash N, Kandasubramanian B. Nanocomposites of MXene for industrial applications. Journal of Alloys and Compounds, 2021, 862: 158547.

[68] Zhang H, Wang L, Chen Q, Li P, Zhou A, Cao X, Hu Q. Preparation, mechanical and anti-friction performance of MXene/polymer composites. Materials & Design, 2016, 92: 682-689.

[69] Zhang Y Z, Lee K H, Anjum D H, Sougrat R, Jiang Q, Kim H, Alshareef H N. MXenes stretch hydrogel sensor performance to new limits. Science Advances, 2018, 4: eaat0098.

[70] Wang X, Huang S, Deng L, Luo H, Li C, Xu Y, Yan Y, Tang Z. Enhanced optical absorption of Fe-, Co- and Ni- decorated Ti_3C_2 MXene: a first-principles investigation. Physica E: Low-dimensional Systems and Nanostructures, 2021, 127: 114565.

[71] Lin H, Wang Y, Gao S, Chen Y, Shi J. Theranostic 2D tantalum carbide (MXene). Advanced Materials, 2018, 30 (4): 1703284.

[72] Shein I R, Ivanovskii A L. Structural, elastic, electronic properties and Fermi surface for superconducting Mo_2GaC in comparison with V_2GaC and Nb_2GaC from first principles. Physica C: Superconductivity, 2010, 470 (13-14): 533-537.

[73] Xu C, Wang L, Liu Z, Chen L, Guo J, Kang N, Ma X L, Cheng H M, Ren W. Large-area high-quality 2D ultrathin Mo_2C superconducting crystals. Nature Materials, 2015, 14 (11): 1135-1141.

[74] Kamysbayev V, Filatov A S, Hu H, Rui X, Lagunas F, Wang D, Klie R F, Talapin D V. Covalent surface modifications and superconductivity of two-dimensional metal carbide MXenes. Science, 2020, 369 (6506): 979-983.

[75] Eklund P, Rosen J, Persson P O Å. Layered ternary $M_{n+1}AX_n$ phases and their 2D derivative MXene: an overview from a thin-film perspective. Journal of Physics D: Applied Physics, 2017, 50 (11): 113001.

第4章

MXene 在超级电容器中的应用

4.1 引　言

随着人类工业化的发展,化石能源枯竭和环境污染成为人类面临的两大挑战。利用可再生能源、发展电动汽车是我国社会经济发展的重大战略,高效的能量储存和转换技术是可再生能源利用和发展电动汽车的关键技术之一。超级电容器(supercapacitor),也称电化学电容器(electrochemical capacitor),是性能介于物理电容器和二次电池之间的新型储能器件。超级电容器产生于 20 世纪 60 年代,90 年代初由于电动汽车的兴起才开始引起人们的关注,并迅速发展起来。由于具有功率密度高($>10\,kW/kg$)、循环寿命长($>10^5$ 次)、能瞬间大电流快速充放电、工作温度范围宽、安全、无污染等特点,超级电容器在电动汽车、不间断电源、航空航天、军事等诸多领域应用优势突出,是当前化学电源领域研究的热点之一。

与二次电池相比,高功率、长寿命是超级电容器的主要优势,而能量密度偏低则是当前制约超级电容器广泛应用的瓶颈。由于超级电容器的性能主要取决于其核心的电极材料,开发高性能的电极材料一直是超级电容器领域研究的重点,国内外在这方面的研究非常活跃。

根据电极材料储能机制的不同,超级电容器主要分为基于多孔炭/电解液界面双电层储能的双电层电容器和以表面快速氧化还原反应储能的准电容器(也称赝电容器)。炭材料孔结构发达、电导率高、化学稳定性好,已广泛应用于商业化超级电容器。炭材料主要借助其发达的多孔结构,依靠多孔表面/电解液界面的双电层储能,由于充放电过程是单纯的静电吸/脱附过程,其循环和倍率性能非常优异,但由于主要依赖双电层电容储能,碳基双电层电容器的储能密度难以有大幅度提高。利用电极材料表面与电解液快速、可逆的氧化/还原反应储能的准电容材料是超级电容器的另一类重要电极材料,主要有金属氧化物(RuO_2、MnO_2、NiO、Co_3O_4、V_2O_5 等)和导电聚合物(聚苯胺、聚吡咯、聚噻吩等)。由于基于法拉第反应储能,金属氧化物和导电聚合物通常都具有高的理论比电容。然而,由于准电容反应一般仅发生在能与电解液接触的电极材料表面或浅表层,其利用率普遍偏低。此外,多数准电容材料的电导率较低、充放电过程中还存在一定程度的体积变化,导致其倍率和循环性能欠佳。虽然人们在超级电容器电极材料方面进行了大量探索，开发兼有高比电容、优异的循环和倍率性能的新型电极材料，依然是人们不懈努力的方向。

MXene 材料的出现，为超级电容器先进电极材料的开发带来了新的希望。2013 年，Gogotsi 等[1]首次将 MXene 材料用于超级电容器，研究了氢氟酸刻蚀 Ti_3AlC_2 制备的 $Ti_3C_2T_x$ MXene 在水系电解液中的电化学电容性能，发现不同价态和尺寸的阳离子都可嵌入 $Ti_3C_2T_x$，产生"准电容"，其体积比电容可高达 442 F/cm^3，这一工作发表在 *Science* 上。MXene 材料在超级电容器上的应用迅速受到人们的关注。以开发高性能的电极材料和储能器件为目标，围绕各种不同组成和结构的 MXene 材料的制备、结构调控、在各种电解液中的电容行为、性能与储能机制、器件构筑等，国内外开展了大量的研究。研究结果表明，由于具有类金属的导电性、高密度、可调控的表面端基以及赝电容储能机理，将 MXene 材料直接用作超级电容器的电极材料，表现出超高的体积比电容、优异的循环和倍率性能；独特的二维结构和高的电导率使 MXene 可作为理想的基底材料，将各种金属氧化物、导电聚合物等负载/原位生长在其上，可获得综合性能优异的复合电极材料；而良好的柔韧性使其在柔性超级电容器和微型超级电容器等领域也极具应用潜力。MXene 材料的电容应用已成为超级电容器领域的研究热点，受到了越来越多的关注。

4.2　MXene 用于超级电容器的优势

自 2013 年首次被报道用于超级电容器电极材料以来，MXene 在超级电容器领域的应用迅速引起了研究者们的关注，现已成为超级电容器电极材料研究的热点之一，被认为是高比能、高功率和柔性超级电容器的理想电极材料。MXene 材料在超级电容器中应用的主要优势如图 4-1 所示。

（1）MXene 以赝电容机制存储电荷，具有高比电容和长循环寿命。二维结构 MXene 材料在硫酸电解液和有机电解液中，都能够进行快速的离子（H^+、Li^+、Na^+）插层，表现出赝电容型的电荷存储机制。由于以赝电容机制储能，MXene 在硫酸电解液中的比电容可达 300～500 F/g，高于以双电层储能的多孔炭材料。同时，MXene 的循环性能也十分优异，经数万次循环充放电，比电容衰减很少，循环寿命显著优于金属氧化物、导电聚合物等传统的赝电容材料。因此，MXene 是一种兼有高比电容和长循环寿命的超级电容器电极材料。

（2）MXene 具有高密度和高质量比电容，能够实现超高的体积比电容。在实际应用中，提高电极材料的体积比电容对于提升储能器件的能量和功率密度至关

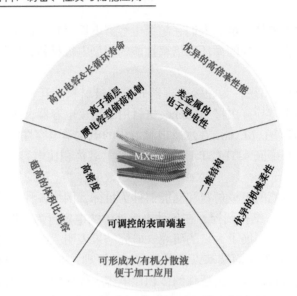

图 4-1　MXene 用于超级电容器的优势

重要。MXene 材料具有较高的密度，MXene 膜的密度一般为 3～4 g/cm³，远大于常用的高比表面积多孔炭材料(0.3～0.6 g/cm³)，因而具有超高的体积比电容。例如，真空抽滤制备的 $Ti_3C_2T_x$ MXene 薄膜体积比电容可以达到 900 F/cm³，而 MXene 水凝胶膜的体积比电容甚至可以达到 1500 F/cm³ [2]，显著优于超级电容器的其他电极材料，如活化石墨烯(200～350 F/cm³)、多孔活性炭(60～200 F/cm³)等。

(3)MXene 材料具有类金属的电子导电性，大电流倍率性能突出。高功率、能快速充放电是超级电容器的典型特征，这就要求电极材料具有高的电子电导率。通过调整 M、X 的组成比例以及表面端基，MXene 可以表现出类金属、半导体甚至绝缘的导电性。目前，大多数已被开发的 MXene 材料都表现出优异的导电性，电子电导率优于 MoS_2、石墨烯等其他二维材料。通常，具有大片层尺寸和低缺陷密度的 MXene 材料电子电导率更高。例如，由 LiF/HCl 溶液刻蚀制备的 $Ti_3C_2T_x$ 通过旋涂制备成的 MXene 膜，电导率可以达到 6500 S/cm[3]，远高于冷压制备的高缺陷密度 $Ti_3C_2T_x$ MXene 膜(1000 S/cm)[4]。而通过刮涂制备的 MXene 膜具有大的片层尺寸和高度有序的片层排列，电导率甚至可以达到 15000 S/cm[5]。MXene 超高的电导率有利于提高超级电容器的功率密度。

(4)MXene 在水或非水溶剂中具有良好的分散性，便于加工应用。在实际电极制造过程中，电极材料在各种溶剂中的分散性对于制备电极浆料非常重要。MXene 表面通常含有丰富的端基(—O、—OH、—F、—Cl 等)，这使得 MXene 无须添加表面活性剂即可在水溶液中形成稳定的悬浮液。在一些极性有机溶剂(如 DMF、NMP、PC、乙醇等)中，MXene 也具有良好的分散性[6]，使其易于加工和应用。此外，表面端基还影响着 MXene 的电化学性能，如亲水的—O、—OH 基团有利于电解液的渗透[7]。这一特点使 MXene 可以广泛应用于复合材料的构筑、MXene 膜的制备、可印刷超级电容器的 MXene 浆料调制等。

(5)MXene 材料具有优异的机械柔性，可应用于柔性超级电容器。近年来，人们对于便携式、可穿戴微电子系统的供电设备提出了越来越迫切的需求，而具有二维片层结构和优异的力学性能的 MXene 可以满足这一领域的应用要求。单层 $Ti_3C_2T_x$ MXene 的有效杨氏模量为 (0.33 ± 0.03) TPa，优于其他采用溶液过程制备的二维材料[8,9]。具有二维纳米片结构的 MXene 可以通过真空抽滤、喷涂等方法很容易地组装成薄膜电极，许多 MXene 薄膜可以承受弯曲、扭曲、滚压、折叠等各种机械变形。当把一片 5 μm 厚的 $Ti_3C_2T_x$ 薄膜卷曲成空心圆柱体时，它可以承受其自身 4000 倍的质量，当与 10 wt%聚乙烯醇(PVA)共混改性后，可承受的质量将达到其自身质量的 15000 倍[10]。

基于以上特性，MXene 在超级电容器中的应用引起了人们的极大兴趣，研究者们围绕 MXene 的结构与形貌调控、化学改性、复合材料构筑、电荷储存机理、MXene 基混合型超级电容器制备以及柔性和微型超级电容器组装等方面进行了大量的研究，显示了 MXene 材料在超级电容器领域的良好应用前景。

4.3　MXene 作为超级电容器的电极材料

2013 年，Gogotsi 等[1]首次将 MXene 作为超级电容器电极材料，研究了其在水系电解液中的电化学电容行为与性能。他们通过 HF 刻蚀 Ti_3AlC_2 制备了多层 $Ti_3C_2T_x$，再采用 DMSO 插层剥离，得到少层的 MXene 薄片。将该少层 MXene 薄片经抽滤制备成无黏结剂的 $Ti_3C_2T_x$ 电极，在 KOH 电解液中表现出 442 F/cm^3 的体积比电容[1]。该体积比电容与石墨烯基电极材料(200~350 F/cm^3)相比具有优势。

2014 年，Gogotsi 等[11]采用 LiF/HCl 混合液作为刻蚀剂制备了 Ti_3C_2 MXene "黏土"材料，可直接压制成柔性膜电极。该电极在硫酸电解液中表现出优异的电容性能：在 2 mV/s 的扫描速率下，−0.35~0.2 V(*vs.* Ag/AgCl)电位范围内，具有高达 245 F/g 的质量比电容和 900 F/cm^3 的体积比电容；在 10 A/g 下充放电循环 10000 次后电容几乎无衰减。将这一 Ti_3C_2 "黏土"制成 75 μm 厚度的电极时，体积比电容仍保持在 350 F/cm^3，表明 MXene 是一种极具优势的超级电容器电极材料。随后，通过使用玻态碳集流体，水凝胶 $Ti_3C_2T_x$ MXene 电极在 3 mol/L 硫酸电解液中的电位窗口可拓宽到 1 V(−1.1~−0.1 V *vs.* Hg/Hg_2SO_4)，进而获得了高达 380 F/g 和 1500 F/cm^3 的比电容[2]。一些其他的含氟刻蚀剂，如 NH_4F 水溶液和熔融氟酸盐等，也可以用来制备 MXene，但制得的 MXene 的储能性能还有待进一步研究。

基于安全环保方面的考虑，人们又发展了无氟刻蚀合成 MXene 的制备路线。采用碱辅助水热法制备的多层 $Ti_3C_2T_x$ 膜电极，厚度为 52 μm，密度为 1.63 g/cm³，在硫酸电解液中 2 mV/s 扫描速率下的质量比电容为 314 F/g，体积比电容为 511 F/cm³[12]；采用 NH₄Cl/TMAOH 水溶液刻蚀制备的单层或双层 $Ti_3C_2T_x$ 纳米片组装制成的 MXene 膜电极，组装成对称超级电容器后，在 10 mV/s 下，面积比电容和体积比电容分别达到 220 mF/cm² 和 439 F/cm³[13]。

尽管 MXene 电极材料在硫酸电解液中表现出了良好的电容性能，但由于水的分解电位的限制，超级电容器的电压被限制在 1 V 左右，极大地限制了其能量密度的提高。因此，MXene 材料在非水电解液中的电容性能受到关注。采用 Lewis 酸熔融盐刻蚀法制备的 $Ti_3C_2T_x$ MXene 表面只有—O 和—Cl 端基，在含 Li⁺ 的非水电解质中表现出明显的赝电容型电化学特征，电位范围扩展至 2 V（0.2～2.2 V $vs. Li^+/Li$），质量比容量高达 200 mA·h/g，展现了 MXene 材料在有机体系电容器和混合电容器体系中的应用前景[14,15]。

随着制备方法的发展，MXene 材料家族不断壮大。一些新型 MXene 材料用于超级电容器，展现出各具特色的电容性能。针对 MXene 二维纳米片堆叠而阻碍离子传输的问题，研究者们通过构筑三维多孔结构等多种形貌结构调控策略，不仅使 MXene 材料的活性位点充分暴露从而提高了比电容，同时三维多孔结构还为电解液离子的快速传输提供了丰富的通道，使 MXene 材料的倍率性能进一步提高。表面化学对 MXene 材料的电容性能也有重要影响，通过表面端基调控和杂原子掺杂的方法对 MXene 进行化学修饰，也是调控 MXene 材料电容性能的有效途径。

4.3.1 不同种类 MXene 的电容性能

表 4-1 列出了不同 MXene 材料的电容性能。$Ti_3C_2T_x$ 是最为常见的 MXene 材料，关于其电容性能的研究也最多，与其同为钛基 MXene 的 Ti_2CT_x 也具有良好的电化学性能[16-20]。一般来说，氮化物 MXene 的电导率会高于相对应的碳化物 MXene[21]。因此，Ti_2NT_x 在储能中的应用也值得期待。以 Ti_2AlN MAX 为前驱体，通过氧辅助熔融盐反应刻蚀法，可以制备出具有—O、—OH 端基的手风琴结构的 Ti_2NT_x 纳米片，在 1 mol/L $MgSO_4$ 电解液中 2 mV/s 扫描速率下质量比电容达到 200 F/g[22]。

表 4-1　不同种类 MXene 材料的电容性能

MXene	材料制备方法	电极制备方法	电解液	电位范围	比电容	容量保持率（循环次数）	参考文献
$Ti_3C_2T_x$	HF 刻蚀 Ti_3AlC_2, DMSO 插层剥离	抽滤成膜	1 mol/L KOH	$-0.95\sim-0.4V$ (vs. Ag/AgCl)	442 F/cm^3 (2 mV/s)	无衰减 (10000 圈)	[1]
$Ti_3C_2T_x$	HCl/HF 刻蚀 Ti_3AlC_2	辊压	1 mol/L H_2SO_4	$-0.35\sim0.2V$ (vs. Ag/AgCl)	900 F/cm^3, 245 F/g (2 mV/s)	无衰减 (10000 圈)	[11]
$Ti_3C_2T_x$	Lewis 酸熔融盐刻蚀 Ti_3SiC_2	辊压	1 mol/L $LiPF_6$-EC/DMC	$0.2\sim2.2V$ (vs. Li^+/Li)	738 C/g, 205 mA·h/g (C/1.5)	90% (2400 圈)	[15]
Ti_2CT_x	HF 刻蚀 Ti_2AlC	辊压	1 mol/L KOH	$-0.3\sim-1.0$ V (vs. Ag/AgCl)	517 F/cm^3 (2 mV/s)	无衰减 (3000 圈)	[16]
Ti_2NT_x	氧辅助助熔盐熔盐刻蚀 Ti_2AlN_2, HCl 处理	涂覆	1 mol/L $MgSO_4$	$-0.3\sim-1.5$ V (vs. Ag/AgCl)	201 F/g (2 mV/s)	140% (1000 圈)	[22]
V_2C	HF 刻蚀 V_2AlC, TMAOH 插层剥离	辊压	1 mol/L H_2SO_4	$-0.3\sim-1.1$ V (vs. $Hg/HgSO_4$)	487 F/g (2 mV/s)	83% (10000 圈)	[25]
$V_4C_3T_x$	HF 刻蚀 V_4AlC_3	涂覆	1 mol/L H_2SO_4	$-0.35\sim0.15V$ (vs. Ag/AgCl)	约 209 F/g (2 mV/s)	97.23% (10000 圈)	[27]
$Nb_4C_3T_x$	HF 刻蚀 Nb_4AlC_3, TMAOH 插层剥离	辊压	1 mol/L H_2SO_4	$-0.9\sim0.1$ V (vs. Ag)	1075 F/g (5 mV/s)	76% (5000 圈)	[28]
Ta_4C_3	HF 刻蚀 Ta_4AlC_3	涂覆	0.1 mol/L H_2SO_4	$-0.2\sim1.0$ V (vs. Ag/AgCl)	481 F/g (5 mV/s)	89% (2000 圈)	[30]
Mo_2CT_x	HF 刻蚀 Mo_2Ga_2C, TBAOH 插层剥离	抽滤成膜	1 mol/L H_2SO_4	$-0.3\sim0.3$ V (vs. Ag/AgCl)	700 F/cm^3 (2 mV/s)	无衰减 (10000 圈)	[31]
$Mo_2TiC_2T_x$	HF 刻蚀 Mo_2TiAlC_2, DMSO 插层剥离	辊压	1 mol/L H_2SO_4	$-0.1\sim0.4$ V (vs. Ag/AgCl)	413 F/cm^3 (2 mV/s)	无衰减 (10000 圈)	[32]

　　由于钒元素有多种氧化态，人们认为钒基 MXene 材料有望获得高的比电容[23,24]。实验结果表明，通过 HF 刻蚀法制得的 V_2C 膜电极在硫酸电解液中的质量比电容达到 487 F/g[25]。考虑到 MXene 的稳定性会随着 $M_{n+1}X_nT_x$ 中 n 的增加而提高[26]，人们还对 $V_4C_3T_x$ 进行了研究。采用 HF 刻蚀法制备的多层 $V_4C_3T_x$ 膜电极具有较大的层间距 (约 0.466 nm) 和良好的热稳定性，但其电化学性能却不尽如人意。在硫酸电解液中，在 2 mV/s 扫描速率下其质量比电容仅约为 209 F/g，远低于 V_2C[27]。

　　对于铌基 MXene 材料，有研究者采用 HF 刻蚀、TMAOH 插层剥离制备了 $Nb_4C_3T_x$ MXene，具有 1.77 nm 的超大层间距，在 1 mol/L 硫酸电解液中，在 5 mV/s 下体积比电容为 1075 F/cm³[28]。然而，这一数值仍远低于其理论模拟计算的预测值[29]。产生这种差距的原因尚不明晰，还有待进一步分析研究。

　　钽基和钼基 MXene 也被用作超级电容器电极材料[30,31]。Barsoum 等[31]以 Mo_2Ga_2C 为前驱体，采用两种路线选择性刻蚀 Ga 元素，制备 Mo_2CT_x MXene 材料：第一种方法是以 LiF/HCl 溶液刻蚀，制得的 MXene 片层缺陷较少，但反应产率较低；第二种方法是采用 HF 刻蚀、四丁基氢氧化铵 (TBAOH) 插层剥离，制得的 MXene 片层较小，且单片层比例较高。将采用第二种方法制备的 MXene 制备成厚度为 2 μm 的 Mo_2CT_x 膜电极，在 1 mol/L 硫酸电解液中、2 mV/s 扫描速率下质量比电容和体积比电容分别为 196 F/g 和 700 F/cm³，在 100 mV/s 扫描速率下质量比电容和体积比电容仍然可以分别保持在 120 F/g 和 430 F/cm³。此外，该电极在 10 A/g 下进行 10000 次循环后，仍具有 95% 以上的高容量保持率。

　　MXene 中的 M 位点除了是单一过渡金属之外，还可以使用金属合金。不同的过渡金属可以互相组合占据 M 位点，这使得 MXene 家族成员的数量大大增加。已有研究者在理论计算预测的指导下制备出具有两个以上 M 元素的 MXene。具有二元 M 元素的 MXene 的性质主要由其表层 M 原子决定。由 HF 刻蚀、DMSO 插层剥离制备的稳定、有序的双 M 元素的 $Mo_2TiC_2T_x$ MXene 具有与 $Ti_3C_2T_x$ 相同的层状结构，循环伏安曲线在 $-0.1\sim0.4$ V ($vs.$ Ag/AgCl) 保持良好的矩形形状，这说明 $Mo_2TiC_2T_x$ 的电化学行为主要受控于其表层的 Mo 原子[32]。

　　对于 MXene 来说，基于 M (Ti、Mo、V、Ta、Nb 等过渡金属) 和 X (C 和/或 N) 的不同组合及不同化学计量数，理论上 MXene 材料有 100 余种。考虑到 M 可以是过渡金属的合金，MXene 的种类将更加庞大。然而，目前仅有约 40 种 MXene 被合成出来。MXene 材料的性质 (包括原子结构、电导率、稳定性、电化学性能等) 在很大程度上取决于 M 和 X 元素的本征性质，另外表面端基也具有重要的影响，这为 MXene 材料的定制化设计提供了可能性。人们可以通过选择不同 M、X 元素以及控制表面端基来调控 MXene 的性质，以获得新型高性能的 MXene 基电容材料。对 MXene 赝电容的理论计算结果显示[33]，许多 MXene 材料，特别是氮化物 (Zr_2N、Zr_3N_2、Zr_4N_3 等)，在硫酸电解液中具有比 $Ti_3C_2T_x$ 更高的理论比电容，这一理论预测让人们对 MXene 在超级电容器的应用充满憧憬。由于每一种 MAX 相前驱体都具有独特的原子键,要想获得具有理想结构和性能的 MXene 材料,具体的刻蚀、剥离方法和条件都需要进行调控和优化。随着 MXene 材料制备研究的不断深入,有望涌现出更多适用于超级电容器的新型 MXene 材料。

4.3.2　结构和形貌调控

MXene 材料独特的结构和性质使研究者们对其在超级电容器领域的应用充满期待,但是实际测得的纯 MXene 材料的电容性能与理论预测却有一定的差距。以 $Ti_3C_2O_{0.85}(OH)_{0.06}F_{0.26}$ MXene 为例,根据法拉第定律计算得出的理论比容量约为 615 C/g,然而在 3 mol/L 硫酸电解液中,其在 0.55 V 的电位窗口内实际测得的比容量仅约为 135 C/g(245 F/g)[2]。

MXene 材料的实际比电容与理论值相差巨大的主要原因是:MXene 相邻纳米片间具有较强的范德瓦耳斯力,这种作用使得相邻 MXene 片层容易发生自堆叠和团聚行为;片层的堆叠导致 MXene 材料结构致密,使得电解液离子无法顺利地在片层之间进行传输,也无法与其片层上的氧化还原活性位点充分接触;最终导致 MXene 材料的活性表面无法得到充分利用。正因如此,电极的厚度对 MXene 膜电极的比电容影响很大。采用真空抽滤法制备的 $Ti_3C_2T_x$ 膜电极,在厚度为 90 nm 时质量比电容为 450 F/g,但是厚度增加到 5 μm 时,其比电容只有 250 F/g[2,11]。构筑具有开放结构的 MXene 材料,抑制其二维片层的堆叠,不仅能提高其比电容,对于改善其倍率特性也至关重要。研究者们相继提出了控制片层尺寸、扩大层间距、设计三维多孔结构或垂直阵列结构等多种构筑开放式结构 MXene 材料的策略。

1. 控制 MXene 片层尺寸

溶液刻蚀法是制备 MXene 材料最为常用的方法,刻蚀时间对 MXene 的形貌和结构有着重要的影响。例如,通过 HF 刻蚀 Ti_3AlC_2 制备手风琴结构的 $Ti_3C_2T_x$ MXene 时,延长刻蚀时间可以使制得的 MXene 的结构更为开放。与刻蚀 24 h 的 Ti_3C_2 相比,刻蚀 216 h 所得的 Ti_3C_2 表面暴露出了更多的活性位点,表现出了更高的电容性能[34]。

一般来说,通过 LiF/HCl 刻蚀、超声处理制备的 $Ti_3C_2T_x$ MXene 纳米片尺寸很难均一。如图 4-2 所示,在所得 MXene 分散液中通常分布着横向尺寸不一的 MXene 纳米片。通过超声和离心法可以对这些纳米片的尺寸进行控制和筛选:通过控制超声时间和功率,可以调控 MXene 片层的横向尺寸;而通过对 MXene 悬浮液进行密度梯度离心,可以筛选出特定横向尺寸范围的 MXene 片层[35]。

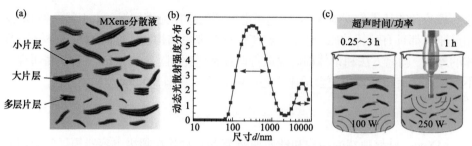

图 4-2   MXene 分散液中的(a)片层尺寸示意图和(b)片层尺寸分布；
(c)超声时间/功率对 MXene 片层尺寸的影响示意图[35]

值得注意的是，片层尺寸对 MXene 材料的电容性能有着重要影响。较小的 MXene 片层更有利于缩短离子的传输路径，提供更高的离子电导率；而较大的 MXene 片层的界面接触阻抗小，电子电导率更高。Beidaghi 等[36]研究了 MXene 的电化学性能随其横向片层尺寸的变化规律，结果如图 4-3 所示。由于大的 $Ti_3C_2T_x$ MXene 片层可以提供高电子导电性，而小片层可以提高离子可及性，大小片层以 1:1 混合的 MXene 材料能够兼得高电子电导率和离子电导率，表现出比单一片层尺寸的 MXene 材料更佳的电化学性能，在 3 mol/L 硫酸电解液中 1000 mV/s 扫描速率下质量比电容达到 195 F/g。当这一大小片层混合的 MXene 材料被组装成水凝胶结构时，在 3 mol/L 硫酸电解质中 2 mV/s 扫描速率下比电容甚至可以达到 435 F/g 和 1513 F/cm³，在 10 V/s 超高扫描速率下比电容仍可保持在 86 F/g 和 299 F/cm³。由此可见，将不同片层尺寸的 MXene 材料组合，可获得更佳的电容性能。

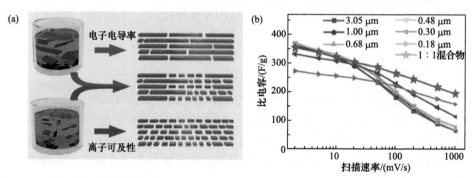

图 4-3   (a)不同尺寸的片层组合的 MXene 材料的电容性能优势示意图；(b)大小片层混合的 MXene 与单一片层尺寸的 MXene 在硫酸电解液中的倍率性能[36]

2. 扩大 MXene 层间距

1)手风琴状 MXene 的层间距调控

采用 HF 刻蚀法制备的 MXene 通常呈现手风琴状结构。为了改善其电容性能，人们通常加入间隔物(spacer)以打开其层间距，促进离子的嵌入和传输。纳米碳材料是二维材料的常用层间间隔物。研究表明，将 Ti_2CT_x 粉末与碳纳米球简单混合即可提高其比电容[37]。分子或离子也可以作为间隔物插入 MXene 材料层间，在层间形成"柱撑"效应，扩大 MXene 的层间距。例如，将湿润的 $Ti_3C_2T_x$ 粉末浸入肼中，肼分子即可插入 $Ti_3C_2T_x$ 片层之间，从而增加层间距，使电解液离子更易接触到 MXene 片层上的活性位点[38]。这种肼柱撑的 $Ti_3C_2T_x$ 可以通过混浆-压片法(90 wt% $Ti_3C_2T_x$，5 wt%导电炭黑，5 wt% PTFE 黏结剂)制备成 75 μm 厚的电极，在硫酸电解质中具有 250 F/g 的比电容。另一个典型的例子是将带正电的阳离子表面活性剂十六烷基三甲基溴化铵(CTAB)与表面带负电的 Ti_3C_2 MXene 混合，在静电作用下 CTAB 嵌入 MXene 层间，并进一步通过离子交换作用在 MXene 层间嵌入 Sn^{4+}，使 MXene 的层间距扩大[39]。这一 CTAB-Sn(Ⅳ)柱撑的 MXene 材料在 1 mol/L $LiPF_6$-EC/DEC/EMC(1∶1∶1)+1 wt% FEC* 有机电解质中充放电循环时，其层间的 Sn^{4+} 阳离子与 Li^+ 发生合金化反应，产生较大的体积膨胀，使 MXene 层间保持开放状态。因此，该材料用作锂离子电容器负极时在有机电解液中表现出了较高的比容量和良好的循环性能(0.1 A/g 下循环 100 圈后比容量为 765 mA·h/g)。

2)MXene 纳米片的层间距调控

对 HF 刻蚀制备的手风琴状结构的 MXene 进行溶剂插层处理，可以将其剥离成单层或少层的 MXene 纳米片[40]。采用 LiF/HCl 刻蚀合成路线可以直接制备出单层或少层 MXene 纳米片的分散液。但是，在进行进一步的处理或应用时，这些分散的二维纳米片还是很容易发生致密的自堆叠。在 MXene 的纳米片之间添加间隔物可以有效防止纳米片的堆叠、增大 MXene 材料的层间距，有利于离子嵌入和传输。将间隔物引入 MXene 纳米片层间有以下几种方法。

(1)混合抽滤法。将二维 MXene 纳米片分散液与间隔物分散液充分混合后将混合分散液真空抽滤，即可得到由 MXene 纳米片和间隔物随机分散构成的膜[41-46]。例如，碳纳米管(CNTs)是一种有效的 MXene 层间间隔物，将 CNTs 分散液与 $Ti_3C_2T_x$ MXene 分散液混合后进行超声处理，使二者均匀分散，得到均匀的 MXene/CNTs 分散液，然后将 MXene/CNTs 分散液进行真空抽滤，即得到 MXene/CNTs 柔性膜(图 4-4)[41]。在该复合膜中，CNTs 均匀分布在 MXene 片层之间。与纯 MXene 膜相比，含有 5% CNTs 的 $Ti_3C_2T_x$ MXene/CNTs 膜的厚度从 7.65 μm 增加到 9.69 μm，说明 CNTs 的存在防止了 MXene 片层的堆叠，增加了其纳米片层间距。恒流充放电测试结果表明，含有 5% CNTs 的 MXene/CNTs 复合

---

* EC：碳酸乙烯酯；DEC：碳酸二乙酯；EMC：碳酸甲乙酯；FEC：氟代碳酸乙烯酯。

膜在 1 mol/L 硫酸电解液中，1 A/g 的电流密度条件下比电容高达 298 F/g，在 500 A/g 的电流密度下比电容仍可保持在 199 F/g，显著优于纯 MXene 膜电极。该结果表明 CNTs 间隔物的引入增加了 MXene 材料中的电化学活性位点，促进了快速电荷传输，可以有效提高 MXene 材料的电容性能。此外，加入 CNTs 间隔物的 $Ti_3C_2T_x$ 电极在 1 mol/L 1-乙基-3-甲基咪唑双(三氟甲基磺酰基)酰亚胺(EMITFSI) 的乙腈电解液中，在 2 mV/s 扫描速率下比电容为 245 F/cm³，是纯 $Ti_3C_2T_x$ 电极的比电容的 3 倍，说明在非水电解液中，CNTs 间隔物对 MXene 电极材料也具有显著的改善作用[42]。CNTs 间隔物在非 Ti 基 MXene 中也有应用，有研究表明，柔性 Nb_2CT_x/CNTs 纸电极在有机电解液体系(1 mol/L $LiPF_6$-EC/DEC)锂离子电容器中可提供 325 F/cm³ 的体积比电容[43]。二维石墨烯或还原氧化石墨烯(rGO)纳米片也可以通过混合抽滤法作为间隔物插入到 MXene 片层之间。通过共抽滤碱化的 MXene 和多孔的氧化石墨烯混合分散液后进行高温烧结，可以制备多孔石墨烯插层的 $Ti_3C_2T_x$ MXene 材料[44]。多孔石墨烯可有效地防止 MXene 的紧密堆叠，并形成一个多孔网络以促进离子传输。这种多孔石墨烯插层的 MXene 膜在 2 mV/s 扫描速率下可以提供 1445 F/cm³ 的超高体积比电容，并具有极佳的倍率性能。另外，MXene 纳米颗粒(通过 HF 刻蚀制备)也可以用作层间间隔物与 MXene 纳米片分散液(通过 HCl/LiF 刻蚀制备)混合、共抽滤来制备电极材料，可以防止 MXene 纳米片的紧密堆叠，使其电化学性能显著提高[45]。

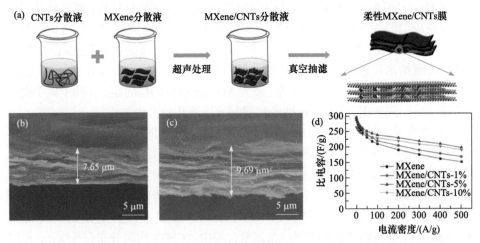

图 4-4   (a)混合抽滤法制备 MXene/CNTs 膜材料的流程示意图；(b)纯 MXene 和 (c)MXene/CNTs 膜的 SEM 图；(d)不同含量 CNTs 的 MXene/CNTs 膜在 1 mol/L 硫酸电解液中的倍率性能图[41]

(2)交替抽滤法。抽滤一层 MXene 分散液，再抽滤一层间隔物分散液，再抽滤一层 MXene 分散液……这样将 MXene 分散液和间隔物分散液交替进行真空抽

滤，可以构建出三明治结构的复合膜[47,48]。如图 4-5 所示，将 MXene 分散液与
CNTs 分散液交替抽滤，可以制备出具有交替堆叠的三明治结构的 MXene/CNTs
膜。CNTs 含量为 5 wt% 的柔性 MXene/CNTs 膜，在 1 mol/L MgSO$_4$ 电解质中，
200 mV/s 扫描速率下的质量比电容达 117 F/g（对应的体积比电容为 280 F/cm^3），
显著高于纯 MXene 膜和随机混合的 MXene/CNTs 膜[47]。采用相似的合成方法，
研究者们还制备出了三明治结构的 Ti$_3$C$_2$T$_x$ MXene/洋葱状碳复合膜和 Ti$_3$C$_2$T$_x$
MXene/rGO 复合膜，用作超级电容器电极均展现出了良好的电容性能。

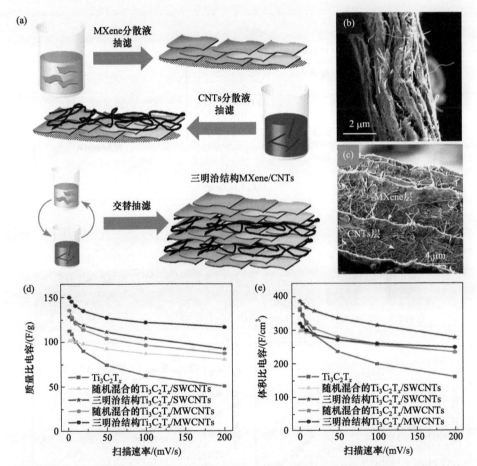

图 4-5　（a）交替抽滤法制备三明治结构 MXene/CNTs 膜材料的流程示意图；三明治结构
MXene/CNTs 膜的（b，c）SEM 图与（d，e）在 1 mol/L MgSO$_4$ 电解质中的倍率性能图[47]

（3）静电自组装法。由于 MXene 纳米片表面带有丰富的端基官能团，通常呈
负电性。因此可以通过静电自组装法，将带正电荷的间隔物插入到 MXene 层间，
防止 MXene 片层的紧密堆叠[49-51]。如图 4-6 所示，用 PDDA 修饰还原氧化石墨

烯(rGO)片层，使其表面带上正电荷。由于表面静电斥力的作用，表面带正电的
PDDA 修饰 rGO 纳米片和表面带负电的 MXene 纳米片在水溶液中都呈现出良好
的分散性。将两种溶液混合，由于静电作用，PDDA 修饰的 rGO 片层插入到 MXene
纳米片之间，组装形成的 MXene/rGO 复合材料从分散液中沉淀下来[51]。由于
PDDA 修饰的 rGO 片层有效地防止了 MXene 的紧密堆叠，制得的含 5 wt% rGO
的柔性 MXene/rGO 膜电极，在 3 mol/L 硫酸电解液中 2 mV/s 和 1 V/s 扫描速率下
的比电容分别高达 335.4 F/g(1040 F/cm³)和 204.5 F/g(634 F/cm³)。通过静电自组

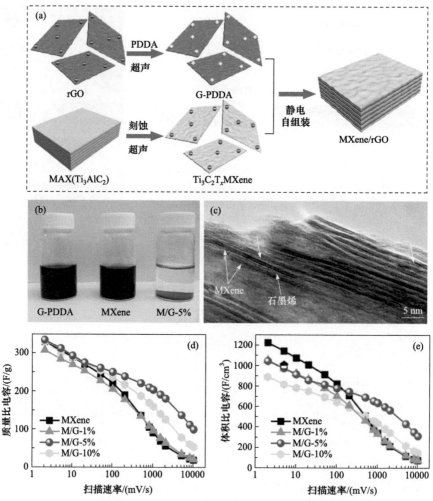

图 4-6 (a)静电自组装法制备 MXene/rGO 材料的流程示意图；(b)PDDA 修饰 rGO 分散液、
MXene 分散液和组装形成 MXene/rGO 复合材料沉淀的照片；含 5 wt% rGO 的 MXene/rGO 膜
的(c)TEM 图与(d，e)在 3 mol/L 硫酸电解液中的倍率性能图[51]

装法，带正电荷的阳离子也可以插入 MXene 纳米片之间起支撑作用[52,53]。例如，通过碱金属阳离子与 V_2CT_x 片层的静电自组装制备的高度有序的 V_2CT_x MXene 材料，层间距明显增大，具有高达 1300 F/cm^3 的体积比电容[18]。值得注意的是，这种阳离子驱动的静电自组装还可以提高 MXene 的化学（和电化学）稳定性。通过与碱金属阳离子静电自组装，本来不稳定的 V_2CT_x 片层的稳定性显著提高。

（4）离子交换法。通过离子交换法，可以将较大尺寸的间隔物取代 MXene 片层间原有的分子或离子，撑开其层间距。例如，将片层间含有大量水和丙酮的 $Ti_3C_2T_x$ 水凝胶浸入 EMITFSI 离子液体中，EMITFSI 会与水和丙酮发生交换，进入 MXene 层间，得到 EMITFSI 在层间柱撑的 $Ti_3C_2T_x$ 凝胶。这种 MXene 凝胶的层间距显著增大，在离子液体电解液中的电化学性能与纯 MXene 相比有了显著提高[54]。此外，还可以通过在惰性气氛下高温烧结层间含有间隔物的 MXene，使间隔物在 MXene 层间碳化，获得碳插层的 MXene 材料。例如，通过 HCl/LiF 刻蚀、TMAOH 插层剥离制备的 $Ti_3C_2T_x$ MXene 层间含有 TMA$^+$离子，采用十六烷基胺盐酸盐（HEXCl）处理时，HEX$^+$会与 MXene 层间的 TMA$^+$发生离子交换，进入到 MXene 层间，得到 HEX$^+$插层的 MXene。随后进行高温处理，MXene 层间的 HEX$^+$原位碳化，可以制备出具有大层间距、高电子电导率的碳插层 $Ti_3C_2T_x$ MXene，表现出良好的电容性能[55]。

除上述方法之外，采用电泳沉积法[56]、等离子剥离法[57]等方法也可将间隔物插入 MXene 材料层间，从而有效地阻止 MXene 材料的片层堆叠，改善其电化学性能。

3. 构筑三维/多孔 MXene 结构

通过优化片层尺寸、增大层间距，可以提高 MXene 中的离子传输速率，增加有效活性位点的数量，从而改善 MXene 材料的性能；而三维/多孔 MXene 材料通常可以暴露更大的活性表面积，其中的孔洞结构可以为电解质浸润和离子传输提供路径，进而缩短离子传输距离并降低传输阻力。因此，三维/多孔结构 MXene 往往能够表现出良好的倍率性能。MXene 材料三维/多孔结构的构筑方法主要包括模板法、骨架法、化学组装法、发泡法、自蔓延法等。

1）模板法

模板法是构建三维/多孔材料的常用方法。首先将二维 MXene 纳米片沉积或包覆在模板表面，然后采用热处理等方法去除模板，可以得到三维/多孔结构的 MXene。聚合物微球、无机纳米颗粒、冰等都可作为模板制备三维/多孔结构的 MXene。

（1）聚合物微球模板。聚合物微球通常具有均匀的尺寸，并且可以通过在惰性气氛下简易的退火处理轻易去除。聚甲基丙烯酸甲酯（PMMA）微球、聚苯乙烯

(PS)微球、三聚氰胺甲醛(MF)微球等模板可用于构筑三维/多孔结构 MXene 材料，所得三维/多孔 MXene 通常具有可控的孔径和均匀的孔径分布。例如，以粒径约 2 μm 的 PMMA 球为硬模板，将其分散液与 MXene 分散液充分混合后，真空抽滤得到 MXene/PMMA 复合膜，然后在氩气气氛下 400℃煅烧，PMMA 模板将分解成气体小分子离开基体，从而得到发达大孔结构的 $Ti_3C_2T_x$ MXene 膜[2]。如图 4-7 所示，所制备的 $Ti_3C_2T_x$ MXene 膜的孔径为 1~2 μm，孔壁厚度为亚微米级，表现出极其出色的功率特性，膜厚 13 μm、面载量 0.43 mg/cm^2 的 MXene 膜在 3 mol/L 硫酸电解质中质量比电容为 310 F/g(0.14 F/cm^2)，在 10 V/s 的高扫描速率下质量比电容仍可保持在 200 F/g(0.09 F/cm^2)[2]。然而，需要注意的是，虽然 MXene 膜中大量的孔隙提供了快速的离子传导，但也造成了膜密度降低(0.35 g/cm^3)，导致 MXene 材料在体积比电容方面的优势被大大削弱。为了兼顾体积比电容和倍率性能，可以将模板法制得的三维 MXene 膜进一步压缩，在保持三维离子传输通道的前提下使其结构致密化。例如，将以 PS 纳米球为模板制备的三维 MXene 膜压缩，所得电极具有紧凑的结构，同时保持着三维的离子传输通道，在 3 mol/L 硫酸电解质中，在 10 mV/s 扫描速率下具有 1277 F/cm^3 的体积比电容，且在扫描速率提升至 1 V/s 时容量保持率为 89%[58]。

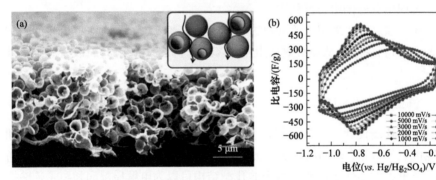

图 4-7   PMMA 模板法制备的大孔 $Ti_3C_2T_x$ 膜电极的(a)SEM 图和(b)在 3 mol/L 硫酸电解质中的循环伏安曲线图[2]

(2)无机纳米颗粒模板。无机纳米颗粒[如 MgO、$Fe(OH)_3$ 等]也可以用作模板制备三维/多孔结构的 MXene 材料。与聚合物模板不同，无机纳米颗粒模板通常需要通过酸处理去除。将 MXene 分散液与直径 3~5 nm 的 $Fe(OH)_3$ 纳米颗粒悬浮液充分混合后真空抽滤成膜，然后用稀释 HCl 溶液处理以去除 $Fe(OH)_3$ 模板，即可得到具有纳米孔结构的多孔 MXene 膜[59]。进一步对得到的纳米孔 MXene 膜进行低温煅烧(200℃，Ar 气氛)处理，去除部分—OH 和—F 端基官能团，所得纳米孔 MXene 保持着典型的层状结构，但其中存在着便于离子传输的纳米孔网络。纳米孔结构 MXene 膜(56 m^2/g，0.1 cm^3/g)具有 3.3 g/cm^3 的高密度，在 3 mol/L 硫酸电解液中，体积比电容在 0.5 A/g 和 20 A/g 电流密度下分别高达 1142 F/cm^3 和 828 F/cm$^{3[59]}$。

　　(3) 冰模板。冰也可以作为模板制备三维/多孔 MXene 材料。徐斌等[60]将 Ti$_3$C$_2$T$_x$ MXene 与 CNTs 的分散液混合抽滤，然后对湿润的 MXene/CNTs 膜进行冷冻干燥处理，即得到了三维柔性的 MXene 基膜电极(图 4-8)。在冷冻干燥过程中，MXene 层间的水分子原位形成冰模板，撑开堆叠的 MXene 片层，进而在真空状态下冰模板升华脱除，构筑得到了三维多孔结构的 MXene 电极。CNTs 的引入使得 MXene 层间含有更多的水分子和冰模板，使得构筑的三维结构更加发达。通过原位冰模板法构筑的三维 MXene/CNTs 膜电极不仅具有优异的柔韧性，而且使 MXene 表面活性位点的利用率显著提高，促进了离子的扩散和电子的传输，因而表现出优异的电化学性能。将其用作超级电容器电极时，在 3 mol/L 硫酸电解液中，5 mV/s 的扫描速率下具有 375 F/g 的比电容，当扫描速率增加至 1 V/s 时，容量保持率为 67.0%，继续增加至 10 V/s 的超高扫描速率，仍能保持 92 F/g 的比电容，表现出了优异的倍率性能[60]。采用冰模板法，还可以制备出三维大孔的 MXene 气凝胶。将氧化石墨烯(GO)和 MXene 的分散液充分混合后冷冻干燥，溶液中的水分子形成冰晶，氧化石墨烯和 MXene 纳米片都会逐渐沿着冰晶边界排列，并且通过 π-π 相互作用交联形成三维多孔网络。将氧化石墨烯还原为 rGO 后，该三维结构还会得以保留，形成三维 MXene/rGO 复合气凝胶[61]。此外，将 Ti$_3$C$_2$T$_x$ MXene 膜浸入液氮中时，膜中残留的水会迅速固化成冰晶，而 MXene 纳米片会沿着这些冰晶边界形成连续的网络，经过冷冻干燥去除冰晶后，可以得到孔径 1～2 μm 的三维大孔结构 MXene[62]。

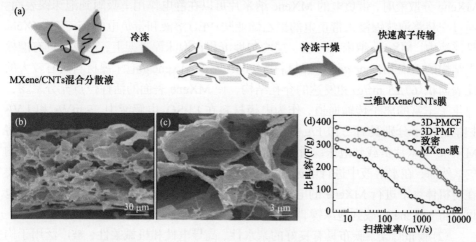

图 4-8　原位冰模板法制备的三维 MXene/CNTs 膜材料的(a)流程示意图；制得的三维 MXene/CNTs 膜的(b，c)SEM 图与(d)在 3 mol/L 硫酸电解液中的倍率性能[60]

采用模板法可以精确可控地构建出三维/多孔 MXene，但是大多数模板法需要在模板和 MXene 充分混合后进行后处理来去除模板。聚合物颗粒模板可以通过高温烧结去除，而无机纳米颗粒模板通常要通过强酸或强碱处理来去除。后处理步骤会增加材料制备的工艺流程，同时某些后处理过程还会产生有害气体。相比较而言，冰模板是一种自牺牲模板，无须进行后处理去除即可得到三维/多孔的 MXene 材料。但是，由于冰模板是在对润湿的 MXene 材料进行冷冻干燥的过程中原位生成的，因此用冰模板法很难控制制备的三维/多孔 MXene 的孔径。因此，需要开发尺寸可调控的自牺牲模板来进行三维/多孔结构 MXene 的构筑。

2) 骨架法

将 MXene 负载到三维骨架上是一种构筑三维 MXene 结构的简单方法。该骨架材料应该具有三维网络结构、高导电性和良好的机械性能。泡沫镍、碳布、碳泡沫、三维石墨烯气凝胶等都可作为三维骨架来制备三维/多孔结构 MXene。将二维 MXene 纳米片通过静电自组装、电泳沉积、滴注-烘干等方法负载到三维骨架上，所得三维复合 MXene 材料具有高电子电导率、丰富的活性位点、高离子传输速率和较短的离子传输路径，从而表现出显著提升的电化学性能。与模板法相比，骨架法更为简便易行。通过调整骨架的结构，可以很容易地控制三维 MXene 材料的形貌结构。

(1) 泡沫镍骨架。泡沫镍具有三维开放多孔结构、优异的力学性能和高导电性，是构建三维材料最常用的支撑骨架。通过静电自组装，可以简单、高效地将 MXene 纳米片负载到泡沫镍骨架上。将经过表面活性剂处理而带正电的泡沫镍骨架浸入 MXene 分散液时，带负电的 MXene 纳米片可以在静电作用下吸附到泡沫镍表面。通过交替将泡沫镍浸入带正电的聚乙烯亚胺(PEI)溶液和带负电的 $Ti_3C_2T_x$ MXene 悬浮液中，MXene 纳米片一层一层均匀地沉积在泡沫镍骨架上，形成了具有准核壳结构的三维 MXene@泡沫镍材料[63]。这一三维 MXene@泡沫镍材料具有较大的比表面积($67.25 \ m^2/g$)和发达的介孔结构，使 MXene 表面的活性位点充分暴露，提供了丰富的离子传输通道，作为电极材料在 Li_2SO_4 电解液中，$2 \ mV/s$ 和 $1 \ V/s$ 扫描速率下分别具有 $370 \ F/g$ 和 $117 \ F/g$ 的比电容[63]。采用电泳沉积法也可将 MXene 纳米片负载到泡沫镍骨架上，骨架上的 MXene 纳米片质量可控，负载均匀。然而，在水溶液中进行电泳过程可能会导致 MXene 材料的氧化。因此，需要在有机体系下进行 MXene 的电泳沉积[64]。此外，通过简单的滴注-烘干方法，也可以将 MXene 负载到泡沫镍骨架上[65]。

(2) 碳布骨架。碳布具有良好的亲水性、高导电性和机械柔性，被广泛用于构建三维柔性电极。通过滴注-烘干，即可将 MXene 负载到碳布骨架上，形成三维 MXene@碳布结构。为了提高材料的电容性能，Lee 等[66]构筑了三维多壁碳纳米管(MWCNTs)-MXene@碳布复合电极。首先,通过电沉积法,在滴注-烘干制备的三维 MXene@碳布上负载了 Ni-Al 水滑石催化剂。随后,在低压($<1 \times 10^{-3}$ Pa)、高温(700℃)条件下,以 C_2H_2 为碳源,在三维 Ni-Al 水滑石-MXene@碳布上进行 MWCNTs 化学气相沉积生长。如图 4-9 所示,在制备得到的三维 MWCNTs-MXene@碳布中,紧密连接的 MWCNTs 覆盖在碳布上的 MXene 纳米片上,增强了 MXene 纳米片的导电性和结构稳定性。在 1 mol/L 硫酸电解液中,在 5 mV/s 和 100 mV/s 条件下,该电极的面积比电容分别为 114.58 mF/cm^2 和 78.57 mF/cm$^{2[66]}$。

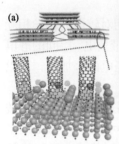
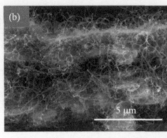
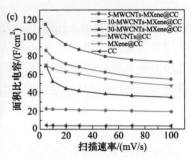

图 4-9　MWCNTs-MXene@碳布复合电极材料的(a)结构示意图、(b)SEM 图与(c)在 1 mol/L 硫酸电解液中的倍率性能[66]

　　(3)碳泡沫骨架。碳泡沫材料孔隙率高、导电性好、表面润湿性高、压缩性好,可以用作支撑 MXene 纳米片成为三维结构的骨架材料。将三聚氰胺甲醛树脂泡沫高温热解,可以制备出具有三维网络结构的碳泡沫。潘春旭等[67]将商用三聚氰胺甲醛树脂泡沫浸入 MXene 分散液中,使 MXene 分散液完全填充泡沫的孔隙,经过冷冻干燥后,在氮气气氛下 800℃热处理使三聚氰胺甲醛树脂泡沫碳化成为碳泡沫,即获得了三维多孔的具有类神经元结构的 MXene@碳泡沫。三维 MXene@碳泡沫在 6 mol/L KOH 电解液中,在 0.5 A/g 电流密度下的比电容为 332 F/g,当电流密度提升至 100 A/g 时容量保持率为 64%[67]。此外,该结构具有可压缩性和优异的机械稳定性,有望应用于可压缩器件。

　　(4)三维 rGO 气凝胶。三维 rGO 气凝胶具有开放式结构、优异的导电性和很轻的质量。在 rGO 气凝胶骨架的辅助下,MXene 纳米片也可以被组装为三维 MXene 材料。例如,通过将三维 rGO 气凝胶骨架浸入 MXene 分散液中,然后冷冻干燥,即可制得三维多孔的 MXene@rGO 气凝胶[68]。三维 MXene@rGO 气凝胶具有孔径为 2~5 μm 的多孔结构。当用作锌离子混合超级电容器的正极时(负极为锌箔,电解液为 2 mol/L ZnSO$_4$ 水溶液),在 0.4 A/g 下的比电容为 128.6 F/g,以活性材料的质量计,所构筑的锌离子混合超级电容器的能量密度为 34.9 W·h/kg。

　　在骨架材料的辅助下构筑三维 MXene 结构,方法简单、易于操作,构筑的三维 MXene 结构较为稳定。三维开放网络结构可以提供大的活性表面积,促进离子的快速传输，提高电解质利用率，从而显著改善 MXene 材料的电化学性能。然而，泡沫镍等三维骨架自身具有较高的质量，而电容贡献却微乎其微。如果这些骨架材料在三维电极中占据较大的质量比，会显著降低整个电极的质量比电容，而骨架中负载的 MXene 质量越大，电极能够达到的质量比电容和面积比电容就越高。因此，开发具有高 MXene 负载能力的轻型三维骨架材料非常重要，三维碳泡沫和 rGO 气凝胶可能是不错的选择。

3) 化学组装法

小的结构单元，如原子、分子、纳米颗粒等，可以通过相对较弱的化学相互作用组装成纳米级或更复杂的结构。由于 MXene 纳米片表面带负电，层间的静电排斥力使其难以自发组装成三维结构。通过加入交联剂或带正电的添加剂，可以促进 MXene 纳米片组装为三维结构。

(1) 通过与 MXene 端基发生作用引发三维组装。一些弱还原剂，如乙二胺（EDA）、亚硫酸氢钠（NaHSO$_3$）、氢碘酸和抗坏血酸等[69-71]，可以与 MXene 纳米片表面的含氧端基官能团发生交联，促使二维 MXene 纳米片组装成三维网络结构。张喜田等[72]将 EDA 加入 Ti$_3$C$_2$ MXene 分散液，充分混合后进行冷冻干燥，即合成了三维多孔的 Ti$_3$C$_2$ MXene 气凝胶。获得的 MXene 气凝胶在 15 mg/cm^2 的负载量下，在 1 mol/L KOH 电解液中，面积比电容为 1012.5 mF/cm^2（2 mV/s）。

GO 具有丰富的官能团，可以通过分子间作用力促进 MXene 纳米片快速凝胶化。一般而言，MXene 和 GO 纳米片表面都带有负电，在两者的分散液混合后，基于静电斥力会呈现为不稳定的均匀分散体。此时，加入还原剂（如 EDA）就可以引发 MXene 纳米片的自组装。杨全红等[73]报道了在 GO 和 EDA 的辅助下，MXene 纳米片自组装形成三维 MXene 水凝胶的策略。如图 4-10(a) 所示，EDA 作为还原剂可以引发氧化石墨烯表面的环氧基的开环形成悬氧键，接下来这些悬氧键会与 MXene 纳米片发生反应，导致氧化石墨烯的部分还原，并在范德瓦耳斯力和 π-π 相互作用下促使 MXene 水凝胶的生成[73]。冷冻干燥后，就可以获得具有疏松多孔结构的三维 MXene 泡沫。该三维 MXene 材料具有高电子电导率和离子电导率，在硫酸电解液中，即使在 1000 A/g 大电流下也具有 165 F/g 的高比电容。然而，发达的孔结构也造成了 MXene 泡沫的密度和体积比电容的降低。针对这一问题，最近杨全红等[74]又报道了一种重新组装策略来优化三维 MXene 的多孔结构。如图 4-10(b) 所示，将上述制备的三维 MXene 水凝胶通过超声破碎成为微小的 MXene 凝胶单元，然后再将其与单片层的 MXene 纳米片分散液混合后真空抽滤，重新组装成 MXene 柔性膜电极。在所得 MXene 膜中，MXene 纳米片层状排列形成了致密的结构，均匀分散在 MXene 纳米片之间的 MXene 微凝胶单元为快速的离子传输提供了孔隙通道。通过控制 MXene 微凝胶单元和单片层纳米片的比例，可以调节优化 MXene 膜的孔结构,使其在高密度和高孔隙率之间达到平衡,从而在高倍率下表现出较高的体积比电容[74]。

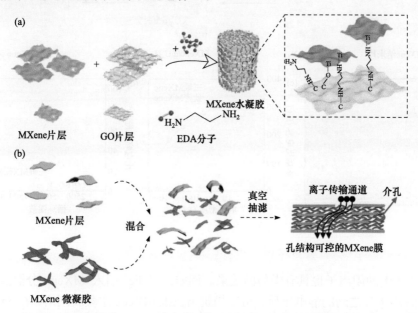

图 4-10　(a) EDA 和 GO 辅助 MXene 纳米片组装形成三维 MXene 水凝胶的制备流程示意图[73];
(b) 重新组装法制备可控孔结构的 MXene 膜的流程示意图[74]

　　除了 GO 之外,还有一些表面具有含氧官能团的材料被用于构筑三维 MXene 结构。例如,细菌纤维素具有含氧的表面端基、相互贯通的纳米纤维网络结构、良好的机械强度和柔性。基于其表面含氧官能团与 MXene 纳米片的相互作用,可以构筑出三维多孔的 MXene/细菌纤维素材料,在高电极载量下表现出良好的电化学性能[75]。

　　(2) 通过破坏静电斥力引发三维组装。因为带负电的 MXene 纳米片之间的静电排斥作用,MXene 纳米片可以在水溶液中均匀分散。如果将一些带正电的添加剂加入 MXene 分散液,在静电作用下吸附到 MXene 片层表面,就可以打破 MXene 纳米片之间的静电排斥。当 MXene 纳米片之间的静电排斥力降低到不足以抵消它们的高表面能时,纳米片就会连接在一起,搭建成三维结构。如图 4-11 所示,徐斌等[76]将用盐酸处理过的 $C_6H_{12}N_4$(带正电)引入 MXene 分散液中,破坏了 MXene 纳米片层间的排斥作用。通过高温烧结去除多余的 $C_6H_{12}N_4$ 后,即得到了具有皱褶和多孔结构的三维 MXene 材料。该材料在 1 mol/L 硫酸电解液中,在 1 A/g 电流密度下的质量比电容为 333 F/g,在 1000 A/g 下质量比电容还保持在 132 F/g,而且循环稳定性良好。

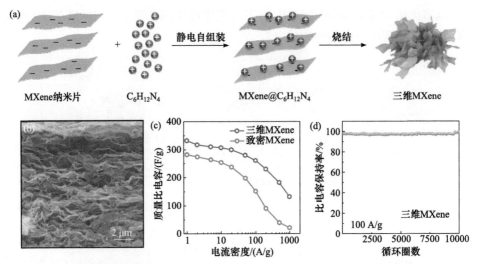

图 4-11　(a) 带正电的 $C_6H_{12}N_4$ 辅助构筑三维 MXene 的制备流程示意图；三维 MXene 的
(b) SEM 图、(c) 倍率性能和 (d) 循环性能[76]

带正电的阳离子也具有类似的效果。例如，将 Fe^{2+} 引入 MXene 分散液破坏 MXene 纳米片之间的静电排斥，可以构筑出三维 MXene 水凝胶网络，在 3 mol/L 硫酸电解液中，在 2 mV/s 和 1 V/s 扫描速率下的比电容分别为 272 F/g 和 226 F/g[77]。Mg^{2+}、Co^{2+}、Ni^{2+}、Al^{3+}、NH_4^+ 等也可以促进 MXene 三维结构的形成[77-79]。然而，考虑到 MXene 材料易氧化的问题，在化学作用引发 MXene 三维结构化的过程中，要避免 MXene 材料的氧化。

4）鼓泡法

一些含氮化合物在高温下会释放大量气体，如尿素、氨水、水合肼等。将这类含氮化合物与 MXene 充分混合后一起高温热解，含氮化合物释放的气体可以冲开堆叠的二维 MXene 片层，形成疏松多孔的三维 MXene 结构，从而提高 MXene 活性位点的利用率，并改善电解液离子的传输。Favier 等[80]通过在 550℃下烧结 MXene/尿素复合膜，制备了具有无序蜂窝结构的三维多孔 MXene 材料，在 1 mol/L KOH 电解液中，5 A/g 和 20 A/g 电流密度下表现出 203 F/g 和 125 F/g 的比电容（–0.8～–0.2 V $vs.$ SCE）。吴忠帅等[81]对 $Ti_3C_2T_x$ MXene 与水合肼的混合物进行热处理，也制备了具有相互贯通的多孔结构的 MXene 材料，在 1 mol/L KOH 电解液中，5 mV/s 扫描速率下比电容为 271.2 mF/cm^2（122.7 F/g），并在 10000 次循环后比电容保持 88.7%。张喜田等[82]使用二氧化硫脲和氨水作为鼓泡剂，通过将其与 $Ti_3C_2T_x$ MXene 混合均匀后 90℃热处理并冷冻干燥，构建了三维结构的 $Ti_3C_2T_x$ MXene 气凝胶。在该气凝胶中，非常薄的褶皱的 $Ti_3C_2T_x$ 纳米片搭建出微米级孔径的大孔，比表面积增加到 108 m²/g。在 3 mol/L 硫酸电解液中，该气凝胶电极表现出 438 F/g 的比电容(10 mV/s, −0.6～0.2 V *vs.* Ag/AgCl)，在 20 V/s 的超高扫描速率下仍有 175 F/g 的比电容。值得注意的是，虽然鼓泡法是一种制备三维多孔 MXene 材料的有效方法，但其制备过程中容易产生氨、一氧化碳、联氨等有害气体，限制了其实际应用。

5) 自蔓延法

利用 GO 的自蔓延还原过程也可以构筑三维 MXene 结构。在惰性气氛下，将 GO 膜的边缘与高温板接触时，就会迅速引发该点处的 GO 分子还原为 rGO 的反应，该反应会释放大量的热量，足以引发与之相邻的 GO 分子发生还原反应，从而 GO 膜上的 GO 分子依次被还原，成为 rGO 膜。在还原过程中，GO 表面的官能团转化为小分子气体从膜中逃逸出去。整个还原过程非常迅速，一般在几秒钟内就可以完成，由于短时间内释放大量的气体，冲破 rGO 片层逸出，可以直接得到三维结构的 rGO 膜。因此，将 MXene 与 GO 结合，也可以基于 GO 的自蔓延反应构筑三维的 MXene 膜。如图 4-12 所示，将 Ti₃C₂Tₓ MXene 和 GO 的分散液混合后真空共抽滤得到 MXene/GO 膜，然后将其在氩气气氛下与 300℃高温板接触，以启动自蔓延反应[83]。自蔓延反应在 1.25 s 即可完成，在该过程中 GO 膜还原产生了大量气体分子，它们冲击并打开了紧密堆积的 MXene 纳米片逸出，形成

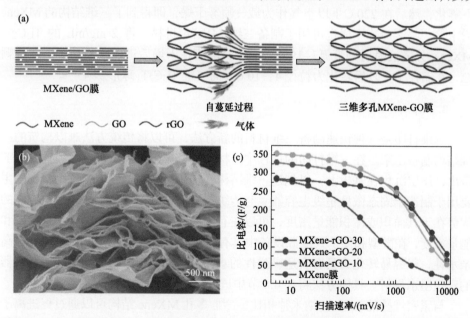

图 4-12　(a)自蔓延法构筑三维多孔 MXene-rGO 膜的制备流程示意图；三维多孔 MXene-rGO 膜的(b) SEM 图和(c)倍率性能[83]

了三维多孔的 MXene 结构。所得三维 MXene/rGO 膜在 3 mol/L 硫酸电解液中，在 5 mV/s 扫描速率下具有 329.9 F/g 的比电容，在 1 V/s 下保持在 260.1 F/g，在 100 A/g 下进行 40000 次循环后，容量保持率超过 90%。自蔓延法简单、高效，是一种从二维材料构建三维结构的良好的新方法。

6) 原位转化法

原位转化法是指首先在 MXene 片层间引入有机插层剂，然后在热解过程中，MXene 层间的有机插层剂原位热解为炭材料，将 MXene 片层撑开，从二维结构转化为三维多孔结构。例如，在 $Ti_3C_2T_x$ MXene 片层上原位聚合多巴胺，然后高温烧结，MXene 片层表面的聚多巴胺原位碳化生成氮掺杂碳，即形成三维结构的 $Ti_3C_2T_x$@氮掺杂碳复合材料[84]。该材料具有 28.9 m^2/g 的比表面积，在 1 mol/L 硫酸电解液中，在 1 A/g 和 10 A/g 电流密度下的比电容分别为 442.2 F/g 和 409 F/g。

7) 喷雾干燥法

喷雾干燥法是一种基于纳米片局部弯曲的毛细管力，将二维纳米片转化为三维结构的简单方法。使用喷雾干燥法，可以通过控制二维材料的类型、溶液的浓度、分散液液滴大小和干燥技术等多种因素控制所得材料的形态结构。例如，将 0.1 mg/mL 浓度的 $Ti_3C_2T_x$ MXene 分散液在 60 ppsi（1 ppsi=6.89476×10^3Pa）的压力下雾化，然后在 220℃ 下以空气作为载气喷雾干燥，即得到了三维结构的 MXene 粉末[85]。喷雾冷冻干燥也可用于制备三维 MXene 材料。将 2 mg/mL 的 $Ti_3C_2T_x$ MXene 分散液喷射到液氮（-196℃）中时，液滴在干燥后迅速冷冻为小的絮凝颗粒，在储存 1 个月后转化为粒径 4~10 μm 的三维 $Ti_3C_2T_x$ 球形颗粒[86]。

8) 三维打印法

三维打印是一种快速制备三维材料的新方法，可以将传统方法难以构筑的三维结构制备出来。在三维打印的过程中，材料首先被制备为墨水，然后通过喷嘴挤出，逐层沉积在基板上，以创建三维结构。在超级电容器领域，三维打印法主要用于制造全固态微型超级电容器。与传统超级电容器不同，微型超级电容器的优势在于其面积或体积能量密度，可以在有限的面积或体积内提供高功率密度和能量密度，在微型和便携式能源设备中具有广阔的应用前景。MXene 材料具有高亲水性，很容易转化为具有合适黏弹性的水性油墨，是三维打印微型超级电容器的理想墨水材料。具体方法将在 4.8 节中进行介绍。

与紧密堆叠的 MXene 纳米片相比，三维/多孔 MXene 结构可以通过促进离子传输，极大地改善 MXene 的倍率性能。因此，超级电容器中的三维 MXene 材料及其合成方法已经得到了广泛的研究并取得了重要进展。然而，必须注意到，

MXene 用于超级电容器电极材料的突出优势是其具有超高的体积比电容，但目前报道的大多数三维 MXene 材料通常具有松散开放的结构，具有大量的微米级或亚微米级孔隙，这在一定程度上提高了倍率性能，但也降低了 MXene 密度和体积比电容。一些研究者已经注意到了这个问题，并提出了一些解决策略。例如，创建纳米级孔作为离子传输通道，而不是微米级孔，来提高三维 MXene 的密度。一个简单的方法是直接机械压制三维 MXene 气凝胶来增加其堆积密度和导电性，同时保持充分的离子可接触的活性位点。通过这种方法制备的致密纳米孔 $Ti_3C_2T_x$ MXene 膜电极在 12.2 mg/cm^2 面载量下具有 616 F/cm^3 的高体积比电容[87]。有研究者提出将 KOH 溶液加入到 $Ti_3C_2T_x$ 分散液中时，使 MXene 片层间的静电排斥作用减弱，接下来通过冷冻干燥处理，得到相对紧密的稳定蜂窝状三维多孔结构[88]。这一结构可将 MXene 电极的面载量提升至 16.18 mg/cm^2，而保持比电容无明显衰减。此外，最近报道的将 MXene 微凝胶与单个纳米片结合的重新组装方法也能有效地优化 MXene 薄膜的孔结构[74]。然而，对兼顾高密度和快离子传输路径的三维 MXene 的研究仍处于起步阶段，还需要进一步的深入研究。为了实现高体积比电容和高倍率性能，在三维 MXene 材料中精确构建大量且均匀分布的数十纳米孔径的孔可能是一个有前途且具有挑战性的研究方向。另外，还需要探索简单高效的三维 MXene 材料的大规模制备方法。

4. 构筑 MXene 垂直阵列

垂直阵列结构在理论上可以为离子传输提供直线式的传输路径，使其传输速率最大化。有研究表明，可以通过机械剪切高阶盘状层状的 MXene 液晶相制备得到 MXene 垂直阵列[89]。事实上，分散在水溶液中的二维 MXene 片层可以在表面活性剂的作用下自发地形成盘状液晶。如图 4-13 所示，当在 $Ti_3C_2T_x$ MXene 分散液中加入六甘醇单十二烷基醚表面活性剂（$C_{12}E_6$）时，$C_{12}E_6$ 上的—OH 会与 MXene 片层表面的—F 或—O 端基官能团形成牢固的氢键，从而增强 MXene 纳米片之间的相互作用，增加堆积对称性，进而促使 MXene 呈现出高阶盘状层状液晶相[89]。这种 MXene 液晶相在外部机械剪切力的作用下，为了使弹性畸变能最小化，MXene 片层会自发地单向垂直排列，得到 MXene 垂直阵列结构。这一垂直阵列结构的 MXene 膜大大缩短了离子传输路径，可以在 200 μm 膜厚时表现出优异的电化学性能。在 2 V/s 的扫描速率下，其质量比电容保持在 200 F/g 以上，远超商用的 100 μm 厚度的炭电极。膜电极的面载量为 2.80 mg/cm^2 时，在 1 V/s 扫描速率下面积比电容超过 0.6 F/cm^2。以上结果表明具有垂直阵列结构的 MXene 电极在高倍率储能方面具有极大的应用潜力。随后，人们还通过真空抽滤法，将 $Ti_3C_2T_x$ MXene 纳米片负载到缠绕的金属网上制备"反 T 形"结构的 MXene 阵列，也表现出了良好的电化学性能[90]。

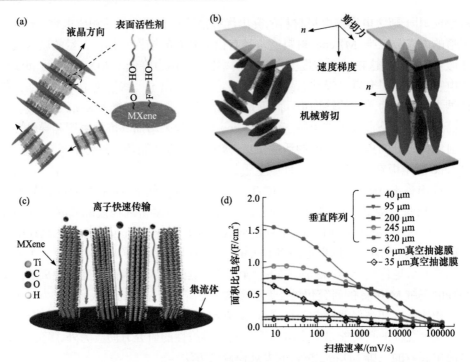

图 4-13   (a) $C_{12}E_6$ 表面活性剂通过氢键形成高阶盘状层状 $Ti_3C_2T_x$ MXene 相；(b) 在机械剪切作用下，MXene 片层取向排列；MXene 垂直阵列的 (c) 离子快速传输示意图和 (d) 在不同扫描速率下的面积比电容[89]

为满足高性能超级电容器对电极比电容和倍率性能的要求，人们研究开发出了多种结构的 MXene 材料，其代表性结构及电化学性能见表 4-2。MXene 和 MXene 基电极结构的合理设计对于提升超级电容器性能至关重要。水凝胶结构使得 MXene 材料的比电容接近其理论极限；多孔结构可以使 MXene 在高达 10 V/s 的扫描速率下仍具有优异的电化学性能；垂直阵列结构使 MXene 膜电极在 200 μm 厚度下保有高比电容和高功率性能……这些结构设计为 MXene 在超级电容器领域的应用提供了极大的潜力和广阔的空间。

然而，以上研究大多数是在水系硫酸电解质中进行的电化学性能测试，而水的电解反应将超级电容器的电压窗口限制在了 1 V 左右。要进一步提高器件的能量密度，还需要研发适用于非水电解质的 MXene 电极。但是，相对于硫酸电解质中的 H^+ 而言，非水电解质中的传荷离子尺寸更大、传输速率更低，会导致传荷离子难以充分接触到 MXene 上的活性位点，阻碍 MXene 电极材料的质量比电容和体积比电容的发挥。因此，制备兼具开放式离子传输通道和高密度的 MXene 结构将是 MXene 电极的重要发展方向。

表 4-2 一些开放式结构的 MXene 电极的制备方法及电容性能

电极	制备方法	所用电解液	测试电位范围/V	比电容	容量保持率(循环次数)	参考文献
控制 MXene 片层尺寸						
$Ti_3C_2T_x$ 膜	大小片层尺寸混合	3 mol/L H_2SO_4	-0.7~0.2 (vs. Ag/AgCl)	435~86 F/g (2~10000 mV/s)	98% (10000 圈)	[36]
扩大 MXene 层间距						
75 μm 胖 "柱撑" $Ti_3C_2T_x$ 膜	浸入胖中	1 mol/L H_2SO_4	-0.3~0.2 (vs. Ag/AgCl)	250~210 F/g (2~100 mV/s)	无衰减 (10000 圈)	[38]
$Ti_3C_2T_x$/石墨烯-3%膜	混合抽滤	3 mol/L H_2SO_4	-0.7~0.3 (vs. Ag/AgCl)	438~302 F/g (2~500 mV/s)	93% (10000 圈)	[44]
三明治结构 $Ti_3C_2T_x$/CNTs-5%膜	交替抽滤	1 mol/L $MgSO_4$	-0.8~0.1 (vs. Ag/AgCl)	390~280 F/cm³ (2~200 mV/s)	无衰减 (10000 圈)	[47]
$Ti_3C_2T_x$/rGO-5%膜	静电自组装	3 mol/L H_2SO_4	-0.7~0.3 (vs. Ag/AgCl)	1040~634 F/cm³ (2~10000 mV/s)	无衰减 (20000 圈)	[51]
V_2CT_x/碱金属离子膜	静电自组装	3 mol/L H_2SO_4	-0.4~0.2 (vs. Ag/AgCl)	1315~310 F/cm³ (5~10000 mV/s)	约 77% (10^6圈)	[18]
$Ti_3C_2T_x$ 凝胶膜	浸入 EMITFSI 中	EMITFSI	0~3 (两电极测试)	70~52.5 F/g (20~500 mV/s)	>80% (1000 圈)	[54]
炭稠层 $Ti_3C_2T_x$	原位碳化	1 mol/L H_2SO_4	-0.1~0.5 (vs. Ag/AgCl)	364.3~193.3 F/g (1~20 A/g)	>99% (10000 圈)	[55]
Ti_3C_2/CNTs 膜	电泳沉积	6 mol/L KOH	-0.9~-0.4 (vs. Hg/HgO)	134~55 F/g (1~10 A/g)	无衰减 (10000 圈)	[56]
$Ti_3C_2T_x$@rGO 膜	等离子剥离	PVA/H_2SO_4	0~0.7 (两电极测试)	54~35 mF/cm² (0.1~10 mA/cm²)	约 100% (1000 圈)	[57]

续表

电极	制备方法	所用电解液	测试电位范围/V	比电容	容量保持率（循环次数）	参考文献
构筑三维多孔 MXene 结构						
13 μm 厚大孔 $Ti_3C_2T_x$ 膜	1~2 μm PMMA 模板法	3 mol/L H_2SO_4	-1.1~-0.15 (vs. Hg/Hg_2SO_4)	310~100 F/g (10~40000 mV/s)	—	[2]
纳米孔 $Ti_3C_2T_x$ 膜	3~5 nm $Fe(OH)_3$ 模板法	3 mol/L H_2SO_4	-0.5~0.3 (vs. Ag/AgCl)	1142~828 F/cm^3 (0.5~20 A/g)	90.5% (10000 圈)	[59]
MXene/CNTs 膜	冰模板法	3 mol/L H_2SO_4	-0.7~0.3 (vs. Ag/AgCl)	375~92 F/g (5~10000 mV/s)	95.9% (10000 圈)	[60]
$Ti_3C_2T_x$-rGO 气凝胶	冷冻干燥	PVA/H_2SO_4	0~0.6 (微型电容器)	34.6~9.2 mF/cm^2 (1~100 mV/s)	91% (15000 圈)	[61]
Ti_3C_2 气凝胶	乙二胺辅助组装后冷冻干燥	1 mol/L KOH	-1.0~0.4 (vs. Ag/AgCl)	87.1~66.7 F/g (2~100 mV/s)	84% (5000 圈)	[72]
$Ti_3C_2T_x$ 气凝胶	氨辅助组装后冷冻干燥	3 mol/L H_2SO_4	-0.6~0.2 (vs. Ag/AgCl)	438~173 F/g (10~20000 mV/s)	94% (20000 圈)	[82]
$Ti_3C_2T_x$ 水凝胶	GO&乙二胺辅助组装后冷冻干燥	H_2SO_4	-1.1~-0.15 (vs. Hg/Hg_2SO_4)	370~165 F/g (5~1000 A/g)	98% (10000 圈)	[73]
3D 大孔 $Ti_3C_2T_x$ 膜	快速冷冻	3 mol/L H_2SO_4	-0.3~0.2 (vs. Ag/AgCl)	1355~826.5 F/cm^3 (1~20 A/g)	97% (8000 圈)	[62]
$Ti_3C_2T_x$/细菌纤维素膜	抽滤后冷冻干燥	3 mol/L H_2SO_4	-0.65~0.3 V (vs. Ag/AgCl)	416~260 F/g (3~50 mA/cm^2)	96.5% (10000 圈)	[75]
Ti_3C_2/泡沫镍	静电自组装	1 mol/L Li_2SO_4	-0.9~-0.3 (vs. SCE)	370~117 F/g (2~10000 mV/s)	86.3% (10000 圈)	[63]
$Ti_3C_2T_x$/泡沫镍	电泳沉积	1 mol/L KOH	-0.75~-0.25 (vs. SCE)	140~110 F/g (5~50 mV/s)	100% (10000 圈)	[64]

续表

电极	制备方法	所用电解液	测试电位范围/V	比电容	容量保持率（循环次数）	参考文献
$Ti_3C_2T_x$/泡沫镍	滴注后烘干	1 mol/L H_2SO_4	0～0.4（两电极测试）	499～350 F/g (2～100 mV/s)	约 100%（10000 圈）	[65]
紧密纳米孔 $Ti_3C_2T_x$ 膜	冷冻干燥后机械压制	3 mol/L H_2SO_4	−0.5～0.3 (vs. Ag/AgCl)	932～462 F/cm³ (2～500 mV/s)	88.4%（5000 圈）	[87]
三维多孔 $Ti_3C_2T_x$ 膜	KOH 处理后冷冻干燥	3 mol/L H_2SO_4	−0.5～0.3 (vs. Ag/AgCl)	358.8～207.9 F/g (20～10000 mV/s)	93.8%（10000 圈）	[88]
构筑 MXene 垂直阵列						
200 μm $Ti_3C_2T_x$ 膜	机械剪切盘状状 MXene 液晶相	3 mol/L H_2SO_4	−1.0～−0.1 (vs. Hg/Hg₂SO₄)	>200 F/g (10～2000 mV/s)	约 100%（20000 圈）	[89]
"反 T 型" $Ti_3C_2T_x$ 膜	通过金属网真空抽滤	1 mol/L H_2SO_4	−0.5～0.3 (vs. Ag/AgCl)	361～275 F/g (2～20 A/g)	70.3%（10000 圈）	[90]

注：循环性能中的蓝色数据为在对称超级电容器体系中测试得到的。

4.3.3 化学修饰

化学修饰对于 MXene 材料的设计和性能调控十分重要。通过在 MXene 表面设计特定的端基官能团可以调控其带隙、电子导电性、二维铁磁性等性质。最近一项报道采用交换反应法调节 Lewis 酸熔融盐刻蚀制备的 MXene 材料的表面基团，制备出了具有—NH、—S、—Cl、—Se、—Br、—Te 等不同表面端基的 MXene 材料以及无端基的 MXene 材料，各自表现出独特的结构和电子特性[91]。另外，在 MXene 中进行杂原子掺杂，也会对其晶格参数、电子性质、带隙等造成影响。可以针对不同的应用需求，在 MXene 晶格中引入各种杂原子和金属元素来实现不同的性质。例如，金属元素（如 Pt、Co、Ru、Nb 等）掺杂的 MXene 材料可用于加速催化析氢反应动力学[92-95]。引入空位也会影响 MXene 的表面形貌和反应活性[96]。因此，对 MXene 进行化学修饰可以提高其电子导电性和表面离子反应活性，是提高 MXene 电容性能的一个重要方向。

1. 表面端基调控

目前，制备 MXene 材料的常用方法是采用含氟溶液刻蚀掉 MAX 中的 "A" 层原子得到，因此制得的 MXene 表面通常含有大量的端基官能团，如—O、—OH、—F 等。这些端基官能团对 MXene 的层间距、电子导电性、离子吸附性等性质有着很大的影响[97]。因此，通过调控表面端基官能团，也可以有效提高 MXene 的电化学性能。一般认为，—O、—OH 等含氧端基有利于 MXene 材料在超级电容器中的应用，不仅使 MXene 具有优异的亲水性，还会在充放电过程中与电解液离子发生成键作用，为 MXene 的赝电容储荷机制提供基础[98]。然而，—F 端基的存在却会阻碍电解质离子的传输[99]，减少 MXene 上的氧化还原活性位点[100]，降低 MXene 的电子电导率，影响 MXene 材料的电容性能[97]。因此，消除或减少表面—F 端基官能团，是提高 MXene 材料电化学性能的一种有效途径。

目前最常用的 MXene 材料制备方法是 HF 刻蚀法和 LiF/HCl 刻蚀法。由于含氟刻蚀剂的使用，制备的 MXene 材料表面会存在大量的—F 端基官能团。为了提高 MXene 的电化学性能，人们研究了一些后处理方法来去除—F 端基。高温烧结是表面端基修饰的常用方法。在 N_2/H_2 气氛中高温处理后的 MXene 表面氟含量降低，暴露出更多的离子可及活性位点，在 KOH 电解液中的电容性能得到显著改善[101]。此外，由于 Ti—F 键在碱溶液中不稳定，通过碱溶液处理，可以使 MXene 表面的—F 被—O 端基取代[102]。将高温热处理与碱溶液处理相结合，有利于制得低—F 端基浓度、高电容性能的 MXene 电极材料[103]。如图 4-14 所示，用 KOH 溶液处理 $Ti_3C_2T_x$ MXene 时，K^+ 会自发地插入 MXene 纳米片之间，去除部分—F 端基并扩大 MXene 的层间距。随后，将 K^+ 插层的 MXene 在氩气气氛中高温烧结，可以进一步去除其端基官能团，增大其层间距，使更多的活性 Ti 原子暴露在电解液中[103]。所得 MXene 电极材料在硫酸电解液中，1 A/g 电流密度下比电容达到 517 F/g，约为未除—F 端基的 $Ti_3C_2T_x$ MXene 的两倍。

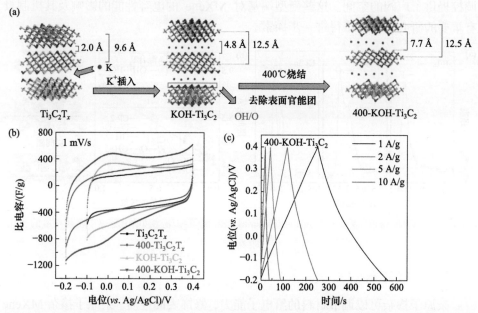

图 4-14　(a) $Ti_3C_2T_x$ MXene 通过 KOH 处理后高温烧结去除—F 端基示意图；去除—F 端基的 $Ti_3C_2T_x$ MXene 的 (b) 循环伏安曲线和 (c) 充放电曲线[103]

　　然而，即使是在惰性气体中进行高温烧结，也有可能会导致 MXene 的部分氧化；而碱处理则有可能会使得 MXene 的结构部分溶解。范晓彬等[104]提出，采用正丁基锂作为强亲核还原剂调节 MXene 上的含氧、含氟端基，可将—OH 和—F 转化为醚基。与碱处理的 MXene 相比，正丁基锂改性的 MXene 上—O 端基更多、—F 端基更少、结构更稳定，在 2 mV/s 扫描速率下比电容达 523 F/g，经 10000 次循环后，容量保持率为 96%。此外，采用无氟刻蚀法可以制备得到不含—F 端基的 MXene 材料，其在超级电容器中的应用值得关注。

　　除了常见的—O、—OH、—F 基团外，MXene 制备过程中的刻蚀剂和插层剂还有可能在 MXene 表面引入其他类型的端基官能团。例如，用 LiF/HCl 刻蚀制备的 Ti_2CT_x MXene 表面还存在—Cl 端基(图 4-15)[105]。—Cl 与—F 虽然同为卤素官能团，但是不同于—F 端基的不利影响，—Cl 端基的存在会增大 MXene 的层间距，并有利于提高赝电容[106]。此外，也可以采用表面改性剂，在 MXene 片层表面修饰上功能性基团。例如，采用磺胺重氮盐修饰的 Ti_3C_2 MXene 纳米片表面带有苯磺酸基团，苯磺酸基团的存在可以提高 MXene 的分散性，增大其比表面积，提升其电容性能[107]。值得注意的是，Talapin 等[91]最近报道了一种基于交换反应的共价表面改性法，并且通过这种方法制备了一系列含有—NH、—Se、—Br、—Te 等新型端基的 MXene 材料以及无端基的 MXene 材料，为 MXene 表面端基调控提供了广阔的空间。这些新型端基对 MXene 的电容性能的影响及其机制具有重要的研究意义，值得进一步探索。

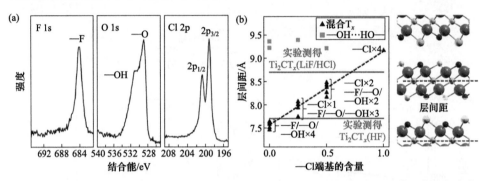

图 4-15   LiF/HCl 刻蚀制备的 Ti_2CT_x MXene（a）XPS 谱图和（b）层间距随—Cl 端基含量的变化曲线[105]

2. 杂原子掺杂

杂原子掺杂可以调节材料的给电子能力，修饰表面性质。杂原子掺杂 MXene 材料的研究主要集中在氮掺杂的 MXene 材料。氮原子取代 MXene 中的碳原子，会导致 MXene 的层间距增大，电子电导率增强，还可以创设出缺陷，作为活性位点提供赝电容活性[108]。氮掺杂 MXene 的制备主要有液相氮掺杂和气相氮掺杂两种方法。

液相氮掺杂是研究最多的 MXene 氮掺杂方法，其中最常用的液相氮源是低成本尿素。水热法[109,110]、溶剂热法[111]、液相分离法[112]等多种方法都已被用于制备氮掺杂 MXene。有研究者以尿素饱和的乙醇溶液为氮源，通过静电吸附和非原位的溶剂热处理，制备了致密、柔性自支撑的氮掺杂 Ti_3C_2 膜[111]。如图 4-16 所示，该 Ti_3C_2 膜中的氮含量高达 7.7 at%（原子分数），将 MXene 的层间距从 1.15 nm 扩大到了 1.24 nm。这种非原位制备的氮掺杂 MXene 与通过 LiF/HCl 刻蚀 $Ti_3AlC_{1.8}N_{0.2}$ 制备的 $Ti_3C_{1.8}N_{0.2}$ 固溶体结构不同，其结构中含有额外的 N-6 和 N-O，以及更多的 N-Q[111]。因此，这一氮掺杂 Ti_3C_2 膜具有超高的比电容，在硫酸电解液中，5 mV/s 扫描速率下比电容高达 927 F/g（2836 F/cm³）。此外，采用 NH_4F 刻蚀法制备MXene时，NH_4F 可以直接作为氮源，对MXene进行氮掺杂。用 HCl/NH_4F 溶液选择性刻蚀 Ti_3AlC_2 时，所得 $Ti_3C_2T_x$ MXene 片层层间插有 NH_4^+，经过进一步的烧结处理，氮原子即掺杂进入 $Ti_3C_2T_x$ 平面晶格中[113]。所得氮掺杂 $Ti_3C_2T_x$ 在硫酸电解质中，5 mV/s 扫描速率下比电容为 586 F/g，在 5 A/g 下循环 10000 次后的容量保持率为 96.2%。

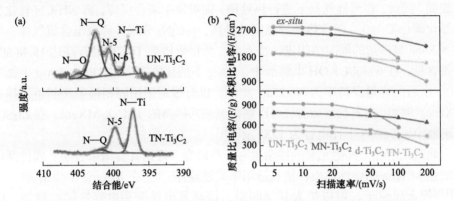

图 4-16　氮掺杂 Ti_3C_2 MXene 的 (a) XPS 谱 (UN-Ti_3C_2：非原位溶剂热制备的氮掺杂 Ti_3C_2；TN-Ti_3C_2：LiF/HCl 刻蚀 $Ti_3AlC_{1.8}N_{0.2}$ 制备的 $Ti_3C_{1.8}N_{0.2}$ 固溶体) 和 (b) 不同扫描速率下的质量比电容和体积比电容[111]

气相氮掺杂，即在氨气气氛中对 MXene 材料进行热处理。如图 4-17 所示，在氨气气氛中烧结 $Ti_3C_2T_x$ 即可得到氮掺杂的 $Ti_3C_2T_x$ MXene，其中氮原子主要以 Ti—N、Ti—O—N (或 Ti—N—O，O—Ti—N) 和化学吸附的 γ-N_2 形式存在[108]。氮掺杂处理使 $Ti_3C_2T_x$ MXene 的层间距从 0.96 nm 增加到了 1.23 nm，并提高了其电子浓度，有效改善了 MXene 的离子可及性和电子电导率。以硫酸为电解质，在 $-0.2 \sim 0.35$ V (vs. Ag/AgCl) 的电位窗口中对掺杂前后的 $Ti_3C_2T_x$ 进行了电容测试，与未掺杂的 $Ti_3C_2T_x$ (34 F/g@1 mV/s) 相比，氮掺杂后的 $Ti_3C_2T_x$ 表现出更高的比电容 (192 F/g)。采用类似的在氨气气氛中烧结的方法，人们还制备了氮掺杂的 $V_4C_3T_x$ MXene，在 1 mol/L 硫酸电解液中，10 mV/s 扫描速率下比电容为 210 F/g[114]。

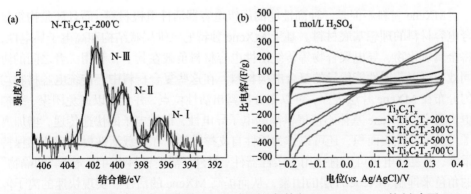

图 4-17　在氨气气氛中，于 200℃烧结 $Ti_3C_2T_x$ 得到的氮掺杂 $Ti_3C_2T_x$ MXene 的 (a) 表面 XPS N 1s 谱图和 (b) 循环伏安曲线[108]

通过液-气相反应，可以同时对 Ti$_2$CT$_x$ MXene 进行插层剥离和氮掺杂[19]。以 NH$_2$CN 作为插层剂剥离 Ti$_2$CT$_x$ 纳米片时，部分 NH$_2$CN 也会附着在 Ti$_2$CT$_x$ 纳米片表面。随后，在惰性气氛下进行热处理，即可发生缩合反应，将 NH$_2$CN 转化为聚氮化碳(p-C$_3$N$_4$)。随着热处理温度的升高，p-C$_3$N$_4$ 分解并释放出含氮气体，导致 MXene 氮掺杂的同时结构进一步剥离。所得氮掺杂 Ti$_2$CT$_x$ 具有高达 15.48 at% 的氮含量，在 6 mol/L KOH 电解液中，1 A/g 下的比电容为 327 F/g，5 A/g 下循环 5000 次后的容量保持率为 96.2%。此外，也有报道采用固相掺杂法制备氮掺杂 MXene。例如，通过热解硫脲，可以制得氮硫共掺杂的 Ti$_3$C$_2$T$_x$ MXene，在 Li$_2$SO$_4$ 电解液中，2 mV/s 下比电容为 175 F/g [115]。

除氮元素外，其他元素的掺杂也有一些研究。理论计算结果表明，硼掺杂可以增强 MXene 的弹性性质，使其适用于柔性器件[116]。在 MXene 中掺杂钒[117]、铌[118]等金属原子，可以扩大其层间距，提高其电导率和电容性能。例如，以 NH$_4$VO$_3$ 为钒源，采用水热法制备的钒掺杂 Ti$_3$C$_2$T$_x$ MXene，钒原子的掺杂有助于调节 MXene 与中性电解液中的碱金属离子(Li$^+$、Na$^+$、K$^+$)间的相互作用，使其在 LiCl 电解液中表现出与硫酸电解液中相当的比电容(404.9 F/g)[117]。

可见，通过化学修饰可以有效调节 MXene 材料的性质，提高 MXene 材料的电容性能。除了表面端基调控和杂原子掺杂之外，空位会在 MXene 基体上制造缺陷，也会影响 MXene 的结构、表面性质和电化学活性。因此，引入空位可能也是一种调节 MXene 性质的有效方法。随着人们对化学修饰方法的深入研究，已有越来越多的新型端基和掺杂原子被引入到 MXene 中，它们对 MXene 电容性能的影响也非常值得研究。

4.4　MXene 基复合电极材料

MXene 材料不但是一种高性能的超级电容器活性电极材料，而且还是构筑复合电容材料的理想基底材料。基于 MXene 独特的二维层状结构和高电子导电性，将金属氧化物、导电聚合物等传统活性电容材料负载在其上，利用二者之间的协同效应可以获得性能优异的复合电极材料。在这些复合材料中，传统电容材料均匀分布在 MXene 片层表面，可以充分暴露出活性位点，并且可以避免团聚，结构更为稳定。MXene 基体不仅提供高的电子导电性，促进电子的快速传递，增加离子可及的活性表面积，还可以作为柔性自支撑骨架，在负载活性材料后依然保持柔性，使复合电极可以直接用于柔性器件。另外，活性材料也可以充当"间隔物"的角色来抑制 MXene 片层的团聚，从而提高 MXene 的活性、实现快速的离子传输。因此，MXene 基复合材料往往能够表现出优异的电化学性能和机械性能。

4.4.1　MXene/金属化合物复合材料

过渡金属氧化物/硫化物等金属化合物是一类具有高理论比电容的赝电容型超级电容器电极材料，但其电子导电性通常不够理想。MXene 材料具有类金属的导电性，可以弥补金属化合物电极材料的缺点。因此，研究者们将 MXene 与金属化合物复合，构筑出了系列高性能的 MXene/金属化合物复合材料。

1. MXene/金属氧化物复合材料

将金属氧化物(如 MnO_2、MoO_3、RuO_2、SnO_2、TiO_2、NiO、WO_3、ZnO、Co_3O_4 等)与 MXene 材料复合，可以显著改善其电容性能。一般来说，MXene/金属氧化物复合材料的制备方法可分为原位生长、表面转化和非原位组装三种类型。

1) 原位生长法

在液相环境中通过化学反应在 MXene 纳米片上直接生长金属氧化物是一种原位制备 MXene/金属氧化物复合材料的简单方法，所得材料组分间具有较强的相互作用[119,120]。将 $MnSO_4$ 与 $KMnO_4$ 加入到 $MXene(Ti_3C_2T_x$ 或 $Ti_2CT_x)$ 纳米片的分散液中，$MnSO_4$ 与 $KMnO_4$ 可以直接发生化学反应，生成的 $\varepsilon\text{-}MnO_2$ 纳米晶须沉积在 MXene 纳米片表面，制得 $\varepsilon\text{-}MnO_2/MXene$ 复合材料[119]。由于 MXene 改善了复合材料中 MnO_2 的导电性和稳定性，该 $\varepsilon\text{-}MnO_2/MXene$ 复合材料组装的对称电容器在 30 wt%KOH 电解液中，电压范围 0~0.7 V、电流密度 1 A/g 的条件下测得的比电容为 212 F/g，经过 10000 次循环后的容量保持率为 87.7%，显著优于纯 $\varepsilon\text{-}MnO_2$ 电极材料。

阙文修等[121]通过静电相互作用在层状 Ti_3C_2 纳米片上吸附 MnO_2 前驱体，然后进行热处理使 MnO_2 纳米颗粒在 MXene 纳米片上原位生长，即可制得自支撑的 MnO_2/Ti_3C_2 膜，在 1 mol/L Li_2SO_4 电解液中，2 mV/s 下具有 602 F/cm^3 的比电容。刘景全等[122]首先将 $CoCl_2$ 与 MXene 充分混合，然后在 65℃下以水合肼还原 $CoCl_2$ 生成 Co_3O_4，得到 $Co_3O_4\text{-}MXene$ 复合材料。他们进一步将其进行结构优化，通过与 GO 分散混合后冷冻干燥-高温热还原，制备出具有三维结构的 $Co_3O_4\text{-}MXene/rGO$ 复合多孔气凝胶材料[122]。在这种复合材料中，三维 rGO 骨架将 $Co_3O_4\text{-}MXene$ 复合纳米片相互连接起来，提供快速电子传输路径，使其在 6 mol/L KOH 电解液中，在 0~0.6 V($vs.$ Hg/HgO)电位窗口，1 A/g 下显示出 345 F/g 的比电容，远高于纯 $Ti_3C_2T_x$ MXene、纯 rGO 和 MXene/rGO 复合电极。

水热法不仅可以促进 MXene 纳米片上金属氧化物的原位生长，还能够影响生长出来的金属氧化物的形貌[123,124]。如图 4-18 所示，将 WO_3 前驱体($Na_2WO_4 \cdot 2H_2O$)、硫代乙酰胺与 Ti_3C_2 MXene 混合进行水热反应生成 $WO_3/MXene$ 复合材料的过程中，通过控制水热反应的液相环境，可以分别制备出单斜相 WO₃ 纳米棒/MXene 复合材料(HCl溶液)和六方相 WO₃ 纳米颗粒/MXene 复合材料(HNO₃溶液)[124]。以 0.5 mol/L 硫酸为电解液，在−0.5∼0 V (*vs.* Ag/AgCl)电位窗口内，六方相 WO₃/Ti₃C₂ 复合材料的质量比电容(566 F/g)几乎是纯六方相 WO₃ 材料的两倍。由此可知，通过调控原位生长过程中的实验条件，优化反应产物的结构，对于提高复合材料的性能非常重要。此外，值得注意的是，在碱性电解液中，MXene 对复合材料的主要贡献是提供快速电子传输，以及提供结构稳定性和机械柔性，而对电容的贡献较小。而在硫酸电解质中，MXene 除了提供高电导率和结构稳定性之外，还可以贡献赝电容。

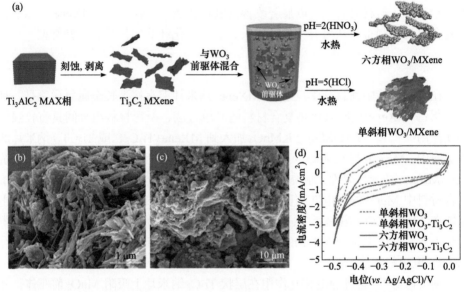

图 4-18   (a)水热法制备的两种 WO₃/Ti₃C₂ 复合材料的流程示意图；(b)单斜相 WO₃ 纳米棒/MXene 和(c)六方相 WO₃ 纳米颗粒/MXene 的 SEM 图；(d)两种 WO₃/Ti₃C₂ 复合材料的循环伏安曲线图[124]

2) 表面转化法

如果 MXene 材料发生氧化，会生成 M 金属的氧化物。所以，将 MXene 片层表面部分氧化，可以直接得到金属氧化物/MXene 复合材料。通过将 Ti₃C₂ 在室温下部分氧化，可以一步制得 TiO₂/Ti₃C₂ 复合材料，并可通过控制反应时间和液相环境，控制所得 TiO₂ 纳米材料的形貌。如图 4-19 所示，Ti₃C₂ MXene 在水溶液中部分氧化会生成 Ti₃C₂/TiO₂ 纳米颗粒复合材料；而 Ti₃C₂ 在 NaOH 水溶液中部分氧化则会生成 Ti₃C₂/TiO₂ 纳米线复合材料[125]。在 KOH 电解液中，2 mV/s 扫描速率下，Ti₃C₂/TiO₂ 纳米线的比电容(143 F/g)略高于 Ti₃C₂/TiO₂ 纳米颗粒(128 F/g)，但 Ti₃C₂/TiO₂ 纳米颗粒的倍率性能更好，扫描速率从 2 mV/s 升至 100 mV/s 时容量保持率为 87%。类似地，采用 CO_2 一步氧化 Nb_2CT_x MXene 可以制得 Nb_2CT_x/T-Nb_2O_5 纳米颗粒复合膜电极材料[126]。由于 T-Nb_2O_5 具有高的比电容，而 Nb_2CT_x 提供了快速的电荷传输，载量 2.4 mg/cm^2、厚度 50 μm 的 Nb_2CT_x/T-Nb_2O_5 复合膜电极在 1 mol/L $LiClO_4$-EC/DMC 有机电解液中，在 4 min 的充放电时间内表现出了高的比电容(275 F/g，0.66 F/cm^2)。

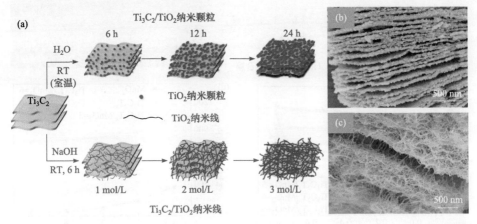

图 4-19　(a)表面转化法制备两种 Ti_3C_2/TiO_2 复合材料的流程示意图；(b)Ti_3C_2/TiO_2 纳米颗粒和(c)Ti_3C_2/TiO_2 纳米线的 SEM 图[125]

3) 非原位组装法

与原位组装法和表面转化法不同，非原位组装是先制备好金属氧化物，然后再将其与 MXene 组装成为复合材料。常用的非原位组装制备 MXene 基复合电极材料的方法包括静电自组装、范德瓦耳斯力自组装、高能球磨自组装、混合-抽滤自组装等方法。如图 4-20 所示，通过真空过滤 MXene 纳米片和 MnO_2 纳米线的混合分散液，即可得到两者均匀分散的自支撑的 $Ti_3C_2T_x$/MnO_2 复合膜[127]。以 PVA/LiCl 为电解质，将复合膜组装为对称电容器，在 0～0.8 V 电压范围内测得其比电容达 1025 F/cm^3 和 205 mF/cm^2。

2. MXene/金属硫化物复合材料

金属硫化物具有高理论比电容和比金属氧化物更高的电子电导率，是一类很有前景的超级电容器电极材料。为了进一步提高其导电性，缓冲其氧化还原过程中的体积变化，研究者们将各种金属硫化物(如 CoS_2、NiS、Ni—Co 二元金属硫化物、MoS_2 等)与 MXene 材料复合，构筑了一系列高性能的复合电极材料。

目前，大多数 MXene/金属硫化物是通过水热或溶剂热法在 MXene 纳米片上原位生长金属硫化物制备而成。例如，通过对加入了钴源($CoCl_2·6H_2O$)和半胱氨

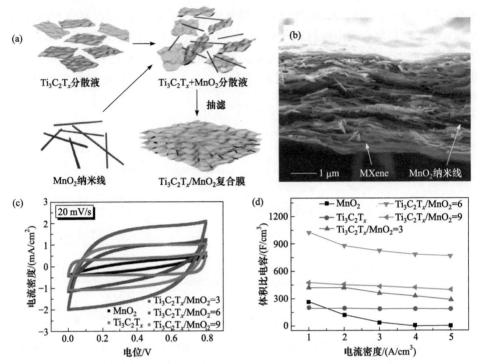

图 4-20 (a) 混合抽滤 MXene 与 MnO$_2$ 分散液非原位制备 Ti$_3$C$_2$T$_x$/MnO$_2$ 复合膜示意图；Ti$_3$C$_2$T$_x$/MnO$_2$ 复合膜的 (b) SEM 图，以及在 PVA/LiCl 电解质中的 (c) 循环伏安曲线和 (d) 体积比电容[127]

酸的 Ti$_3$C$_2$T$_x$ MXene 分散液进行溶剂热处理，使 CoS$_2$ 在 MXene 纳米片表面原位生长，可以制备得到 MXene/CoS$_2$ 复合材料[128]。MXene 能有效缓冲 CoS$_2$ 的体积变化并提高电导率，而生成的 CoS$_2$ 能够抑制 MXene 的堆叠。因此，所得 MXene/CoS$_2$ 复合材料在 KOH 电解液中，1 A/g 下具有 1320 F/g 的高比电容，且在 10 A/g 下循环 3000 次后容量保持率为 78.4%。也有研究者采用非原位组装法制备 MXene/金属硫化物复合材料。将 MXene 与 NiCo$_2$S$_4$ 简单混合即可制备出三明治结构的 MXene/NiCo$_2$S$_4$ 复合材料，其中 NiCo$_2$S$_4$ 粒子夹在 MXene 片层之间。该复合材料在 KOH 电解质中 0.5 A/g 下表现出 1266 F/g 的比电容，且经过 10000 次循环后容量保持率为 95.21%[129]。因为对 MXene 进行表面硫化处理不如氧化处理方便，所以表面转化法制备 MXene/金属硫化物复合材料目前尚无报道。

3. MXene/其他金属化合物复合材料

多金属氧酸盐具有高理论比电容、高电导率、高热稳定性等优点，是良好的超级电容器赝电容型电极材料。徐伟箭等[130]使用聚离子液体作为连接剂和稳定剂，制备出多金属氧酸盐纳米颗粒在 MXene 纳米片上均匀分布的复合材料。以 0.5 mol/L 硫酸为电解液，在 $-0.1 \sim 0.4$ V($vs.$ SCE)的电位范围内以 1 A/g 电流密度进行恒流充放电测试，测得这一 MXene-聚(离子液体)-多金属氧酸盐纳米复合材料具有 384.6 F/g 的比电容。

MXene 还被用于与二维金属卟啉框架纳米片复合。通过真空共抽滤，即可制备出三维互连的 "MXene-金属卟啉框架-MXene-金属卟啉框架" 导电网络，其中 MXene 和金属卟啉框架在氢键的作用下交替堆叠[131]。所制备的 MXene/金属卟啉框架复合材料可直接用作超级电容器膜电极，在 0.5 mol/L 硫酸电解液中，在 $-0.3 \sim$ 0.3 V($vs.$ Ag/AgCl)电位范围，测得其在 0.1 A/g 电流密度下的质量比电容为 326.1 F/g，在 1 mA/cm^2 下的面电容为 1.64 F/cm^2。

许多研究结果表明，MXene/金属化合物复合材料的各组分间具有协同效应，可以同时获得高比电容、优异的循环性能和倍率性能。然而，必须注意到，由于许多金属化合物在碱性电解液中具有更高的电容活性，因此这些 MXene/金属化合物复合材料的研究工作中大多数都采用了碱性电解液。但是，MXene 在酸性电解液中的电容性能更佳。因此，WO$_3$、RuO$_2$ 等适用酸性电解液的金属化合物更适合与 MXene 进行复合，这样 MXene 和金属化合物两种组分都可以贡献出较高的比电容，使复合材料在比电容方面更具优势。此外，考虑到超级电容器的工作电压和能量密度，适用于非水电解液的 MXene/金属氧化物复合材料也将是未来研究的重点。

4.4.2　MXene/导电聚合物复合材料

在各种赝电容电极材料中，导电聚合物由于其固有的机械柔性和导电性，在可穿戴超级电容器中显示出独特的优势。此外，许多导电聚合物可以在酸性电解液中表现出高比电容，非常适合与 MXene 复合构筑成 MXene/导电聚合物复合材料。研究者们将聚苯胺、聚噻吩、聚吡咯、聚芴衍生物等多种导电聚合物，通过原位聚合或非原位组装的方式与 MXene 复合，制备出具有优异电化学性能的复合材料。

聚苯胺具有高导电性和高的理论比容量，是研究最多的超级电容器导电聚合物电极材料。如图 4-21 所示，Beidaghi 等[132]将苯胺单体在单层 Ti$_3$C$_2$T$_x$ 纳米片表面原位聚合，制备出 Ti$_3$C$_2$T$_x$/聚苯胺复合膜电极。由于 MXene 提供了高导电性，而聚苯胺增加了 MXene 的层间距，促进了离子传输，该 Ti$_3$C$_2$T$_x$/聚苯胺复合膜电极在 3 mol/L 硫酸电解液中 20 mV/s 扫描速率下表现出 383 F/g 的比电容，即使在 90 μm 的厚度和 23.82 mg/cm^2 高载量下，仍可提供 336 F/g(888 F/cm^3)的比电容。

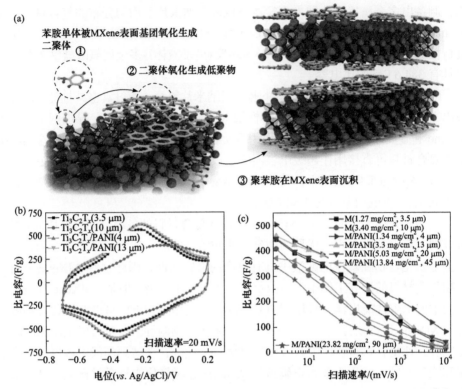

图 4-21   (a)苯胺单体原位聚合制备 $Ti_3C_2T_x$/聚苯胺复合膜电极示意图；制得的 $Ti_3C_2T_x$/聚苯胺
复合膜电极的(b)循环伏安曲线和(c)倍率性能[132]

聚(3,4-亚乙基二氧噻吩)(PEDOT)是另一种常见的超级电容器导电聚合物电极材料。它通常与聚(苯乙烯磺酸)(PSS)共同使用，通过 PSS 的接入，可极大地提高 PEDOT 的溶解性，便于形成水系悬浮液。通过将 $Mo_{1.33}C$ MXene 和 PEDOT：PSS 的混合溶液真空共抽滤后用浓硫酸进行处理，可得到 $Mo_{1.33}C$ MXene/PEDOT：PSS 柔性复合膜[133]。在该复合膜中，MXene 和 PEDOT 都能发生表面快速氧化还原反应，而 PEDOT 的插入增加了 MXene 的层间距，使该膜电极在 1 mol/L 硫酸电解液中表现出高达 1310 F/cm^3 的比电容。Park 等[134]采用喷涂法制备出具有强相互作用的多孔 MXene/PEDOT 复合材料，用于对称超级电容器，具有高比电容和高频响应，有望应用于信号滤波领域。此外，PEDOT 也可以在 MXene 表面原位聚合。Gogotsi 等[135]通过在 $Ti_3C_2T_x$ 膜上聚合并电化学沉积 PEDOT，制备了具有紧密结合界面的 $Ti_3C_2T_x$/PEDOT 异质结构复合材料。这一异质结构复合材料不仅具有优异的电化学性能，还表现出有趣的光学特性，构筑的储能器件具有电致变色性能，可以在深蓝色和无色之间进行快速变换。

将聚吡咯与 MXene 复合也可显著提高其电容性能。通过控制吡咯在 $Ti_3C_2T_x$

MXene 层间原位聚合，可以制备出具有层状结构的聚吡咯/Ti$_3$C$_2$T$_x$复合膜，具有高电导率、快速可逆的氧化还原反应和快速的离子传输[136]。聚吡咯/Ti$_3$C$_2$T$_x$(1∶2)的复合膜在 1 mol/L 硫酸电解液中，–0.2～0.35 V(vs. Ag/AgCl)电位范围内，5 mV/s 扫描速率下显示出 416 F/g 的比电容。尽管聚吡咯的加入导致聚吡咯/Ti$_3$C$_2$T$_x$复合膜的密度(2.4 g/cm^3)低于纯 Ti$_3$C$_2$T$_x$膜(3.6 g/cm^3)，但其体积比电容仍可达到1000 F/cm^3，并且具有良好的循环性能。还可以通过电化学聚合将聚吡咯嵌入 Ti$_3$C$_2$层间，制备出 Ti$_3$C$_2$T$_x$/聚吡咯复合膜，在 0.5 mol/L 硫酸电解液中比电容为 203 mF/cm^{2}和 406 F/cm^3，循环 20000 次后，容量保持率接近 100%[137]。此外，通过三维缠绕的聚吡咯纳米线网络将 Ti$_3$C$_2$T$_x$ MXene 紧紧地包裹其中，可以构筑出具有相互连接的三维多孔结构的 Ti$_3$C$_2$T$_x$@聚吡咯复合材料，其具有高的导电性[138]。

基于 MXene 的类金属导电性和二维结构，将各种活性材料与 MXene 复合，有望获得具有良好电化学性能和/或机械性能的 MXene 基复合电极材料。因此，MXene 基复合材料的合成受到人们越来越多的关注，其组成的多样性也为实现在不同方向上的应用提供了无限可能。目前常见的复合材料主要是 MXene/金属化合物复合材料和 MXene/导电聚合物复合材料。然而，两种复合材料大多用于水系电解液体系。而水系电解质的电位窗口较窄(约 1V)，限制了器件的工作电压。因此，要进一步提升超级电容器的能量密度，亟待开发在非水电解液中电化学性能优异的 MXene 基复合电极材料。

4.5　MXene 在不同电解液中的电容储能机理

揭示 MXene 的储能机理，不仅有助于理解 MXene 材料具有高电容性能的原因，而且也能为进一步提高 MXene 电极材料的电容性能提供新的思路。虽然关于 MXene 材料在不同电化学体系中的电化学行为和储能机理的基础研究受到了越来越多的关注，但是目前人们对 MXene 在不同电解液中的储能机理的认识仍不十分明确。

4.5.1　MXene 在水系电解液中的储能机理

1. MXene 在中性和碱性水系电解液中的储能机理

Gogotsi 等[1]在 2013 年发表的关于 MXene 材料应用于超级电容器的第一篇报道中就研究了 MXene 在中性和碱性水系电解液中的电化学行为。结果表明，带正电的阳离子(如 Li$^+$、Na$^+$、K$^+$、NH$_4^+$、Mg^{2+}、Al^{3+}等)可以自发地或者在电场的作用下嵌入到二维 MXene 层间[1]。如图 4-22 所示，MXene 在碱性电解液(如 NaOH、KOH、LiOH 溶液)和中性电解液[如 K$_2$SO$_4$、Al$_2$(SO$_4$)$_3$、Al(NO$_3$)$_3$溶液]中的循环伏安曲线均为矩形，没有明显的氧化还原峰。此外，MXene 的一些电化学行为（如电容、电位窗口等）在一定程度上取决于电解液中的阳离子种类，与阴离子无关。这篇报道还对中性和碱性电解液中极化状态下的 $Ti_3C_2T_x$ 电极进行了原位 XRD 表征，结果显示在充放电过程中 MXene 的 c-晶格参数发生了变化，证明阳离子在 MXene 层间发生了嵌入和脱嵌。另外，Gogotsi 等[139]还采用电化学石英晶体微天平法对循环过程中不同阳离子（如 Li^+、Na^+、K^+、Mg^{2+}、Ca^{2+}）在不同嵌入程度下的 MXene 的机械形变程度进行了表征。研究结果显示 MXene 在充放电过程中发生了快速的膨胀/收缩形变，说明 MXene 材料在中性和碱性电解液中的电化学极化过程与电极/电解质固液界面处的离子吸附和阳离子的嵌入/脱嵌有关[139]。

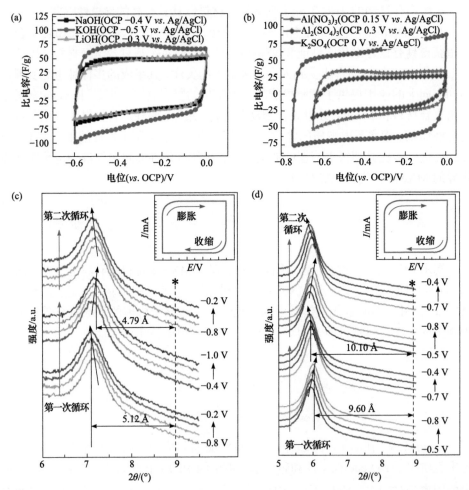

图 4-22　$Ti_3C_2T_x$ MXene 在 (a) 碱性和 (b) 中性水系电解液中 20 mV/s 扫描速率下的循环伏安曲线与其在 (c) 1 mol/L KOH 电解液和 (d) 1 mol/L $MgSO_4$ 电解液中充放电时的原位 XRD 谱图[1]

　　MXene 片层间的水分子对其比电容有着重要影响。层间水不仅能够促进离子吸附进入 MXene 层间[139]，还有助于在离子嵌入后形成层间双电层[106,140]。如图 4-23 所示，水分子围绕在阳离子(如 Li⁺)周围，形成水合阳离子，而后保持水合阳离子的形式，在不脱去水分子的情况下嵌入到 MXene 层间。阳离子周围的水合壳隔绝了阳离子的原子轨道与 MXene 的原子轨道的直接接触，使二者不发生轨道杂化。因此，正负电荷被隔离开，在 MXene 层间产生电位差，形成了层间双电层[106]。另外，由于水的分解问题导致水系电解液的电化学稳定窗口较窄，MXene 在这样狭窄的电化学窗口中只能储存少量的电子和离子。例如，在 1 mol/L Li₂SO₄ 电解液中，Ti₂CTₓ MXene 中每个 Ti 原子可以储存 0.05 个电子和 0.05 个 Li⁺。因此，尽管有水合阳离子嵌入到 MXene 层间，MXene 在中性和碱性电解液中的赝电容依然小到可以忽略不计，主要表现为典型的双电层电容行为，在电解液的电位窗口范围内比电容几乎是恒定不变的。基于这种层间双电层储荷机制，MXene 即使经过结构设计或化学修饰，在中性和碱性电解液中的质量比电容也只有 60～150 F/g。但由于 MXene 的密度较大，在中性或碱性电解液中的体积比电容可达到约 450 F/cm³。

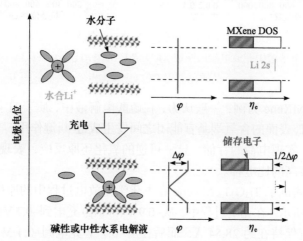

图 4-23　MXene 在碱性或中性水系电解液中充放电状态下的结构变化示意图[106]

2. MXene 在酸性水系电解液中的储能机理

　　MXene 在硫酸电解液中表现出与其在中性和碱性电解液中截然不同的储能机制。图 4-24(a) 对比了 Ti₃C₂Tₓ MXene 电极在酸性电解液和中性电解液中的循环伏安曲线[141]。在硫酸电解液中，MXene 的循环曲线表现为扭曲的矩形，具有宽化的氧化还原峰，表现为氧化还原赝电容特征，比电容相比其在中性电解液[(NH₄)₂SO₄ 和 MgSO₄ 溶液]中也要高得多[141]。

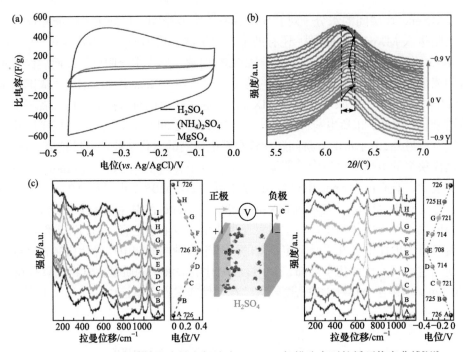

图 4-24   (a)Ti$_3$C$_2$T$_x$在酸性和中性电解液中 20 mV/s 扫描速率下的循环伏安曲线[141]；
(b)Ti$_3$C$_2$T$_x$在硫酸电解液中充放电时的原位 XRD 谱[142]；(c)Ti$_3$C$_2$T$_x$在硫酸电解液中充放电时
的原位电化学拉曼光谱[141]

以 Ti$_3$C$_2$T$_x$ MXene 为例，一般认为，在硫酸电解液中，质子 H$^+$插入到 Ti$_3$C$_2$T$_x$
层间，与 Ti$_3$C$_2$T$_x$表面的含氧端基官能团之间发生成键/断键作用，进而引起 Ti 氧
化价态的变化，实现电荷的存储。这一可逆的氧化还原反应，表现为插层赝电容
行为，获得了极高的比电容。

高宇等[142]测试了 Ti$_3$C$_2$T$_x$ MXene 在电化学充放电过程中的原位 XRD 谱，结
果如图 4-24 (b)所示。在充电过程中，从–0.9 V(vs. Ag)充电到–0.7 V 时，Ti$_3$C$_2$T$_x$的
晶格常数 c 一直保持在约 28.54 Å，而后在从–0.7 V 充电到–0.4 V 的过程中收缩
至 28.07 Å，在继续充电至 0 V 后，晶格常数 c 又膨胀到 28.22 Å；随后进行放电，
在 0 V 放电到–0.6 V 时，Ti$_3$C$_2$T$_x$的晶格常数 c 从 28.22 Å 收缩到 28.11 Å，然后又
在继续放电到–0.9 V 时膨胀到 28.61 Å。可以看出，Ti$_3$C$_2$T$_x$的 c 晶格常数在约
–0.5 V(vs. Ag)时最小。据推测，在高于–0.5 V 时，Ti$_3$C$_2$T$_x$在硫酸电解液中发生了
与在中性或碱性电解液中类似的行为，带正电的质子 H$^+$在静电的作用下插入到带
负电的二维 Ti$_3$C$_2$T$_x$层间，导致层间距略微增大；而在低于–0.5 V 时，质子 H$^+$与
MXene 表面的—O 端基发生氧化还原作用，生成了—OH 端基，键长变长，进一
步产生空间效应，使得大量的 H$^+$插入发生氧化还原反应，最终导致 MXene 层间

距显著增大。而低于 -0.5 V 的电位区间与 MXene 的循环曲线中的宽氧化还原峰的位置也是相符的。这也在一定程度上解释了为什么 MXene 在酸性电解液中充放电（H[+] 质子嵌入）时发生的层间距变化比其在中性/碱性电解液（Li[+]、Mg[2+]、Al[3+] 等阳离子嵌入）中的层间距变化更大。虽然质子 H[+] 相比 Li[+] 等阳离子要小得多，但 H[+] 的嵌入会引起 MXene 表面端基的键合情况的变化；而在中性/碱性电解液中，Li[+]、Mg[2+]、Al[3+] 等阳离子嵌入 MXene 层间，并不会与其表面官能团发生氧化还原作用。另外，嵌入到 MXene 层间的 H[+] 数量要远多于 Li[+] 等阳离子数量，这也造成了 MXene 在酸性电解液中的比电容远高于其在中性和碱性电解液。中国科学院金属研究所王晓辉等[141]研究了 $Ti_3C_2T_x$ 膜电极在硫酸电解液中充放电过程的原位电化学拉曼光谱，结果表明，$Ti_3C_2T_x$ MXene 在放电过程中发生了如下化学反应[图 4-24（c）]：

$$(M = O_x) + \frac{1}{2}xH^+ + \frac{1}{2}xe^- \longrightarrow M-O_{\frac{1}{2}x}(OH)_{\frac{1}{2}x}$$

De-en Jiang 等[143]采用溶剂化模型的密度泛函理论计算以及恒电位下的吉布斯自由能分析，从理论上描述了 $Ti_3C_2T_x(T_x=-O, -OH)$ 在硫酸电解液中充放电时发生的表面氧化还原过程。他们用不同的 —O 端基和 —OH 端基的比例（即 $Ti_3C_2T_x$ 表面的氢覆盖率）表征 $Ti_3C_2T_x$ 的表面电荷状态，计算了 $Ti_3C_2T_x$ 的表面电荷与其外施电势的关系，以及其对 $Ti_3C_2T_x$ 中 Ti 的价态的影响。计算结果表明，$Ti_3C_2T_x$ MXene 的储荷机制以快速氧化还原反应过程为主，并且会引起 Ti 的变价。从实验角度，$Ti_3C_2T_x$ MXene 在硫酸电解液中充放电过程中的原位 X 射线吸收光谱（XAS）也显示，$Ti_3C_2T_x$ 中 Ti 的氧化价态发生了变化，说明存在基于氧化还原反应的赝电容行为[100]。

此外，MXene 层间的水分子对其在硫酸电解液中的赝电容储能机制非常重要。$Ti_3C_2T_x$ MXene 层间的水分子可以形成氢键网络，通过格罗特斯机制促进质子 H[+] 的快速传输[144]。而质子 H[+] 的快速传输有利于激发 Ti 的氧化还原活性，使 $Ti_3C_2T_x$ 得以实现快速的电荷补偿。另外，MXene 的表面端基对其层间水也有着很大的影响。要使水分子嵌入 MXene 层间，—OH 端基的存在是必要的，但过多的 —OH 端基却会破坏层间水的组织，限制 H[+] 质子的传输速率，降低 MXene 的倍率性能[144]。

与碱性和中性电解液相比，MXene 材料在酸性电解液中能够通过质子 H[+] 嵌入层间与 —O 端基发生相互作用，引发 Ti 的快速氧化还原变价，产生赝电容行为。因此，MXene 在酸性电解液中的电容性能优势十分突出，体积比电容可达 1500 F/cm^3 [2]。此外，由于质子 H[+] 尺寸小，传输快，MXene 在酸性电解液中具有更快的动力学反应速度，在 1 V/s 的超高扫描速率下还可以提供高达 500 F/cm^3 的比电容[2]。然而，尽管 MXene 在酸性电解液中可以实现高比电容和高倍率性能，但水系电解液低的工作电压限制了其能量密度的提高，有机体系成为研究的方向。

4.5.2　MXene 在非水电解液中的储能机理

与水系电解液相比，非水电解液具有更宽的电位窗口，更有利于提高储能器件的能量密度。MXene 基超级电容器使用的非水电解液主要包括有机电解液和离子液体电解液。有机电解液由有机溶剂和金属离子盐(如锂盐、钠盐)组成。如图 4-25(a)所示，Ti_2CT_x MXene 电极在 1 mol/L $LiPF_6$-EC/DMC 电解液中的循环伏安曲线在 2 V(vs. Li/Li$^+$)左右显示出氧化还原峰，表现为赝电容行为[105]。Ti_2CT_x 在该电解液中不同充放电阶段的 XRD 测试结果显示，Ti_2CT_x 的层间距在 9.4～9.8 Å 之间可逆地变化[图 4-25(b)]，表明 Li$^+$ 在 Ti_2CT_x 层间发生了可逆的嵌入/脱嵌[106]。另外，Ti_2CT_x 在该电解液中不同充放电阶段的 Ti 的 K 边 XAS 谱显示，这种 Li$^+$ 的嵌入/脱嵌行为与 MXene 中 Ti 的氧化还原有关[图 4-25(c)][106]。

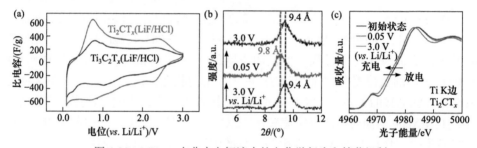

图 4-25　MXene 在非水电解液中的电化学行为和储荷机制

(a)Ti_2CT_x 和 $Ti_3C_2T_x$ 在 1 mol/L $LiPF_6$/EC-DMC 电解液中 0.1 mV/s 下的循环伏安曲线[105]；Ti_2CT_x 在 1 mol/L $LiPF_6$/EC-DMC 电解液中的(b)非原位 XRD 谱和(c)Ti K 边 XAS 谱[106]

一个有趣的现象是同样发生了阳离子的嵌入(如 Li$^+$ 等)，MXene 材料在碱性/中性水系电解液中呈现出层间双电层的储荷机制，而在有机电解液中具有基于快速氧化还原反应的赝电容的储荷机制。Yamada 等[106]探究了这种区别的内在原因。他们的研究显示，与在水系电解液中阳离子的水合作用相比，阳离子在非水电解液中的溶剂化能量要弱得多。因此，如图 4-26 所示，在有机电解液中，带有溶剂壳的阳离子嵌入 MXene 层间时会脱去部分溶剂分子，暴露出原子轨道。暴露出来的阳离子原子轨道进一步与 MXene 表面端基的原子轨道发生杂化，形成电荷转移施主能带，导致快速的氧化还原反应[106]。因此，MXene 在有机电解液中的电容主要来自基于阳离子插入的赝电容行为。

MXene 在有机电解液中的储荷机制与阳离子的溶剂壳结构密切相关，因此溶剂分子的类型对于阳离子在 MXene 层间的嵌入和传输有着很大的影响[145]。如图 4-27 所示，以 Ti_3C_2 为例，在 1 mol/L LiTFSI/PC 电解液中，2 mV/s 扫描速率下

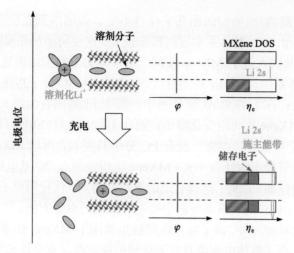

图 4-26　MXene 在有机电解液中充放电状态下的结构变化示意图[106]

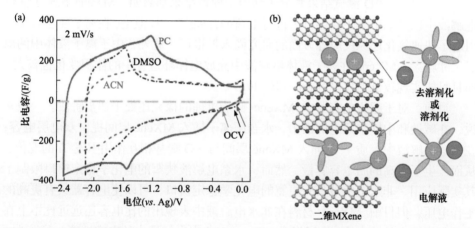

图 4-27　(a) Ti$_3$C$_2$ 电极在 1 mol/L LiTFSI/DMSO、1 mol/L LiTFSI/ACN 和 1 mol/L LiTFSI/PC 电解液中的循环伏安曲线；(b) MXene 电极在有机电解液中完全/不完全去溶剂化示意图[145]

的比电容为 195 F/g (410 F/cm^3)，远高于在 1 mol/L LiTFSI/DMSO 电解液 (130 F/g) 和 1 mol/L LiTFSI/ACN 电解液 (110 F/g) 中的比电容，其电位窗口 (2.4 V) 也较后两者宽[145]。Ti$_3$C$_2$ MXene 在以上三种电解液中的原位 XRD 测试结果表明，Ti$_3$C$_2$ 在 1 mol/L LiTFSI/DMSO 电解液中充放电时的层间距在 18.8～19.3 Å 之间变化，在 1 mol/L LiTFSI/ACN 电解液中充放电时的层间距在 13.0～13.4 Å 之间变化，而在 1 mol/L LiTFSI/PC 电解液中充放电的过程中，Ti$_3$C$_2$ 的层间距几乎一直保持在 10.7 Å。这种层间距的差异与 Li$^+$ 嵌入 MXene 层间时的溶剂壳结构变化有关。带有溶剂壳的 Li$^+$ 嵌入 MXene 层间时会脱去溶剂壳中的部分溶剂分子，但依然有部分残留的溶剂分子跟随 Li$^+$ 共嵌入 MXene 层间。Ti$_3$C$_2$ 在 PC 基电解液中能储存的

Li$^+$最多（比电容最高），而层间距几乎保持不变，说明溶剂壳脱除较为完全；而 Ti$_3$C$_2$ 在 DMSO 和 ACN 基体系中层间膨胀较大，这说明溶剂壳脱除不完全，有溶剂分子跟随 Li$^+$共嵌入进了 MXene 层间。分子动力学模拟结果显示，在 1 mol/L LiTFSI/DMSO 体系中，每个 Li$^+$周围有大约 1.3 个 DMSO 分子共嵌入，导致 MXene 层间距变化最大；在 LiTFSI/ACN 体系中，每个 Li$^+$周围有大约 0.5 个 ACN 分子共嵌入，导致 MXene 层间距变化略小；而在 1 mol/L LiTFSI/PC 体系中，Li$^+$进入 Ti$_3$C$_2$ 层间时完全脱去了溶剂壳，没有 PC 分子共嵌入，所以 MXene 层间距几乎没有变化。这也解释了为什么 Ti$_3$C$_2$ MXene 电极能够在 PC 基电解液中表现出最为优越的电化学性能。因此，选择合适的电解液溶剂，优化阳离子的溶剂壳结构，也是提高 MXene 材料在有机电解液中的电容性能的重要方法。

除了有机电解液之外，离子液体电解液也被用于 MXene 基超级电容器。与有机电解液相比，离子液体电解液具有更优异的稳定性、安全性和更宽的电化学稳定窗口。原位 XRD 测试结果和分子动力学模拟结果都表明，MXene 在离子液体电解液中也是基于离子插层行为进行电荷的存储[146,147]。但是，在离子插层后是否引起了快速氧化还原反应等方面的研究尚未见报道。此外，由于离子液体中的离子尺寸较大，MXene 在离子液体电解液中充放电循环过程中的体积变化也较大，而且只能实现较低的比电容（80～100 F/g）。

目前，对于超级电容器中 MXene 储能机理的探究还处于初步阶段。一般来说，在碱性和中性水系电解液中，水合阳离子插入 MXene 层间提供双电层电容；在硫酸电解液中，质子 H$^+$插入 MXene 层间与—O 端基相互作用引发 Ti 的变价，从而产生了较高的赝电容容量。然而，水系电解液狭窄的电化学稳定窗口限制了其实际应用。非水电解液具有更宽的电化学稳定窗口，可以使电容器具有更高的工作电压，但目前 MXene 材料在非水电解液中表现出的比电容还远远比不上在硫酸电解液中的比电容。为了提升 MXene 在非水电解液中的电容性能，需要进一步加深对 MXene 在非水电解液中的储荷机理的认识，尤其是 MXene 表面基团对其电化学性能和储荷机理的影响。

4.6　MXene 基混合超级电容器

MXene 基电极材料具有高比电容和优异的倍率性能，然而，由于 MXene 在高电位下容易被氧化，MXene 基对称超级电容器的工作电压通常较低（≤1 V），限制了器件的能量密度。例如，以 Ti$_3$C$_2$T$_x$/石墨烯膜为电极的对称超级电容器的电压为 1 V，在功率密度为 62.4 W/kg 时能量密度为 11 W·h/kg（基于电极质量计算）[35]。因此，将 MXene 基电极作为负极，与另一种在高电位下电化学稳定的正极活性材料匹配，组装成高电压的混合超级电容器，无疑是一种更佳的选择。

4.6.1　MXene 基水系混合电容器

　　由于 MXene 作为活性材料在硫酸电解液中具有更高的比电容，MXene 基水系混合电容器通常采用硫酸电解液。将在硫酸电解液中具有高电位、高赝电容的正极材料与 MXene 基负极相结合，有望构筑出具有高能量密度的混合电容器器件。如图 4-28 所示，Yury Gogotsi 等[148]将聚苯胺、聚吡咯、聚噻吩三种导电聚合物分别与 rGO 复合制备导电聚合物@rGO 正极，并与 $Ti_3C_2T_x$ MXene 负极匹配，采用硫酸电解液组装成混合电容器。三种导电聚合物@rGO//MXene 超级电容器都表现出了较高的能量密度和较好的循环及功率性能。特别是，以聚苯胺@rGO 为正极、MXene 为负极的混合超级电容器体系具有 1.45 V 的电压窗口和最高的能量密度(约 17 W·h/kg，基于活性材料质量计算)，并在 20000 次循环后容量保持率为 88%[148]。此外，RuO_2 电极材料在硫酸电解液中也具有较高的赝电容。将 RuO_2 作为正极与 $Ti_3C_2T_x$ MXene 负极匹配，构筑的 RuO_2//MXene 混合电容器，在硫酸电解液中具有 1.5 V 的电压和高达 29 W·h/kg 的能量密度(功率密度为 3.8 kW/kg，基于活性材料质量计算)[149]。

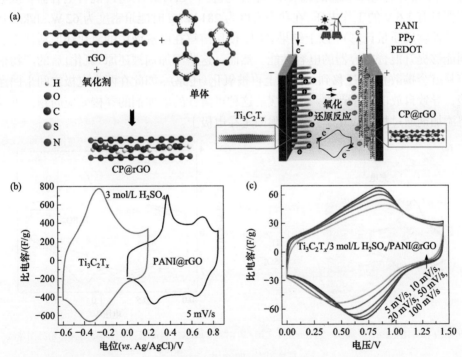

图 4-28　(a)导电聚合物//$Ti_3C_2T_x$ 混合电容器的制备流程和结构示意图；(b)聚苯胺@rGO 正极与 $Ti_3C_2T_x$ MXene 负极的循环伏安曲线；(c)聚苯胺@rGO//MXene 器件在不同扫描速率下的循环伏安曲线[148]

　　碳电极也适用于硫酸电解液，可以用作正极匹配 MXene 基负极，构筑混合电容器。例如，将工作电位范围为 $-0.7\sim0.25$ V(*vs.* Ag/AgCl)的 $Ti_3C_2T_x$ MXene 负极与工作电位范围为 $-0.2\sim1.1$ V(*vs.* Ag/AgCl)的 rGO 正极组装在一起，可以得到电压为 1.8 V 的混合电容器，这一电压远高于 rGO//rGO 或 $Ti_3C_2T_x//Ti_3C_2T_x$ 对称超级电容器[150]。但是，碳电极是基于双电层机制储荷的，比电容往往低于赝电容型电极材料。为了进一步提高碳//MXene 非对称体系的电容，杨晓伟等[150]在硫酸电解液中加入氧化还原活性物质添加剂来提供一部分电容容量。他们在 rGO//$Ti_3C_2T_x$ 混合电容器所用的 3 mol/L 硫酸电解液中加入 50 mmol/L LiBr，将具有 Br 吸附/脱附行为的阴离子 Br^-/Br^{3-} 氧化还原反应引入体系中。如图 4-29 所示，在负极方面，MXene 通过快速氧化还原反应提供高赝电容；而在正极方面，除了碳正极的双电层电容外，氧化还原活性物质添加剂也可以提供赝电容贡献。因此，这一采用 3 mol/L 硫酸+50 mmol/L LiBr 电解液的 rGO//$Ti_3C_2T_x$ 混合电容器的能量密度达到了 34.4 W·h/kg(基于总电极质量计算)[150]。此外，对苯二酚也是一种活性添加剂，在硫酸电解液中具有高电位窗口，可以提供较高的比电容。王晓辉等[151]采用含有对苯二酚的硫酸电解液，组装了 CNTs//$Ti_3C_2T_x$ 混合电容器。该电容器具有 1.6 V 的工作电压，在功率密度为 281 W/kg 时能量密度为 62 W·h/kg(基于活性物质质量计算)。以上结果表明，使用溶解在电解液中的氧化还原活性添加剂能够提升混合电容器的电容性能。然而，这些添加剂被还原(氧化)后的产物很容易就会扩散和/或迁移到对电极上再被氧化(还原)，如此在两个电极之间来回穿梭，导致自放电现象严重。为了缓解这种可溶性的添加剂的穿梭效应问题，可以将添加剂通过物理或化学作用吸附固定在电极上。

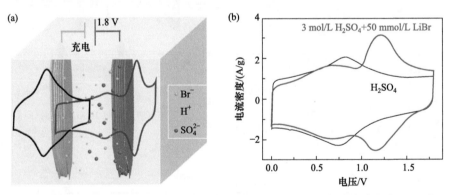

图 4-29　采用 3 mol/L 硫酸+50 mmol/L LiBr 电解液的 rGO//$Ti_3C_2T_x$ 混合电容器的(a)工作机制示意图和(b)循环伏安曲线[150]

　　采用碱性电解液的 MXene 基混合电容器也有报道。例如，由 Ti_3C_2/CuS 复合正极和 Ti_3C_2 MXene 负极制成的混合电容器，在 1 mol/L KOH 电解液中，在功率密度为 750.2 W/kg 时能量密度为 15.4 W·h/kg（基于活性材料质量计算）[152]。

中性水系电解液中含有游离的金属阳离子（如 Li^+、Na^+等），既可匹配电容型电极，又可匹配电池型电极。因此采用中性水系电解液的混合电容器，可以用电池型电极来匹配 MXene 负极。例如，采用 Li_2SO_4 电解液的 $LiMn_2O_4$//$Ti_3C_2T_x$ 混合电容器具有 2.3 V 的电压，采用 Na_2SO_4 电解液的 MnO_2//$Ti_3C_2T_x$ 混合电容器具有 2.4 V 的电压，且二者均具有良好的循环性能[153]。此外，具有高浓度电解质盐的水系电解液也被应用于 MXene 基混合电容器。在浓盐体系中，几乎所有的水分子都围绕在阳离子周围形成紧密的溶剂壳，自由水分子几乎不存在。与自由水分子相比，溶剂壳中的水分子更难分解[154]。因此，浓盐水系电解液可以在一定程度上突破水的分解反应的限制，获得更宽的电化学稳定窗口。例如，14 mol/L LiCl 饱和水溶液具有高电导率和显著拓宽至 2.70 V 的电化学稳定窗口。将其作为电解液，与 Mo_6S_8/Ti_3C_2 负极和纳米多孔炭正极组装成混合电容器，可以完全满足多孔炭//Mo_6S_8/Ti_3C_2 器件的工作电压（2.05 V），使该体系的能量密度达到 34.2 W·h/kg（基于 Mo_6S_8/Ti_3C_2 电极的质量计算）[155]。尽管如此，水系电解液的分解反应依然限制着混合电容器的工作电压。对于 MXene 基混合电容器所使用的水系电解液的研究，无论是通过添加氧化还原活性添加剂提高体系的电容，还是通过提高电解质盐的浓度拓展工作电压，相关的机制和效果都还需要进一步探索。

4.6.2　MXene 基非水系混合电容器

有机电解液具有比水系电解液更宽的电化学稳定窗口，可以将储能器件的电压提升至 3 V 以上，从而大大提高其能量密度。由于有机电解液既可以匹配电池型电极，又可以匹配电容型电极，为了将电池高能量密度和电容器高功率密度的优势结合，大多数采用有机电解液的混合电容器是通过将一个电容型电极与一个电池型电极相匹配组装而成的。但是，与硫酸电解液中的质子 H^+ 相比，有机电解液中的阳离子（如 Li^+、Na^+、K^+ 等）具有相对较大的离子半径和较高的原子质量。因此，有机体系的混合电容器所选用的 MXene 电极应该具有较大的层间距以增强离子可及性和传输速率[39,105]。例如，含有碳纳米管"间隔物"的 Nb_2CT_x-CNTs 电极在 1 mol/L $LiPF_6$-EC/DEC 电解液中具有 0~3 V（vs. Li/Li^+）的电位窗口和约 300 mA·h/g 的比容量[156]。将其与三种对电极匹配，组装了锂化石墨//Nb_2CT_x-CNTs、$LiFePO_4$/Nb_2CT_x-CNTs 和 Nb_2CT_x-CNTs//锂化 Nb_2CT_x-CNTs 三种锂离子电容器[156]，其中锂化石墨//Nb_2CT_x-CNTs 具有最大的能量密度，可达 49 W·h/kg（基于两个电极质量计算）。马衍伟等[157]采用 $Ti_3C_2T_x$/CNTs 膜为负极、活性炭为正极、1 mol/L $LiPF_6$-EC/DEC/DMC 为电解液，构筑出了性能更佳的柔性锂离子电容器，在功率密度为 258 W/kg 时能量密度为 67 W·h/kg（基于两个电极的质量计算）。

钠和钾元素资源丰富、价格低廉。最近，钠离子电容器和钾离子电容器吸引了研究者们的注意，得到了快速发展。与锂离子电容器相比，钠离子电容器和钾离子电容器中的传荷离子 Na+ 或 K+ 尺寸更大，对 MXene 材料的结构提出了更高的要求。首个报道的 MXene 基钠离子电容器由 Ti2C 负极和 Na2Fe2(SO4)3 正极组合而成，在 1 mol/L NaPF6-EC/DEC 电解液中具有 2.4 V 的电压，在功率密度为 1.4 kW/kg 时能量密度为 260 W·h/kg（基于 Ti2CTx 的质量计算）[158]。随后，Simon 等[159]探究了 V2CTx MXene 在有机电解液中的电化学行为与性能。如图 4-30 所示，V2CTx MXene 电极在 1 mol/L NaPF6-EC/DMC 电解液中的循环伏安曲线具有赝电容特征，表明其可以通过离子插入行为储钠，并且表现出 100 F/g(170 F/cm³) 的比电容，在 50 mV/s 扫描速率下比电容保持在 50 F/g。将其与硬碳电极匹配，构建了 V2CTx/硬碳钠离子电容器，具有 3.5 V 的电压，比容量最高可达 50 mA·h/g（基于两个电极质量计算）[159]。为了改善 Na+ 在 MXene 层间的嵌入和传输速率，陶新永等[160]制备了阳离子柱撑改性的 Ti3C2 MXene 电极，并将其与活性炭电极匹配，组装成活性炭//Na-Ti3C2 钠离子电容器，其在 6.2 kW/kg 的功率密度下能量密度为 42.4 W·h/kg（基于两个电极的质量计算）。此外，Gogotsi 等[161]通过真空抽滤单片层 Ti3C2Tx 致密层，再抽滤多层 Ti3C2Tx 颗粒结构制备出双层结构的 MXene 膜。

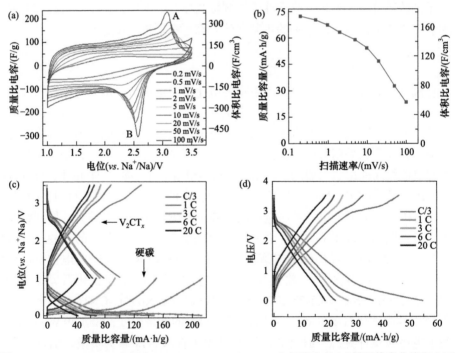

图 4-30　V2CTx MXene 电极在 1 mol/L NaPF6-EC/DMC 电解液中的(a)循环伏安曲线和(b)不同扫描速率下的比容量；(c)硬碳电极和 V2CTx 电极以及(d)硬碳//V2CTx 钠离子电容器的充放电曲线图[159]

致密层作为集流体提供了快速电子传输，$Ti_3C_2T_x$ 颗粒提供了快速的 Na^+ 传输动力学，将该双层 MXene 膜作为负极，活性炭电极作为正极，匹配 1 mol/L $NaClO_4$-EC/PC+FEC 电解液，组装成钠离子电容器，其在 1 C 倍率下具有 39 W·h/kg 的能量密度（基于两个电极的质量计算），且在 60 C 倍率下能量密度保持率达 60%。最近，孙靖宇等[162]将氮掺杂多孔 $Ti_3C_2T_x$ 与 CNTs 和 GO 按照一定比例调和成可打印的墨水，并采用三维打印技术制备出氮掺杂多孔 $Ti_3C_2T_x$ 电极，表现出较快的电荷传输动力学。他们还通过类似的方法制备了活性炭电极，并将二者匹配 1 mol/L $NaClO_4$-EC/PC+2% VC（碳酸亚乙烯酯）电解液构筑了活性炭//$Ti_3C_2T_x$ 钠离子电容器，其具有 4 V 的电压，1.18 mW·h/cm^2 的面能量密度和 40.15 mW/cm^2 的面功率密度[162]。

　　MXene 材料也被用于构筑钾离子电容器。为了保证 K^+ 的快速传输，用作钾离子电容器的 MXene 电极通常要具有开放的结构。Alshareef 等[163]通过在 KOH 中处理 V_2C 得到了具有多孔多缺陷结构的 V_2C MXene 薄片，并将这种 V_2C MXene 薄片作为负极与 $K_xMnFe(CN)_6$ 正极结合，采用 KPF_6-EC/DEC 电解液构筑钾离子电容器，表现出 3.3 V 的平均工作电压，在 112.6 W/kg 的功率密度下能量密度达到 145 W·h/kg（基于活性材料总质量计算）[163]。曹殿学等[86]采用喷雾-冻干法制备了三维 $Ti_3C_2T_x$ 空心球/管，并将其作为负极与分级孔结构的活性炭正极匹配，采用 KPF_6-EC/DEC 电解液组装钾离子电容器，在功率密度 7 kW/kg 时具有 98.4 W·h/kg 的能量密度（基于正负极总质量计算），且经过 10000 次充放电循环后电容性能几乎无衰减[86]。

　　需要说明的是，目前大部分文献中报道的混合电容器的高能量密度和高功率密度都是基于电极的质量，或者电极中活性物质的质量计算而得到的。在做基础研究时，不同的研究工作需要换算成相同的计算标准，这样才能够更科学地对超级电容器的性能进行比较衡量[164]。而在实际应用中，不仅要考虑电极的质量，还需要考虑集流体、电解液、隔膜和外包等其他组件的质量，基于器件的总体质量来计算其能量密度和功率密度更有实际意义。

4.7　MXene 基柔性超级电容器

　　可穿戴便携式电子设备的蓬勃发展对先进的柔性储能器件提出了迫切需求。超级电容器具有功率密度大、循环寿命长、充放电快等优点，可以用作便携电子设备的电源。在柔性储能应用中，高体积比电容非常重要。MXene 材料具有基于离子插层的赝电容机制和高堆积密度，可达到超高的体积比电容；另外，MXene

的二维片层结构和良好的机械性能也使其易于构筑成柔性器件。因此，可以认为 MXene 是柔性超级电容器的理想电极材料。

4.7.1 基于 MXene 膜电极的柔性超级电容器

MXene 材料具有二维层状纳米片结构，可以通过真空过滤等方法很容易地组装成柔性膜电极。目前，真空抽滤法已经成为柔性自支撑 MXene 膜最常用的制备方法。除了纯 MXene 膜电极之外，将 MXene 与其他材料混合后共同真空抽滤，可制备柔性 MXene 基复合膜。在这类复合膜中，其他组分均匀地分散在 MXene 的二维片层之间，MXene 不但充当了柔性基底[165]，还可以发挥活性物质、导电骨架等作用。例如，基于 $Ti_3C_2T_x$ MXene 提供的优异导电性和良好柔性，以 $Ti_3C_2T_x$/MnO_2 复合膜电极组装成的柔性对称超级电容器（采用 PVA/LiCl 浸润纤维素隔膜）表现出了高电化学稳定性和结构稳定性，在 10000 次充放电循环后的容量保持率为 98.38%，并在 120° 反复弯曲 100 次后仍具有稳定的性能[127]。值得注意的是，MXene 不仅可以通过真空抽滤与纳米活性材料复合组装成柔性膜，还可以作为多功能导电黏结剂，将微米级的商业活性炭颗粒组装成柔性膜电极[166]。这种电极不但制备简单、具有柔性，而且还能够表现出比传统聚合物黏结制备的活性炭电极更好的倍率性能。

除了真空抽滤法以外，将 MXene 负载于泡沫镍、碳布、聚合物膜等柔性基体或骨架上，也可制备出柔性 MXene 基膜电极。采用这种制备方法可以很容易地调节膜电极中 MXene 的载量，而且基体或骨架的开放结构有利于防止 MXene 纳米片的堆叠，暴露出更多的活性位点，促进离子的快速传输。如图 4-31 所示，以聚己内酯纤维网络为基体，在上面逐层交替喷涂 $Ti_3C_2T_x$ 纳米片和 CNTs，制备出了柔性自支撑复合膜电极[167]。该 $Ti_3C_2T_x$/MWCNTs/聚己内酯复合膜电极在 1 mol/L 硫酸电解液中，10 mV/s 扫描速率下，面积比电容高达 30～50 mF/cm²，且在扫描速率提升至 100 V/s 时容量保持率为 14%～16%。此外，这一柔性膜还具有良好的耐反复机械形变性能，可以在 100 次折叠或扭曲后保持结构完整性和高导电性，并且仍可以点亮蓝色 LED 灯。

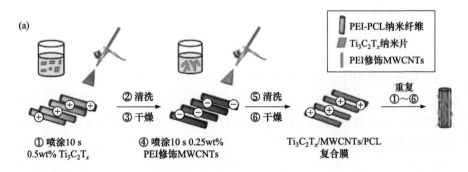

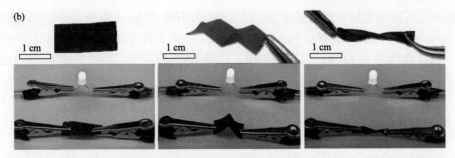

图 4-31 （a）在聚己内酯纤维膜上逐层交替喷涂 $Ti_3C_2T_x$ 和 MWCNTs 制备柔性自支撑 MWCNTs/$Ti_3C_2T_x$/聚己内酯复合膜电极的流程示意图；（b）$Ti_3C_2T_x$/MWCNTs/聚己内酯复合膜电极的柔性[167]

　　除了机械柔性之外，可拉伸性也是关注的重点，这就对 MXene 基膜电极提出了更高的要求。为了使 MXene 基膜电极上具有可拉伸性，Chen 等[168]以带有银纳米线涂层的预拉伸弹性体为基底，将 MXene/海藻酸钠纳米复合涂层压到这种弹性体基底上。如图 4-32 所示，将预拉伸的弹性体放松后，弹性体回缩时，附着在其上的 MXene 基纳米复合涂层的横向尺寸也随之等比例地减小，形成复杂的微

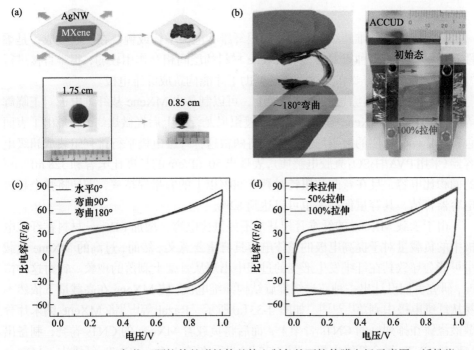

图 4-32 （a）MXene 负载于预拉伸的弹性体基体上制备的可拉伸膜电极示意图，活性炭//MXene/弹性体混合电容器的（b）柔性和可拉伸性以及（c）在不同弯折角度和（d）在不同拉伸程度的循环伏安曲线[168]

观结构，可以承受较大的机械形变。以这种可拉伸的 MXene 电极为负极，以活性炭电极为正极，采用 Li$_2$SO$_4$-PVA 凝胶电解质，构筑了具有高形变能力的混合电容器，其工作电压为 1.0 V，在弯曲 180°、拉伸 100%应变下，仍然能够保持良好的电容性能[168]。类似地，曹长勇等[169]将 Ti$_3$C$_2$T$_x$/rGO 复合电极附着在预拉伸的弹性体基底上，并在松弛后形成了具有隆起的褶皱结构的可拉伸复合膜。将这种可拉伸 MXene/rGO 柔性复合膜应用于超级电容器，表现出 49 mF/cm^2(约 490 F/cm^3，约 140 F/g)的比电容，且在单向(300%)或双向(200%×200%)的循环拉伸形变下仍然可以保持良好的电化学和机械稳定性。

除了具有二维层状结构、类金属的电子导电性、亲水性和赝电容特性等优点外，MXene 还具有独特的光学性质，可以制备成透明的膜材料。Nicolosi 等[170]通过旋涂后真空烧结的方法制备了高度透明且导电的 Ti$_3$C$_2$T$_x$ 膜电极，具有 93%的透射率和 676 F/cm^3 的体积比电容。将该电极组装成 Ti$_3$C$_2$T$_x$//CNTs 混合电容器(采用 PVA/H$_2$SO$_4$ 凝胶电解质)，具有良好的柔性、透明性(透射率为 72%)和高能量密度(0.05 μW·h/cm^2)。这一研究工作显示，MXene 材料在柔性透明电子器件中也具有广阔的应用前景。

4.7.2　基于 MXene 纤维电极的柔性超级电容器

一般来说，纤维超级电容器由两根纤维状电极平行或缠绕在一起构成，是柔性超级电容器的一种重要类型。MXene 材料的层间相互作用较弱，很难直接进行纤维化[171]，一般需要在支撑骨架的辅助下才能构筑成纤维电极。

将 MXene 材料涂覆到纤维骨架上，可以制备出 MXene 基纤维电极。王晓辉等[172]将 Ti$_3$C$_2$T$_x$ MXene 分散液滴注到镀银尼龙纤维上后轻微烘烤，制备出了表面包覆 MXene 涂层的镀银尼龙纤维。将两根这种纤维电极平行排列组装成超级电容器(采用 PVA/H$_2$SO$_4$ 凝胶电解质)，表现出 50 mF/cm 的长度比电容和 328 mF/cm^2 的面积比电容，且在弯曲和扭转时具有 90%以上的容量保持率，即使将整个超级电容器打结，其容量保持率也可以达到 82%。

由于承载 MXene 的纤维骨架基本不提供比电容，增加 MXene 材料在纤维电极中的负载量对于提高电极的整体电容具有重要意义。然而，过高的 MXene 负载量可能会导致其在纤维发生形变的过程中出现从骨架上剥落的现象。针对这种情况，研究者们设计出一种双卷绕螺旋结构纤维电极，使 MXene 在高载量下依然不易从纤维电极中剥落[173,174]。如图 4-33(a)所示，Razal 等[173]将 MXene 纳米片分散液浇铸在排列好的 CNTs 骨架上，而后将负载着 MXene 的 CNTs 卷绕，制备出 MXene/CNTs 复合纤维电极。图 4-33(b)显示在该 MXene/CNTs 纤维中，MXene 片层被束缚在 CNTs 构成的螺旋型通道内，这一独特的结构将纤维中 MXene 的负载量提高至约 98wt%。以 Ti$_3$C$_2$T$_x$/CNTs 纤维为负极，以具有类似卷绕结构的

RuO$_2$/CNTs 纤维为正极，组装成混合纤维电容器(采用 PVA/H$_2$SO$_4$ 电解质)，在 5428 mW/cm^3 的功率密度下可达到 61.6 mWh/cm^3 的能量密度，且在 90°弯曲 1000 次后具有近 100%的比容量保持率[图 4-33(c)][173]。此外，通过调整工艺参数，使纤维电容器的直径接近棉纱直径时，可以将纤维电容器直接与棉纱编织成织物，形成可以为便携式电子设备供电的"能源织物"。将 4 cm 长度的 RuO$_2$/CNTs// Ti$_3$C$_2$T$_x$/ CNTs 纤维电容器与棉纱纤维编织成"能源织物"，两根这样的纤维电容器串联后就可以点亮红色发光二极管，并使其点亮时间超过 60 s，而含有两根这种纤维电容器的"能源织物"在弯曲和扭转的过程中完全能够保持柔性和一定的机械性能[图 4-33(d)]。这项研究结果显示，MXene 基纤维电容器在可穿戴便携式电子设备中作为供能系统进行应用是完全可行的，而且非常具有发展前景[173]。

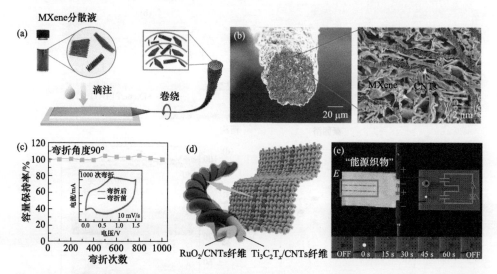

图 4-33　(a)螺旋结构的 Ti$_3$C$_2$T$_x$/CNTs 纤维电极的制备流程示意图；(b)所得 Ti$_3$C$_2$T$_x$/CNTs 纤维电极的 SEM 图；(c)RuO$_2$/CNTs//Ti$_3$C$_2$T$_x$/CNTs 纤维混合电容器经过 1000 次弯折的容量保持率；(d)纤维电容器与棉纱编织成"能源织物"示意图；(e)RuO$_2$/CNTs//Ti$_3$C$_2$T$_x$/CNTs 纤维电容器构筑的"能源织物"点亮红色发光二极管[173]

　　将 MXene 与可纺性的材料结合，通过纺丝加工成复合纤维电极，也是一种构筑 MXene 基纤维电极的有效方法。用于辅助制备 MXene 基纤维电极的可纺材料有聚合物类的传统纺丝材料[175,176]，也有 GO 这样的新型可纺材料[171,177-179]。如图 4-34 所示，Razal 等[175]以 PEDOT：PSS 为纺丝助剂，采用湿法纺丝工艺制备出含有 70 wt% MXene 的复合纤维电极，在 5 mV/s 和 1 V/s 扫描速率下，分别具有 614.5 F/cm^3 和 375.2 F/cm^3 的体积比电容。他们还将两根同样的 MXene/ PEDOT：PSS 复合纤维电极组装成对称纤维超级电容器(采用 PVA/H$_2$SO$_4$ 凝胶电解质），获得了约 7.13 Wh/cm³ 的能量密度和约 8249 mW/cm³ 的功率密度[175]。此外，将多个对称纤维超级电容器器件并联或串联，可以使输出的电流或电压相应地成倍增加。将这一具有优异机械强度和柔性的 MXene/PEDOT∶PSS 复合纤维包覆在硅橡胶上，还可以制备出具有可拉伸性的弹性纤维超级电容器，在拉伸 100%应变下充放电 200 次后仍具有 96%的容量保持率[175]。进一步地，还可以在 MXene/聚合物复合纤维的基础上进行热处理，将聚合物原位热解成碳，制备得到 MXene/碳纤维电极。Gogotsi 等[176]将 MXene 与聚丙烯腈混合后静电纺丝，得到 MXene/聚丙烯腈复合纤维后高温碳化，制备出 Ti₃C₂Tₓ/碳复合纤维电极，在 1 mol/L 硫酸电解液中具有高达 244 mF/cm² 的面积比电容。

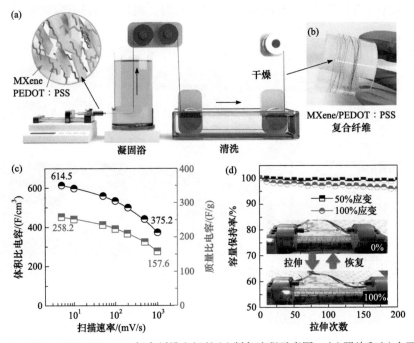

图 4-34　MXene/PEDOT∶PSS 复合纤维电极的(a)制备流程示意图，(b)照片和(c)在不同扫描速率下的比电容；(d)所得弹性 MXene/PEDOT∶PSS 纤维电极在不同拉伸次数下的容量保持率[175]

将 GO 还原为 rGO 后，电子电导率可以大幅度提高，因此将 GO 作为纺丝助剂制备 MXene/GO 纤维后，进一步将其还原可制备出 MXene/rGO 纤维来作为电极应用于超级电容器。高超等[178]采用氢碘酸处理 MXene/GO 纤维，将 GO 还原为 rGO，即制备出 MXene/rGO 复合纤维，其中 MXene 的含量可以达到 95 wt%，所得复合纤维具有高电子电导率(2.9×10⁴ S/m)，且在 PVA/H₃PO₄ 电解质中表现出良好的电化学性能，体积比电容达 586.4 F/cm³。MXene/rGO 纤维不仅可以作为电极单独使用，还可以作为基底负载其他活性物质。刘宗怀等[179]将 $Ti_3C_2T_x$/rGO 纤维浸泡于 $KMnO_4$ 溶液中，使纤维表面原位生长 MnO_2 纳米片，制备出 MnO_2/$Ti_3C_2T_x$/rGO 三元复合纤维电极。将该三元复合电极组装成对称纤维超级电容器(采用 PVA-LiCl 凝胶电解质)，表现出 24 F/cm^3 的体积比电容，且具有优异的柔韧性和机械性能，90°弯曲 1000 次后电容性能没有明显的变化[179]。

MXene 的高体积比电容、二维结构和良好的机械性能使其成为应用于柔性超级电容器的理想电极材料。实际上，许多用于超级电容器的 MXene 电极材料的研究(包括纯 MXene 电极材料和 MXene 基复合电极材料)都是以柔性膜电极的形式进行电化学测试的。基于 MXene 膜电极，研究者们开发了越来越多的高性能柔性超级电容器体系，但其性能仍未达到可以商业化应用的程度。为了满足商业化应用的需要，还需要在保证良好机械性能和电化学性能的同时，增加 MXene 基膜电极的厚度，以提高电极的面能量密度。

4.8　MXene 基微型超级电容器

近年来，微型电子器件不断发展，对微型电源的需求越来越大。微型超级电容器具有与传统超级电容器相同的高功率密度、快速充放电和长循环寿命的特点，是最有发展前景的微型电源之一。微型电容器还可以有效地从各种来源收集能量(如从压电传感器的电压变化获取电能)，可以实现长时间供电[180]。因此，微型超级电容器特别适合作为独立电源用于自供电微型设备。然而，由于大多数电极材料无法兼具高堆积密度和良好的电子导电性，微型超级电容器通常不能同时提供高面积/体积能量密度与良好的倍率性能。

在这种情况下，MXene 材料可以替代传统电极材料，成为微型超级电容器的理想选择，这是因为：①MXene 具有高质量比电容和高堆积密度，因此体积比电容很高；②MXene 具有类金属的电子导电性，有助于降低电极内部电阻，获得良好的倍率性能；③MXene 具有二维结构，与膜电极和固体电解质以三明治结构组成的柔性超级电容器相比，微型超级电容器的电极通常排列在同一平面，MXene 材料的二维结构有利于平面微型超级电容器中水平方向上载荷离子的传输。

4.8.1　切图法制备 MXene 基微型超级电容器

微型超级电容器以平面叉指结构最为常见，即电容器的正负极以叉指形状分布于同一平面上。MXene 的二维结构使其可以很容易地通过简单的真空抽滤法组装成膜材料。在 MXene 膜的基础上通过激光刻蚀、刮擦、刀刻等方法进行叉指图案绘制，即可制备出叉指式微型超级电容器。

光刻技术被广泛应用于在各种基底上绘制高分辨率图形。激光刻蚀是制备叉指型电极的常用方法。如图 4-35 所示，Alshareef 等[181]将 Ti$_3$C$_2$ MXene 浆料大面积地涂覆在商用 A4 打印纸基底上制备 MXene 纸膜，而后采用激光加工技术切出图案，即制备出了叉指结构的 MXene 纸微型超级电容器，具有良好的功率-能量密度和柔性。大片层的 MXene 具有更高的电子导电性并且更容易成膜，而小片层的 MXene 能够提供更多的活性位点和更快的离子传输速率。因此，将具有不同片层尺寸的 MXene 组合成异质结构，可能会兼得优异的电化学性能和机械性能[182]。Gogotsi 等[183]先将大片、薄层的 Ti$_3$C$_2$T$_x$ MXene 片层喷涂成膜作为集流体提供快速的电子传导，然后在该膜上涂覆小尺寸的 Ti$_3$C$_2$T$_x$ MXene 片层作为活性材料，继而采用激光刻蚀工艺切出图案，制备出全 MXene 叉指结构微型超级电容器（PVA/H$_2$SO$_4$ 凝胶电解质），在 20 mV/s 扫描速率下具有 27 mF/cm^2 的面积比电容和 357 F/cm^3 的体积比电容，在 50 mV/s 扫描速率下循环 10000 次后电容几乎无衰减。除了激光刻蚀外，直接使用针尖、刀尖等锐器在 MXene 膜上切图，也可以制备出微型超级电容器。这种方法比较简便、快速、成本较低，而且可以避免激光切图过程中可能造成的图形边缘氧化。曹瀚宏等[184]采用针尖刮擦法将附着在 SiO$_x$/Si 晶片、PET 膜、滤纸等各种基底上的 Ti$_3$C$_2$T$_x$ MXene 膜切出叉指型的图案，构筑成 MXene 基微型超级电容器，表现出良好的性能。此外，Gogotsi 等[185]利用 MXene 的光电特性制备出透明和半透明的 MXene 膜，并进一步通过手术刀切图，构筑了透明和半透明的 MXene 基微型超级电容器。

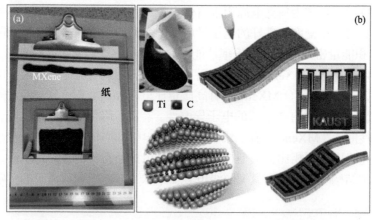

图 4-35　(a) MXene-纸的制备；(b) 激光刻蚀 MXene-纸制备叉指结构微型超级电容器[181]

电极的面积比电容与电极的厚度密切相关。电极越厚，其面积比电容就越高。因此，为了获得高面积比电容的 MXene 基微型超级电容器，增加 MXene 基叉指电极的厚度非常重要。虽然从理论上来说，可以通过将大量的 MXene 纳米片分散液真空抽滤，得到 MXene 厚膜。但是，随着 MXene 纳米片在滤膜上逐层堆积，MXene 膜会变得越来越致密，使得上层的水分子越来越难以通过层层堆垛的 MXene 层间被抽滤下去。因此，直接真空抽滤大量 MXene 形成厚膜这种方法过于耗时，生产效率低。吴明在等[186]报道了一种制备 MXene 基叉指结构厚电极的简便有效的方法。如图 4-36 所示，首先通过真空抽滤 MXene 纳米片分散液制备 MXene 薄膜，每张 MXene 薄膜作为一个单元；然后将两片单元 MXene 薄膜用水黏合，干燥后即得到 2 倍单元厚度的 MXene 膜；重复这一黏合过程，能够可控地成倍增加 MXene 膜的厚度；得到预想厚度的 MXene 膜后，在其上磁控溅射上金，而后进行激光刻蚀成图，即可制备出预期厚度的 MXene 基叉指结构微型超级电容器。所得厚 MXene 基叉指微型超级电容器在 PVA/H$_2$SO$_4$ 凝胶电解质中表现出 71.16 mF/cm^2 的面积比电容[186]。

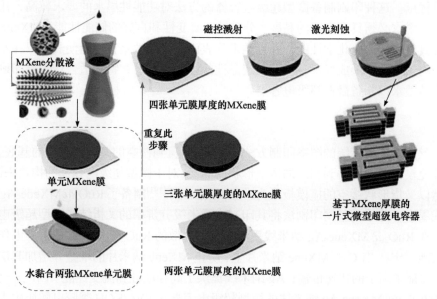

图 4-36　采用水黏合单元 MXene 膜制备厚度可控的 MXene 基叉指结构微型超级电容器的流程示意图[186]

通过对 MXene 基电极进行结构设计，还可以在不影响能量密度和功率密度的情况下，使微型超级电容器具有耐拉伸形变的能力。胡海波等[187]构筑了一种基于 MXene/细菌纤维素复合材料的立体折纸型结构的微型超级电容器，具有可弯曲、可扭转、可拉伸的特性和良好的机械稳定性，且在 PVA/H$_2$SO$_4$ 凝胶电解质中具有高达 111.5 mF/cm^2 的面积比电容。

除了在 MXene 膜的基础上进行图形切刻得到叉指结构的微型超级电容器外，也可以先预制好叉指结构的基底，然后将 MXene 负载到基底上，制备得到 MXene

基叉指结构微型超级电容器[188-190]。Alshareef 等[188]使用激光刻蚀技术制备了叉指型基底，然后在该基底上喷涂 $Ti_3C_2T_x$ MXene 分散液，制备出 MXene 基叉指微型超级电容器，在交流滤波应用中展示出极大的潜力。他们还通过调整 MXene 的片层尺寸和电极厚度对器件的响应频率进行优化，使器件在电极厚度 100 nm，电极间距 10 μm 时，在 120 Hz 下具有 30 F/cm³ 的体积比电容和 0.45 ms 的弛豫时间常数，表明该器件能够过滤 120 Hz 频率的波。

4.8.2　印刷法制备 MXene 基微型超级电容器

将活性储能材料配制成功能性墨水，然后直接打印成需要的图案，是一种构筑具有理想结构的柔性储能器件的先进方法。这种方法不仅可以构筑叉指结构的微型超级电容器，还可以进行个性化的图案定制，此外还具有便于大规模快速生产等优点。这种印刷制备微型超级电容器的方法对功能性墨水的要求较高，用于打印的墨水必须具有合适的黏度、分散性、流变性和良好的储能性能。MXene 纳米片具有优异的电化学性能，并且纳米片表面丰富的端基官能团使其可以在水溶液中均匀分散，形成稳定且具有一定黏性的胶体悬浮液，特别适合作为可印刷的功能性墨水以制备微型超级电容器。

1. 丝网印刷法

丝网印刷是传统的图案印制方法，将墨水涂覆到镂空的掩模板覆盖的基底上，揭掉掩模板后即可得到相应的镂空形状的图案。对于微型超级电容器的构筑来说，依然以叉指形状镂空的掩模板最为常见。梁嘉杰等[191]制备了 RuO_2@MXene-Ag 纳米线墨水，并采用丝网印刷法将其印制成微米级分辨率的叉指结构微型超级电容器。在 RuO_2@ MXene-Ag 纳米线墨水中，单分散的 RuO_2 纳米颗粒通过静电作用均匀地锚定在 $Ti_3C_2T_x$ MXene 纳米片上，防止 MXene 纳米片的堆叠并增加其层间距，保证了离子的快速传输；Ag 纳米线提供了高导电性和流变性能。因此，这一基于 RuO_2@ MXene-Ag 纳米线的微型超级电容器在 PVA/KOH 凝胶电解质中表现出了较高的能量密度(13.5 mWh/cm³)和功率密度(48.5 W/cm³)，以及良好的耐久性和机械性能。冯新亮等[192]将小尺寸 $Ti_3C_2T_x$ MXene 纳米片与电化学剥离石墨烯在超声条件下均匀分散，制备了 MXene/石墨烯复合墨水，也通过丝网印刷法印制了叉指结构的微型超级电容器。所得微型超级电容器在 PVA/H_3PO_4 凝胶电解质中，2 mV/s 扫描速率下面积比电容为 3.26 mF/cm²，体积比电容为 33 F/cm³。

如图 4-37(a)所示，采用丝网印刷法，还可以分两步将正极和负极依次印制出来，构筑出微型混合电容器[193]。rGO 和 MXene 这类具有二维层状结构的活性材料很适合用于微型超级电容器。在传统电容器中，载荷离子很难快速穿过层层堆垛的二维片层，而在叉指结构的微型电容器中，二维材料可以允许载荷离子在水平方向上进行快速的传输[图 4-37(b)]。因此，Gogotsi 等[194]采用二维 rGO 作为正极、二维 Ti$_3$C$_2$T$_x$ MXene 作为负极，通过两步丝网印刷构筑出混合微型电容器（PVA/H$_2$SO$_4$凝胶电解质）。如图 4-37(c)和(d)所示，与 Ti$_3$C$_2$T$_x$ 基对称微型电容器相比，这一 rGO//Ti$_3$C$_2$T$_x$ 混合微型电容器表现出更高的电压（1 V），因此具有更高的能量密度；与传统结构的 rGO//Ti$_3$C$_2$T$_x$ 混合电容器相比，由于正负极都具有更易使离子在水平方向传输的二维结构，该微型超级电容器具有更好的倍率性能。此外，这一微型电容器还具有良好的柔性[194]。

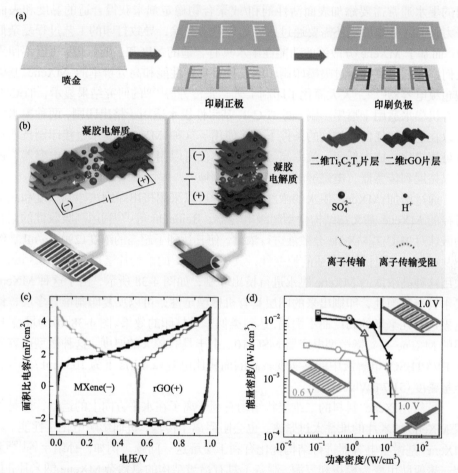

图 4-37　(a)两步丝网印刷法制备混合微型电容器示意图[193]；(b)传统电容器和叉指微型电容器的结构与离子传输示意图；rGO//Ti$_3$C$_2$T$_x$混合微型电容器的(c)循环伏安曲线和(d)功率密度-能量密度图[194]

　　水系电解液的分解电位对超级电容器工作电压的限制问题在微型超级电容器中也同样存在。因此，研究者们试图构筑非水系的微型超级电容器。例如，吴忠帅等[195]将丝网印刷制备的叉指结构 $Ti_3C_2T_x$ MXene 电极浸入 EMIMBF4离子液体进行预插层，并将所得电极匹配 EMIMBF4电解液构筑成非水系的微型超级电容器，表现出 3 V 的电压和 13.9 mW · h/cm² 的面积比电容与 43.7 mW · h/cm³ 的体积比电容。

2. 喷墨印刷法/挤出印刷法

喷墨印刷或挤出印刷也是印制叉指图案的有效方法。一般来说，喷墨印刷所用的墨水通常需要添加表面活性剂和/或聚合物稳定剂来获得合适的黏度和表面张力，而这些添加剂还需要通过后续的加热来去除，导致打印的工艺过程复杂低效。而基于 MXene 分散液的功能性墨水具有合适的黏度和表面张力，可以不使用任何添加剂，直接通过喷墨印刷印制成具有良好性能和高分辨率的 MXene 基微型超级电容器[196]，大大简化了印制工艺。张传芳等[196]的研究结果显示，$Ti_3C_2T_x$ 基有机墨水适用于喷墨印刷，而 $Ti_3C_2T_x$ 基水性墨水适用于挤出印刷，两种墨水均可以在不添加任何添加剂的条件下直接使用。这种 MXene 墨水直接印刷技术具有可规模化、成本低廉、效率高等优点，不仅可以用于构筑微型超级电容器，还可以拓展到传感器、电磁屏蔽等其他应用领域。

通过增加 MXene 墨水的浓度和黏度，可以采用挤出印刷法印制厚度和载量可控的 MXene 基叉指结构微型超级电容器。Beidaghi 等[197]利用高吸收性的聚合物微球对 $Ti_3C_2T_x$ MXene 分散液进行浓缩，使其达到了超高的浓度(290 mg/mL，约 28.9 wt%)，同时具有合适的流变性，其中 MXene 的平均片层尺寸约为 0.3 μm。采用这种高浓度的 MXene 墨水进行挤出印刷，如图 4-38 所示，由于这种 MXene 墨水具有黏弹性，印刷出来的图层具有机械稳定性，可以反复印刷堆叠多层，使电极达到几毫米的高度而不坍塌，达到类似三维打印的效果。图 4-38(b)为堆叠 10 层的 MXene 基叉指微型电容器 MSC-10。由于具有较大的厚度，这种微型电容器在 PVA/H2SO4电解液中能够实现较高的面积比电容(2 mV/s 下为 1035 mF/cm²)和能量密度(51.7 μWh/cm²)。

虽然 MXene 材料的二维层状结构有利于离子在水平方向上的运动，但是如果 MXene 纳米片的堆叠太过紧密，也会阻碍离子传输，进而影响电化学性能。对 MXene 基微型电容器进行结构优化有利于缓解这一问题。例如，孙靖宇等[198]采用三聚氰胺甲醛为模板和氮源，制备了具有褶皱结构的氮掺杂 MXene 纳米片，其褶皱结构增强了离子可及性，而氮掺杂提高了电导率和氧化还原活性。这种褶皱结构的氮掺杂 MXene 墨水在调节黏度后既可用于二维丝网印刷，又可用于超厚挤出印刷。丝网印刷制得的微型电容器在 PVA/H2SO4 电解液中面积比电容为 70.1 mF/cm²，挤出印刷制得的微型超级电容器在 PVA/H2SO4 电解液中面积比电容为 8.2 F/cm²，面积能量密度为 0.42 mW · h/cm²。

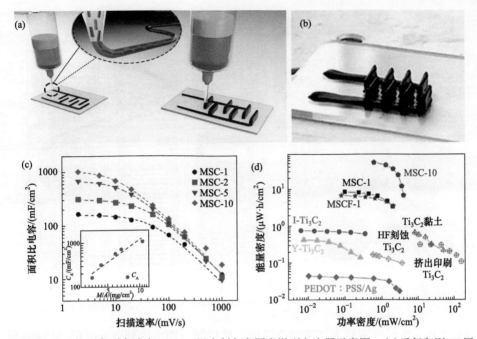

图 4-38　(a) 挤出印刷高浓度 MXene 墨水制备高厚度微型电容器示意图；(b) 反复印刷 10 层的 MXene 基叉指微型电容器照片；高厚度 MXene 基微型电容器的 (c) 面积比电容和 (d) 功率密度-能量密度图[197]

3. 印章法

在 MXene 水系分散液构成的水性墨水中，MXene 的尺寸、墨水的黏度、表面张力和流体系数等参数都可以自由调控，所得墨水不需要使用添加剂，即可直接通过图章压印、笔管绘制等方式在纸张、织物、木材、塑料等基底上进行图案绘制[199]。绘制的 MXene 图案不但具有电容活性，而且具有高导电性，因此可以不需要集流体，在非常规基底上构筑微型电容器。如图 4-39 所示，张传芳等[200]将 $Ti_3C_2T_x$ MXene 墨水刷到亲水的印章表面上，将印章紧密地压在 A4 纸基底上，即印制出了 $Ti_3C_2T_x$ 基叉指型微型电容器。所得微型超级电容器在 PVA/H_2SO_4 电解液中 25 μA/cm² 下的面积比电容为 61 mF/cm²，并且在电流密度提高 32 倍后，比电容仍可保持在 50 mF/cm²。

除了上述介绍的方法之外，研究者们还开发了一些其他制备 MXene 基微型电容器的方法。例如，在 MXene 膜上覆盖一层叉指型的掩模板后，使用 H_2O_2 稀释溶液对暴露出来的 MXene 进行氧化刻蚀以形成叉指型图案[201]；在激光打印出叉指图案的纸模板上真空抽滤 MXene 膜，然后在四氢呋喃中将纸模板揭下以得到叉指型 MXene 图案[202]；在蜡印叉指图案的滤纸上真空抽滤二维 $Ti_3C_2T_x$ MXene

图 4-39   (a)印章按压 MXene 墨水制备 MXene 基微型电容器；（b)所用印章和(c)印制出来的
微型电容器照片[200]

纳米片和一维纤维素纳米纤维混合溶液，然后揭下即可得到自支撑的 MXene/纤维素复合叉指微型超级电容器。

微型超级电容器在可穿戴电子设备方面有着非常大的应用潜力，是超级电容器领域的一个新兴的研究方向。由于具有高体积比电容、可调控的表面端基、二维结构和类金属的导电性，MXene 材料在微型超级电容器领域的应用备受关注。此外，由于表面带有负电荷且具有亲水性，MXene 能够形成稳定而具有一定黏度的墨水。这种 MXene 墨水可以在各种基材上进行印刷、印章压印，甚至笔管绘制，以形成微型超级电容器。这些研究成果显示，MXene 材料在微型超级电容器领域有着诱人的发展前景。

4.9   总结与展望

MXene 具有二维层状结构、类金属的导电性、高密度、可调控的表面端基和插层赝电容特性等性质，是一类很有前景的新型超级电容器电极材料。自 2011 年发现第一个 MXene 材料 $Ti_3C_2T_x$ 以来，到目前为止，大多数研究工作仍然集中在 $Ti_3C_2T_x$ 上，而对其他种类的 MXene 材料的关注很少。MXene 材料家族庞大、组成多样，每种 MXene 材料都具有独特的性质。而且，其表面化学具有可调控性，不同的表面端基官能团也对其性质有着重要影响，这为 MXene 性质调控提供了广阔的空间。超级电容器是 MXene 材料最重要的应用领域之一。因此，需要进一步在 MXene 材料新种类、MXene 制备新方法和表面化学调控新策略等方面开展基础研究工作，以加快 MXene 材料在超级电容器中的应用和发展进程。

　　MXene 的二维层状结构使其具有插层赝电容特性和大量的活性位点，但是二维纳米片的团聚和堆叠问题却使其活性位点无法充分暴露，并且限制了层间离子的电化学反应动力学。为了解决这个问题，人们开发了多种 MXene 电极结构构筑方法，包括片层尺寸控制、层间距调控、三维多孔结构设计、垂直阵列结构构筑等。合理的形貌结构设计可以极大地提高 MXene 的性能，特别是在倍率性能方面。但必须注意到，一些开放式结构会降低 MXene 的密度，影响其体积比电容。因此，需要构筑可以兼顾快速离子传输和高密度的先进 MXene 结构，以获得高体积比电容和高倍率性能。

　　MXene 在硫酸电解质中具有优异的性能，包括高体积比电容（1500 F/cm^3 以上）、良好的倍率性能和长循环寿命，因此目前大部分对 MXene 电容性能的研究工作都在硫酸电解质中进行。但是，由于水的分解反应将超级电容器的电压限制在了 1 V 左右，MXene 在硫酸电解质中虽具有高比电容，却不能转化为超级电容器器件的高能量密度。在非水电解质中，传荷阳离子的尺寸比硫酸电解质中的 H$^+$ 大得多，导致 MXene 的比电容有限，动力学相对缓慢。提升 MXene 在非水电解质中的电化学性能具有十分重要的研究意义。从化学组成优化的角度看，具有高于费米能级的高态密度的 MXene 可以表现出更高的赝电容；从表面端基调控的角度看，比—F 电负性低的端基（如—Cl）更有利于提高 MXene 的容量；从电解质的角度看，选择合适的电解质溶剂使离子嵌入时完全脱溶剂壳，对于增加 MXene 的储荷性能也非常重要。

　　近几年来，MXene 的二维结构、高体积比电容和良好的机械性能使其在柔性超级电容器和微型超级电容器中的应用迅速发展。二维 MXene 纳米片可以简单地组装成柔性膜，但是它们的逐层堆叠通常会导致离子可及性降低、活性表面无法充分利用。特别是为了获得高面积比电容，需要将 MXene 组装成具有一定厚度的膜电极时，纳米片的堆叠问题会尤其严重。因此，需要通过先进结构构建、表面端基改性、与其他活性材料复合等方法，增加 MXene 层间的离子传输动力学，暴露更多的 MXene 表面活性位点。此外，可以适当地将增强材料引入 MXene 基柔性膜电极或叉指型电极，在不影响其电化学性能的情况下，增强 MXene 基柔性超级电容器和微型超级电容器的机械性能。

　　MXene 在电容储能方面有着巨大的应用潜力和光明的发展前景。在过去的几年中，基于其在高质量/体积能量密度和功率密度方面的优越性，MXene 基超级电容器得到了快速发展，并取得了许多重要的研究进展和可喜的研究成果。然而，MXene 材料在超级电容器中的应用仍有广阔的发展空间。未来应进一步致力于

MXene 的电容储能机制、表面化学调控、先进结构设计等方面的研究，以构建出性能更加优异的超级电容器。

参 考 文 献

[1] Lukatskaya M R, Mashtalir O, Ren C E, Dall'Agnese Y, Rozier P, Taberna P L, Naguib M, Simon P, Barsoum M W, Gogotsi Y. Cation intercalation and high volumetric capacitance of two-dimensional titanium carbide. Science, 2013, 341: 1502-1505.

[2] Lukatskaya M R, Kota S, Lin Z, Zhao M Q, Shpigel N, Levi M D, Halim J, Taberna P L, Barsoum M W, Simon P, Gogotsi Y. Ultra-high-rate pseudocapacitive energy storage in two-dimensional transition metal carbides. Nature Energy, 2017, 2: 17105.

[3] Shahzad F, Alhabeb M, Hatter C B, Abasori B, Hong S M, Koo C M, Gogotsi Y. Electromagnetic interference shielding with 2D transition metal carbides (MXenes). Science, 2016, 353: 1137-1140.

[4] Wang H, Wu Y, Zhang J, Li G, Huang H, Zhang X, Jiang Q. Enhancement of the electrical properties of MXene Ti_3C_2 nanosheets by post-treatments of alkalization and calcination. Materials Letters, 2015, 160: 537-540.

[5] Zhang J, Kong N, Uzun S, Levitt A, Seyedin S, Lynch P A, Qin S, Han M, Yang W, Liu J, Wang X, Gogotsi Y, Razal J M. Scalable manufacturing of free-standing, strong $Ti_3C_2T_x$ MXene films with outstanding conductivity. Advanced Materials, 2020, 32: 2001093.

[6] Maleski K, Mochalin V N, Gogotsi Y. Dispersions of two-dimensional titanium carbide MXene in organic solvents. Chemistry of Materials, 2017, 29: 1632-1640.

[7] Xie Y, Naguib M, Mochalin V N, Barsoum M W, Gogotsi Y, Yu X, Nam K W, Yang X Q, Kolesnikov A I, Kent P R C. Role of surface structure on Li-ion energy storage capacity of two-dimensional transition-metal carbides. Journal of the American Chemical Society, 2014, 136: 6385-6394.

[8] Khazaei M, Ranjbar A, Arai M, Sasaki T, Yunoki S. Electronic properties and applications of MXenes: a theoretical review. Journal of Materials Chemistry C, 2017, 5: 2488-2503.

[9] Lipatov A, Lu H, Alhabeb M, Anasori B, Gruverman A, Gogotsi Y, Sinitskii A. Elastic properties of 2D $Ti_3C_2T_x$ MXene monolayers and bilayers. Science Advances, 2018, 4: eaat0491.

[10] Ling Z, Ren C E, Zhao M Q, Yang J, Giammarco J M, Qiu J, Barsoum M W, Gogotsi Y. Flexible and conductive MXene films and nanocomposites with high capacitance. Proceedings of the National Academy of Sciences, 2014, 111: 16676-16681.

[11] Ghidiu M, Lukatskaya M R, Zhao M Q, Gogotsi Y, Barsoum M W. Conductive two-dimensional titanium carbide 'clay' with high volumetric capacitance. Nature, 2014, 516: 78-81.

[12] Li T, Yao L, Liu Q, Gu J, Luo R, Li J, Yan X, Wang W, Liu P, Chen B, Zhang W, Abbas W, Naz R, Zhang D. Fluorine-free synthesis of high purity $Ti_3C_2T_x$ (T= —OH, —O) via alkali treatment. Angewandte Chemie International Edition, 2018, 130: 6223-6227.

[13] Yang S, Zhang P, Wang F, Ricciardulli A G, Lohe M R, Blom P W M, Feng X. Fluoride-free synthesis of two-dimensional titanium carbide (MXene) using a binary aqueous system. Angewandte Chemie International Edition, 2018, 130: 15717-15721.

[14] Li M, Lu J, Luo K, Li Y, Chang K, Chen K, Zhou J, Rosen J, Hultman L, Eklund P, Persson P O Å, Du S, Chai Z, Huang Z, Huang Q. An element replacement approach by reaction with Lewis acidic molten salts to synthesize nanolaminated MAX phases and MXenes. Journal of the American Chemical Society, 2019, 141: 4730-4737.

[15] Li Y, Shao H, Lin Z, Lu J, Persson P O Å, Eklund P, Hultman L, Li M, Chen K, Zha X H, Du S, Rozier P, Chai Z, Raymundo-Piñero E, Taberna P L, Simon P, Huang Q. A general Lewis acidic etching route for preparing MXenes with enhanced electrochemical performance in non-aqueous electrolyte. Nature Materials, 2020, 19: 894-899.

[16] Zhu K, Jin Y, Du F, Gao S, Gao Z, Meng X, Chen G, Wei Y, Gao Y. Synthesis of Ti₂CTₓ MXene as electrode materials for symmetric supercapacitor with capable volumetric capacitance. Journal of Energy Chemistry, 2019, 31: 11-18.

[17] Li L, Wang F, Zhu J, Wu W. The facile synthesis of layered Ti₂C MXene/carbon nanotube composite paper with enhanced electrochemical properties. Dalton Transactions, 2017, 46: 14880-14887.

[18] Mohammadi A V, Mojtabavi M, Caffrey N M, Wanunu M, Beidaghi M. Assembling 2D MXenes into highly stable pseudocapacitive electrodes with high power and energy densities. Advanced Materials, 2018, 31: 1806931.

[19] Yoon Y, Lee M, Kim S K, Bae G, Song W, Myung S, Lim J, Lee S S, Zyung T, An K S. A strategy for synthesis of carbon nitride induced chemically doped 2D MXene for high-performance supercapacitor electrodes. Advanced Energy Materials, 2018, 8: 1703173.

[20] Fu J, Yun J, Wu S, Li L, Yu L, Kim K H. Architecturally robust graphene-encapsulated MXene Ti₂CTₓ@polyaniline composite for high-performance pouch-type asymmetric supercapacitor. ACS Applied Materials & Interfaces, 2018, 10: 34212-34221.

[21] Yao B, Li M, Zhan J G, Zhang L, Song Y, Xiao W, Cruz A, Tong Y, Li Y. TiN paper for ultrafast-charging supercapacitors. Nano-Micro Letters, 2020, 12: 3.

[22] Djire A, Bos A, Liu J, Zhang H, Miller E M, Neale N R. Pseudocapacitive storage in nanolayered Ti₂NTₓ MXene using Mg-ion electrolyte. ACS Applied Nano Materials, 2019, 2: 2785-2795 .

[23] Naguib M, Halim J, Lu J, Cook K M, Hultman L, Gogotsi Y, Barsoum M W. New two-dimensional niobium and vanadium carbides as promising materials for Li-ion batteries. Journal of the American Chemical Society, 2013, 135: 15966-15969 .

[24] Tran M H, Schafer T, Shahraei A, Dürrschnabel M, Molina-Luna L, Kramm U I, Birkel C S. Adding a new member to the MXene family: synthesis, structure and electrocatalytic activity for the hydrogen evolution reaction of V₄C₃Tₓ. ACS Applied Energy Materials, 2018, 1: 3908-3914 .

[25] Shan Q, Mu X, Alhabeb M, Shuck C E, Pang D, Zhao X, Chu X F, Wei Y, Du F, Chen G, Gogotsi Y, Gao Y, Dall'Agnese Y. Two-dimensional vanadium carbide (V₂C) MXene as electrode for supercapacitors with aqueous electrolytes. Electrochemistry Communications, 2018, 96: 103-107.

[26] Naguib M, Mochalin V N, Barsoum M W, Gogotsi Y. 25th anniversary article: MXenes: a new family of two-dimensional materials. Advanced Materials, 2014, 26: 982-1005.

[27] Wang X, Lin S, Tong H, Huang Y, Tong P, Zhao B, Dai J, Liang C, Wang H, Zhu X, Sun Y, Dou S. Two-dimensional V₄C₃ MXene as high performance electrode materials for supercapacitors.

Electrochimica Acta, 2019, 307: 414-421.

[28] Zhao S, Chen C, Zhao X, Chu X, Du F, Chen G, Gogotsi Y, Gao Y, Dall'Agnese Y. Flexible $Nb_4C_3T_x$ film with large interlayer spacing for high-performance supercapacitors. Advanced Functional Materials, 2020, 30: 2000815.

[29] Mashtalir O, Lukatskaya M R, Zhao M Q, Barsoum M W, Gogotsi Y. Amine-assisted delamination of Nb_2C MXene for Li-ion energy storage devices. Advanced Materials, 2015, 27: 3501-3506.

[30] Syamsai R, Grace A N. Ta_4C_3 MXene as supercapacitor electrodes. Journal of Alloys and Compounds, 2019, 792: 1230-1238.

[31] Halim J, Kota S, Lukatskaya M R, Naguib M, Zhao M Q, Moon E J, Pitock J, Nanda J, May S J, Gogotsi Y, Barsoum M W. Synthesis and characterization of 2D molybdenum carbide (MXene). Advanced Functional Materials, 2016, 26: 3118-3127.

[32] Anasori B, Xie Y, Beidaghi M, Lu J, Hosler B C, Hultman L, Kent P R C, Gogotsi Y, Barsoum M W. Two-dimensional, ordered, double transition metals carbides (MXenes). ACS Nano, 2015, 9: 9507-9516.

[33] Zhan C, Sun W, Kent P R C, Naguib M, Gogotsi Y, Jiang D. Computational screening of MXene electrodes for pseudocapacitive energy storage. The Journal of Physical Chemistry, 2019, 123: 315-321.

[34] Tang Y, Zhu J F, Yang C H, Wang F. Enhanced capacitive performance based on diverse layered structure of two-dimensional Ti_3C_2 MXene with long etching time. Journal of the Electrochemical Society, 2016, 163: A1975-A1982.

[35] Maleski K, Ren C E, Zhao M Q, Anasori B, Gogotsi Y. Size-dependent physical and electrochemical properties of two-dimensional MXene flakes. ACS Applied Materials & Interfaces, 2018, 10: 24491-24498.

[36] Kayali E, VahidMohammadi A, Orangi J, Beidaghi M. Controlling the dimensions of 2D MXenes for ultra-high-rate pseudocapacitive energy storage. ACS Applied Materials & Interfaces, 2018, 10: 25949-25954.

[37] Melchior S A, Raju K, Ike I S, Erasmus R M, Kabongo G, Sigalas I, Iyuke S E, Ozoemena K I. High-voltage symmetric supercapacitor based on 2D titanium carbide (MXene, Ti_2CT_x)/carbon nanosphere composites in a neutral aqueous electrolyte. Journal of the Electrochemical Society, 2018, 165: A501-A511.

[38] Mashtalir O, Lukatskaya M R, Kolesnikov A I, Raymundo-Piñero E, Naguib M, Barsoum M W, Gogotsi Y. The effect of hydrazine intercalation on the structure and capacitance of 2D titanium carbide (MXene). Nanoscale, 2016, 8: 9128-9133.

[39] Luo J, Zhang W, Yuan H, Jin C, Zhang L, Huang H, Liang C, Xia Y, Zhang J, Gan Y, Tao X. Pillared structure design of MXene with ultra-large interlayer spacing for high performance lithium-ion capacitors. ACS Nano, 2017, 11: 2459-2469.

[40] Yan P, Zhang R, Jia J, Wu C, Zhou A, Xu J, Zhang X. Enhanced supercapacitive performance of delaminated two-dimensional titanium carbide/carbon nanotube composites in alkaline electrolyte. Journal of Power Sources, 2015, 284: 38-43.

[41] Chen H, Yu L, Lin Z, Zhu Q, Zhang P, Qiao N, Xu B. Carbon nanotubes enhance flexible MXene films for high-rate supercapacitors. Journal of Materials Science, 2020, 55: 1148-1156.

[42] Dall'Agnese Y, Rozier P, Taberna P L, Gogotsi Y, Simon P. Capacitance of two-dimensional titanium carbide (MXene) and MXene/carbon nanotube composites in organic electrolytes. Journal of Power Sources, 2016, 306: 510-515.

[43] Xin Y, Yu Y X. Possibility of bare and functionalized niobium carbide MXenes for electrode materials of supercapacitors and field emitters. Materials & Design, 2017, 130: 512-520.

[44] Fan Z, Wang Y, Xie Z, Wang D, Yuan Y, Kang H, Su B, Cheng Z, Liu Y. Modified MXene/holey graphene films for advanced supercapacitor electrodes with superior energy storage. Advanced Science, 2018, 5: 1800750.

[45] Zhang X, Liu Y, Dong S, Yang J, Liu X. Flexible electrode based on multi-scaled MXene (Ti$_3$C$_2$T$_x$) for supercapacitors. Journal of Alloys and Compounds, 2019, 790: 517-523.

[46] Chen C, Boota M, Urbankowski P, Anasori B, Miao L, Jiang J, Gogotsi Y. Effect of glycine functionalization of 2D titanium carbide (MXene) on charge storage. Journal of Materials Chemistry A, 2018, 6: 4617-4622.

[47] Zhao M Q, Ren C E, Ling Z, Lukatskaya M R, Zhang C, Aken K L V, Barsoum M W, Gogotsi Y. Flexible MXene/carbon nanotube composite paper with high volumetric capacitance. Advanced Materials, 2015, 27: 339-345.

[48] Navarro-Suarez A M, Aken K L V, Mathis T, Makaryan T, Yan J, Carretero-Gonzalez J, Rojo T, Gogotsi Y. Development of asymmetric supercapacitors with titanium carbide-reduced graphene oxide couples as electrodes. Electrochimica Acta, 2018, 259: 752-761.

[49] Xie X, Zhao M Q, Anasori B, Maleski K, Ren C E, Li J, Byles B W, Pomerantseva E, Wang G, Gogotsi Y. Porous heterostructured MXene/carbon nanotube composite paper with high volumetric capacity for sodium-based energy storage devices. Nano Energy, 2016, 26: 513-523.

[50] Fu Q, Wang X, Zhang N, Wen J, Li L, Gao H, Zhang X. Self-assembled Ti$_3$C$_2$T$_x$/SCNT composite electrode with improved electrochemical performance for supercapacitor. Journal of Colloid and Interface Science, 2018, 511: 128-134.

[51] Yan J, Ren C E, Maleski K, Hatter C B, Anasori B, Urbankowski P, Sarycheva A, Gogotsi Y. Flexible MXene/graphene films for ultrafast supercapacitors with outstanding volumetric capacitance. Advanced Functional Materials, 2017, 27: 1701264.

[52] Zhang Y, Yang Z, Zhang B, Li J, Lu C, Kong L, Liu M. Self-assembly of secondary-formed multilayer La/e-Ti$_3$C$_2$ as high performance supercapacitive material with excellent cycle stability and high rate capability. Journal of Alloys and Compounds, 2020, 835: 155343.

[53] Li Y, Deng Y, Zhang J, Shen Y, Yang X, Zhang W. Synthesis of restacking-free wrinkled Ti$_3$C$_2$T$_x$ monolayers by sulfonic acid group grafting and N-doped carbon decoration for enhanced supercapacitor performance. Journal of Alloys and Compounds, 2020, 842: 155985.

[54] Lin Z, Barbara D, Taberna P L, Aken K L V, Anasori B, Gogotsi Y. Simon P. Capacitance of Ti$_3$C$_2$T$_x$ MXene in ionic liquid electrolyte. Journal of Power Sources, 2016, 326: 575-579.

[55] Shen L, Zhou X, Zhang X, Zhang Y, Liu Y, Wang W, Si W, Dong X. Carbon-intercalated Ti$_3$C$_2$T$_x$ MXene for high-performance electrochemical energy storage. Journal of Materials Chemistry A,

2018, 6: 23513-23520.

[56] Yang L, Zheng W, Zhang P, Chen J, Tian W B, Zhang Y M, Sun Z M. MXene/CNTs films prepared by electrophoretic deposition for supercapacitor electrodes. Journal of Electroanalytical Chemistry, 2018, 830: 1-6.

[57] Wang K, Zheng B, Mackinder M, Baule N, Qiao H, Jin H, Schuelke T, Fan Q H. Graphene wrapped MXene via plasma exfoliation for all-solid-state flexible supercapacitors. Energy Storage Materials, 2019, 20: 299-306.

[58] Li K, Wang X, Wang X, Liang M, Nicolosi V, Xu Y, Gogotsi Y. All-pseudocapacitive asymmetric MXene-carbon-conducting polymer supercapacitors. Nano Energy, 2020, 75: 104971.

[59] Fan Z, Wang Y, Xie Z, Xu X, Yuan Y, Cheng Z, Liu Y. A nanoporous MXene film enables flexible supercapacitors with high energy storage. Nanoscale, 2018, 10: 9642-9652.

[60] Zhang P, Zhu Q, Soomro R A, He S, Sun N, Qiao N, Xu B. *In situ* ice template approach to fabricate 3D flexible MXene film-based electrode for high performance supercapacitors. Advanced Functional Materials, 2020, 30: 2000922.

[61] Yue Y, Liu N, Ma Y, Wang S, Liu W, Luo C, Zhang H, Cheng F, Rao J, Hu X, Su J, Gao Y. Highly self-healable 3D microsupercapacitor with MXene-graphene composite aerogel. ACS Nano, 2018, 12: 4224-4232.

[62] Zhang X, Liu X, Dong S, Yang J, Liu Y. Template-free synthesized 3D macroporous MXene with superior performance for supercapacitors. Applied Materials Today, 2019, 16: 315-321.

[63] Tian Y, Yang C, Que W, He Y, Liu X, Luo Y, Yin X, Kong L B. Ni foam supported quasi-core-shell structure of ultrathin Ti_3C_2 nanosheets through electrostatic layer-by-layer self-assembly as high rate-performance electrodes of supercapacitors. Journal of Power Sources, 2017, 369: 78-86.

[64] Xu S, Wei G, Li J, Ji Y, Klyui N, Izotov V, Han W. Binder-free $Ti_3C_2T_x$ MXene electrode film for supercapacitor produced by electrophoretic deposition method. Chemical Engineering Journal, 2017, 317: 1026-1036.

[65] Hu M, Li Z, Zhang H, Hu T, Zhang C, Wu Z, Wang X. Self-assembled $Ti_3C_2T_x$ MXene film with high gravimetric capacitance. Chemical Communication, 2015, 51: 13531-13533.

[66] Li H, Chen R, Ali M, Lee H, Ko M J. *In situ* grown MWCNTs/MXenes nanocomposites on carbon cloth for high-performance flexible supercapacitors. Advanced Functional Materials, 2020, 30: 2002739.

[67] Sun L, Song G, Sun Y, Fu Q, Pan C. MXene/N-doped carbon foam with 3D hollow neuron-like architecture for freestanding, highly compressible all solid-state supercapacitors. ACS Applied Materials & Interfaces, 2020, 12: 44777.

[68] Wang Q, Wang S, Guo X, Ruan L, Wei N, Ma Y, Li J, Wang M, Li W, Zeng W. MXene-reduced graphene oxide aerogel for aqueous Zinc-ion hybrid supercapacitor with ultralong cycle life. Advanced Electronic Materials, 2019, 5: 1900537.

[69] Chen Y, Xie X, Xin X, Tang Z R, Xu Y J. $Ti_3C_2T_x$-based three-dimensional hydrogel by a graphene oxide-assisted self-convergence process for enhanced photoredox catalysis. ACS Nano, 2019, 13: 295.

[70] Zhao S, Zhang H B, Luo J Q, Wang Q W, Xu B, Hong S, Yu Z Z. Highly electrically conductive

three-dimensional Ti$_3$C$_2$T$_x$ MXene/reduced graphene oxide hybrid aerogels with excellent electromagnetic interference shielding performances. ACS Nano, 2018, 12: 11193.

[71] Shao L, Xu J, Ma J, Zhai B, Li Y, Xu R, Ma Z, Zhang G, Wang C, Qiu J. MXene/RGO composite aerogels with light and high-strength for supercapacitor electrode materials. Composites Communications, 2020, 19: 108.

[72] Li L, Zhang M, Zhang X, Zhang Z. New Ti$_3$C$_2$ aerogel as promising negative electrode materials for asymmetric supercapacitors. Journal of Power Sources, 2017, 364: 234-241.

[73] Shang T, Lin Z, Qi C, Liu X, Li P, Tao Y, Wu Z, Li D, Simon P, Yang Q H. 3D macroscopic architectures from self-assembled MXene hydrogels. Advanced Functional Materials, 2019, 29: 1903960.

[74] Wu Z, Liu X, Shang T, Deng Y, Wang N, Dong X, Zhao J, Chen D, Tao Y, Yang Q H. Reassembly of MXene hydrogels into flexible films towards compact and ultrafast supercapacitors. Advanced Functional Materials, 2021, 31: 2102874.

[75] Wang Y, Wang X, Li X, Bai Y, Xiao H, Liu Y, Liu R, Yuan G. Engineering 3D ion transport channels for flexible MXene films with superior capacitive performance. Advanced Functional Materials, 2019, 29: 1900326.

[76] Zhang X, Miao J, Zhang P, Zhu Q, Jiang M, Xu B. 3D crumbled MXene for high-performance supercapacitors. Chinese Chemical Letters, 2020, 31: 2305.

[77] Deng Y, Shang T, Wu Z, Tao Y, Luo C, Liang J, Han D, Lyu R, Qi C, Lv W, Kang F, Yang Q H. Fast gelation of Ti$_3$C$_2$T$_x$ MXene initiated by metal ions. Advanced Materials, 2019, 31: 1902432.

[78] Ma Z, Zhou X, Deng W, Lei D, Liu Z. 3D porous MXene (Ti$_3$C$_2$) /reduced graphene oxide hybrid films for advanced lithium storage. ACS Applied Materials & Interfaces, 2018, 10: 3634.

[79] Wang L, Song H, Yuan L, Li Z, Zhang P, Gibson J K, Zheng L, Wang H, Chai Z, Shi W. Effective removal of anionic Re (Ⅶ) by surface-modified Ti$_2$CT$_x$ MXene nanocomposites: implications for Tc (Ⅶ) sequestration. Environmental Science & Technology, 2019, 53: 3739.

[80] Zhu Y, Rajouâ K, Vot S L, Fontaine O, Simon P, Favier F. Modifications of MXene layers for supercapacitors. Nano Energy, 2020, 73: 104734.

[81] Lian P, Dong Y, Wu Z S, Zheng S, Wang X, Sen W, Sun C, Qin J, Shi X, Bao X. Alkalized Ti$_3$C$_2$ MXene nanoribbons with expanded interlayer spacing for high-capacity sodium and potassium ion batteries. Nano Energy, 2017, 40: 1.

[82] Wang X, Fu Q, Wen J, Ma X, Zhu C, Zhang X, Qi D. 3D Ti$_3$C$_2$T$_x$ aerogels with enhanced surface area for high performance supercapacitors. Nanoscale, 2018, 10: 20828-20835.

[83] Miao J, Zhu Q, Li K, Zhang P, Zhao Q, Xu B. Self-propagating fabrication of 3D porous MXene-rGO film electrode for high-performance supercapacitors. Journal of Energy Chemistry, 2021, 52: 243.

[84] Zhao T, Zhang J, Du Z, Liu Y, Zhou G, Wang J. Dopamine-derived N-doped carbon decorated titanium carbide composite for enhanced supercapacitive performance. Electrochimica Acta, 2017, 254: 308-319.

[85] Shah S A, Habib T, Gao H, Gao P, Sun W, Green M J, Radovic M. Template-free 3D titanium carbide (Ti$_3$C$_2$T$_x$) MXene particles crumpled by capillary forces. Chemical Communication, 2017,

53: 400.

[86] Fang Y Z, Hu R, Zhu K, Ye K, Yan J, Wang G, Cao D. Aggregation-resistant 3D $Ti_3C_2T_x$ MXene with enhanced kinetics for potassium ion hybrid capacitors. Advanced Functional Materials, 2020, 30: 2005663.

[87] Fan Z, Wang J, Kang H, Wang Y, Xie Z, Cheng Z, Liu Y. A compact MXene film with folded structure for advanced supercapacitor electrode material. ACS Applied Energy Materials, 2020, 3: 1811-1820.

[88] Kong J, Yang H, Guo X, Yang S, Huang Z, Lu X, Bo Z, Yan J, Cen K, Ostrikov K K. High-mass-loading porous $Ti_3C_2T_x$ films for ultrahigh-rate pseudocapacitors. ACS Energy Letters, 2020, 5: 2266-2274.

[89] Xia Y, Mathis T S, Zhao M Q, Anasori B, Dang A, Zhou Z, Cho H, Gogotsi Y, Yang S. Thickness-independent capacitance of vertically aligned liquid-crystalline MXenes. Nature, 2018, 557: 409-412.

[90] Lu M, Han W, Li H, Li H, Zhang B, Zhang W, Zheng W. Magazine-bending-inspired architecting anti-T of MXene flakes with vertical ion transport for high-performance supercapacitors. Advanced Materials & Interfaces, 2019, 6: 1900160.

[91] Kamysbayev V, Filatov A S, Hu H, Rui X, Lagunas F, Wang D, Klie R F, Talapin D V. Covalent surface modifications and superconductivity of two-dimensional metal carbide MXenes. Science, 2020, 369: 979-983.

[92] Zhang J, Zhao Y, Guo X, Chen C, Dong C L, Liu R S, Han C P, Li Y, Gogotsi Y, Wang G. Single platinum atoms immobilized on an MXene as an efficient catalyst for the hydrogen evolution reaction. Nature Catalysis, 2018, 1: 985-992.

[93] Kuznetsov D A, Chen Z, Kuma P V R, Tsoukalou A, Kierzkowska A, Abdala P M, Safonova O V, Fedorov A, Müller C R. Single site cobalt substitution in 2D molybdenum carbide (MXene) enhances catalytic activity in the hydrogen evolution reaction. Journal of the American Chemical Society, 2019, 141: 17809-17816.

[94] Ramalingam V, Varadhan P, Fu H C, Kim H, Zhang D, Chen S, Song L, Ma D, Wang Y, Alshareef H N, He J H. Heteroatom-mediated interactions between ruthenium single atoms and an MXene support for efficient hydrogen evolution. Advanced Materials, 2019, 31: 1903841.

[95] Du C F, Sun X, Yu H, Liang Q, Dinh K N, Zheng Y, Luo Y, Wang Z, Yan Q. Synergy of Nb doping and surface alloy enhanced on water-alkali electrocatalytic hydrogen generation performance in Ti-based MXene. Advanced Science, 2019, 6: 1900116.

[96] Sang X, Xie Y, Lin M W, Alhabeb M, Aken K L V, Gogotsi Y, Kent P R C, Xiao K, Unocic R R. Atomic defects in monolayer titanium carbide ($Ti_3C_2T_x$) MXene. ACS Nano, 2016, 10: 9193-9200.

[97] Hart J L, Hantanasirisakul K, Lang A C, Anasori B, Pinto D, Pivak Y, Omme T V J, May S J, Gogotsi Y, Taheri M L. Control of MXenes' electronic properties through termination and intercalation. Nature Communications, 2019, 10: 522.

[98] Hu M, Hu T, Li Z, Yang Y, Cheng R, Yang J, Cui C, Wang X. Surface functional groups and interlayer water determine the electrochemical capacitance of $Ti_3C_2T_x$ MXene. ACS Nano, 2018,

12: 3578-3586．

[99] Tang Q, Zhou Z, Shen P. Are MXenes promising anode materials for Li ion batteries? Computational studies on electronic properties and Li storage capability of Ti_3C_2 and $Ti_3C_2X_2$ (X = F, OH) monolayer. Journal of the American Chemical Society, 2012, 134: 16909-16916.

[100] Lukatskaya M R, Bak S M, Yu X, Yang X Q, Barsoum M W, Gogotsi Y. Probing the mechanism of high capacitance in 2D titanium carbide using *in situ* X-Ray absorption spectroscopy. Advanced Energy Materials, 2015, 5: 1500589.

[101] Rakhi R B, Ahmed B, Hedhili M N, Anjum D H, Alshareef H N. Effect of post-etch annealing gas composition on the structural and electrochemical properties of Ti_2CT_x MXene electrodes for supercapacitor applications. Chemistry of Materials, 2015, 27: 5314-5323.

[102] Dall'Agnese Y, Lukatskaya M R, Cook K M, Taberna P L, Gogotsi Y, Simon P. High capacitance of surface-modified 2D titanium carbide in acidic electrolyte. Electrochemistry Communications, 2014, 48: 118-122.

[103] Li J, Yuan X, Lin C, Yang Y, Xu L, Du X, Xie J, Lin J, Sun J. Achieving high pseudocapacitance of 2D titanium carbide (MXene) by cation intercalation and surface modification. Advanced Energy Materials, 2017, 7: 1602725.

[104] Chen X, Zhu Y, Zhang M, Sui J, Peng W, Li Y, Zhang G L, Zhang F, Fan X. *N*-Butyllithium-treated $Ti_3C_2T_x$ MXene with excellent pseudocapacitor performance. ACS Nano, 2019, 13: 9449-9456.

[105] Kajiyama S, Szabova L, Iinuma H, Sugahara A, Gotoh K, Sodeyama K, Tateyama Y, Okubo M, Yamada A. Enhanced Li-ion accessibility in MXene titanium carbide by steric chloride termination. Advanced Energy Materials, 2017, 7: 1601873.

[106] Okubo M, Sugahara A, Kajiyama S, Yamada A. MXene as a charge storage host. Accounts of Chemical Research, 2018, 51: 591-599.

[107] Wang H, Zhang J, Wu Y, Huang H, Jiang Q. Chemically functionalized two-dimensional titanium carbide MXene by *in situ* grafting-intercalating with diazonium ions to enhance supercapacitive performance. Journal of Physics and Chemistry of Solids, 2018, 115: 172-179.

[108] Wen Y, Rufford T E, Chen X, Li N, Lyu M, Dai L, Wang L. Nitrogen-doped $Ti_3C_2T_x$ MXene electrodes for high-performance supercapacitors. Nano Energy, 2017, 38: 368-376.

[109] Tang Y, Zhu J, Wu W, Yang C, Lv W, Wang F. Synthesis of nitrogen-doped two-dimensional Ti_3C_2 with enhanced electrochemical performance. Journal of the Electrochemical Society, 2017, 164: A923-A929.

[110] Yang L, Zheng W, Zhang P, Chen J, Zhang W, Tian W B, Sun Z M. Freestanding nitrogen-doped d-Ti_3C_2/reduced graphene oxide hybrid films for high performance supercapacitors. Electrochimica Acta, 2019, 300: 349-356.

[111] Yang C, Tang Y, Tian Y, Luo Y, Din M F U, Yin X, Que W. Flexible nitrogen-doped 2D titanium carbides (MXene) films constructed by an *ex situ* solvothermal method with extraordinary volumetric capacitance. Advanced Energy Materials, 2018, 8: 1802087.

[112] Yang C, Que W, Yin X, Tian Y, Yang Y, Que M. Improved capacitance of nitrogen-doped delaminated two-dimensional titanium carbide by urea-assisted synthesis. Electrochimica Acta,

2017, 225: 416-424.

[113] Qiu T, Li G, Shao Y, Jiang K, Zhao F, Geng F. Facile synthesis of colloidal nitrogen-doped titanium carbide sheets with enhanced electrochemical performance. Carbon Energy, 2020, 2: 624-634.

[114] Li H, Wang X, Li H, Lin S, Zhao B, Dai J, Song W, Zhu X, Sun Y. Capacitance improvements of $V_4C_3T_x$ by NH_3 annealing. Journal of Alloys and Compounds, 2019, 784: 923-930.

[115] Yang C, Que W, Tang Y, Tian Y, Yin X. Nitrogen and sulfur co-doped 2D titanium carbides for enhanced electrochemical performance. Journal of The Electrochemical Society, 2017, 164: A1939-A1945.

[116] Chakraborty P, Das T, Nafday D, Boeri L, Saha-Dasgupta T. Manipulating the mechanical properties of Ti_2C MXene: effect of substitutional doping. Physical Review B, 2017, 95: 184106.

[117] Gao Z W, Zheng W, Lee L Y S. Highly enhanced pseudocapacitive performance of vanadium-doped MXenes in neutral electrolytes. Small, 2019, 15: 1902649.

[118] Fatima M, Fatheema J, Monir N B, Siddique A H, Khan B, Islam A, Akinwande D, Rizwan S. Nb-doped MXene with enhanced energy storage capacity and stability. Frontiers in Chemistry, 2020, 8: 168.

[119] Rakhi R B, Ahmed B, Anjum D, Alshareef H N. Direct chemical synthesis of MnO_2 nanowhiskers on transition-metal carbide surfaces for supercapacitor applications. ACS Applied Materials & Interfaces, 2016, 8: 18806-18814.

[120] Jiang H, Wang Z, Yang Q, Hanif M, Wang Z, Dong L, Dong M. A novel $MnO_2/Ti_3C_2T_x$ MXene nanocomposite as high performance electrode materials for flexible supercapacitors. Electrochimica Acta, 2018, 290: 695-703.

[121] Tian Y, Yang C, Que W, Liu X, Yin X, Kong L B. Flexible and free-standing 2D titanium carbide film decorated with manganese oxide nanoparticles as a high volumetric capacity electrode for supercapacitor. Journal of Power Sources, 2017, 359: 332-339.

[122] Liu R, Zhang A, Tang J, Tian J, Huang W, Cai J, Barrow C, Yang W, Liu J. Fabrication of cobaltosic oxide nanoparticle-doped 3D MXene/graphene hybrid porous aerogels for all-solid-state supercapacitors. Chemistry A European Journal, 2019, 25: 5547-5554.

[123] Zhu J, Lu X, Wang L. Synthesis of a $MoO_3/Ti_3C_2T_x$ composite with enhanced capacitive performance for supercapacitors. RSC Advances, 2016, 6: 98506-98513.

[124] Ambade S B, Ambade R B, Eom W, Noh S H, Kim S H, Han T H. 2D Ti_3C_2 MXene/WO_3 hybrid architectures for high-rate supercapacitors. ACS Applied Materials & Interfaces, 2018, 5: 1801361.

[125] Cao M, Wang F, Wang L, Wu W, Lv W, Zhu J. Room temperature oxidation of Ti_3C_2 MXene for supercapacitor electrodes. Journal of the Electrochemical Society, 2017, 164: A3933-A3942.

[126] Zhang C, Beidaghi M, Naguib M, Lukatskaya M R, Zhao M Q, Dyatkin B, Cook K M, Kim S J, Eng B, Xiao X, Long D, Qiao W, Dunn B, Gogotsi Y. Synthesis and charge storage properties of hierarchical niobium pentoxide/carbon/niobium carbide（MXene）hybrid materials. Chemistry of Materials, 2016, 28: 3937-3943.

[127] Zhou J, Yu J, Shi L, Wang Z, Liu H, Yang B, Li C, Zhu C, Xu J. A conductive and highly

deformable all-pseudocapacitive composite paper as supercapacitor electrode with improved areal and volumetric capacitance. Small, 2018, 14: 1803786.

[128] Liu H, Hu R, Qi J, Sui Y, He Y, Meng Q, Wei F, Ren Y, Zhao Y, Wei W. One-step synthesis of nanostructured CoS₂ grown on titanium carbide MXene for high-performance asymmetrical supercapacitors. Advanced Materials Interfaces, 2020, 7: 1901659.

[129] Li Y, Kamdem P, Jin X J. *In situ* growth of chrysanthemum-like NiCo₂S₄ on MXenes for high-performance supercapacitors and a non-enzymatic H₂O₂ sensor. Dalton Transactions, 2020, 49: 7807-7819.

[130] Chen S, Xiang Y, Banks M K, Peng C, Xu W, Wu R. Polyoxometalate-coupled MXene nanohybrid via poly (ionic liquid) linkers and its electrode for enhanced supercapacitive performance. Nanoscale, 2018, 10: 20043-20052.

[131] Zhao W, Peng J, Wang W, Jin B, Chen T, Liu S, Zhao Q, Huang W. Interlayer hydrogen-bonded metal porphyrin frameworks/MXene hybrid film with high capacitance for flexible all-solid-state supercapacitors. Small, 2019, 15: 1901351.

[132] VahidMohammadi A, Moncada J, Chen H, Kayali E, Orangi J, Carrero C A, Beidaghi M. Thick and freestanding MXene/PANI pseudocapacitive electrodes with ultrahigh specific capacitance. Journal of Materials Chemistry A, 2018, 6: 22123-22133.

[133] Qin L, Tao Q, Ghazaly A E, Fernandez-Rodriguez J, Persson P O Å, Rosen J, Zhang F. High-performance ultrathin flexible solid-state supercapacitors based on solution processable Mo₁.₃₃C MXene and PEDOT：PSS. Advanced Functional Materials, 2018, 28: 1703808.

[134] Gund G S, Park J H, Harpalsinh R, Kota M, Shin J H, Kim T, Gogotsi Y, Park H S. MXene/Polymer hybrid materials for flexible AC-filtering electrochemical capacitors. Joule, 2019, 3: 164-176.

[135] Li J, Levitt A, Kurra N, Juan K, Noriega N, Xiao X, Wang X, Wang H, Alshareef H N, Gogotsi Y. MXene-conducting polymer electrochromic microsupercapacitors. Energy Storage Materials, 2019, 20: 455-461.

[136] Boota M, Anasori B, Voigt C, Zhao M Q, Barsoum M W, Gogotsi Y. Pseudocapacitive electrodes produced by oxidant-free polymerization of pyrrole between the layers of 2D titanium carbide (MXene). Advanced Materials, 2016, 28: 1517-1522.

[137] Zhu M, Huang Y, Deng Q, Zhou J, Pei Z, Xue Q, Huang Y, Wang Z, Li H, Huang Q, Zhi C. Highly flexible, freestanding supercapacitor electrode with enhanced performance obtained by hybridizing polypyrrole chains with MXene. Advanced Energy Materials, 2016, 6: 1600969.

[138] Le T A, Tran N Q, Hong Y, Lee H. Intertwined titanium carbide MXene within 3D tangled polypyrrole nanowires matrix for enhanced supercapacitor performances. Chemistry A European Journal, 2019, 25: 1037-1043.

[139] Levi M D, Lukatskaya M R, Sigalov S, Beidaghi M, Shpigel N, Daikhin L, Aurbach D, Barsoum M W, Gogotsi Y. Solving the capacitive paradox of 2D MXene using electrochemical quartz-crystal admittance and *in situ* electronic conductance measurements. Advanced Energy Materials, 2015, 5: 1400815.

[140] Ando Y, Okubo M, Yamada A, Otani M. Capacitive versus pseudocapacitive storage in MXene.

Advanced Functional Materials, 2020, 30: 2000820.

[141] Hu M, Li Z, Hu Z, Zhu S, Zhang C, Wang X. High-capacitance mechanism for Ti₃C₂Tₓ MXene by *in situ* electrochemical Raman spectroscopy investigation. ACS Nano, 2016, 10: 11344-11350.

[142] Mu X, Wang D, Du F, Chen G, Wang C, Wei Y, Gogotsi Y, Gao Y, Dall'Agnese Y. Revealing the pseudo-intercalation charge storage mechanism of MXenes in acidic electrolyte. Advanced Functional Materials, 2019, 29: 1902953.

[143] Zhan C, Naguib M, Lukatskaya M, Kent P R C, Gogotsi Y, Jiang D. Understanding the MXene pseudocapacitance. The Journal of Physical Chemistry Letters, 2018, 9: 1223-1228.

[144] Shao H, Xu K, Wu Y C, Iadecola A, Liu L, Ma H, Qu L, Raymundo-Piñero E, Zhu J, Lin Z, Taberna P L, Simon P. Unraveling the charge storage mechanism of Ti₃C₂Tₓ MXene electrode in acidic electrolyte. ACS Energy Letters, 2020, 5: 2873-2880.

[145] Wang X, Mathis T S, Li K, Lin Z, Vlcek L, Torita T, Osti N C, Hatter C, Urbankowski P, Sarycheva A, Tyagi M, Mamontov E, Simon P, Gogotsi Y. Influences from solvents on charge storage in titanium carbide MXenes. Nature Energy, 2019, 4: 241-248.

[146] Lin Z, Rozier P, Duployer B, Taberna P L, Anasori B, Gogotsi Y, Simon P. Electrochemical and *in-situ* X-ray diffraction studies of Ti₃C₂Tₓ MXene in ionic liquid electrolyte. Electrochemistry Communications, 2016, 72: 50-53.

[147] Xu K, Lin Z, Merlet C, Taberna P L, Miao L, Jiang J, Simon P. Tracking ionic rearrangements and interpreting dynamic volumetric changes in two-dimensional metal carbide supercapacitors: a molecular dynamics simulation study. ChemSusChem, 2018, 11: 1892-1899.

[148] Boota M, Gogotsi Y. MXene–conducting polymer asymmetric pseudocapacitors. Advanced Energy Materials, 2019, 9: 1802917.

[149] Jiang Q, Kurra N, Alhabeb M, Gogotsi Y, Alshareef H N. All pseudocapacitive MXene-RuO₂ asymmetric supercapacitors. Advanced Energy Materials, 2018, 8: 1703043.

[150] Wang S, Zhao X, Yan X, Xiao Z, Liu C, Zhang Y, Yang X. Regulating fast anionic redox for high-voltage aqueous hydrogen-ion-based energy storage. Angewandte Chemie International Edition, 2019, 58: 205-210.

[151] Hu M, Cui C, Shi C, Wu Z S, Yang J, Cheng R, Guang T, Wang H, Lu H, Wang X. High-energy-density hydrogen-ion-rocking-chair hybrid supercapacitors based on Ti₃C₂Tₓ MXene and carbon nanotubes mediated by redox active molecule. ACS Nano, 2019, 13: 6899-6905.

[152] Pan Z, Cao F, Hu X, Ji X. A facile method for synthesizing CuS decorated Ti₃C₂ MXene with enhanced performance for asymmetric supercapacitors. Journal of Materials Chemistry A, 2019, 7: 8984-8992.

[153] Zhu K, Zhang H, Ye K, Zhao W, Yan J, Cheng K, Wang G, Yang B, Cao D. Two-dimensional titanium carbide MXene as a capacitor-type electrode for rechargeable aqueous Li-ion and Na-ion capacitor batteries. ChemElectroChem, 2017, 4: 3018-3025.

[154] Zheng J, Tan G, Shan P, Liu T, Hu J, Feng Y, Yang L, Zhang M, Chen Z, Lin Y, Lu J, Neufeind J C, Ren Y, Amine K, Wang L W, Xu K, Pan F. Understanding thermodynamic and kinetic contributions in expanding the stability window of aqueous electrolytes. Chemistry, 2018, 4:

2872-2882.

[155] Malchik F, Shpigel N, Levi M D, Mathis T S, Mor A, Gogotsi Y, Aurbach D. Superfast high-energy storage hybrid device composed of MXene and chevrel-phase electrodes operated in saturated LiCl electrolyte solution. Journal of Materials Chemistry A, 2019, 7: 19761-19773.

[156] Byeon A, Glushenkov A M, Anasori B, Urbankowski P, Li J, Byles B W, Blake B, Aken K L V, Kota S, Pomerantseva E, Lee J W, Chen Y, Gogotsi Y. Lithium-ion capacitors with 2D Nb$_2$CT$_x$ (MXene)-carbon nanotube electrodes. Journal of Power Sources, 2016, 326: 686-694.

[157] Yu P, Cao G, Yi S, Zhang X, Li C, Sun X, Wang K, Ma Y. Binder-free 2D titanium carbide (MXene)/carbon nanotube composites for high-performance lithium-ion capacitors. Nanoscale, 2018, 10: 5906-5913.

[158] Wang X, Kajiyama S, Iinuma H, Hosono E, Oro S, Moriguchi I, Okubo M, Yamada A. Pseudocapacitance of MXene nanosheets for high-power sodium-ion hybrid capacitors. Nature Communications, 2015, 6: 6544.

[159] Dall'Agnese Y, Taberna P L, Gogotsi Y, Simon P. Two-dimensional vanadium carbide (MXene) as positive electrode for sodium-ion capacitors. The Journal of Physical Chemistry Letters, 2015, 6: 2305-2309.

[160] Luo J, Fang C, Jin C, Yuan H, Sheng O, Fang R, Zhang W, Huang H, Gan Y, Xia Y, Liang C, Zhang J, Li W, Tao X. Tunable pseudocapacitance storage of MXene by cation pillaring for high performance sodium-ion capacitors. Journal of Materials Chemistry A, 2018, 6: 7794-7806.

[161] Kurra N, Alhabeb M, Maleski K, Wang C H, Alshareef H N, Gogotsi Y. Bistacked titanium carbide (MXene) anodes for hybrid sodium-ion capacitors. ACS Energy Letters, 2018, 3: 2094-2100.

[162] Fan Z, Wei C, Yu L, Xia Z, Cai J, Tian Z, Zou G, Dou S X, Sun J. 3D Printing of porous nitrogen-doped Ti$_3$C$_2$ MXene scaffolds for high-performance sodium-ion hybrid capacitors. ACS Nano, 2020, 14: 867-876.

[163] Ming F, Liang H, Zhang W, Ming J, Lei Y, Emwas A H, Alshareef H N. Porous MXenes enable high performance potassium ion capacitors. Nano Energy, 2019, 62: 853-860.

[164] Mathis T S, Kurra N, Wang X, Pinto D, Simon P, Gogotsi Y. Energy storage data reporting in perspective-guidelines for interpreting the performance of electrochemical energy storage systems. Advanced Energy Materials, 2019, 9: 1902007.

[165] Tong L, Jiang C, Cai K, Wei P. High-performance and freestanding PPy/Ti$_3$C$_2$T$_x$ composite film for flexible all-solid-state supercapacitors. Journal of Power Sources, 2020, 465: 228267.

[166] Yu L, Hu L, Anasori B, Liu Y T, Zhu Q, Zhang P, Gogotsi Y, Xu B. MXene-bonded activated carbon as a flexible electrode for high-performance supercapacitors. ACS Energy Letters, 2018, 3: 1597-1603.

[167] Zhou Z, Panatdasirisuk W, Mathis T S, Anasori B, Lu C, Zhang X, Liao Z, Gogotsi Y, Yang S. Layer-by-layer assembly of MXene and carbon nanotubes on electrospun polymer films for flexible energy storage. Nanoscale, 2018, 10: 6005-6013.

[168] Chang T H, Zhang T, Yang H, Li K, Tian Y, Lee J Y, Chen P Y. Controlled crumpling of two-dimensional titanium carbide (MXene) for highly stretchable, bendable, efficient

supercapacitors. ACS Nano, 2018, 12: 8048-8059.

[169] Zhou Y, Maleski K, Anasori B, Thostenson J O, Pang Y, Feng Y, Zeng K, Parker, S. Zauscher C B, Gogosti Y, Glass J T, Cao C. Ti$_3$C$_2$T$_x$ MXene-reduced graphene oxide composite electrodes for stretchable supercapacitors. ACS Nano, 2020, 14: 3576-3586.

[170] Zhang C, Anasori B, Seral-Ascaso A, Park S H, McEvoy N, Shmeliov A, Duesberg G S, Coleman J N, Gogotsi Y, Nicolosi V. Transparent, flexible, and conductive 2D titanium carbide (MXene) films with high volumetric capacitance. Advanced Materials, 2017, 29: 1702678.

[171] Seyedin S, Yanza E R S, Razal J M. Knittable energy storing fiber with high volumetric performance made from predominantly MXene nanosheet. Journal of Materials Chemistry A, 2017, 5: 24076-24082.

[172] Hu M, Li Z, Li G, Hu T, Zhang C, Wang X. All-solid-state flexible fiber-based MXene supercapacitors. Advanced Materials Technologies, 2017, 2: 1700143.

[173] Wang Z, Qin S, Seyedin S, Zhang J, Wang J, Levitt A, Li N, Haines C, Ovalle-Robles R, Lei W, Gogotsi Y, Baughman R H, Razal J M. High-performance biscrolled MXene/carbon nanotube yarn supercapacitors. Small, 2018, 14: 1802225.

[174] Yu C, Gong Y, Chen R, Zhang M, Zhou J, An J, Lv F, Guo S, Sun G. A solid-state fibriform supercapacitor boosted by host-guest hybridization between the carbon nanotube scaffold and MXene nanosheets. Small, 2018, 14: 1801203.

[175] Zhang J, Seyedin S, Qin S, Wang Z, Moradi S, Yang F, Lynch P A, Yang W, Liu J, Wang X, Razal J M. Highly conductive Ti$_3$C$_2$T$_x$ MXene hybrid fibers for flexible and elastic fiber-shaped supercapacitors. Small, 2019, 15: 1804732.

[176] Levitt A S, Alhabeb M, Hatter C B, Sarycheva A, Dion G, Gogotsi Y. Electrospun MXene/carbon nanofibers as supercapacitor electrodes. Journal of Materials Chemistry A, 2019, 7: 269-277.

[177] He N, Patil S, Qu J, Liao J, Zhao F, Gao W. Effects of electrolyte mediation and MXene size in fiber-shaped supercapacitors. ACS Applied Energy Materials, 2020, 3: 2949-2958.

[178] Yang Q, Xu Z, Fang B, Huang T, Cai S, Chen H, Liu Y, Gopalsamy K, Gao W, Gao C. MXene/graphene hybrid fibers for high performance flexible supercapacitors. Journal of Materials Chemistry A, 2017, 5: 22113-22119.

[179] Lu M, Zhang Z, Kang L, He X, Li Q, Sun J, Jiang R, Xu H, Shi F, Lei Z, Liu Z H. Intercalation and delamination behavior of Ti$_3$C$_2$T$_x$ and MnO$_2$/Ti$_3$C$_2$T$_x$/RGO flexible fibers with high volumetric capacitance. Journal of Materials Chemistry A, 2019, 7: 12582-12592.

[180] Jiang Q, Wu C, Wang Z, Wang A C, He J H, Wang Z L, Alshareef H N. MXene electrochemical microsupercapacitor integrated with triboelectric nanogenerator as a wearable self-charging power unit. Nano Energy, 2018, 45: 266-272.

[181] Kurra N, Ahmed B, Gogotsi Y, Alshareef H N. MXene-on-paper coplanar micro-supercapacitors. Advanced Energy Materials, 2016, 6: 1601372.

[182] Huang H, Su H, Zhang H, Xu L, Chu X, Hu C, Liu H, Chen N, Liu F, Deng W, Gu B, Zhang H, Yang W. Extraordinary areal and volumetric performance of flexible solid-state micro-supercapacitors based on highly conductive freestanding Ti$_3$C$_2$T$_x$ films. Advanced Electronic Materials, 2018, 4: 1800179.

[183] Peng Y Y, Akuzum B, Kurra N, Zhao M Q, Alhabeb M, Anasori B, Kumbur E C, Alshareef H N, Gerc M D, Gogotsi Y. All-MXene（2D titanium carbide）solid-state micro-supercapacitors for on-chip energy storage. Energy & Environmental Science, 2016, 9: 2847-2854.

[184] Li P, Shi W, Liu W, Chen Y, Xu X, Ye S, Yin R, Zhang L, Xu L, Cao X. Fabrication of high-performance MXene-based all-solid-state flexible microsupercapacitor based on a facile scratch method. Nanotechnology, 2018, 29: 445401.

[185] Salles P, Quain E, Kurra N, Sarycheva A, Gogotsi Y. Automated scalpel patterning of solution processed thin films for fabrication of transparent MXene micro-supercapacitors. Small, 2018, 14: 1802864.

[186] Hu H, Bai Z, Niu B, Wu M, Hua T. Binder-free bonding of modularized MXene thin films into thick film electrodes for on-chip micro-supercapacitors with enhanced areal performance metrics. Journal of Materials Chemistry A, 2018, 6: 14876-14884.

[187] Jiao S, Zhou A, Wu M, Hu H. Kirigami patterning of MXene/bacterial cellulose composite paper for all-solid-state stretchable micro-supercapacitor array. Advanced Science, 2019, 6: 1900529.

[188] Jiang Q, Kurra N, Maleski K, Lei Y, Liang H, Zhang Y, Gogotsi Y, Alshareef H N. On-chip MXene micro-supercapacitors for AC-line filtering applications. Advanced Energy Materials, 2019, 9: 1901061.

[189] Qin L, Tao Q, Liu X, Fahlman M, Halim J, Persson P O Å, Rosen J, Zhang F. Polymer-MXene composite films formed by MXene-facilitated electrochemical polymerization for flexible solid-state micro-supercapacitors. Nano Energy, 2019, 60: 734-742.

[190] Xu S, Liu W, Liu X, Kuang X, Wang X. A MXene based all-solid-state microsupercapacitor with 3D interdigital electrode. 2017 19th International Conference on Solid-State Sensors, Actuators and Microsystems（TRANSDUCERS）, 2017, 27: 18-22.

[191] Li H, Li X, Liang J, Chen Y. Hydrous RuO$_2$-decorated MXene coordinating with silver nanowire inks enabling fully printed micro-supercapacitors with extraordinary volumetric performance. Advanced Energy Materials, 2019, 9: 1803987.

[192] Li H, Hou Y, Wang F, Lohe M R, Zhuang X, Niu L, Feng X. Flexible all-solid-state supercapacitors with high volumetric capacitances boosted by solution processable MXene and electrochemically exfoliated graphene. Advanced Energy Materials, 2017, 7: 1601847.

[193] Xu S, Dall'Agnese Y, Wei G, Zhang C, Gogotsi Y, Han W. Screen-printable microscale hybrid device based on MXene and layered double hydroxide electrodes for powering force sensors. Nano Energy, 2018, 50: 479-488.

[194] Couly C, Alhabeb M, Aken K L V, Kurra N, Gomes L, Navarro-Suárez A M, Anasori B, Alshareef H N, Gogotsi Y. Asymmetric flexible MXene-reduced graphene oxide micro-supercapacitor. Advanced Electronic Materials, 2018, 4: 1700339.

[195] Zheng S, Zhang C, Zhou F, Dong Y, Shi X, Nicolosi V, Wu Z S, Bao X. Ionic liquid pre-intercalated MXene films for ionogel-based flexible micro-supercapacitors with high volumetric energy density. Journal of Materials Chemistry A, 2019, 7: 9478-9485.

[196] Zhang C, McKeon L, Kremer M P, Park S H, Ronan O, Seral-Ascaso A, Barwich S, Coileáin C Ó, McEvoy N, Nerl H C, Anasori B, Coleman J N, Gogotsi Y, Nicolosi V. Additive-free MXene

inks and direct printing of micro-supercapacitors. Nature Communications, 2019, 10: 1795.

[197] Orangi J, Hamade F, Davis V A, Beidaghi M. 3D Printing of additive-free 2D Ti$_3$C$_2$T$_x$ (MXene) ink for fabrication of micro-supercapacitors with ultra-high energy densities. ACS Nano, 2020, 14: 640-650.

[198] Yu L, Fan Z, Shao Y, Tian Z, Sun J, Liu Z. Versatile N-doped MXene ink for printed electrochemical energy storage application. Advanced Energy Materials, 2019, 9: 1901839.

[199] Quain E, Mathis T S, Kurra N, Maleski K, Aken K L V, Alhabeb M, Alshareef H N, Gogotsi Y. Direct writing of additive-free MXene-in-water ink for electronics and energy storage. Advanced Materials Technologies, 2019, 4: 1800256.

[200] Zhang C, Kremer M P, Seral-Ascaso A, Park S H, McEvoy N, Anasori B, Gogotsi Y, Nicolosi V. Stamping of flexible, coplanar micro-supercapacitors using MXene inks. Advanced Functional Materials, 2018, 28: 1705506.

[201] Shen B S, Wang H, Wu L J, Guo R S, Huang Q, Yan X B. All-solid-state flexible microsupercapacitor based on two-dimensional titanium carbide. Chinese Chemical Letters, 2016, 27: 1586-1591.

[202] Hu H, Hua T. An easily-manipulated protocol for patterning of MXene on paper for planar micro-supercapacitors. Journal of Materials Chemistry A, 2017, 5: 19639-19648.

第 5 章
MXene 在碱金属离子电池中的应用

5.1 引 言

自工业革命以来，人类对煤、石油、天然气等不可再生能源的需求量急剧增加，化石燃料的大量燃烧使得二氧化碳的排放量剧增，导致全球气候变暖，温室效应加剧。发展电动汽车和可再生能源是我国社会经济发展的重大战略，已被列为国家中长期科技发展规划纲要中重点和优先发展的方向。开发清洁高效的储能技术是推动电动汽车和可再生能源发展的关键，也是实现"碳达峰、碳中和"双碳目标的必然选择。二次电池作为最具发展前景的储能体系，在能量储存与转换的关键环节发挥着重要的作用。

自 1991 年索尼公司推出首个商用可充电锂离子电池以来，锂离子电池就因其高能量密度、宽工作电压窗口、无记忆效应等特点，逐渐成为应用最为广泛的储能器件。2019 年 10 月，由于在锂离子电池领域做出的突出贡献，John B. Goodenough、M. Stanley Whittingham 和 Akira Yoshino 三位科学家共同获得诺贝尔化学奖。锂离子电池的商业化应用，促进了如今智能手机、笔记本电脑、电动汽车等行业的繁荣发展。目前，锂离子电池的能量密度已经达到 300 W·h/kg 以上，远高于传统的铅酸电池和镍氢电池。但便携式电子设备、电动汽车等领域的迅速发展对于锂离子电池的能量密度提出了更高的要求，石墨具有嵌锂电位低、资源丰富、成本低和导电性好等优点，是目前商业化锂离子电池最为常用的负极材料，但其理论比容量仅为 372 mA·h/g，限制了锂离子电池能量密度的进一步提高。各种金属氧化物/硫化物、硅、磷等活性材料的理论比容量较高，但通常存在着导电性差、充放电过程中体积膨胀大导致的循环性能衰减等问题。开发比容量高、循环寿命长、倍率性能优异的电极材料依然是人们不懈努力的方向。

由于锂资源储量有限(地壳中的含量仅为 0.0065%)且地域分布不均(大多分布在南美洲)，新能源汽车产量的迅猛增长导致锂盐的价格波动较大，影响了锂离子电池的进一步发展。此外，全球的锂资源无法有效满足规模储能、智能电网对锂离子电池的巨大需求，因此，迫切需要开发资源广泛、价格低廉的新型二次电池，克服对锂资源的过度依赖。由于钠、钾与锂同处一族，化学性质相似，且资源丰富、价格低廉，与锂离子电池工作原理相似的钠离子电池和钾离子电池逐渐成为国内外研究的热点，近年来取得了迅猛的发展。表 5-1 总结了锂、钠、钾元素的基本物理性质[1,2]，由于钠、钾离子的相对原子质量较锂离子大，且电极电位（分别为 –2.71 V$vs.$ SHE 和 –2.93 V$vs.$ SHE）高于锂离子（–3.04 V$vs.$ SHE），钠/钾离子电池的能量密度难以与锂离子电池抗衡，但低成本的优势使其在规模储能领域具有潜在的应用前景[1,3]。与锂离子电池负极材料类似，基于嵌入机制、合金化机制或转换反应机制的电极材料作为钠/钾离子电池负极材料同样得到了较为广泛的研究。相比于锂离子（0.76 Å），钠离子（1.02 Å）和钾离子具有更大的离子半径（1.38 Å），这为钠/钾离子电池的发展提出了更大的挑战。一方面，一些传统的锂离子电池活性材料无法应用于钠/钾离子电池，如商业化锂离子电池常用的负极材料石墨不能用于储钠。另一方面，大的离子尺寸使得钠/钾离子在电极中的嵌入/脱出过程较为困难、扩散动力学较差，且充放电过程中的体积膨胀较大，影响其循环和倍率性能。因此，发展高性能的电极材料是钠/钾离子电池进一步发展的关键。

表 5-1   锂、钠、钾元素基本物理性质对比[1,2]

元素	原子量	离子半径/pm	密度/(g/cm³)	电极电位($vs.$ SHE)/V	质量比容量/(mA·h/g)	体积比容量/(mA·h/cm³)	地壳丰度/%
锂	6.94	76	0.534	–3.04	3861	2062	0.0065
钠	22.99	102	0.968	–2.71	1166	1128	2.3
钾	39.10	138	0.862	–2.93	685	591	1.5

MXene 材料因其独特的物理化学性质在碱金属离子电池领域具有独特的应用优势。MXene 电导率高，密度可以达到 3 g/cm³ 以上，Li$^+$、Na$^+$、K$^+$可以在 MXene 的片层间快速可逆地嵌入/脱出，因此 MXene 直接用作各种碱金属离子电池的负极材料，具有较高的体积比容量和优异的循环与倍率特性。由于具有独特的二维层状结构和类金属的导电性，MXene 也是一种理想的基底材料。碱金属离子电池常用的各种金属氧化物、硫化物、硅、磷等活性材料的理论比容量较高，但通常存在着导电性差、容量利用率低和充放电过程中体积膨胀大等问题，导致其实际比容量偏低，循环和倍率性能不佳。将这些活性电极材料与 MXene 材料复合，可以有效提高导电性和活性物质利用率并缓冲充放电过程中的体积膨胀，进而获得高性能的复合电极材料，为高性能电极材料的制备提供了新的途径，是当前国内

外研究的热点。

5.2 碱金属离子电池简介

5.2.1 锂离子电池

1. 锂离子电池组成和工作原理

锂离子电池是一种利用 Li^+ 在正负极材料之间的嵌入和脱出进行可逆充放电的二次电池，主要由正极、负极、电解液和隔膜组成。其中，正极主要是含锂化合物，如磷酸铁锂、钴酸锂、锰酸锂、镍钴锰酸锂（NCM）等，负极材料包括石墨、硅碳、硅氧、磷、金属化合物等，电解液由锂盐（如 $LiPF_6$、$LiClO_4$、LTFSI 等）溶解在碳酸乙烯酯（EC）、碳酸丙烯酯（PC）、碳酸二甲酯（DMC）、碳酸二乙酯（DEC）等有机溶剂中组成，隔膜主要为聚乙烯（PE）、聚丙烯（PP）、聚酰亚胺（PI）膜等。

锂离子电池在充放电过程中，Li^+ 在正负极之间往返脱/嵌进行储能，因此锂离子电池又被称为"摇椅电池"，如图 5-1 所示[2]。在充电时，Li^+ 从正极中脱出，经电解液嵌入负极。此时正极处于贫锂状态，负极处于富锂状态，电子经外电路流入负极，保证电极电荷的平衡。在放电时，Li^+ 从负极中脱出，经电解液回到正极。Li^+ 在电池内部移动的同时，电子会在外电路移动，将化学能转变为电能。以磷酸铁锂为正极、石墨为负极为例，电池在充放电过程中的电化学反应过程为

$$正极反应：\quad LiFePO_4 - xLi^+ - xe^- \xrightarrow{\text{充电}} xFePO_4 + (1-x)LiFePO_4 \tag{5-1}$$

$$FePO_4 + xLi^+ + xe^- \xrightarrow{\text{放电}} xLiFePO_4 + (1-x)FePO_4 \tag{5-2}$$

$$负极反应：\qquad xLi^+ + xe^- + 6C \longrightarrow Li_xC_6 \tag{5-3}$$

$$总反应式：\quad LiFePO_4 + 6C \longrightarrow Li_{1-x}FePO_4 + xFePO_4 + Li_xC_6 \tag{5-4}$$

2. 正极材料

正极材料是锂离子电池的重要组成部分，不仅直接作为电极材料参与电化学反应，而且需要作为锂源提供在充放电过程中往返于正负极之间的锂离子。理想的正极材料应该具备以下特点。

（1）工作电压高，保证与负极材料之间具有较大的电位差，且锂离子嵌入时的吉布斯自由能变化小，保证工作电压稳定。

（2）充放电过程中能够可逆嵌入/脱出尽可能多的锂离子，以使电极材料具有较高的比容量。

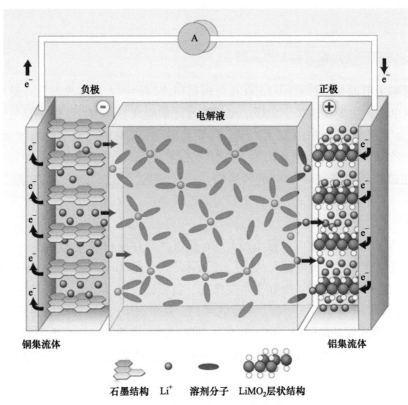

图 5-1　锂离子电池的电化学储能原理[2]

（3）电化学稳定性好，与电解液有良好的相容性，不与电解液发生物理化学反应。

（4）具有较高的电子电导率和离子电导率。

（5）物理化学性质稳定，保证电池良好的可逆性。

（6）价格低廉，无毒，易于制备。

目前，常见的锂离子电池正极材料主要包括磷酸铁锂（LiFePO$_4$）、钴酸锂（LiCoO$_2$）、锰酸锂（LiMn$_2$O$_4$）、三元镍钴锰酸锂（NCM）、富锂锰基正极材料等。表 5-2 列出了部分锂离子电池正极材料的电化学参数[4-6]。

表 5-2　部分锂离子电池正极材料电化学参数[4-6]

正极材料	结构	电导率/(S/cm)	理论比容量/ (mA·h/g)	平均电压 (vs. Li/Li$^+$)/V
LiCoO$_2$	层状结构	10^{-2}	274	3.9
LiNiO$_2$	层状结构	10^{-1}	276	3.8
LiMnO$_2$	层状结构	10^{-5}	286	3.0
LiMn$_2$O$_4$	尖晶石结构	$(2\sim5)\times10^{-5}$	148	4.0
LiNi$_{1/3}$Co$_{1/3}$Mn$_{1/3}$O$_2$	层状结构	5.2×10^{-8}	275	3.8
LiNi$_{0.80}$Co$_{0.15}$Al$_{0.05}$O$_2$	层状结构	—	279	3.8
LiFePO$_4$	橄榄石结构	10^{-9}	170	3.4

3. 负极材料

基于反应机理,锂离子电池负极材料主要分为三类。

1)嵌入机制负极材料

通过嵌入机制进行电化学储锂的负极材料主要有石墨、TiO$_2$、Nb$_2$O$_5$等。这些材料在锂离子的嵌入/脱出过程中晶体结构基本保持不变,因此具有优异的循环性能,部分已经实现商业化应用。

石墨具有嵌锂电位低(<0.2 V vs. Li/Li$^+$)、资源丰富、成本低和导电性好等优点,成为目前商业化锂离子电池最为常用的负极材料。根据来源不同,石墨可分为天然石墨、人造石墨和中间相炭微球。与人造石墨相比,天然石墨比容量高(接近理论比容量),加工性能好,但与电解液相容性差,循环性能不佳。以石墨作为锂离子电池负极,在放电过程中,Li$^+$嵌入石墨层间形成 LiC$_6$ 化合物,理论比容量为 372 mA·h/g。但是,石墨较低的嵌锂电位使其在储锂过程中容易在表面形成较厚的固态电解质界面膜,造成不可逆容量损失。此外,当放电至 0 V 时石墨表面容易发生析锂反应,导致电池发生短路。

钛酸锂(Li$_4$Ti$_5$O$_{12}$)是一种基于相变反应机制的锂离子电池负极材料,其主要性能特点包括:①循环性能好。Li$_4$Ti$_5$O$_{12}$在嵌锂过程中几乎没有体积应变,被称为"零应变材料",因此循环稳定性好。②安全性高。Li$_4$Ti$_5$O$_{12}$的电位平台在 1.55 V(vs. Li/Li$^+$)左右,可避免析锂现象,电池更加安全。③工作温度范围宽。在−50～60℃的范围内均可以进行正常的充放电。④快充性能优异。Li$_4$Ti$_5$O$_{12}$的尖晶石结构具有三维锂离子扩散通道,其锂离子扩散系数远高于石墨负极,可以进行快速的充放电。但 Li$_4$Ti$_5$O$_{12}$同样存在一些缺点,制约着其进一步的应用:①Li$_4$Ti$_5$O$_{12}$的理论储锂比容量较低,仅为 175 mA·h/g,且电位平台高,不利于全电池能量密度的提升;②Li$_4$Ti$_5$O$_{12}$表面无法形成固态电解质界面膜,电解液在 Li$_4$Ti$_5$O$_{12}$表面的反复反应会持续产气，影响 $Li_4Ti_5O_{12}$ 电池的循环寿命；③与石墨相比，$Li_4Ti_5O_{12}$ 的生产成本更高；④$Li_4Ti_5O_{12}$ 的电子电导率较低，倍率性能不佳。

2）合金化机制负极材料

硅、磷、锡等负极材料可以和 Li^+ 离子发生合金化反应，生成相应的含锂合金进行储能，进而表现出较高的理论比容量。其中，硅在储锂过程中理论上可以和 Li^+ 形成 $Li_{4.4}Si$ 合金，表现出 $4200\ mA \cdot h/g$ 的理论比容量，因此硅负极被认为是下一代锂离子电池最有潜力的负极材料。然而，合金化的储锂机制也使得这类材料在嵌锂过程中存在较大的体积膨胀，导致电极发生粉化，电池容量迅速衰减，循环性能不佳[7]。此外，合金类材料的导电性较差，影响其倍率性能。因此，通常采用纳米化和与石墨、碳纳米管等高导电性材料复合等策略改善合金类材料的电化学储锂性能。例如，徐斌等[8]通过高能球磨技术在红磷表面包覆了碳层，构筑了红磷/碳纳米复合材料。碳层与红磷之间形成了 P—O—C 界面键合，缓冲了红磷在储锂时的体积膨胀，改善了复合材料的导电性，使得红磷/碳纳米复合材料表现出较纯红磷显著提高的循环性能和倍率性能。

3）转换反应机制负极材料

转换反应机制负极材料主要包括金属氧化物、金属硫化物、金属硒化物等金属化合物材料，可以和 Li^+ 通过发生氧化还原反应进行储能。在放电过程中，转换反应机制负极材料可以和 Li^+ 形成锂盐和相应的金属单质；在充电过程中，金属单质发生氧化反应形成金属阳离子，进一步和锂盐反应回复到初始状态。由于反应过程中伴随着多个电子的转移，转换反应机制负极材料通常具有较高的理论储锂比容量，如 Fe_3O_4 的理论比容量高达 $926\ mA \cdot h/g$。与合金类材料类似，转换反应机制负极材料同样存在着导电性差和储锂过程中体积膨胀大的问题，通常通过纳米化、复合等途径改善其电化学性能。

5.2.2 钠/钾离子电池

钠离子电池和钾离子电池的工作原理与锂离子电池类似，通过 Na^+/K^+ 在正负极之间的可逆嵌入/脱出进行储能。由于钠、钾和锂处于同一主族，物理化学性质相似，钠离子电池和钾离子电池近年来受到了广泛的关注。

和锂离子电池相比，钠离子电池主要具有以下优势：①钠在地壳中的储量高达 2.3 wt%，钠盐原材料的成本较低；②同等浓度下钠盐电解液的电导率要高于锂盐电解液，因此钠离子电池可以使用低浓度电解液以降低成本；③钠离子电池负极可以使用铝箔作为集流体，不但降低了成本，而且降低了电池体系的质量。但是，由于钠离子的相对原子质量较锂离子大，且其电极电位（–2.71 V *vs.* SHE）高于锂离子(–3.04 V *vs.* SHE)，钠离子电池的质量能量密度要明显低于锂离子电池。因此钠离子电池在电动汽车、便携式可穿戴设备等注重能量密度的领域相比于锂离子电池并无优势，但低成本的优势使其在大规模储能领域具有潜在的应用前景。

高性能电极材料的开发是钠离子电池发展的关键。虽然石墨作为锂离子电池负极材料已经实现了商业化应用，但由于热力学和动力学因素，钠离子无法嵌入石墨的层间，形成稳定的石墨层间化合物，石墨不能储钠。与石墨相比，硬碳微晶结构无序，层间距大，适合钠离子的嵌入/脱出，因此，硬碳材料由于具有高的比容量、优异的循环性能和较低的成本，成为最具前景的钠离子电池负极材料。此外，由于锂和钠物理化学性质类似，大多数的嵌入、合金化或转换反应机制的锂离子电池负极材料同样可以作为钠离子电池负极材料，如基于转化-合金化反应进行储钠的 Sb_2O_3，理论比容量高达 1103 mA · h/g。

由于钾在地壳中的储量较高(1.5 wt%)，且和锂位于同一主族，物理化学性质相似，钾离子电池同样受到了研究者广泛的关注。和钠离子电池相比，钾离子电池主要具有以下优势：①K/K^+ 的标准电极电位为–2.93 V(*vs.* SHE)，高于 Na/Na^+ 的标准电极电位(–2.71 V *vs.* SHE)，因此钾离子电池具有相对更高的工作电压和能量密度；②在碳酸丙烯酯(PC)溶剂中，K^+ 的斯托克斯半径仅为 3.6 Å，远低于 Na^+(4.6 Å)和 Li^+(4.8 Å)，因此，与 Li^+(215.8 kJ/mol)和 Na^+(158.2 kJ/mol)相比，K^+ 的去溶剂化能(119.2 kJ/mol)更弱，K^+ 可以形成更小的溶剂化离子，具有更好的扩散动力学和离子电导率[1,9]。但是，相比于 Li^+(0.76 Å)和 Na^+(1.02 Å)，K^+ 具有更大的离子半径(1.38 Å)，这使得 K^+ 在电极中的嵌入/脱出过程较为困难，扩散动力学较差，这是限制钾离子电池发展的主要因素，寻找高性能钾离子电池负极材料是其进一步发展的关键。

5.3　MXene 在碱金属离子电池中的应用

二维过渡金属碳(氮)化物 MXene 因其独特的物理化学性质在碱金属离子电池领域表现出广阔的应用前景，既可单独用作负极材料，又可与其他各种活性材料复合用作负极材料，引起了研究者的广泛关注。MXene 用作碱金属离子电池负极材料的主要优势如下。

(1)MXene 具有类金属的导电性，且其独特的二维层状结构可以可逆地储存 Li^+、Na^+、K^+ 等多种金属离子，因而具有优异的倍率性能。

(2)MXene 具有较高的比容量。以 Ti_3C_2 MXene 为例，根据密度泛函理论计算，对 Li^+、Na^+、Ca^{2+} 和 K^+ 等金属离子吸附的储能机制使得 Ti_3C_2 可以分别表现出 447.8 mA · h/g、351.8 mA · h/g、319.8 mA · h/g 和 191.8 mA · h/g 的理论

比容量[10]。

(3)MXene 的密度可以达到 3～4 g/cm³，远高于石墨和硬碳等常见负极材料，有利于提高体积比容量。

(4)MXene 表面丰富的端基使其在多种溶剂中具有良好的分散性，便于加工和与其他活性材料复合，制备复合电极材料。

(5)MXene 的二维层状结构具有良好的成膜特性，可以用于构筑柔性电极。

基于以上优势，MXene 在碱金属离子电池领域的应用逐年增加。目前，MXene 在碱金属离子电池领域的应用主要包括以下两方面。

(1)MXene 直接用作碱金属离子电池负极材料。MXene 独特的二维层状结构和类金属的导电性等使其作为碱金属离子电池负极材料时具有较高的理论比容量，如 Ti_3C_2 和 V_2C 的理论储锂比容量分别达到 447.8 mA·h/g 和 940 mA·h/g。然而，和其他二维材料类似，MXene 纳米片层间较强的范德瓦耳斯力使其面临着严重的片层堆叠问题，不仅影响了 MXene 表面活性位点的有效利用，使其实际比容量与理论比容量有较大的差距；而且不利于离子的扩散和电子的快速传输，影响其倍率性能。为了解决 MXene 二维片层存在的易于堆叠的问题，研究人员对 MXene 的形貌结构、表面化学、层间距等的调控进行了系统的研究和优化，以提高 MXene 表面活性位点的利用率，促进离子/电子在 MXene 纳米片表面的传输，从而改善 MXene 作为碱金属离子电池电极材料的电化学性能。

(2)MXene 作为导电基底用于构筑高性能 MXene 基纳米复合材料。MXene 具有类金属的导电性和丰富的表面端基，且在水、N-甲基吡咯烷酮等多种溶剂中分散良好，这使 MXene 可以作为导电基底材料负载硅、金属氧化物等各类高容量活性物质，改善其导电性，缓冲其在储能过程中的体积膨胀，得到高性能 MXene 基纳米复合材料。研究者们探索了各种 MXene 基纳米复合材料的构筑方法，如原位负载法、非原位组装法和物理混合法等。基于上述复合方法，将 SnO_2、MoS_2 等金属化合物材料，硅、磷、锑等合金类材料，石墨烯、CNTs 等碳材料分别与 MXene 材料复合，制备出了一系列 MXene 基复合电极材料，用作碱金属离子电池负极材料表现出较为优异的电化学性能。

5.4   MXene 直接用作碱金属离子电池负极材料

由于具有类金属的导电性、低的离子嵌入/扩散势垒、丰富的表面活性位点以及可调节的层间距和表面特性，MXene 在锂离子电池负极材料方面的应用得到了广泛的关注。以 Ti_3C_2 为例，根据密度泛函理论计算，在储锂过程中 Li 原子吸附在 MXene 表面，每个 Ti_3C_2 两侧最多可以吸附 2.8 个 Li 原子，进而表现出 447.8 mA·h/g 的理论比容量[10]。此外，密度泛函理论计算表明一些 MXene

具有较石墨碳(约 0.3 eV)更低的锂离子扩散势垒，如 Ti₃C₂ 和 V₂C 的锂离子扩散势垒分别仅为 0.07 eV 和 0.045 eV(图 5-2)，表明其具有更快的 Li⁺ 离子传输速率，从而展现出优异的倍率性能[11,12]。

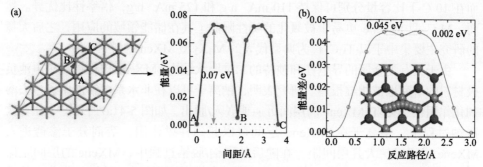

图 5-2　MXene 表面的锂离子扩散势垒曲线及扩散路径：(a) Ti₃C₂、(b) V₂C[11,12]

与 M₃X₂ 和 M₄X₃ 型 MXene 相比，由于 M₂X 型 MXene 的结构中暴露于表面的活性 M 原子的比例更高，因此具有更高的理论比容量。2012 年，Yury Gogotsi 等[13]首次研究了 Ti₂C MXene 的储锂性能。研究表明，Ti₂C MXene 在 1.6 V/2.0 V(vs. Li/Li⁺)表现出一对可逆的嵌锂/脱锂峰，如图 5-3(a)所示。Ti₂C 的峰电位和 TiO₂ 较为类似，这可能是由于电极制备时的热处理过程脱除了 Ti₂C 表面的水分子和部分—OH 端基，使得 Ti₂C 呈现出富氧的表面，因此其储锂机制可能为 $Ti_2CO_x + yLi^+ + ye^- \longrightarrow Li_yTi_2CO_x$。通过充放电曲线可以看出，Ti₂C 在 0.9 V(vs. Li/Li⁺)以下表现出较大的不可逆容量损失，这主要是由电极表面固态电解质膜的形成以及 Ti₂C 表面的—F 和—OH 等端基和电解液之间不可逆的反应所致[图 5-3(b)]。Ti₂C 在 C/10 倍率下循环 5 次后表现出 160 mA·h/g 的可逆比容量，每个 Ti₂C 嵌入约 0.75 个 Li⁺ 离子。

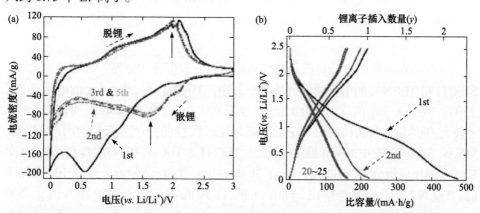

图 5-3　Ti₂C MXene 储锂时的(a)循环伏安曲线和(b)在 C/10 倍率下的充放电曲线[13]

除了 Ti 基 MXene 外，其他类型的 MXene 用于锂离子电池负极也有一些研究。2013 年，Gogotsi 等[14]首次通过氢氟酸刻蚀制备了 Nb_2CT_x 和 V_2CT_x。Nb_2CT_x 和 V_2CT_x 在 1 C 下分别表现出 170 mA · h/g 和 260 mA · h/g 的可逆储锂比容量，而在 10 C 下比容量分别可保持 110 mA · h/g 和 125 mA · h/g，倍率性比优异。然而，M_2C 型 MXene 更易于被氧化的特性限制了其在储能领域的应用，之后大量的研究主要集中于以 $Ti_3C_2T_x$ 为典型代表的 M_3X_2 型 MXene 材料[15]。

由于具有类金属的导电性和独特的二维层状结构，MXene 用作钠离子电池负极材料的研究也被相继报道。研究表明，钠离子可以在非水系电解液中通过去溶剂化作用在 $Ti_3C_2T_x$ MXene 的层间可逆地嵌入/脱出，如图 5-4(a)所示[16]。在首次嵌钠过程中，钠离子在 MXene 层间可以起到柱撑作用，溶剂分子渗透进入 MXene 层间以扩大其层间距。在随后的嵌钠/脱钠过程中，MXene 的层间距保持恒定[图 5-4(b)]，即钠离子的嵌入/脱出不会引起 MXene 结构的变化，使得 MXene 作为电极材料时具有优异的循环稳定性。此外，扩大的层间距有利于钠离子在 MXene 层间的扩散，使其表现出优异的动力学特性，因此 MXene 作为钠离子电池负极材料具有潜在的应用前景。

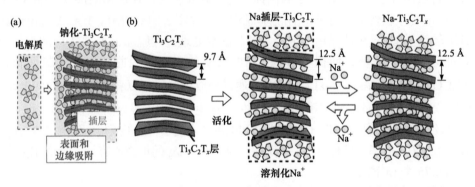

图 5-4   (a)钠离子在 MXene 层间的嵌入机制示意图；(b)$Ti_3C_2T_x$ 在钠离子嵌入/脱出过程中层间距的变化示意图[16]

MXene 在钾离子电池负极材料领域的应用也有报道。Pol 等[17]研究了 $Ti_3C_2T_x$、Nb_2CT_x 和 Ti_3CNT_x 的电化学储钾性能。其中，Ti_3CNT_x 在 20 mA/g 的电流密度下表现出 202 mA · h/g 的首次充电比容量，但首次库仑效率仅为 28.4%。受钾离子的尺寸较大、钾的活性较强和 MXene 表面端基与钾离子之间的不可逆反应等因素的影响，MXene 在储钾过程中的循环稳定性较差，Ti_3CNT_x、$Ti_3C_2T_x$ 和 Nb_2CT_x 在循环 50 次后的可逆比容量分别为 90 mA · h/g、30 mA · h/g 和 30 mA · h/g，经过 100 次循环后，Ti_3CNT_x 的比容量维持在 75 mA · h/g。在 10 mA/g、50 mA/g、200 mA/g、500 mA/g 的电流密度下，Ti_3CNT_x 分别表现出 90 mA · h/g、65 mA · h/g、42 mA · h/g

和 32 mA·h/g 的比容量，倍率性能不佳。为了提高 MXene 材料的储钾性能，需要进一步对其结构和表面化学进行调控。

对于以 MXene 为电极材料的储能器件而言，其电极反应大多发生在 MXene 表面，二维层状结构使得 MXene 存在严重的片层堆叠现象，致密的结构阻碍了电解液的渗透，抑制了电解液与表面活性位点的反应，从而严重影响储能器件的电化学性能。因此 MXene 直接作为电极材料的实际比容量远低于其理论比容量，且表现出较差的动力学特性。为了解决 MXene 二维纳米片易于堆叠的问题，研究者们通过层间距调控、纳米颗粒插层、三维结构构筑等策略对 MXene 的结构进行调控，以改善其电化学性能。

5.4.1　层间距调控

对二维 MXene 纳米片的片层间距进行调控，可以增加离子可及的表面，为锂离子的快速迁移提供通道，促进 MXene 表面活性位点的有效利用，进而改善其电化学性能。周爱国等[18]以二甲基亚砜(DMSO)为插层剂对采用氢氟酸刻蚀制备的多片层"手风琴"状 $Ti_3C_2T_x$ 进行了插层处理，并测试了 DMSO 插层对 $Ti_3C_2T_x$ 的电化学储锂性能的影响。结果表明，经 DMSO 插层后的多片层 $Ti_3C_2T_x$(in-Ti_3C_2)的(002)峰从 8.9°左移至 7.0°，对应的晶格间距从 19.9 Å 扩大至 25.3 Å。晶格间距的增大促进了 MXene 表面活性位点的有效利用，使多片层 $Ti_3C_2T_x$ 的储锂比容量有所提高，如图 5-5 所示。经 DMSO 插层的 $Ti_3C_2T_x$ 在 1.85 V/1.96 V 和 2.35 V/2.44 V 处表现出两对可逆的特征峰，对应于 Li$^+$ 在 $Ti_3C_2T_x$ 层间的嵌入/脱出[图 5-5(a)]。经 DMSO 插层的 $Ti_3C_2T_x$ 在 1 C 倍率下表现出 123.6 mA·h/g 的首次充电比容量，高于未插层的 $Ti_3C_2T_x$(即 ex-Ti_3C_2,107.2 mA·h/g)，并表现出更为优异的循环稳定性，在循环 75 次后比容量维持有 118.7 mA·h/g，容量保持率达到 96%，显著优于未插层的 $Ti_3C_2T_x$(89.7 mA·h/g)。

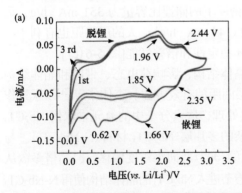
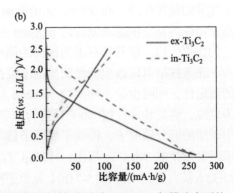

图 5-5　经 DMSO 插层的 $Ti_3C_2T_x$ 作为锂离子电池负极材料时(a)在 0.2 mV/s 扫描速率下的循环伏安曲线和(b)在 1 C 下的首次充放电曲线[18]

刻蚀 MAX 相得到的多片层 MXene 在经过插层处理后，可以通过“手摇”或超声等方式得到单层 MXene 纳米片分散液。和多片层 MXene 相比，单层 MXene 纳米片暴露的活性表面更大，因此单层 MXene 纳米片具有更高的比容量。此外，单层 MXene 纳米片可以通过真空抽滤、刮涂、流延法等技术制备成柔性 MXene 膜电极，有望应用于柔性可穿戴器件，受到了广泛的关注。Gogotsi 等[19]利用 DMSO 对多片层 Ti_3C_2 MXene 进行插层并超声处理，得到了单层或少层 MXene 纳米片分散液，进一步真空抽滤得到了柔性自支撑的 MXene 膜电极。该膜电极在 1 C 倍率下表现出 410 mA·h/g 的比容量，并在 36 C 的高倍率下仍保持有 110 mA·h/g 的比容量。

单片层 MXene 纳米片虽能使其活性位点全都暴露在表面，但是二维片层易于团聚，特别是真空抽滤成膜后，片层的紧密堆叠现象尤为严重，这不仅阻碍了锂离子在 MXene 层间的嵌入/脱出，减少了活性表面，而且会延长离子扩散和电子传输的路径，严重影响了 MXene 膜电极的电化学储锂性能。因此，如何扩大 MXene 的层间距，使活性表面充分暴露并为离子的快速迁移提供通道成为研究的重要方向。

真空抽滤过程中，膜两侧的压差会使得 MXene 纳米片形成致密堆叠的结构。针对这一问题，徐斌等[20]采用自然沉降的方式代替真空抽滤，制得了具有大层间距的柔性 MXene 膜电极，如图 5-6(a)所示。在这一过程中，MXene 分散液中的水在重力的作用下缓慢渗过滤膜，避免了真空抽滤过程中大气和抽滤瓶内部的压差，因此制备的柔性 MXene 膜具有更大的层间距。在自然沉降过程中，MXene 分散液的浓度越低，制得的 MXene 膜的结构越疏松，层间距越大[图 5-6(b)]。当 MXene 分散液的浓度为 0.5 mg/mL 时，通过自然沉降制得的 MXene 膜(Nat-系列)的层间距达到了 14.76 Å，高于通过真空抽滤制得的 MXene 膜电极(Vac-0.5, 14.06 Å)。大的层间距有利于活性表面的暴露，因此自然沉降制备的 MXene 膜表现出了优异的储锂性能，在 30 mA/g 的电流密度下的储锂比容量为 351 mA·h/g，远高于传统的真空抽滤法制备的 MXene 膜(145 mA·h/g)；大的层间距也有利于离子的快速传输，使其具有更为优异的循环稳定性和倍率性能[图 5-6(c)]。

元素掺杂可以改变活性物质的本征晶体结构，影响荷电态、带隙和晶体结构的稳定性，同时也是一种调控 MXene 层间距的有效方法。李伟华等[21]以尿素作为氮源，将其和多片层 Nb_2CT_x 进行水热处理，尿素分子中的氮元素取代 Nb_2CT_x 中碳层的部分碳原子，得到了氮原子掺杂的多片层 Nb_2CT_x 材料($N-Nb_2CT_x$)。与未经氮掺杂的 Nb_2CT_x 相比，$N-Nb_2CT_x$ 的(002)峰向小角度偏移，c 晶格参数从 22.32 Å 扩大至 34.78 Å[图 5-7(b)]。氮原子掺杂进入 Nb_2CT_x 的晶体结构使得 $N-Nb_2CT_x$ 的电导率从未经氮掺杂时的 75 S/m 提高至 920 S/m，有利于改善 Nb_2CT_x 的电化学性能。大的层间距使得氮掺杂 Nb_2CT_x MXene 在 0.2 C 时表现出 360 mA·h/g 的可逆比容量，几乎是未掺杂的 Nb_2CT_x MXene（190 mA·h/g）的两倍，且倍率性能也得到了较大程度的改善。

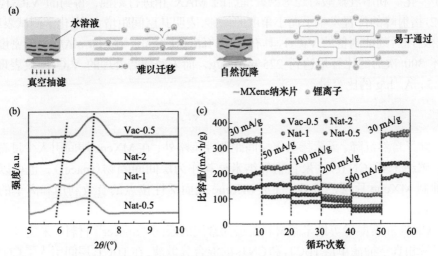

图 5-6 采用自然沉降和真空抽滤法制备的 MXene 膜的(a)离子传输过程的对比、(b)XRD 谱图和(c)倍率性能[20]

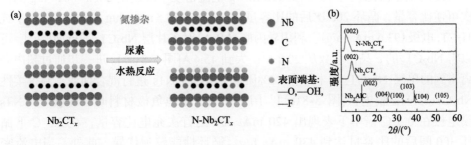

图 5-7 (a)氮原子在 Nb_2CT_x 结构中掺杂的过程示意图；(b) Nb_2CT_x、N-Nb_2CT_x 和 Nb_2AlC 的 XRD 谱图[21]

硫原子掺杂同样可以扩大 MXene 的层间距，改善 MXene 的表面物理化学性质。潘丽坤等[22]以硫脲为硫源，通过高温煅烧将硫原子掺入多片层 $Ti_3C_2T_x$ 的结构中，制备了硫原子掺杂的 MXene 材料。通过 X 射线光电子能谱可以表明，硫原子可以取代 $Ti_3C_2T_x$ 结构中的部分碳原子，并和钛原子形成钛-硫键，有利于提高 MXene 的导电性，改善电解液的浸润性。经硫掺杂后，$Ti_3C_2T_x$ 的层间距从 0.95 nm 扩大到 0.99 nm，暴露出更多的储钠活性位点。硫掺杂 MXene 在 0.1 A/g 的电流密度下循环 100 圈后的比容量达到 183.2 mA·h/g，而在 4 A/g 的电流密度下仍保持有 113.9 mA·h/g，表现出优异的储钠性能。

对前驱体 MAX 相的物性进行调控，也可以调控 MXene 材料的层间距。赵邦传等[23]在空气气氛下以 500 r/min 的转速对 V_4AlC_3 MAX 相进行了球磨处理，发现经 30 h 球磨后的 V_4AlC_3 的 XRD 衍射峰的峰宽变大，峰强减弱，但峰位置没有发生变化。利用氢氟酸对经球磨处理后的 MAX 相进行刻蚀，得到的 $V_4C_3T_x$ 的 (002)衍射峰的位置发生了向小角度的偏移，表明其层间距增大。电化学测试表明，球磨处理后刻蚀制备的 $V_4C_3T_x$ 具有更高的储锂比容量，在 100 mA/g 电流密度下循环 300 次后的比容量达到 225 mA · h/g，而未经球磨处理的 $V_4C_3T_x$ 仅表现出 123.5 mA · h/g 的比容量。

5.4.2   层间插入间隔物

除了自然沉降、元素掺杂等层间距调控策略外，在 MXene 层间引入少量石墨烯、碳纳米管(CNTs)、聚合物等纳米材料作为层间间隔物(spacer)，也可以有效抑制 MXene 片层的堆叠，促进 MXene 表面活性位点的有效利用和离子的快速传输。

CNTs 和石墨烯等纳米碳材料是最为常用的层间"Spacer"材料。朱建锋等[24]通过液相真空抽滤单层 Ti_2CT_x 和CNTs 的混合分散液，在 Ti_2CT_x 层间引入了CNTs，得到 Ti_2CT_x/CNTs 复合材料。当用作锂离子电池负极时，Ti_2CT_x/CNTs 复合材料 (CNTs 的质量占比仅为 10%)在 100 mA/g 电流密度下表现出 208.5 mA · h/g 的首次可逆比容量，循环 200 次后的比容量仍保持有 155.5 mA · h/g，性能显著优于纯 Ti_2CT_x 电极 (93.6 mA · h/g)。利用异丙胺(i-PrA)对多片层 Nb_2CT_x 进行插层[25]，可以将 Nb_2CT_x 的 c 晶格参数从 20.8 Å 扩大到 45.4 Å[图 5-8(a)]。进一步通过超声剥离得到的单层 Nb_2CT_x 纳米片和 10%质量分数的 CNTs 进行混合抽滤，制得柔性 Nb_2CT_x/CNTs 膜电极[图 5-8(c)]。用于锂离子电池负极材料时，Nb_2CT_x/CNTs 膜电极在 0.5 C 倍率下表现出 420 mA · h/g 的首次充电比容量，在 2.5 C 下循环 300 圈后的比容量达到 430 mA · h/g，循环性能较为优异。此外，当电流密度增大至 20 C 时，Nb_2CT_x/CNTs 膜电极仍保持有 160 mA · h/g 的比容量，表现出优异的倍率性能。

Gogotsi 等[26]利用 CTAB 对 CNTs 进行表面修饰，使其表面带有正电荷，随后通过静电作用力将 CNTs 组装在 $Ti_3C_2T_x$ 纳米片表面，并经真空抽滤得到柔性自支撑的 $Ti_3C_2T_x$/CNTs 膜电极。在 $Ti_3C_2T_x$/CNTs 膜电极中，CNTs 的质量占比仅为 10%，其在 $Ti_3C_2T_x$ 纳米片表面的组装不但使得 $Ti_3C_2T_x$ 膜的层间距提高到了 16.4 Å，而且经 CNTs 插层的 MXene 膜的比表面积达到 185.4 m^2/g，远高于纯 MXene 膜(19.6 m^2/g)。因而这种 $Ti_3C_2T_x$/CNTs 膜作为钠离子电池负极材料时表现出了较高的储钠比容量，在 20 mA/g 的电流密度下的体积比容量达到 421 mA · h/cm^3，在 5000 mA/g 的大电流密度下仍能表现出 89 mA · h/cm^3 的比容量。

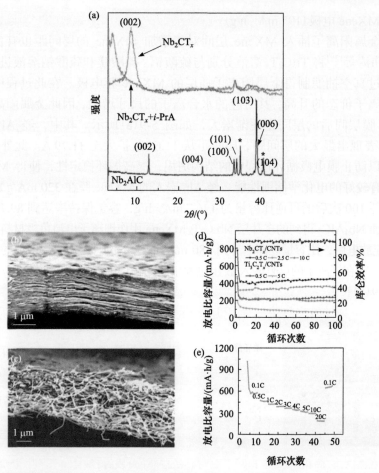

图 5-8　(a)异丙胺插层前后 Nb₂CTₓ 的 XRD 曲线；(b)Nb₂CTₓ 和(c)Nb₂CTₓ/CNTs 膜的 SEM 图；(d)Nb₂CTₓ/CNTs 膜和 Ti₃C₂Tₓ/CNTs 膜储锂时的循环性能；(e)Nb₂CTₓ/CNTs 膜的倍率性能[25]

　　利用高分子或聚合物单体在 MXene 表面的聚合，同样可以起到抑制 MXene
片层堆叠的效果。Gogotsi 等[27]发现，当聚合物单体和 MXene 之间存在电荷转移，
且随着聚合物单体电荷的损失，聚合所需消耗的能量逐渐降低时，聚合物单体可
以在 MXene 表面原位聚合。将 3,4-乙烯二氧噻吩(EDOT)逐滴加入 Ti₃C₂Tₓ 溶液
中，在搅拌过程中 EDOT 单体的电子可以转移到 MXene 上，进而在 MXene 表
面原位聚合，形成 Ti₃C₂Tₓ/PEDOT 复合材料。这种 Ti₃C₂Tₓ/PEDOT 复合材料经
过真空抽滤可以制得柔性复合膜电极，不仅晶格间距(27.4 Å)高于纯 MXene 膜
(26.4 Å)，而且保持 1463 S/cm 的电导率，因而作为锂离子电池负极材料时
表现出了优异的电化学性能。Ti₃C₂Tₓ/PEDOT 膜电极在 100 mA/g 电流密度下
具有 307 mA · h/g 的首次充电比容量，在循环 100 次后比容量保持有 255 mA · h/g，

高于纯 MXene 电极（195 mA·h/g）。

　　将金属阳离子插入 MXene 层间对于增加 MXene 的层间距也有良好的效果。郑伟涛等[28]将 $Ti_3C_2T_x$ 溶液分别与硫酸铝、硫酸镁和硫酸钠溶液进行混合，随后通过真空抽滤制得金属阳离子插层的 MXene 膜电极。在此过程中，随着金属阳离子价态的升高，其对应的水合离子的尺寸增大，因此金属阳离子嵌入 MXene 膜层间后的层间距逐渐增大，如图 5-9(a)所示。其中，经 Al^{3+} 嵌入的 MXene 表现出最大的层间距，层间距从 11.61 Å 扩大至 11.79 Å。此外，Al^{3+} 的嵌入可以防止膜电极循环过程中的结构坍塌，提高循环稳定性，使得 MXene 膜电极具有较好的电化学储锂性能。经 Al^{3+} 嵌入的 MXene 膜在 320 mA/g 的电流密度下循环 100 次后的可逆比容量为 146.7 mA·h/g，容量保持率达到 89.7%。经氢氟酸刻蚀 Nb_4AlC_3 得到的多片层 $Nb_4C_3T_x$ MXene 用作锂离子电池负极材料时，经过 100 次充放电后，比容量逐渐上升到 380 mA·h/g。$Nb_4C_3T_x$ 比容量增加的主要原因是 $Nb_4C_3T_x$ 在锂离子的反复嵌入/脱出过程中层间距逐渐增大，表面活性位点逐渐增多[图 5-9(b)][29]。

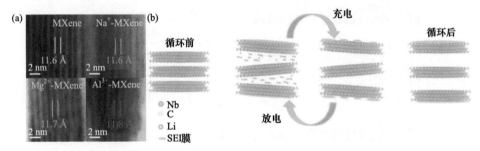

图 5-9　(a)MXene 膜和经 Na^+、Mg^{2+}、Al^{3+}插层的 MXene 膜的 HRTEM 图[28]；(b)$Nb_4C_3T_x$ 经
　　　　　Li^+嵌入/脱出后层间距增加的原理示意图[29]

　　由于 Na^+ 和 Li^+ 相似，对 MXene 材料层间距的调控也可以改善其电化学储钠性能。通过在 MXene 层间插入一些小分子或离子可有效扩大层间距，从而获得更优良的电化学性能。研究表明，将 $Ti_3C_2T_x$ MXene 在 NaOH 溶液中处理后，Na^+ 会嵌入到 $Ti_3C_2T_x$ 纳米片层间形成柱撑效应[30]。如图 5-10 所示，经 Na^+ 嵌入的 $Ti_3C_2T_x$ 的层间距由 0.98 nm 增加到 1.26 nm，层间距的增大使其具有较为优异的储钠性能。在 MXene 层间引入有机小分子 CTAB 也可以有效扩大层间距，改善储钠性能[31]。CTA^+ 在 Ti_3C_2 MXene 层间可以形成柱撑效应，使得 Ti_3C_2 的层间距从 0.98 nm 增加到 2.23 nm。随后再引入硫原子，插层的 Na^+ 会与硫反应进一步扩大 MXene 的层间距。硫原子在 MXene 层间的嵌入使其表现出优异的储钠性能，在 0.1 A/g 时表现出 550 mA·h/g 的比容量，100 次循环后容量仍能保持在 492 mA·h/g。

当电流密度增大至 15 A/g 时,嵌入了硫原子的 MXene 仍能表现出 120 mA · h/g 的比容量。

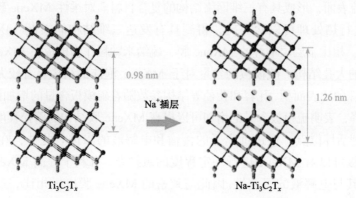

图 5-10　Na⁺ 在 Ti₃C₂Tₓ MXene 层间嵌入前后层间距的变化示意图[30]

5.4.3　构筑三维结构

将二维 MXene 纳米片构筑成三维结构是缓解其片层堆叠的有效途径[32],其优势在于:①三维结构具有较大的比表面积,有利于暴露 MXene 表面的活性位点,使 MXene 表现出较高的比容量;②三维结构可以促进电解液的渗透,缩短离子传输路径,加快离子传输速率;③三维结构具有更为优异的结构稳定性,可以抑制 MXene 的片层堆叠。目前,用于构筑三维结构 MXene 的方法主要包括模板法、溶剂诱导法、冷冻干燥法等。

1. 模板法

模板能够产生具有独特形态和特性的纳米结构,是纳米材料结构控制的重要方法之一。可以用作模板的材料需要具备以下特点:①模板材料的结构可调控,以实现目标结构的合成;②模板具有化学稳定性,一般不和前驱体或产物发生化学反应;③容易去除,经济环保。目前用于制备三维结构 MXene 的模板主要有聚甲基丙烯酸甲酯(PMMA)[33]、聚苯乙烯(PS)[34] 和硫[35]等。

1)硫模板

单质硫价格低廉,可以在较低的温度下升华,并且可以通过控制合成条件来调控其形貌和尺寸,因此单质硫可以作为模板用于构筑三维结构的 MXene。徐斌等[35]以硫代硫酸钠为硫源,利用化学还原法在 MXene 纳米片表面原位生长了硫纳米颗粒,并通过改变原料添加量、反应时间等参数对纳米硫颗粒的生成量进行了调控。将表面生长有纳米硫颗粒的 MXene 分散液进行真空抽滤，制得了硫含量分别为 35.8%、48.1%和 71%的柔性 MXene/硫复合膜。在复合膜中，MXene 纳米片包裹在单质硫表面，形成具有三维网络结构的复合材料。对柔性 MXene/硫复合膜在 300℃下进行热处理可以除去硫，得到具有发达三维结构的柔性 MXene 泡沫（图 5-11）。相比于层层堆叠的 MXene 膜，硫纳米颗粒作为模板在 MXene 膜中引入了大量的大孔结构。硫模板的含量对于 MXene 泡沫的结构有着较大的影响，MXene 泡沫的比表面积、孔容和孔径等结构参数随着硫模板含量的增加而增加，密度逐渐下降，表明硫模板含量的增加可以提高 MXene 膜结构的蓬松程度，进而提供大量储锂活性位点，促进锂离子的传输和电解液的渗透。此外，在热处理过程中硫模板可以对 MXene 进行一定程度的硫掺杂，有利于提高 MXene 的导电性并改善其与电解液的浸润性。因此与致密的 MXene 膜电极相比，三维 MXene 泡沫的电化学储锂性能显著提高。其中，孔结构最为发达的 MXene-3 在 50 mA/g 电流密度下比容量为 455.5 mA · h/g，在 18 A/g 的大电流密度下仍可保持 101 mA · h/g 的比容量，在 1 A/g 时循环 3500 次后的比容量达到 220 mA · h/g，表现出高的比容量、优异的倍率性能和循环稳定性。

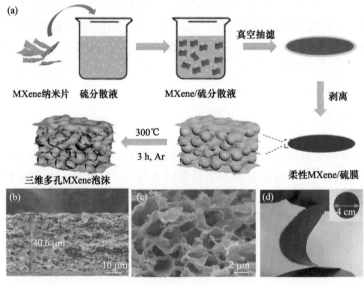

图 5-11　三维多孔 MXene 泡沫的(a)制备示意图，(b，c)SEM 图和(d)柔性照片[35]

2)聚合物微球模板

PMMA、PS 等聚合物微球不但具有均匀的尺寸，而且可以通过高温处理除去，因此可以作为模板用于构筑三维结构 MXene 材料。Yoo 等[36]首先采用十六烷基三甲基溴化铵(CTAB)对 PMMA 微球进行表面修饰，使其表面带有正电荷，随后通过静电作用力将带负电荷的 MXene 包覆在 PMMA 微球表面，经真空抽滤制得 PMMA@MXene 复合膜。在惰性气氛保护下 450 ℃高温处理 PMMA@MXene 复合膜时，PMMA 完全分解为气体并从膜层间逸出，得到具有三维多孔结构的 MXene 膜材料。通过控制 PMMA 的尺寸、质量等参数，可以得到具有不同孔结构的 MXene 膜，如图 5-12 所示。随着 PMMA 模板尺寸的增加，MXene 膜层间的空隙增大，暴露了更多 MXene 表面的储锂活性位点，促进了锂离子在 MXene 膜层间的扩散，以 0.4 μm、2 μm 和 8 μm 尺寸的 PMMA 分别为模板构筑的 MXene 膜的锂离子扩散系数分别达到了 1.84×10^{-13} cm^2/s、5.14×10^{-13} cm^2/s 和 1.92×10^{-12} cm^2/s。此外，高温除模板过程促进了 MXene 表面—OH 端基向—O 端基的转变，有利于锂离子在 MXene 表面的吸附。因此，以 8 μm 的 PMMA 模板构筑的三维多孔 MXene 膜表现出优异的电化学储锂性能，其在 0.01 A/g 的电流密度下表现出 435.4 mA·h/g 的比容量，并在循环 1200 圈后容量没有衰减。

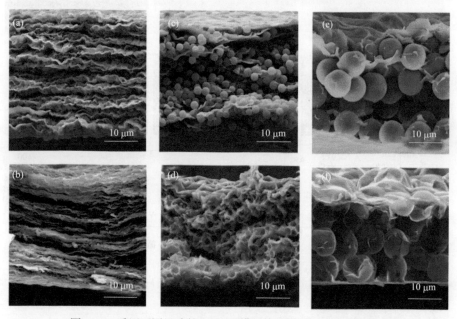

图 5-12　采用不同尺寸的 PMMA 模板构筑得到的 MXene 膜[36]

(a, b)0.4 μm；(c, d)2 μm；(e, f)8 μm

以 PMMA 为模板构筑三维结构同样可以改善 MXene 的电化学储钠性能。Gogotsi 等[33]以球形 PMMA 为模板，将其和 Ti$_3$C$_2$T$_x$、V$_2$CT$_x$ 或 Mo$_2$CT$_x$ 经液相混合-真空抽滤-模板去除工艺，制得了多种由三维大孔 MXene 构筑的柔性 MXene

膜电极，如图 5-13（a）～（c）所示。通过改变 PMMA 的尺寸、质量占比等参数，可以对 MXene 空心球的结构进行调控。其中，当 PMMA 的尺寸约为 2 μm，质量占比为 80%时，MXene 具有较为完整的空心球结构。和真空抽滤 MXene 纳米片制备的致密 MXene 膜（3.8 g/cm³）相比，这种三维大孔 MXene 空心球组成的膜电极的密度较低，如 Ti$_3$C$_2$T$_x$ 空心球的密度仅为 0.4 g/cm³，表明其具有更加暴露的活性表面，且疏松的结构有利于电解液的渗透和离子的扩散。此外，三维大孔 Ti$_3$C$_2$T$_x$ 空心球的电导率达到 200 S/cm，远高于三维石墨烯膜（12 S/cm）。独特的结构使得这种由三维大孔 MXene 空心球组成的柔性膜展现出良好的电化学性能，三维大孔 Ti$_3$C$_2$T$_x$、V$_2$CT$_x$ 和 Mo$_2$CT$_x$ 薄膜电极在 0.25 C 的电流密度下分别表现出 330 mA·h/g、340 mA·h/g 和 370 mA·h/g 的可逆比容量，在 2.5 C 进行 1000 次循环后，三维大孔 Ti$_3$C$_2$T$_x$、V$_2$CT$_x$ 和 Mo$_2$CT$_x$ 薄膜分别维持有 295 mA·h/g、310 mA·h/g 和 290 mA·h/g 的比容量，表现出良好的循环稳定性[图 5-13（d,e）]。

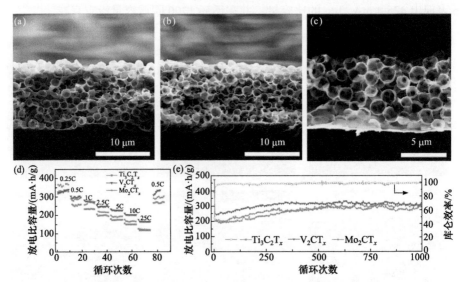

图 5-13　以 PMMA 为模板构筑的三维大孔 MXene 膜的形貌与电化学储钠性能[33]
（a）Ti$_3$C$_2$T$_x$、（b）V$_2$CT$_x$ 和（c）Mo$_2$CT$_x$ 的截面 SEM 图；Ti$_3$C$_2$T$_x$、V$_2$CT$_x$ 和 Mo$_2$CT$_x$ 的（d）倍率性能和（e）循环性能

2. 溶剂诱导法

由于 MXene 表面含有丰富的含氧端基，在水溶液中其表面呈负电荷的状态，片层间的静电斥力使其可以均匀地分散在水溶液中。当 MXene 纳米片层间的静电平衡被破坏后，MXene 纳米片会因其较大的表面能而絮凝，形成"纸团"状的褶皱结构。杨全红等[37]利用 KOH 降低了 MXene 纳米片之间的静电斥力，促进了

MXene 纳米片"面对面"的排列，并以 rGO 为骨架构筑了具有局部层状结构的多孔 MXene(K-PMM)，如图 5-14(a)所示。根据谢乐公式和布拉格方程，K-PMM 中局部排列的 MXene 层数约为 9 层。这种局部排列的结构和多孔网络的构筑使得 K-PMM 具有优异的储钠性能，其在 50 mA/g 的电流密度下表现出 195 mA·h/g 的比容量，当电流密度增大至 5000 mA/g 时具有 43% 的容量保持率。此外，循环过程中钠离子不断地嵌入/脱出使得 K-PMM 的层间距逐渐增大，进而出现容量逐渐增加的现象[图 5-14(b)]，其在 100 mA/g 下循环 1500 次后表现出 188 mA·h/g 的比容量，容量保持率达到 114%。通过调节 MXene 纳米片分散液的 pH，可以制备得到褶皱 MXene 纳米片，用于缓解 $Ti_3C_2T_x$ 在储钠过程中的自堆叠现象。Barsoum 等[38]分别用 LiOH、NaOH、KOH 和 TBAOH 等碱性溶液处理 $Ti_3C_2T_x$ 分散液，MXene 纳米片会由于层间静电斥力的减弱而絮凝在一起，得到三维多孔 $Ti_3C_2T_x$ 网络。其中，采用 LiOH 处理得到的三维 MXene 表现出最好的电化学性能，在 0.1A/g 的电流密度下循环 300 次后的容量达到 160 mA·h/g。除了用碱溶液处理之外，通过酸溶液处理也可以制备三维多孔 MXene。盐酸的引入同样可以降低 MXene 纳米片层间的静电斥力，使得 MXene 纳米片发生絮凝。以酸诱导的三维多孔 MXene 用作钠离子电池负极时在 20 mA/g 的电流密度下表现出 250 mA·h/g 的比容量，在 500 mA/g 下比容量维持在 120 mA·h/g[39]。

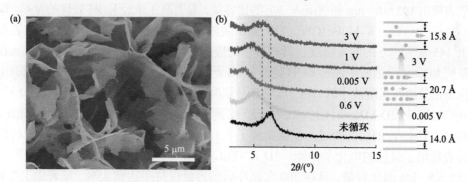

图 5-14　(a)K-PMM 的 SEM 图；(b)K-PMM 电极在第二次循环过程中于不同电压下的非原位 XRD 谱图以及相应的层间距变化示意图[37]

构建三维结构 MXene 可以暴露更多的表面活性位点，促进钾离子在 MXene 层间的嵌入/脱出，进而提高 MXene 的电化学储钾性能。吴忠帅等[40]将多片层 $Ti_3C_2T_x$ 纳米片加入高浓度 KOH 水溶液中进行搅拌，KOH 可以对 $Ti_3C_2T_x$ 纳米片进行剪切，获得具有团簇结构的三维 MXene 纳米带(图 5-15)。层间距的扩大以及三维团簇结构的构筑使得这种三维 MXene 纳米带用作钾离子电池负极材料时表现出显著提高的电化学性能，在 20 mA/g 的电流密度下具有 136 mA·h/g 的比容量，在 200 mA/g 的电流密度下循环 500 次后，可保持 42 mA·h/g 的比容量。

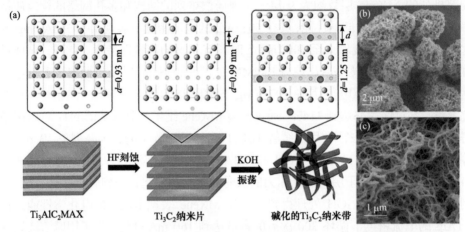

图 5-15　碱化 MXene 纳米带的(a)制备示意图和(b，c)SEM 图[40]

Alshareef 等[41]利用 KOH 溶液对多片层 V_2CT_x 进行处理，K^+ 在 V_2CT_x 层间的嵌入扩大了其层间距，得到了孔结构更为发达的多片层 V_2CT_x 材料(K-V_2C)。K-V_2C 在用作钾离子电池负极材料时，在 50 mA/g 和 3000 mA/g 的电流密度下可以分别表现出 195 mA·h/g 和 70 mA·h/g 的比容量，显著高于未经 KOH 处理的 V_2C。以 K-V_2C 为负极，$K_xMnFe(CN)_6$ 为正极组装的钾离子电容器在 112.6 W/kg 时表现出 145 W·h/kg 的能量密度，具有潜在的应用前景。类似地，汪国秀等[42]首先在单层 MXene 分散液中加入 KOH 进行 K^+ 离子预插层，随后加入 NH_4HCO_3 通过静电作用使分散在水溶液中的 $Ti_3C_2T_x$ 纳米片絮凝，形成 K^+ 预插层的三维结构(3D K^+-$Ti_3C_2T_x$)。与 2D-MXene(1.15 nm)和未经 K^+ 离子预插层的 3D $Ti_3C_2T_x$(1.29 nm)相比，3D K^+-$Ti_3C_2T_x$ 的层间距进一步提高到了 1.31 nm，因此作为钾离子电池负极材料时表现出了最佳的电化学性能。3D K^+-$Ti_3C_2T_x$ 在 50 mA/g 的电流密度下表现出 252 mA·h/g 的比容量，且在 300 次循环后的容量保持率达到 85%，显著优于 2D-MXene(69%)和 3D $Ti_3C_2T_x$(60%)。

3. 冷冻干燥法

冷冻干燥也称升华干燥，可看作是冰模板法。将含水的物料冻结在冰点以下形成冰晶，然后真空环境下使冰直接升华为蒸汽去除，冰晶占据的空间形成孔结构。杨建等[43]将 Ti_3CNT_x 纳米片胶体溶液进行冷冻干燥，得到的 Ti_3CNT_x 粉末具有松散的结构，在纳米片之间形成了大量孔隙，避免了 Ti_3CNT_x 纳米片的堆叠，有利于 MXene 表面活性位点的充分利用和电解液浸润性的改善。与直接抽滤制备的 Ti₃CNT$_x$ 膜相比，冷冻干燥法制备的 Ti₃CNT$_x$ 具有更优异的电化学性能，在 0.5 A/g 电流密度下循环 1000 次后的比容量可达到 300 mA·h/g。通过控制 MXene 分散液的 pH 和冷冻方式，可以对 MXene 的三维结构进行调控。阎兴斌等[44]将 Ti₃C₂T$_x$ 分散液的 pH 调整到 10，并通过液氮速冻-冷冻干燥过程制备了具有纳米卷状结构的三维 Ti₃C₂T$_x$ 材料，如图 5-16(a)、(b)所示。与 Ti₃C₂T$_x$ 纳米片相比，Ti₃C₂T$_x$ 纳米卷的(002)特征峰从 7.52°左移至 6.72°，对应的层间距从 11.74 Å 扩大到了 13.14 Å。开放的纳米卷状结构使其在 100 mA/g 和 5000 mA/g 电流密度下分别具有 226 mA·h/g 和 89 mA·h/g 的比容量，在 400 mA/g 电流密度下循环 500 次后的容量保持率达到 81.6%[图 5-16(c)、(d)]。

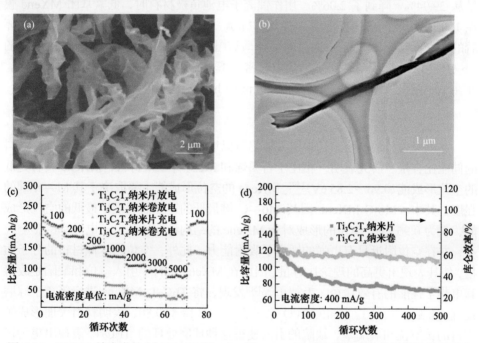

图 5-16　Ti₃C₂T$_x$ 纳米卷的(a)SEM 和(b)TEM 图；Ti₃C₂T$_x$ 纳米卷和纳米片用作锂离子电池负极材料时的(c)倍率性能和(d)循环性能[44]

　　曹殿学等[45]将 MXene 分散液雾化成小液滴，随后通过液氮速冻-冷冻干燥工艺将二维 MXene 纳米片转变为三维大孔 Ti₃C₂T$_x$ 球/管和三维 Ti₂CT$_x$ 微孔管。大孔球/管状结构的构筑使得三维 Ti₃C₂T$_x$ 具有良好的抗堆叠特性，其比面积达到 32.3 m²/g，高于二维堆叠的 MXene 材料(4.7 m²/g)。作为钾离子电池负极材料时，三维大孔 Ti₃C₂T$_x$ 球/管在 50 mA/g 和 2000 mA/g 的电流密度下分别表现出 209 mA·h/g 和 88 mA·h/g 的比容量，在 1 A/g 下循环 10000 次后的比容量维持在 122 mA·h/g，容量保持率达到 116%，表现出优异的循环和倍率性能。

5.4.4 其他

1. 官能团调控

由于 MXene 的表面端基对其导电性、亲水性、机械性能等物理化学性质有着重要的影响，因此这些端基也影响着 MXene 的储锂性能。研究表明，—O 端基有利于 MXene 对于锂离子的存储，而—OH 和—F 会导致较低的容量并阻碍锂离子的传输[12,46]，但目前还没有很好的方法可以定量控制 MXene 表面端基的分布。郑伟涛等[47]将多片层 Ti$_3$C$_2$T$_x$ 在 500℃的氢气气氛下退火，然后通过超声处理制备了低氟端基含量的柔性 MXene 膜。通过高温退火，多片层 Ti$_3$C$_2$T$_x$ 表面 F 含量从 29.94%下降到了 2.06%。用作锂离子电池负极材料时，低氟基团 MXene 膜在 100 mA/cm^3 的电流密度下具有 123.7 mA·h/cm^3 的体积比容量，经 100 次循环后的容量保持率为 75%。通过路易斯酸熔融盐刻蚀法可以制备出富—O 端基的 Nb$_2$CT$_x$ MXene，其在 0.05 A/g 的电流密度下可以表现出 330 mA·h/g 的比容量，并在 10 A/g 的大电流密度下保持有 80 mA·h/g 的比容量[48]。

2. 引入缺陷

在电极材料的晶格结构中引入缺陷可以增加额外的储能活性位点，提高材料的储能比容量。研究表明，相比于石墨烯和 MoS$_2$ 等二维材料，MXene 具有更低的空位形成能(0.96~2.85 eV)[49]。MXene 的空位形成能主要取决于其 M—X 键的强度，其中，Mo$_2$C MXene 因其 Mo—C 键最低的键强而表现出最低的空位形成能，仅为 0.96 eV。空位的形成对于 MXene 的结构稳定性和电子电导率的影响较小，并在空位附近具有更强的锂离子吸附能力。此外，空位会降低材料的分子质量，使其表现出更高的理论比容量，因此在 MXene 材料中引入空位和缺陷是改善其电化学性能的有效途径。毛智勇等[50]发现，将 Ti$_3$C$_2$T$_x$ MXene 进行等离子球磨处理 6 h 后，Ti$_3$C$_2$T$_x$ 表面的 Ti/O 原子比从 1.43 降至 0.80，表明材料表面形成了丰富的钛空位和氧端基。缺陷的引入使得这种球磨处理的 Ti$_3$C$_2$T$_x$ 表现出更为优异的电化学储锂性能，其在 100 mA/g 的电流密度下表现出 217.6 mA·h/g 的比容量，循环 400 次后维持有 242.0 mA·h/g 的比容量，显著优于未经球磨处理的 Ti$_3$C$_2$T$_x$(166.6 mA·h/g)。

5.5 MXene 基复合材料用于碱金属离子电池

MXene 直接用作碱金属离子电池负极材料，虽然具有较好的倍率和循环性能，但存在二维结构堆叠、容量较低等问题。由于具有独特的二维层状结构、类金属的导电性、丰富的表面端基以及优异的亲水性，MXene 可以作为导电基底材料，负载过渡金属化合物、合金类材料、碳材料等各类活性物质，构筑 MXene 基纳米复合材料。特别是，MXene 丰富的表面端基及优异的亲水性为各类活性物质的简便高效负载提供了可能。基于转化或合金化的储能机制，过渡金属化合物和合金类活性材料的理论比容量较高，但通常存在着导电性差、电化学反应过程中体积膨胀大等缺点，因而循环稳定性和倍率性能不佳。以 MXene 作为导电基底，可以抑制高容量活性物质在充放电过程中的体积膨胀，改善材料的循环稳定性，此外，MXene 类金属的导电性还可以提高复合材料的电导率，改善其倍率性能。目前，以 MXene 为导电基底已经实现了过渡金属氧化物(TMOs)、过渡金属硫族化合物(TMDCs)、硅、磷、碳材料、聚合物等多种活性物质的负载，用作碱金属离子电池电极材料时表现出了优异的电化学性能。由于电极材料的结构对其电化学性能具有较大的影响，而电极材料的结构设计主要取决于制备方法，因此本小节一方面介绍了 MXene 基复合材料的各种结构设计和构筑方法，另一方面介绍了各类 MXene 基复合材料及其在锂/钠/钾等碱金属离子电池领域的应用。

5.5.1　MXene 基复合材料的构筑方法

1. 原位合成法

原位合成法是指在一定条件下，通过化学反应直接在 MXene 表面生成活性材料，从而构筑 MXene 基复合材料的一种方法。在 MXene 表面原位制备复合材料时，由于 MXene 和活性材料之间通常以化学键连接，两相界面的结合较为紧密，因此通过原位合成法制备的 MXene 基复合材料通常具有优异的电化学性能。目前，常用的用于制备 MXene 基复合材料的原位合成法主要包括原位转化法、水热/溶剂热法、高温煅烧法等。

1) 原位转化法

由于表面端基的存在和刻蚀过程中形成的原子缺陷，MXene 表面的 M 金属原子表现出较高的反应活性，容易通过氧化、硫化等过程转化为其他物质，进而延伸至整个 MXene 表面。因此，直接将 MXene 表面的部分 M 金属原子转变为金属化合物，是一种构筑 MXene/金属化合物复合材料的简单、有效的方法。

(1) 原位氧化构筑 MXene/金属氧化物复合材料。

朱建峰等[51]将多片层 Ti_3C_2 分散液在室温下进行搅拌，MXene 会由于结构的不稳定性而发生缓慢的氧化，形成 Ti_3C_2/TiO_2 纳米复合材料。结果表明，分散介质的 pH、搅拌时间等参数对于产物的形貌有着较大的影响(图 5-17)。在中性条件下，MXene 部分氧化形成 TiO_2 纳米颗粒，均匀分布在 MXene 纳米片表面，随着搅拌时间的增加，MXene 表面 TiO_2 纳米颗粒的尺寸和数量逐渐增加；在碱性条件下，MXene 首先被碱切割成纳米线，随后发生氧化，形成 Ti_3C_2/TiO_2 纳米线复合材料。当 NaOH 浓度为 1 mol/L 时，TiO_2 纳米线主要生长在 Ti_3C_2 纳米片边缘，浓度增加至 2 mol/L 后，TiO_2 纳米线均匀地分布在 Ti_3C_2 纳米片表面。

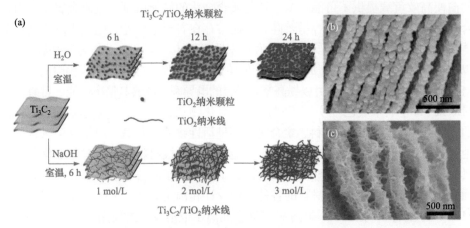

图 5-17   (a) Ti_3C_2 原位氧化制备 Ti_3C_2/TiO_2 复合材料的过程示意图；(b) 中性环境形成的 Ti_3C_2/TiO_2 纳米颗粒复合材料和 (c) 碱性条件形成的 Ti_3C_2/TiO_2 纳米线复合材料的 SEM 图[51]

氧化剂的引入可以加快 MXene 的氧化过程。例如，具有强氧化性的 H_2O_2 在室温下可以对 HF 刻蚀的 Ti_2C MXene 进行部分氧化，制备得到 TiO_2/Ti_2C 复合材料。这一氧化过程的具体反应如下[52]：

$$aTi_2CT_x + H_2O_2 \longrightarrow bTiO_2 + (1-b)Ti_2CT_x + CO_y \quad (5\text{-}5)$$

通过控制氧化剂的浓度和反应时间，可以调控 TiO_2 的尺寸、含量和形貌。当反应时间为 5 min 时，TiO_2 在 Ti_2C 表面均匀成核生长，其尺寸约为 10 nm；当反应时间增长至 5 h 时，Ti_2C 纳米片完全转变为锐钛矿型 TiO_2，且 TiO_2 的尺寸增大至 $20\sim100$ nm。经 H_2O_2 处理 5 min 制得的 TiO_2/Ti_2C 复合材料的比表面积达到 58 m^2/g，是 Ti_2C MXene 的 5 倍左右，具有更加暴露的活性表面。TiO_2/Ti_2C 复合材料在 100 mA/g、500 mA/g 和 1000 mA/g 的电流密度下循环 50 次后的比容量分别达到 389 mA·h/g、337 mA·h/g 和 297 mA·h/g，而在 5000 mA/g 下仍维持有 150 mA·h/g 的比容量，表现出优异的电化学储锂性能

对 MXene 材料进行热处理，如水热反应[53,54]和高温退火[56,57]，同样可以加速 MXene 的氧化过程。张庆安等[54]以多片层 Ti_3C_2 MXene 为前驱体，通过水热反应制备了 TiO_2/Ti_3C_2 纳米复合材料。多片层 MXene 作为基底材料使得复合材料同样表现出"手风琴"状结构，TiO_2 纳米颗粒均匀分布在 MXene 表面。MXene 作为"核"保证了复合材料中电子的快速传输，避免了 TiO_2 纳米颗粒的团聚，有利于表面活性位点的有效利用。此外，生成的 TiO_2 纳米颗粒也可以起到"层间间隔物"的作用，扩大 MXene 的层间距。因此 TiO_2/Ti_3C_2 纳米复合材料在作为锂/钠离子

电池负极材料时表现出了优异的电化学性能。另外，由于苯胺在水热环境下会发生氧化聚合反应，通过对 MXene 和苯胺的混合物进行水热反应可以制得具有分级结构的 PANI@TiO$_2$/Ti$_3$C$_2$T$_x$ 三元复合物，三个组分之间的协同效应使得复合材料表现出优异的电化学性能[55]。

张登松等[56]在氩气气氛保护下于 550 ℃将 Ti$_3$C$_2$T$_x$/GO 复合材料热处理 2 h，得到了具有"三明治"结构的 Ti$_3$C$_2$/TiO$_2$/rGO 复合材料。在高温环境下，GO 和 Ti$_3$C$_2$T$_x$ 表面丰富的含氧端基及其层间的水分子使得 Ti$_3$C$_2$T$_x$ 部分氧化为 TiO$_2$ 纳米颗粒。rGO 和 TiO$_2$ 纳米颗粒作为骨架可以扩大 Ti$_3$C$_2$T$_x$ 的层间距，抑制其片层堆叠，促进锂离子的扩散和电极过程动力学。因此 Ti$_3$C$_2$/TiO$_2$/rGO 复合材料作为锂离子电池负极材料时，其比容量和倍率性能显著提高。此外，孙淑敏等[57]首先用 TMAOH 对多片层 MXene 进行插层处理，然后在 400 ℃的氮气氛围下对经 TMAOH 插层的 MXene 高温处理 2 h，得到了层间距扩大的 TiO$_2$/Ti$_3$C$_2$ 复合材料，用作钠离子电池负极材料时表现出了优异的电化学性能。

除了钛基 MXene 外，基于其他 M 基过渡金属原子的 MXene 也可以通过氧化过程制得相应的金属氧化物/MXene 纳米复合材料。张传芳等[58]在 850 ℃的二氧化碳氛围中对 Nb$_4$C$_3$T$_x$ 粉末进行高温煅烧，制备了具有层状结构的 Nb$_4$C$_3$T$_x$/Nb$_2$O$_5$ 复合材料。在这一过程中，Nb$_4$C$_3$T$_x$ 可以和 CO$_2$ 反应形成 Nb$_2$O$_5$ 和无定形碳材料，即 Nb$_4$C$_3$T$_x$ + 5CO$_2$ $\longrightarrow$ 2Nb$_2$O$_5$ + 8C。其中，氧化制得的 Nb$_2$O$_5$ 以纳米颗粒的形式均匀地负载在 MXene 薄片上，其循环稳定性和倍率性能都得到了显著提升。

在众多 MXene 基衍生物中，将 MXene 部分氧化以构筑金属氧化物/MXene 复合材料是研究最为广泛的方法。除此之外，氯化[59]、硫化[60]、氮化[61]、氟化[62]等策略也可以应用于 MXene 材料的原位转化，制备相应金属化合物/MXene 复合材料。

(2)原位硫化构筑 MXene/金属硫化物复合材料。

Gogotsi 等[60]以硫粉为硫源，将其和 Mo$_2$TiC$_2$T$_x$ MXene 进行混合，随后在氩气气氛的保护下进行高温煅烧，Mo$_2$TiC$_2$T$_x$ 表面的部分 Mo—O 键会原位转变为 Mo—S 键，使得部分钼原子转变为 MoS$_2$ 材料，进而制得了具有三维开放结构的 MoS$_2$/Mo$_2$TiC$_2$T$_x$ 异质结构(图 5-18)。与 MoS$_2$ 相比，MoS$_2$/Mo$_2$TiC$_2$T$_x$ 异质结构具有以下优势：①MoS$_2$ 通过化学键合紧紧地结合在 Mo$_2$TiC$_2$T$_x$ 表面，有利于改善其循环性能；②Mo$_2$TiC$_2$T$_x$ 作为导电基底可以改善复合材料的导电性，促进电子在异质界面的传输；③异质界面对于锂离子的吸附能力更强；④Mo$_2$TiC$_2$T$_x$ 表面的含氧端基对 Li$_2$S 中间产物具有更强的吸附能力，有利于改善复合材料的库仑效率和循环稳定性。基于以上优势，MoS$_2$/Mo$_2$TiC$_2$T$_x$ 异质结构表现出较 MoS$_2$ 电极显著提高的电化学储锂性能。但相对于氧化过程来说，硫化过程更为复杂，不但需要采用一定的方法将额外的硫去除，而且硫化过程中容易产生硫化氢等有毒气体，在实验过程中应注意通风与防护。

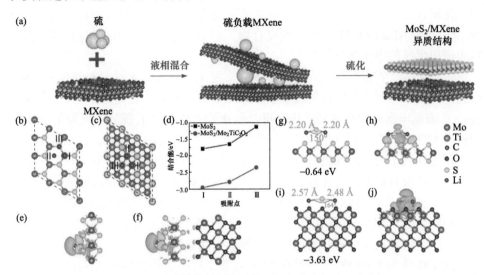

图 5-18　(a) MoS₂/Mo₂TiC₂Tₓ 异质结构的制备示意图；锂在 (b) MoS₂ 和 (c) MoS₂/Mo₂TiC₂O₂ 表
面的吸附位点；(d) 锂在 MoS₂ 和 MoS₂/Mo₂TiC₂O₂ 表面的结合能；锂离子在 (e) MoS₂ 和 (f)
MoS₂/Mo₂TiC₂O₂ 上的电荷密度状态；Li₂S 在 (g) MoS₂ 和 (i) MoS₂/Mo₂TiC₂O₂ 表面最稳定的吸
附状态和结合能；Li₂S 在 (h) MoS₂ 和 (j) MoS₂/Mo₂TiC₂O₂ 表面的电荷密度状态[60]

　　由于 MXene 中的 M 相为前过渡金属，其中一些过渡金属(如 V 和 Mo)的化合
物通常可以提供高的比容量，因此从这些非钛基 MXene 出发有望构筑得到高性能的
金属化合物/MXene 复合材料。MXene 衍生物的结构取决于氧/硫/氯/氟化程度，因此
必须选择适当的处理方法和条件以优化所制备的金属化合物/MXene 复合材料的电
化学性能。温和的氧化方法(如 CO₂ 氧化)更有可能制备得到氧化度较低的 MXene
衍生物，而完全氧化得到的过渡金属氧化物通常电导率低，影响电化学性能。

　　2) 水热法

　　水热法是一种在高温高压的环境下，以水作为溶剂、粉体经溶解和再结晶的
材料制备方法。对于纳米材料来说，水热法由于具有对封闭系统中的强溶剂介质
的高度控制扩散性，可以制备出高纯度、粒径分布窄、晶体结构对称以及具有独
特形貌的材料，并具有能耗低、反应快的优点[63]。

　　水热法是制备 MXene 基复合材料最为常见的方法之一。通常 MXene 表面的
负电荷会吸附金属阳离子将其锚定在表面，进而在水热环境下在 MXene 表面原
位生成活性材料。这些通过水热反应生成的活性材料主要是金属化合物，包括过
渡金属氧化物、过渡金属硫化物等。例如，陈人杰等[64]以乙酰丙酮钒为钒源，利
用水热法在 MXene 纳米片表面原位生成了 VO₂，构筑了具有三维花状结构的

MXene/VO$_2$复合材料。MXene 作为导电基底不但改善了复合材料的导电性，而且缓冲了 VO$_2$ 在充放电过程中的体积膨胀。此外，三维结构的构筑可以进一步抑制 VO$_2$ 的体积应变，使得该复合材料用作钠离子电池负极材料时表现出优异的电化学性能。徐茂文等[65]通过水热反应在 MXene 表面均匀地生长了 CoS 纳米颗粒，和 CoS 电极相比，以 MXene 作为导电基底使得 MXene/CoS 复合材料的循环稳定性和倍率性能都得到了显著提升。

　　但是，MXene 不稳定的结构使其在水热过程中容易发生氧化，因此通常需要在反应釜内通入惰性气体进行保护，或者加入碳材料等保护性的物质以避免 MXene 的氧化。例如，在 MXene 材料的水热过程中引入葡萄糖后，葡萄糖分子可以和 MXene 的含氧端基形成氢键，吸附在 MXene 表面以降低其表面自由能[66]。同时，水热过程中葡萄糖在 MXene 表面发生分子间聚合，通过高温碳化可以在 MXene 表面包覆一层导电炭层，如图 5-19(a)所示。导电炭层起到物理屏障的作用，可以避免氧向 MXene 晶体结构的扩散。基于这一策略，可以进一步向 MXene/葡萄糖体系中加入各类活性物质的前驱体，构筑纳米复合材料。例如，在 MXene/葡萄糖体系中加入(NH$_4$)$_6$Mo$_7$O$_{24}$·4H$_2$O 和硫脲分别作为钼源和硫源，通过水热反应可以构筑得到具有分级结构的 MoS$_2$/Ti$_3$C$_2$-MXene@C 复合材料[图 5-19(b)]。

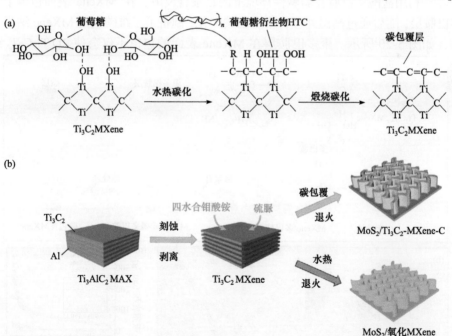

图 5-19　(a)通过葡萄糖衍生碳层包覆策略提高 Ti$_3$C$_2$ MXene 材料稳定性的原理示意图；(b)基于葡萄糖衍生碳层包覆策略构筑 MoS$_2$/Ti$_3$C$_2$-MXene@C 分级复合材料的过程示意图[66]

MoS$_2$ 纳米阵列原位生长在 MXene 纳米片表面，内部 MXene 基底和外部导电炭层可以有效缓冲 MoS$_2$ 在储锂过程中的体积应变，改善复合材料的导电性。独特的结构使得 MoS$_2$/Ti$_3$C$_2$-MXene@C 分级复合材料作为锂离子电池负极时表现出优异的电化学性能。

由于一些活性材料的前驱体对水较为敏感，在水中容易发生水解，不适用于水热法。然而，由于 MXene 在多种有机溶剂中具有较好的分散性，因此采用乙醇、乙二醇等有机溶剂为分散介质，通过溶剂热反应也可以构筑 MXene 复合材料。鲁兵安等[67]以氯化锑为锑源，硫代乙酰胺为硫源，乙二醇为分散介质，通过溶剂热-高温煅烧两步工艺法在 MXene 纳米片表面原位生长了 Sb$_2$S$_3$ 纳米花。在溶剂热过程中，Sb^{3+}在 MXene 表面均匀地吸附，使得生成的 Sb$_2$S$_3$ 纳米花也均匀地吸附在 MXene 表面，有利于抑制其颗粒的团聚。此外，Sb$_2$S$_3$ 纳米花和 MXene 在两相界面形成 Ti—O—Sb 键的键合，可以促进电子在 MXene 界面处的传输，缓冲其体积应变，进而改善复合材料作为钾离子电池负极材料时的电化学性能。

3）高温煅烧法

在 MXene 表面吸附前驱体，然后通过高温煅烧也可实现复合材料的制备。徐斌等[68]利用盐酸多巴胺在弱碱性环境下的自聚合反应，在 MXene 表面包覆了聚多巴胺层，随后通过高温处理将聚多巴胺碳化，制备了三维碳包覆 MXene 纳米材料，如图 5-20 所示。聚多巴胺层在 MXene 表面的包覆不仅会使 2D Ti$_3$C$_2$T$_x$ 纳

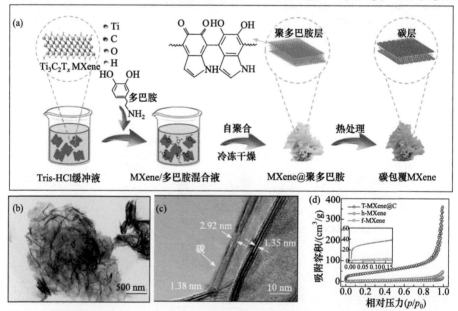

图 5-20　三维碳包覆 MXene 的(a)制备过程示意图、(b)TEM 图、(c)HRTEM 图和(d)氮吸附/脱附曲线(插图为局部放大图)[68]

米片转变为三维"银耳"状结构，而且在后续碳化过程中可以避免 MXene 氧化和堆叠。三维结构的构筑使得这种三维"银耳"状 MXene 材料的比表面积达到 140.9 m²/g[图 5-20 (d)]，显著高于 MXene 材料(19 m²/g)，层间距也扩大至 14.2 Å，有利于表面活性位点的暴露和离子/电子的传输，进而表现出优异的储锂和储钠性能。

通过分子间的氢键作用力可以实现 MXene 和活性材料间的结合。通常有机物可以通过氢键作用吸附在 MXene 表面，例如，双氰胺可以通过其氨基基团和 $Ti_3C_2T_x$ 表面的含氧基团形成氢键，即—$NH_2\cdots$O—Ti，进而吸附在 $Ti_3C_2T_x$ 纳米片的表面。之后通过简单的高温热处理，双氰胺热解形成的多层 g-C_3N_4 会由于氢键作用紧密组装在 MXene 纳米片表面，形成 g-C_3N_4/MXene 纳米复合材料[69]。

4) 其他方法

徐斌等[70]通过有机液相低温硫化法制备了具有 0D-2D 结构的 ZnS/$Ti_3C_2T_x$ 纳米复合材料(图 5-21)。在复合材料的制备过程中，吸附在 MXene 表面的 Zn^{2+} 在 2-甲基咪唑的配位作用下形成 ZIF-8。随后在 60℃下以甲醇为反应介质，以硫代乙酰胺为硫源，将 ZIF-8/$Ti_3C_2T_x$ 复合材料进行低温回流。回流过程中 Zn^{2+} 和 2-甲基咪唑之间的配位键容易发生断裂，进而在 MXene 表面和硫代乙酰胺水解产生

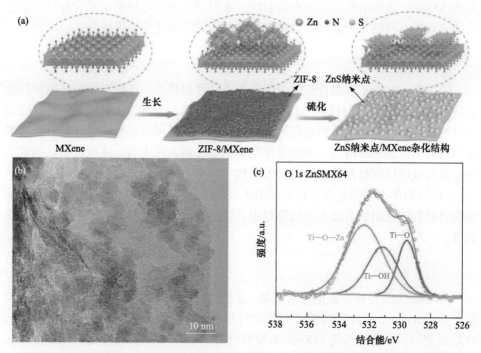

图 5-21　ZnS/MXene 复合材料的(a)制备示意图，(b)TEM 图和(c)O 1s XPS 谱图[70]

的 S^{2-}结合形成 ZnS 纳米颗粒。ZnS 纳米颗粒通过 Ti—O—Zn 键和 MXene 形成界面键合，使得复合材料表现出较 ZnS 纳米颗粒更强的锂吸附能力、更强的界面电子转移能力和更低的离子扩散能垒，因此作为锂离子电池负极材料时具有更为优异的电化学性能。

将前驱体吸附在 MXene 纳米片表面，随后利用还原剂将前驱体还原成活性物质，也是构筑 MXene 基复合材料的有效方法。郭少军等[71]利用传统的 Stöber 法首先在多片层 Ti$_3$C$_2$T$_x$ MXene 层间和表面沉积了 SiO$_2$ 纳米颗粒，随后利用镁热还原将 SiO$_2$ 还原成 Si 纳米颗粒，并在复合材料体系中引入尿素/聚甲基丙烯酸甲酯衍生氮掺杂碳层，制备了具有"三明治"结构的 MXene/Si@SiO$_x$@C 复合材料。通过调节 SiO$_2$ 的沉积时间，可以制得具有不同硅含量的复合材料。Ti—N 键的形成以及氮原子的掺杂可以在复合材料的异质界面形成较强的共价键，结合 MXene 和碳层的缓冲作用，MXene/Si@SiO$_x$@C 复合材料表现出优异的电化学储锂性能。孙正明等[72]以二茂铁为前驱体，对 MXene/二茂铁混合物进行微波辐射，在 MXene 表面和层间均匀地生长了 CNTs 材料。和其他复合方法相比，微波辐射法具备以下优势：①其在 MXene 表面生长 CNTs 的时间仅为 40 s，并可以通过控制微波辐射的次数和时间对 CNTs 在复合材料中的质量进行调控；②可以将 CNTs 生长在多种 MXene 表面和层间，如 Ti$_3$C$_2$、Ti$_2$C、V$_2$C 等。CNTs 既可以作为层间间隔物促进 MXene 表面活性位点的有效利用，又可以作为导电桥梁使复合材料具有发达的三维导电网络，因此复合材料表现出了优异的电化学储锂性能。

2. 自组装法

除了在 MXene 表面直接原位生长各类活性材料外，还可以采用非原位的办法构筑 MXene 基复合材料。MXene 纳米片表面具有丰富的含氧端基，不仅可以通过纳米片层间的静电斥力稳定地分散在水中，而且可以使一些活性材料通过静电作用力、范德瓦耳斯力、氢键等作用力组装在纳米片表面。这种自组装构筑的复合材料既可以保持两种组分各自的结构和优势，又可以规避两种材料各自的缺点，通过协同作用使得复合材料表现出优异的电化学性能。目前，用于构筑 MXene 基复合材料的自组装方法主要包括静电自组装、范德瓦耳斯力自组装和球磨自组装等。

1）静电自组装

MXene 表面含有丰富的含氧端基，这使其在水溶液中呈负电性，其 Zeta 电位低于−30 mV[73]。因此表面带正电荷的材料可以通过静电作用力组装在负电性的 MXene 纳米片表面，形成 MXene 基复合材料。例如，将表面带正电荷的 Bi$_2$MoO$_6$ 纳米板和表面带有负电荷的 MXene 纳米片进行液相混合，Bi$_2$MoO$_6$ 纳米板是可以通过静电作用力组装在 MXene 纳米片表面,形成"板对面"结构的 Bi_2MoO_6/MXene 纳米复合材料[74]。如图 5-22 所示,通过控制 Bi_2MoO_6 和 MXene 的投料比,可以对复合材料中两种组分的质量占比进行调控。通过 Zeta 电位测试,MXene 和 Bi_2MoO_6 的 Zeta 电位分别为-40.5 mV 和 10.1 mV,经静电自组装后,复合材料的电位随着 Bi_2MoO_6 质量占比的提高而增大,表明 Bi_2MoO_6 是通过静电作用力组装在 MXene 纳米片表面。MXene 作为导电基底可以改善复合材料的导电性,促进电子在复合材料异质界面的传输,缓冲 Bi_2MoO_6 储锂时的体积应变,使得复合材料作为锂离子电池负极材料时表现出优异的电化学性能。此外,徐斌等[75]通过静电自组装法将表面带有正电荷的 SnO_2 量子点组装在 MXene 纳米片表面,制备了具有 0D-2D 结构的 SnO_2/MXene 纳米复合材料,MXene 作为导电基底改善了 SnO_2 作为电极材料时倍率和循环性能差的缺点。

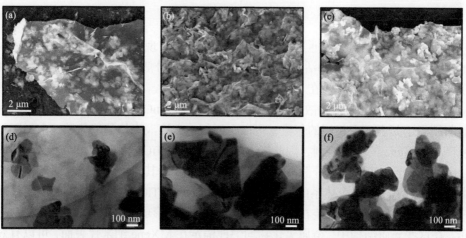

图 5-22　不同 Bi_2MoO_6 质量占比的 Bi_2MoO_6/MXene 复合材料的 SEM 图:(a) 50%、(b) 70% 和 (c) 90%;不同 Bi_2MoO_6 质量占比的 Bi_2MoO_6/MXene 复合材料的 TEM 图:(d) 50%、(e) 70% 和 (f) 90%[74]

　　由于有些材料表面呈中性或者同样带有负电荷,可以使用表面活性剂对活性材料或 MXene 的表面进行修饰,使活性材料和 MXene 呈相反的电荷状态,进而实现在 MXene 表面的静电自组装过程。常用的表面活性剂主要有聚二烯丙基二甲基氯化铵(PDDA)、十六烷基三甲基溴化铵(CTAB)、氨丙基三甲氧基硅烷(APS)等。例如,杨建等[76]利用 CTAB 对纳米硅进行表面修饰,得到了表面带有正电荷的 CTAB-Si 纳米颗粒,随后将 CTAB-Si 纳米颗粒和带负电的 $Ti_3C_2T_x$-CNTs 液相混合,Si 纳米颗粒通过静电作用力组装在 $Ti_3C_2T_x$/CNTs 导电网络中,形成 $Ti_3C_2T_x$-CNTs/Si 三元复合材料,进一步通过真空抽滤可制得具有优异柔性的 $Ti_3C_2T_x$-CNTs/Si 复合膜。$Ti_3C_2T_x$-CNTs/Si 复合膜具有 333 S/cm 的高电导率和显著提高的孔结构，从而改善了纳米硅作为锂离子电池负极材料时的电化学性能。特别地，可以将不同的两种二维材料组装在一起形成 2D-2D 的超晶格结构或者异质结构。2D-2D 超晶格用于离子嵌入/脱出时具有良好的稳定性，这是因为大尺寸的单层纳米片不仅可以在嵌入脱出金属离子的过程中充当活性组分，而且还可以充当限制电极材料体积膨胀的界面。例如，李春忠等[77]利用 PDDA 对 $Ti_3C_2T_x$ 纳米片进行表面修饰，得到了表面带有正电荷的 PDDA-$Ti_3C_2T_x$ 纳米片，并利用胆酸钠溶液对 MoS_2 进行插层-超声处理，得到了表面带负电荷的少层 MoS_2 纳米片。将带有相反电荷的 $Ti_3C_2T_x$ 和 MoS_2 溶液混合，两种组分通过静电作用组装在一起，实现了结构的精确控制，使两种纳米片逐层组装，形成了 2D-2D 异质结构。进一步通过真空抽滤可以得到柔性自支撑的 MoS_2/$Ti_3C_2T_x$ 膜电极，独特的 2D-2D 异质结构使其作为钠离子电池负极材料时表现出了优异的电化学性能。

2) 范德瓦耳斯力自组装

除了静电作用力外，通过范德瓦耳斯力也可以实现活性材料在 MXene 表面的组装。借助于 MXene 和活性材料在不同溶剂中的分散性差异，徐斌等[78,79]实现了不同的纳米金属氧化物在 MXene 表面的可控组装。其中，具有优异亲水性的 MXene 可以在水溶液中分散良好，而 TiO_2 纳米棒、SnO_2 纳米线、Fe_3O_4 纳米点等材料则由于其表面有机层的包覆，可以在四氢呋喃溶液中均匀地分散。由于四氢呋喃是 MXene 的不良溶剂，因此当 MXene 加入到 TiO_2 纳米棒、SnO_2 纳米线或 Fe_3O_4 纳米点的四氢呋喃分散液中时，MXene 会因为其较大的表面能而倾向于卷曲堆叠。为了降低整个体系的自由能，表面能较低的 TiO_2 纳米棒、SnO_2 纳米线或 Fe_3O_4 纳米点会自发地组装在 MXene 纳米片表面，形成异质结构，如图 5-23 所示。在这些异质结构中，金属氧化物均匀地锚定在 MXene 纳米片表面，可以有效避免纳米材料的团聚；同时 MXene 作为导电基底可以改善异质结构的导电性，缓冲金属氧化物的体积膨胀，使这些异质结构复合材料具有优异的循环稳定性和倍率性能。与其他复合方式相比，这种范德瓦耳斯力自组装具有组装过程高效和组装条件温和的优点。即使活性组分的质量占比高达 90%时，仍能完全组装在 MXene 纳米片表面，在室温下通过简单的超声即可在很短的时间内完成组装，不会引起 MXene 纳米片的氧化。同时，范德瓦耳斯力自组装也是一种普适的异质结构复合材料的制备方法，研究者们采用该法已经制备了一系列 MXene 基异质结构复合材料。

闫俊等[80]报道了一种利用长链分子配体油胺修饰诱导纳米材料在 MXene 表面自组装的策略。首先利用油胺分子在乙醇溶液中对 NiS 纳米棒进行表面修饰形成油胺分子层。这种经油胺修饰的 NiS 纳米棒在环乙烷溶液中具有良好的分散性，当其和 MXene 水分散液混合后，NiS 纳米棒表面油胺分子层中的—NH$_2$ 会在两种分散介质的界面处与 MXene 表面基团形成键合，诱导 NiS 纳米棒和 MXene 自发组装在一起，形成 NiS/MXene 纳米复合材料。独特的结构使得 NiS/MXene 纳米复合材料作为锂/钠离子电池负极材料时均表现出了优异的电化学性能。此外，这种油胺修饰诱导纳米材料在 MXene 表面自组装的策略具有普适性，MoO_3、Fe_3O_4、MnO_2、CNTs、GO、$CoSn(OH)_6$ 等不同形貌、不同组成的纳米材料均可以在油胺分子修饰后实现在 MXene 表面的自发组装。

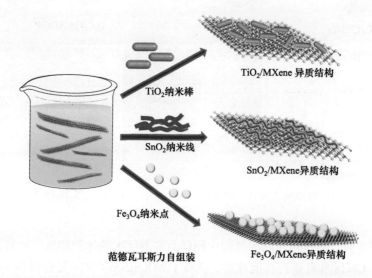

图 5-23　通过范德瓦耳斯力自组装法构筑 TiO_2/MXene、SnO_2/MXene 和 Fe_3O_4/MXene 异质结构的过程示意图[78,79]

3) 球磨自组装

利用球磨过程的剪切力，可以在活性材料和 MXene 之间形成化学键，构筑具有强界面相互作用的 MXene 基复合材料。但是，在球磨过程中的剪切作用力较强，MXene 的层状结构可能会被破坏，横向尺寸也会减小，因此通常需要选择合适的缓冲材料对 MXene 进行"保护"。同时，球磨过程中产生的高温有可能使 MXene 发生氧化，应在氩气保护氛围下进行。徐斌等[81]在惰性气体氛围下将 MXene、CNTs 和红磷进行球磨，构建了 $Ti_3C_2T_x$/CNTs/红磷纳米复合材料(图 5-24)。在这个纳米杂化材料中，红磷颗粒均匀地分散在 $Ti_3C_2T_x$ 表面，在球磨剪切力的作用下红磷与 $Ti_3C_2T_x$ 纳米片之间形成 Ti—O—P 化学键，可以促进电子在复合材料异质界面的传输，抑制红磷的体积应变。CNTs 不仅充当了 $Ti_3C_2T_x$ 纳米片之间的"桥梁"，而且可以缓冲球磨过程中的机械剪切力，避免复合材料在球磨过程中的结构破坏，提高复合材料的结构稳定性。独特的结构使得 $Ti_3C_2T_x$/CNTs/红磷纳米杂化材料作为锂离子电池负极材料时表现出了高的比容量、优异的倍率性能和循环稳定性。

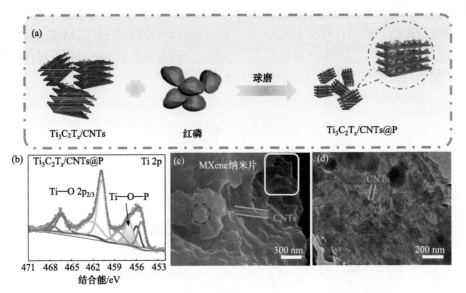

图 5-24 $Ti_3C_2T_x$/CNTs/红磷纳米复合材料的(a)制备示意图、(b)Ti 2p XRS 谱图、(c)SEM 图和(d)TEM 图[81]

与红磷类似，硅材料在储锂过程中同样面临着巨大的体积膨胀。尉海军等[82] 将 $Ti_3C_2T_x$、CNTs 和硅进行高能球磨，制备了 MXene-Si-CNTs 复合材料。研究发现，$Ti_3C_2T_x$ 和 CNTs 在高能球磨过程中可以分别与硅形成 Ti—Si 键和 C—Si 键，有效缓冲了硅在储锂过程中的体积膨胀。球磨转速、硅尺寸和含量等参数对复合材料的电化学性能有较大的影响。当球磨转速为 200 r/min 时，复合材料表现出最高的比容量和首次库仑效率，二者随着球磨转速的提高而降低，这主要是因为过高的转速产生的能量导致硅发生了合金化，形成了电化学惰性的 $TiSi_2$。当复合材料中纳米尺寸的硅质量占比达到 60%时，复合材料兼具高的比容量和优异的循环性能，而 $Ti_3C_2T_x$ 和 CNTs 优异的导电性以及界面键合的形成也使得复合材料表现出了优异的倍率性能。

3. 其他方法

1)真空抽滤

将两种或两种以上组分在液相均匀分散，然后真空抽滤也是制备复合材料的一种有效方法。MXene 独特的二维层状结构使其具有良好的成膜特性，可以通过真空抽滤法制得柔性、自支撑的 MXene 基膜材料。在碱金属离子电池领域，通常是将 MXene 和活性材料的分散液均匀混合，再经真空抽滤制得 MXene 基复合膜电极。所制备的 MXene 基复合膜往往具有良好的柔性，可以直接用作电极，不需要黏结剂、导电添加剂和集流体。

冯金奎等[83]将纳米硅颗粒和 MXene 进行液相混合，随后通过真空抽滤制备了柔性、自支撑的 MXene/Si 复合膜电极。硅纳米颗粒均匀分布在 MXene 纳米片组成的导电网络中，使得复合膜电极表现出了优异的电化学储锂性能。毛雅春等[84]首先以 SiO_2 为模板制备了中空管状 SnO_2，随后和 MXene 经液相混合-真空抽滤制得了具有优异电化学储锂性能的柔性 MXene/SnO_2 复合膜电极。除了硅、金属氧化物等材料外，金属硫化物、金属硒化物、碳等材料均可和 MXene 通过真空抽滤制备复合膜，用作碱金属离子电池负极材料。

2) 喷涂法

喷涂法主要是利用喷枪将 MXene 分散液分散成雾状小液滴，随后喷涂在基底上构筑柔性膜基电极材料。和真空抽滤法相比，喷涂法具有用时短、可大规模制备的优点。Gogotsi 等[85]利用喷涂技术将 MXene 和石墨烯分散液进行逐层喷涂，制备得到了 MXene 和石墨烯交替排列的 MXene/石墨烯异质复合膜。这种 MXene/石墨烯异质复合膜用作钠离子电池负极材料时表现出了优异的电化学性能，在 1 C 和 10 C 的电流密度下可逆比容量分别可以达到 340 mA · h/g 和 180 mA · h/g，且具有优异的循环稳定性。

3) 超声组装

对 MXene 和活性材料的混合液进行超声处理，可以制备 MXene 基复合材料。例如，将黑磷量子点和 $Ti_3C_2T_x$ 纳米片在 NMP 溶剂中超声处理，黑磷量子点可以均匀地组装到 $Ti_3C_2T_x$ 纳米片上，并在界面处形成 Ti—O—P 键，保证了复合材料具有优异的电化学性能[86]。将多片层 Ti_3C_2 MXene 和 Fe_3O_4 纳米颗粒混合并进行超声处理，在超声作用力的辅助下，Fe_3O_4 纳米颗粒可以嵌入或吸附在多片层 MXene 纳米片层间和表面，形成具有优异电化学储锂性能的 Fe_3O_4/MXene 纳米复合材料[87]。

4) 化学气相沉积法

化学气相沉积(CVD)法可以将各类活性物质沉积到 MXene 层间或表面，制得纳米复合材料。通过对前驱体反应物原子级的控制，可以精确控制材料的纳米结构和化学组成，因此该技术已被广泛用于制备碱金属离子电池电极材料和固态电解质等。阎兴斌等[88]通过 CVD 法在 $Ti_3C_2T_x$ 层间生长了碳纳米纤维(CNF)，制备了 $Ti_3C_2T_x$/CNF 复合材料。CNF 可以将 MXene 颗粒连接起来，降低了 MXene

颗粒之间的接触电阻，使复合材料作为锂离子电池负极材料时表现出优异的电化学性能。

原子层沉积（ALD）法是化学气相沉积法的一种，Alshareef 等[89]利用 ALD 技术将 SnO$_2$ 沉积在 MXene 表面，并进一步涂覆了 HfO$_2$ 作为保护层，以提高电极材料的结构稳定性。通过对比水热法、溅射法、ALD 法等方法制备的 MXene/SnO$_2$，ALD 法可以使 SnO$_2$ 完全分布在 MXene 表面以及层间，进而表现出更为优异的电化学性能。但是对于 ALD 技术来说，沉积速度慢，不能大规模生产制备则是其主要缺点，该技术的使用还有很大的探索空间[89]。

5.5.2 碱金属离子电池用 MXene 基复合材料

MXene 作为金属离子电池负极材料时的容量较低，但是优异的导电性、独特的二维层状结构和丰富的表面化学活性使其可以作为导电基底负载各类高容量活性物质（如金属化合物、合金类材料、碳材料等），可以构筑得到高性能的复合电极材料。这是因为：①以 MXene 为导电基底可以改善复合材料的导电性，提高电极的倍率性能；②MXene 可以缓冲活性物质在充放电过程中的体积应变，提高电极的循环稳定性；③活性物质在 MXene 表面的锚定可以避免其团聚现象，且 MXene 层间的活性物质也可以作为层间间隔物避免 MXene 片层的堆叠，进而复合材料可以表现出更多的表面活性位点，有利于提高其比容量。鉴于这些优势，一系列以 MXene 为导电基底构筑的复合材料，如 SnO$_2$/MXene[78]、Fe$_3$O$_4$/MXene[79]、CoS NP@NHC@MXene[90]、MXene/CNTs@P[81]、MoSe$_2$/ MXene @C[91]等，用作碱金属离子电池负极材料时均表现出良好的结构稳定性和优异的电化学性能。

1. 金属化合物

1）金属氧化物

金属氧化物作为碱金属离子电池负极材料时的储能机制通常可分为三类：转化反应、转化-合金化反应和嵌入/脱嵌反应。

转化反应主要是指金属氧化物通过和锂/钠/钾等碱金属离子发生可逆的氧化还原反应进行储能。以锂离子电池为例，在放电过程中金属氧化物和锂离子反应，生成对应的金属单质和 Li$_2$O，进而实现对锂离子的存储，其反应过程如下：

$$M_xO_y + 2yLi^+ + 2ye^- \longrightarrow x[M]^0 + yLi_2O \quad (M=Co、Fe、Cu 等) \quad (5\text{-}6)$$

和转化反应储能机制相比，转化-合金化反应是一个两步储能过程：①金属氧化物和碱金属离子电池中的碱金属离子进行转化反应；②形成的金属单质进一步和碱金属离子反应形成合金。以锂离子电池金属氧化物基负极材料为例，其通过转化-合金化反应进行储锂的机理如下：

$$M_xO_y + 2y\text{Li}^+ + 2ye^- \longrightarrow x[M]^0 + y\text{Li}_2O \tag{5-7}$$

$$M + ze^- + z\text{Li}^+ \longrightarrow \text{Li}_zM \ (M=\text{Ge、Sn、Sb、In 和 Pb 等}) \tag{5-8}$$

　　和锂离子电池石墨类负极材料类似，嵌入/脱出反应的储能机制主要基于碱金属离子在层状金属氧化物（主要是二氧化钛）层间的嵌入/脱出，其储锂机制如下：

$$\text{TiO}_x + y\text{Li}^+ + ye^- \longrightarrow \text{Li}_y\text{TiO}_x \tag{5-9}$$

　　然而，金属氧化物大多存在导电性较差的问题，且基于转化或转化-合金化反应储能机制的金属氧化物材料在储能过程中还存在着体积应变大的问题，进而表现出较差的循环稳定性和倍率性能。将金属氧化物纳米化和与高导电性物质复合，是研究者们用来改善金属氧化物电化学储能性能的两个主要途径。一方面，构筑纳米结构的金属氧化物，如纳米片、纳米线、空心结构以及多孔结构等，可以减小金属氧化物在转化和合金化储能过程中的绝对体积变化，缩短离子扩散路径；另一方面，高导电性材料（如石墨、石墨烯、碳纳米管等）可以改善金属氧化物的导电性，抑制金属氧化物在充放电过程中的体积膨胀，进而改善其电化学性能。MXene 类金属的导电性和独特的二维层状结构不仅可以抑制金属氧化物在储能过程中的体积应变，改善材料的导电性，而且其丰富的表面化学位点也为金属氧化物在其表面的负载、组装提供了可能。研究者们将各种金属氧化物与 MXene 复合，制备出了一系列高性能的复合材料。

　　（1）二氧化锡。

　　在各类金属氧化物负极材料中，SnO$_2$ 具有较高的理论比容量和较低的工作电位，是一类具有潜在应用前景的负极材料。SnO$_2$ 的理论储锂比容量高达 1494 mA·h/g，嵌锂电位约为 0.6 V（$vs.$ Li$^+$/Li）。基于转化-合金化反应的储锂机制，SnO$_2$ 在充放电过程中的电化学反应过程可概括为

$$\text{SnO}_2 + 4\text{Li}^+ + 4e^- \longrightarrow \text{Sn} + 2\text{Li}_2O \tag{5-10}$$

$$\text{Sn} + x\text{Li}^+ + xe^- \longrightarrow \text{Li}_x\text{Sn} \ (0 \leqslant x \leqslant 4.4) \tag{5-11}$$

其中，反应式（5-10）代表了 SnO$_2$ 到金属 Sn 的还原转化过程，反应式（5-11）为金属 Sn 和 Li$^+$离子之间的合金化过程，由于 1 个 Sn 最多可以存储 4.4 个锂，因此理论上该反应过程可以提供高达 782 mA·h/g 的比容量。然而，转化和合金化反应共存的储能机制使得 SnO$_2$ 在充放电过程中存在较大的体积变化（> 259 vol%），导致电极发生粉化现象，电极容量迅速衰减，且较低的电导率使得 SnO$_2$ 倍率性能较差，其实际应用前景受到了严重的限制。由于 MXene 是一类具有高导电性和丰富表面化学活性的

新型二维材料，研究者将其用作导电基底，用以改善 SnO_2 的电化学储能性能。

基于 MXene 和 SnO_2 在四氢呋喃（THF）中分散性的差异，徐斌等[78]利用范德瓦耳斯力自组装技术构筑了具有 1D-2D 结构的 SnO_2/MXene 纳米异质结构。合成过程中油酸/油胺分散介质使得 SnO_2 纳米线包覆有有机层，进而可以在 THF 中分散良好。因此当 MXene 纳米片加入 SnO_2 的 THF 分散液后，SnO_2 纳米线会自发组装在 MXene 纳米片表面以降低其较大的表面自由能，形成 SnO_2/MXene 纳米异质结构[图 5-25 (a)、(b)]。在该纳米异质结构中，SnO_2 纳米线均匀、紧密地锚定在 MXene 纳米片表面，有效地避免了其颗粒的团聚，有利于表面活性位点的充分利用。MXene 作为导电基底改善了复合材料的导电性，缓冲了 SnO_2 储锂时的体积膨胀，使得复合纳米异质结构表现出了优异的电化学储锂性能。如图 5-25 (c)、(d)所示，SnO_2/MXene 纳米异质结构在 1 A/g 的电流密度下循环 500 次后表现出 530 mA·h/g 的比容量，在 5 A/g 的电流密度下仍具有 310 mA·h/g 的比容量。

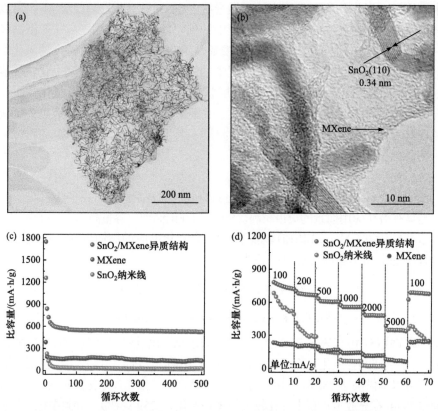

图 5-25 SnO_2/MXene 纳米异质结构的(a) TEM 图、(b) HRTEM 图、(c)用于锂离子电池负极的循环性能和(d)倍率性能[78]

原子层沉积(ALD)是一种可以将物质以单原子膜形式一层一层地镀在基底表面的方法。Alshareef 等[89]通过低温原子层沉积技术将 SnO_2 沉积在 MXene 表面，制得了 SnO_2/MXene 复合材料。MXene 表面端基可保护其不被高温下 ALD 中常用的氧化剂氧化，保持 MXene 的层状结构。MXene 作为导电基底可以缓冲充放电过程中 SnO_2 因嵌锂产生的体积膨胀，同时可以提高电极的导电性。当用作锂离子电池负极材料时，SnO_2/MXene 复合材料在 0.5 A/g 的电流密度下循环 50 圈后表现出 450 mA·h/g 的比容量，容量保持率为 50%。进一步通过在 SnO_2/MXene 表面沉积 HfO_2 钝化层，可以避免 SnO_2 与电解质发生的副反应，并在循环过程中保持 SnO_2 的晶体结构。相较于 SnO_2/MXene 复合材料，HfO_2 包覆 SnO_2/MXene 复合材料表现出更为优异的电化学储锂性能，在 0.5 A/g 的电流密度下循环 50 圈后表现出 843 mA·h/g 的比容量，容量保持率达到 92%。

MXene 作为导电基底材料同样可以改善 SnO_2 的电化学储钠性能。SnO_2 的电化学储钠过程可以归纳为方程(5-12)和方程(5-13)：

$$SnO_2 + 4Na^+ + 4e^- \longrightarrow Sn + 2Na_2O \tag{5-12}$$

$$Sn + xNa^+ + xe^- \longrightarrow Na_xSn \quad (0 \leqslant x \leqslant 3.75) \tag{5-13}$$

其中，方程(5-12)的转化反应主要发生在 3.0～1.3 V 的电位范围内，方程(5-13)的合金化反应主要发生在 0.5～0.05 V 之间。在钠离子和金属锡形成钠锡合金(如 $Na_{15}Sn_4$)的过程中，SnO_2 负极存在巨大的体积变化，这会导致电极结构破坏，在循环过程中容量迅速衰减。张海娇等[92]通过一步水热法将 SnO_2 纳米晶体原位负载在 $Ti_3C_2T_x$ 纳米片表面，制备得到了具有三明治结构的 P-SnO_2/Ti_3C_2 纳米复合材料。由于 SnO_2 通过界面 Sn—O—Ti 化学键锚定在 MXene 纳米片表面，所制备的 P-SnO_2/Ti_3C_2 复合材料具有稳定的化学结构，进而表现出优异的电化学储钠性能，在 100 mA/g 的电流密度下循环 200 次后表现出 325.6 mA·h/g 的可逆比容量。当电流密度增大至 2 A/g 时，P-SnO_2/MXene 的容量保持率达到了 57%。

(2)铁基氧化物。

和二氧化锡相比，铁氧化物不仅具有较高的理论比容量，而且储量丰富(铁元素在地壳中的储量高达 4.75 wt%)，成本较低。目前，应用于碱金属离子电池负极材料的铁氧化物主要包括三氧化二铁(Fe_2O_3)和四氧化三铁(Fe_3O_4)，二者基于转化反应进行储能。以锂离子电池为例，Fe_2O_3 和 Fe_3O_4 的储锂转化反应过程如下：

$$Fe_2O_3 + 6Li^+ + 6e^- \longrightarrow 2Fe + 3Li_2O \tag{5-14}$$

$$Fe_3O_4 + 8Li^+ + 8e^- \longrightarrow 3Fe + 4Li_2O \tag{5-15}$$

其中，Fe_2O_3 和 Fe_3O_4 在储锂时分别可以与 6 个和 8 个锂离子发生转化反应，进而分别表现出 1007 mA·h/g 和 926 mA·h/g 的理论比容量。然而，较差的导电性和转化反应的储能机制使得铁氧化物在储能过程中同样面临着循环和倍率性能不佳等问题。

禚淑萍等[87]通过简便的超声法将 Fe_3O_4 纳米颗粒插入多层 $Ti_3C_2T_x$ 层间，制备得到了具有高体积容量的 $Fe_3O_4/Ti_3C_2T_x$ 纳米复合材料。通过调控 Fe_3O_4 和 $Ti_3C_2T_x$ 的质量占比可以优化纳米复合材料的储锂性能，当 Fe_3O_4 和 $Ti_3C_2T_x$ 以 2：5 的质量比复合时可以达到最佳性能，其在 1 C 下经过 1000 次循环后的可逆质量比容量达到了747 mA·h/g，体积比容量达到 2038 mA·h/cm³，远高于 Fe_3O_4 或 $Ti_3C_2T_x$ 材料。

通过范德瓦耳斯力自组装法，同样可以实现 Fe_3O_4 在 MXene 纳米片表面的组装，制得具有 0D-2D 结构的 Fe_3O_4 纳米点/MXene 异质结构[79]。通过调整 Fe_3O_4 纳米点和MXene 纳米片的投料比可以制得具有不同 Fe_3O_4 质量占比的 Fe_3O_4 纳米点/MXene 异质结构。从图 5-26 可以看出，Fe_3O_4 纳米点均匀地分布在 MXene 纳米片表面，即使质量占比高达 90%时，Fe_3O_4 仍能高效、均匀、紧密地组装在 MXene 纳米片表面，独特的结构使得 Fe_3O_4 和 MXene 可以起到互补的作用，相互协同。其中，Fe_3O_4 质量占比为 70%的异质结构作为锂离子电池负极材料时，在 0.1 A/g 的电流密度下循环 100 次后表现出 782.7 mA·h/g 的比容量，在 5 A/g 下比容量维持有279.1mA·h/g。此外，Fe_3O_4/MXene 异质结构在 1 A/g 的大电流密度下循环 600 次后仍具有 667.9 mA·h/g 的比容量，表现出优异的倍率性能和循环稳定性。

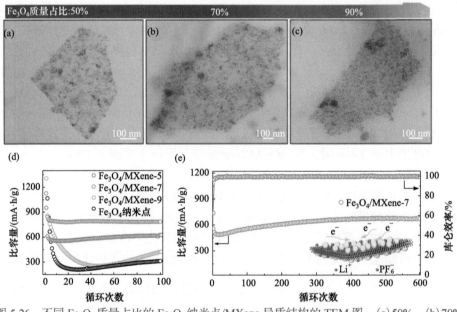

图 5-26　不同 Fe_3O_4 质量占比的 Fe_3O_4 纳米点/MXene 异质结构的 TEM 图：(a) 50%、(b) 70%和 (c) 90%；(d) Fe_3O_4 纳米点/MXene 异质结构和 Fe_3O_4 纳米点的循环性能；(e) Fe_3O_4 质量占比为 70%时异质结构在 1 A/g 电流密度下的循环性能[79]

和 Fe_3O_4 相比，Fe_2O_3 的理论储锂比容量为 1007 mA/g。范晓彬等[93]通过溶剂热法合成了具有纳米球状结构的多孔 γ-Fe_2O_3 材料，随后和 $Ti_3C_2T_x$ 溶液经液相混合-碱处理-冷冻干燥等工艺制得了 γ-Fe_2O_3@$Ti_3C_2T_x$ 复合材料。在该复合材料中，MXene 均匀地包裹在多孔 γ-Fe_2O_3 纳米团簇表面，并通过氢键和多孔 γ-Fe_2O_3 形成键合，保证了复合材料结构的稳定性。用作锂离子电池负极材料时，γ-Fe_2O_3@$Ti_3C_2T_x$ 复合材料在 2 A/g 的电流密度下循环 800 圈后容量没有衰减，在 10 A/g 下表现出 103 mA·h/g 的比容量。

(3) 钛基氧化物。

和其他金属氧化物不同，钛基氧化物主要基于嵌入机制进行储能，主要包括 TiO_2、钛酸钠、钛酸钾等。以二氧化钛为例，其储锂过程可以表示为

$$TiO_2 + xLi^+ + xe^- \longrightarrow Li_xTiO_2 \ (0 < x < 1) \tag{5-16}$$

基于嵌入储能机制，二氧化钛在储能过程中的体积应变较小(储锂时的体积应变仅为 4%)，因此其循环性能较为优异。然而，嵌入储能机制也使得二氧化钛的理论比容量较低，金红石型和锐钛矿型二氧化钛的理论比容量分别为 175 mA·h/g 和 335 mA·h/g。

电子电导率低和理论比容量较低是二氧化钛的主要不足。将纳米级 TiO_2 原位形成并均匀分散在 Ti_3C_2 表面上，可以提高其储锂或储钠比容量，张庆安等[54]通过水热反应在 Ti_3C_2 上原位生长了纳米级 TiO_2，制得了具有较大层间距的 TiO_2/Ti_3C_2 纳米杂化物。TiO_2/Ti_3C_2 纳米杂化物在 200 mA/g 的电流密度下分别表现出 267 mA·h/g 的储锂比容量和 101 mA·h/g 的储钠比容量，而在 2 A/g 下储锂和储钠比容量分别保持有 149 mA·h/g 和 52 mA·h/g。TiO_2/Ti_3C_2 纳米杂化物优异的电化学性能可以归因于：①Ti_3C_2 优异的导电性促进了电子的快速传输，有利于电极表现出优异的倍率性能；②原位形成的纳米级 TiO_2 均匀分散在 Ti_3C_2 表面上，有利于暴露其表面活性位点，表现出更高的比容量。

由于 MXene 具有独特的二维片状结构，且片层表面带有负电荷，因此可以通过静电作用力将表面带正电荷的 TiO_2 组装在其表面，以改善电极的导电性。汪国秀等[94]利用 3-氨丙基三甲氧基硅烷(APS)对 TiO_2 纳米球进行了氨基化修饰，得到了表面带有氨基的 TiO_2 纳米球。随后通过静电作用力将 MXene 纳米片均匀地包覆在 TiO_2 纳米球表面，得到了具有核-壳结构的 TiO_2@$Ti_3C_2T_x$ 纳米复合材料。在这个材料中，$Ti_3C_2T_x$ 可以提高复合材料的导电性，而且避免了 TiO_2 在储钠过程中的电化学极化，有助于在电极表面形成稳定的固体电解质界面(SEI)层。因此 TiO_2@$Ti_3C_2T_x$ 纳米复合材料作为钠离子电池负极材料时表现出了优异的倍率性能和循环稳定性，其在 960 mA/g 的电流密度下循环 5000 次后的可逆比容量几乎没有衰减，稳定在 116 mA·h/g。徐斌等[78]通过范德瓦耳斯力自组装法将 TiO_2 纳

米棒组装在 Ti₃C₂Tₓ 表面，构筑了 TiO₂/MXene 异质结构。MXene 作为导电基底显著改善了 TiO₂ 纳米棒的电化学储锂性能，使其在 0.5 A/g 和 1 A/g 的电流密度下循环 200 圈后分别表现出 209 mA·h/g 和 176 mA·h/g 的比容量，在 2 A/g 下仍具有 140 mA·h/g 的比容量，如图 5-27 所示。

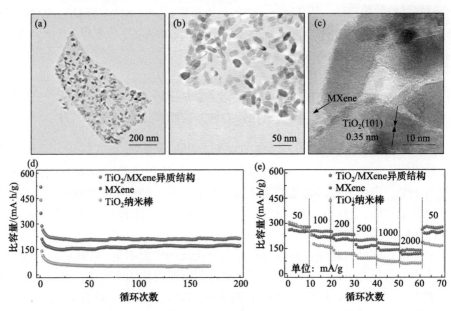

图 5-27   TiO₂ 纳米棒/MXene 异质结构的(a，b)TEM 图、(c)HRTEM 图；TiO₂ 纳米棒/MXene 异质结构、TiO₂ 纳米棒和 MXene 的(d)循环性能和(e)倍率性能[78]

钛酸钠和钛酸钾因其低的工作电位、优异的化学稳定性以及环境友好等特点，在钠/钾离子电池中的应用逐渐得到了研究人员的关注，但较差的离子扩散动力学限制了其进一步的应用。吴忠帅等[95]以多片层 Ti₃C₂ MXene 为前驱体，在 H₂O₂/碱溶液中通过水热反应获得了三维钛酸钾和钛酸钠纳米带。在这一过程中，浓度为 1 mol/L 的 NaOH 或 KOH 溶液可以将多片层 MXene 剪切成三维 MXene 纳米带，进一步在水热环境和 H₂O₂ 的作用下 MXene 纳米带可以转变为三维线团状的钛酸钠或钛酸钾纳米带。独特的三维带状结构使得钛酸钠和钛酸钾均表现出了优异的储钠/钾性能。钛酸钠在 200 mA/g 下具有 192 mA·h/g 的储钠比容量，循环 50 次后的比容量为 171 mA·h/g，且在 2 A/g 下维持有 101 mA·h/g。钛酸钾在 50 mA/g 下具有 151 mA·h/g 的储钾比容量，循环 100 次后比容量为 92 mA·h/g，且在 300 mA/g 下比容量维持有 81 mA·h/g。乔世璋等[96]通过真空抽滤法制备了交替排列的 MXene/GO 膜，并利用热将 GO 还原成 rGO 纳米片，最后在水热环境下利用 rGO 的限域作用将 MXene 转变为具有二维结构的钛酸钠/钛酸钾纳米片。2D-2D 的结构使得两种纳米片之间具有充分的接触，且超薄钛酸钠/钛酸钾层状结构缩短了离子的扩散距离，rGO 增强了电极的导电性，因此复合材料表现出了优异的电化学性能。其中，钛酸钠/rGO 作为钠离子电池负极材料时在 0.1 A/g 下首次充电比容量为 332.8 mA·h/g，在 5 A/g 下循环 10000 次后比容量仍保持有 72 mA·h/g。钛酸钾/rGO 复合膜作为钾离子电池负极材料时，在 0.1 A/g 下具有 262 mA·h/g 的首次充电比容量，在 2 A/g 的电流密度下循环 700 次后的比容量仍能保持 75 mA·h/g。

（4）钴基氧化物。

钴基氧化物负极材料主要包括氧化钴（CoO）和四氧化三钴（Co$_3$O$_4$）两种，二者均基于转化反应进行储能。CoO 和 Co$_3$O$_4$ 的储锂理论比容量分别为 716 mA·h/g 和 890 mA·h/g，电化学反应过程为

$$CoO + 2Li^+ + 2e^- \longrightarrow Co + Li_2O \tag{5-17}$$

$$Co_3O_4 + 8Li^+ + 8e^- \longrightarrow 3Co + 4Li_2O \tag{5-18}$$

将钴基氧化物和高导电性 MXene 材料结合，以构筑高性能钴氧化物/MXene 复合材料同样得到了广泛的研究。Gogotsi 等[97]通过交替抽滤 Co$_3$O$_4$ 分散液和 MXene 分散液，制备了具有交替堆叠的"三明治"结构的 Co$_3$O$_4$/MXene 复合薄膜[图 5-28（a）]，具有优异的机械性能和柔韧性。MXene 的加入改善了电极的导电性，使电极表现出优异的倍率性能；Ti$_3$C$_2$T$_x$ 的高密度（约为 4.2 g/cm^3）和交替堆叠的结构使得该 Co$_3$O$_4$/MXene 复合薄膜具有较高的密度，进而表现出高的体积比容量。和 Co$_3$O$_4$ 电极相比，Co$_3$O$_4$/MXene 复合薄膜表现出了更高的比容量和更优异

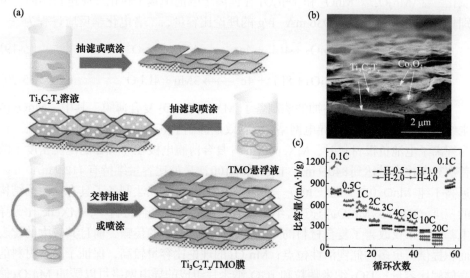

图 5-28　Co$_3$O$_4$/MXene 复合薄膜的（a）制备示意图和（b）SEM 图；（c）不同 Co$_3$O$_4$ 质量占比的
Co$_3$O$_4$/MXene 复合薄膜的倍率性能[97]

的倍率性能，且复合薄膜的比容量随着 Co₃O₄ 含量的提高而逐渐增大。但是 Co₃O₄ 质量占比较高时，Co₃O₄/MXene 复合薄膜(Co₃O₄：MXene=4：1)的倍率性能较差，而 MXene 质量占比较高的 Co₃O₄/MXene 复合薄膜(Co₃O₄：MXene=1：2)比容量较低，相比之下，当 Co₃O₄ 和 MXene 的质量比为 2：1 时，Co₃O₄/MXene 复合薄膜表现出了最佳的综合性能。这表明 MXene 作为导电基底材料虽然可以改善活性物质的电化学性能，但是需要进一步对复合材料的结构、质量比例等进行调控，才能最优化复合材料的电化学性能。

朱建锋等[98]通过两步水热-热处理工艺制备了 CoO/Ti₃C₂ 纳米复合材料，其中 CoO 纳米颗粒的尺寸为 10～20 nm，以微小团聚体的形式均匀地分散在 Ti₃C₂ 纳米片上。MXene 作为导电骨架显著改善了复合材料的电化学储锂性能，其在 100 次循环后容量可保持有 313 mA·h/g，高于纯的 Ti₃C₂(108 mA·h/g) 和 CoO(80 mA·h/g)。CoO/Ti₃C₂ 复合材料更为优异的电化学性能归因于 CoO 和 Ti₃C₂ 之间的协同效应：一方面，MXene 作为导电基底改善了复合材料的导电性，抑制了 CoO 纳米颗粒的团聚，并缓冲了其在储锂过程中的体积应变；另一方面，CoO 锚定在 MXene 纳米片表面，扩大了 MXene 的层间距，防止了其二维片层的堆叠，有利于电解液的扩散和表面活性位点的暴露，进而使得该 CoO/Ti₃C₂ 复合材料表现出较为优异的电化学性能。

(5) 锰基氧化物。

目前，应用于二次电池负极材料的锰基氧化物主要包括二氧化锰(MnO_2)和四氧化三锰(Mn_3O_4)。MnO_2 和 Mn_3O_4 在锂离子电池中基于转化反应进行储能，分别具有 1232 mA·h/g 和 936 mA·h/g 的理论比容量，二者电化学反应过程为

$$MnO_2 + 4Li^+ + 4e^- \longrightarrow Mn + 2Li_2O \tag{5-19}$$

$$Mn_3O_4 + 8Li^+ + 4e^- \longrightarrow 3Mn + 4Li_2O \tag{5-20}$$

张乃庆等[99]通过真空抽滤法制备了 MXene/MnO₂ 复合薄膜，其中，MnO₂ 纳米线均匀地嵌入 MXene 导电网络中，有效地抑制了其储锂过程中的体积膨胀。作为锂离子电池负极材料时，MXene/MnO₂ 复合薄膜电极在 1 A/g 的电流密度下的首次充电比容量达到 840.9 mA·h/g，循环 100 次后的比容量维持有 412.9 mA·h/g，远高于纯 MnO₂(97.7 mA·h/g)。郭瑞松等[100]通过水热法制备了具有三明治结构的三维 rGO/TiO₂/Mn₃O₄/Ti₃C₂Tₓ 纳米复合材料。在该复合材料中，MXene 作为导电基底，不仅改善了复合材料的导电性，促进了电子的传输，而且其较大的比表面积提供了更多的储锂活性位点；Mn₃O₄ 的理论比容量较高，保证了复合材料的高储锂比容量；TiO₂ 纳米颗粒和 rGO 纳米片组成的导电网络可以缓冲 Mn₃O₄ 储锂时的体积膨胀。此外，rGO 纳米片链接在 MXene 层间，组成的三维导电网络可

以缩短电子传输路径，促进离子/电子的传输。多组分间的协同效应使得 rGO/TiO$_2$/Mn$_3$O$_4$/Ti$_3$C$_2$T$_x$ 纳米复合材料在 0.05 A/g 和 0.5 A/g 电流密度下分别表现出 520.7 mA·h/g 和 300.8 mA·h/g 的首次充电比容量，在 0.5 A/g 下循环 100 次后仍具有 219.7 mA·h/g 的比容量，当电流密度增大至 3 A/g 时，复合材料保持有 87.6 mA·h/g 的可逆比容量，表现出优异的电化学储锂性能。

(6)其他氧化物。

除了以上类型的氧化物外，以 MXene 为导电基底还可以改善一些其他金属氧化物材料的电化学性能，其中具有代表性的材料有 NiCo$_2$O$_4$[97]、ZnFe$_2$O$_4$[101]、CoFe$_2$O$_4$[102]、Sb$_2$O$_3$[103] 和 CoNiO$_2$[104]等。

以 MXene 为导电基底可以改善双金属氧化物的储钠性能。张炳森等[102]将 MXene 与 CoFe$_2$O$_4$ 通过液相混合和真空抽滤，制备了 MXene/CoFe$_2$O$_4$ 复合材料，随后进一步通过真空抽滤在 MXene/CoFe$_2$O$_4$ 复合材料表面沉积了 MXene 层作为集流体。MXene 代替铜箔作为集流体，其优异的导电性可以提高电极整体的电子电导率，而活性物质层是由 CoFe$_2$O$_4$ 纳米颗粒镶嵌在 MXene 层间构成的，MXene 可以有效缓解 CoFe$_2$O$_4$ 纳米颗粒的体积膨胀，使得复合材料在 1C 下循环 940 次后仍可以保持 676 mA·h/g 的可逆比容量。徐茂文等[104]通过两步水热-退火工艺制备了 CoNiO$_2$/MXene 复合材料。由于层状结构的 Ti$_3$C$_2$T$_x$ 缓冲了 CoNiO$_2$ 的体积膨胀并有助于离子/电子的传输，且 CoNiO$_2$ 与 MXene 形成了化学键合，该复合材料表现出优异的电化学储钠性能，在 100 mA/g 下循环 140 次后表现出 223 mA·h/g 的比容量，库仑效率保持在 98.7%，且在 300 mA/g 下保持有 188 mA·h/g 的比容量。

Sb$_2$O$_3$ 作为钠离子电池负极材料时的理论比容量为 1103 mA·h/g，储能机制为转化-合金化反应。汪国秀等[103]利用碱性环境下 Sb^{3+} 离子在 Ti$_3$C$_2$T$_x$ 表面的吸附和还原过程，制备了 Sb$_2$O$_3$/MXene 复合材料。Sb$_2$O$_3$ 纳米颗粒均匀地镶嵌在 Ti$_3$C$_2$T$_x$ 纳米片组成的三维导电网络之内，不仅有利于抑制 Sb$_2$O$_3$ 纳米颗粒的体积应变，而且促进了离子/电子的传输，保证了表面活性位点的有效利用[图 5-29(a)]。当用作钠离子电池的负极材料时，Sb$_2$O$_3$/Ti$_3$C$_2$T$_x$ 复合材料表现出较 Sb$_2$O$_3$ 负极显著提高的电化学性能，如图 5-29(c,d)所示，其在 100 mA/g 的电流密度下循环 100 次后的比容量达到了 472 mA·h/g，在 2 A/g 时比容量还保持有 295 mA·h/g。

2) 金属硫化物

硫和氧同属ⅥA 族，金属硫化物同样是一类有潜力的碱金属离子电池负极材料。和相应的金属氧化物相比，金属硫化物在碱金属离子的脱嵌过程中具有更为优异的可逆性和循环稳定性，而且具有更高的导电性、更好的机械性能和热稳定性，以及更快的电极反应动力学。然而，金属硫化物在碱金属离子电池中的应用同样面临着严峻的挑战：①金属硫化物在储能时存在严重的体积膨胀，导致电极

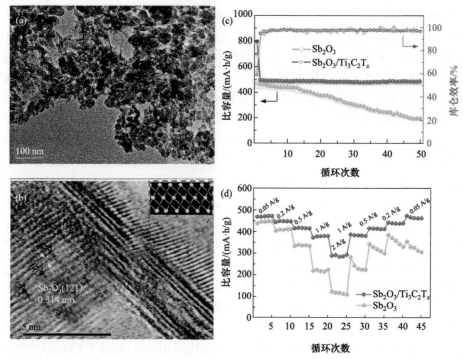

图 5-29   Sb$_2$O$_3$/Ti$_3$C$_2$T$_x$ 复合材料的 (a) TEM 图、(b) HRTEM 图、(c) 循环性能和
(d) 倍率性能[103]

容量迅速衰减；②虽然金属硫化物的导电性优于金属氧化物，但仍需要进一步改善其离子/电子的传输动力学，以改善其倍率性能；③金属硫化物在储能过程中产生的多硫化物 Li$_2$S$_x$(2<x<8) 中间体容易与有机电解质反应或溶解，导致金属硫化物负极不可逆的容量衰减。多硫化物的溶解会引起穿梭效应，其中可溶性长链多硫化物扩散到正极表面并被还原为短链多硫化物，而这些物质在回到负极后的再氧化对整体容量没有贡献，因此该过程逐渐降低了活性物质的利用率并降低了库仑效率。此外，沉积在电极表面的绝缘多硫化物层可能会降低电极的导电性并阻止进一步的电化学反应发生。有研究表明，MXene 丰富的表面端基可以吸附多硫化物，形成金属-硫键以抑制其穿梭效应。因此，以 MXene 作为导电基底材料，在其上负载金属硫化物材料，有望改善金属硫化物在储能时的缺陷，得到高性能金属硫化物/MXene 复合材料。

(1) 二硫化钼。MoS$_2$ 具有和石墨类似的层状结构，其中钼原子位于两层硫原子之间，这种层状结构有利于锂离子的嵌入。MoS$_2$ 主要基于嵌入和转化反应进行储能，锂离子在 MoS$_2$ 层状结构的嵌入通常发生在 1.0 V ($vs.$ Li/Li$^+$) 以上，而转化反应发生在 1.0 V ($vs.$ Li/Li$^+$) 以下，其储锂时的反应过程如下：

$$MoS_2 + xLi^+ + xe^- \longrightarrow Li_xMoS_2 (约 1.1\ V\ \textit{vs.}\ Li/Li^+,\ 0 \leqslant x \leqslant 1) \quad (5\text{-}21)$$

$$Li_xMoS_2 + (4-x)Li^+ + (4-x)e^- \longrightarrow Mo + 2Li_2S (约 0.6\ V\ \textit{vs.}\ Li/Li^+) \quad (5\text{-}22)$$

但由于 MoS_2 导电性不佳，并且会在第一次循环后产生锂化产物 Li_2S，从而导致循环和倍率性能较差。为了解决这些问题，将 MoS_2 与 MXene 结合有望实现其电化学性能的显著改善[60,105-107]。Gogotsi 等[60]以 $Mo_2TiC_2T_x$ MXene（其中 Ti 原子占据晶格中心平面）为前驱体，通过高温硫化法将 $Mo_2TiC_2T_x$ 表面的 Mo—O 键原位转化为 Mo—S 键，合成了 $MoS_2/Mo_2TiC_2T_x$ 纳米异质结构，如图 5-30(a)、(b) 所示。在该异质结构中，MoS_2 在 $Mo_2TiC_2T_x$ 表面的键合使得复合材料具有出色的动力学特性，独特的层状结构促进了锂离子的嵌入。此外，复合材料对锂离子和中间产物多硫化锂具有优异的吸附能力，可以抑制"穿梭效应"，因此表现出优异的电化学储锂性能[图 5-30(c)、(d)]，其在 50 mA/g 下经 100 次循环后具有 548 mA·h/g 的比容量，容量保持率达到了 92%，显著高于纯 MoS_2 电极（52 mA·h/g）。

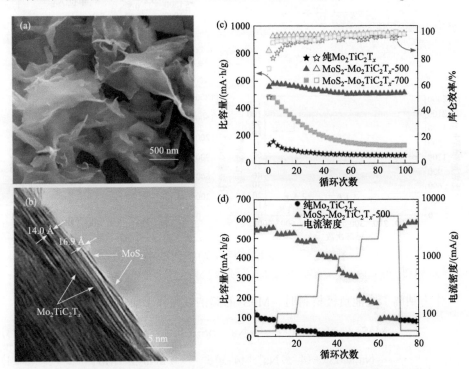

图 5-30　$MoS_2/Mo_2TiC_2T_x$ 纳米异质结构的形貌和电化学储锂性能[60]

(a) SEM 照片、(b) HRTEM 图、(c) 循环性能图和 (d) 倍率性能图

水热法是在 MXene 表面原位负载活性物质的有效手段之一。郭瑞松等[105]通过水热法在多层 $Ti_3C_2T_x$ 的表面及层间原位生长了 MoS_2 纳米片，制得了 2D-2D MoS_2/MXene 纳米复合材料。研究表明，当原位生长的 MoS_2 的质量分数达到 20%

时，复合材料表现出良好的倍率性能。然而，高温高压的水热环境使得 MXene 易于氧化，进而丧失其独特的物理化学性质，严重影响了材料的电化学性能。邱介山等[66]在水热合成 MoS_2/Ti_3C_2 复合材料的过程中引入了葡萄糖前驱体，制得了具有三维多孔阵列结构的 $MoS_2/Ti_3C_2@C$ 纳米复合材料，如图 5-31 所示。葡萄糖衍生的碳纳米片包覆在 MoS_2/Ti_3C_2 表面，有效地避免了 $Ti_3C_2T_x$ 在水热过程中的氧化，提高了复合材料的结构稳定性。得益于这种独特的阵列结构，$MoS_2/Ti_3C_2@C$ 纳米复合材料表现出优异的电化学储锂性能，其在 1 A/g、2 A/g、5 A/g、10 A/g 的电流密度下循环 700 圈后容量均没有衰减，同时在 20 A/g 下循环 3000 次后仍能表现出 580 mA·h/g 的比容量，平均每次的容量损失仅为 0.0016%，表现出了优异的倍率性能和循环稳定性。

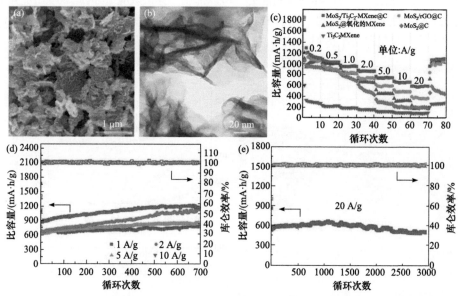

图 5-31 $MoS_2/Ti_3C_2@C$ 纳米复合材料的形貌和电化学储锂性能[66]
(a) SEM 图、(b) TEM 图、(c) 倍率性能、(d) 在不同电流密度下的循环性能和 (e) 20 A/g 时的循环性能

作为钠离子电池负极材料时，MoS_2 的储钠机制如下所示：

$$MoS_2 + xNa^+ + xe^- \longrightarrow Na_xMoS_2 \; (<0.4V \; vs. \; Na/Na^+) \tag{5-23}$$

$$Na_xMoS_2 + (4-x)Na^+ + (4-x)e^- \longrightarrow 2Na_2S + Mo \tag{5-24}$$

张校刚等[107]通过一步水热法将 MoS_2 纳米片原位插入 $Ti_3C_2T_x$ 层之间，制备了具有 2D-2D 阵列结构的 $MoS_2/Ti_3C_2T_x$ 复合材料。MoS_2 纳米片均匀地分散在 MXene 的层状导电网络中，而使得复合材料具有更大的电极/电解液反应界面。此外，MoS_2 在 MXene 层间的嵌入可以扩大其层间距，有利于离子/电子的传输以及更多的赝电容反应。用作钠离子电池负极材料时，$MoS_2/Ti_3C_2T_x$ 复合材料在 100 mA/g 的电流密度下循环 100 次后具有 250.9 mA·h/g 的比容量，容量保持率达到 88%。当电流密度增大至 1 A/g 时，$MoS_2/Ti_3C_2T_x$ 复合材料表现出 160 mA·h/g 的可逆比容量，循环和倍率性能较为优异。

（2）硫化锡。锡基硫化物主要包括 SnS_2、SnS 和 Sn_3S_4 等，其作为碱金属离子负极材料时主要基于转化和合金化反应进行储能，具有理论比容量高、充放电平台低等优势。

SnS_2 是典型的层状 CdI_2 晶体状结构，硫原子紧密堆积形成两个原子层，Sn 原子位于两层中间形成八面体结构，相邻硫原子层通过微弱的范德瓦耳斯力连接。SnS_2 具有较大的层间距，有利于锂离子和钠离子的嵌入，其中，碱金属离子可以与层状结构中的 Sn 原子结合[108,109]。SnS_2 的理论储钠比容量为 1136 mA·h/g，其储钠机制如下：

$$SnS_2 + 4Na^+ + 4e^- \longrightarrow Sn + 2Na_2S \tag{5-25}$$

$$4Sn + 15Na^+ + 15e^- \longrightarrow Na_{15}Sn_4 \tag{5-26}$$

基于高导电性的 MXene 和高容量的 SnS_2 构建异质结构可以得到高性能电极材料。张校刚等[110]以四氯化锡为锡源，以硫代乙酰胺为硫源，利用水热法制备了板状 SnS_2 纳米材料，随后和 MXene 通过真空抽滤制备了 $MXene@SnS_2$ 复合材料。当 MXene 和 SnS_2 的质量占比为 5∶1 时，复合膜表现出了最佳的电化学储钠性能，其在 100 mA/g 电流密度下进行 200 次循环后的可逆比容量达到了 322 mA·h/g，并且具有出色的倍率性能及循环稳定性。

正交相的 SnS 的理论储钠比容量为 1022 mA·h/g，其储钠机制与 SnS_2 类似，即

$$SnS + 2Na^+ + 2e^- \longrightarrow Sn + Na_2S \tag{5-27}$$

$$4Sn + 15Na^+ + 15\ e^- \longrightarrow Na_{15}Sn_4 \tag{5-28}$$

为了改善 SnS 的导电性和充放电过程中的循环稳定性，徐茂文等[111]通过水热法在 $Ti_3C_2T_x$ 上原位负载了 SnS 纳米颗粒。SnS 均匀地负载在 $Ti_3C_2T_x$ 纳米片表面，其中 SnS 晶格条纹的间距为 0.28 nm，对应于正交 SnS 的 (111) 平面。MXene 作为导电基底使得 SnS@MXene 纳米复合材料表现出了优异的循环稳定性和倍率性能，在 0.5 A/g 的电流密度下循环 50 次后的比容量为 320 mA·h/g，即使在 1 A/g 的电流密度下仍表现出 255.9 mA·h/g 的比容量。

Sn_3S_4 可以看作 SnS_2 和 SnS 结合的产物，因此具有类似的储能机制、高的理论比容量和较低的氧化还原电位。潘丽坤等[112]通过溶剂热-煅烧两步工艺制备了 $SnS_2/Sn_3S_4/Ti_3C_2$ MXene 三元纳米杂化物（S-TC）。Ti_3C_2 基体促进了电子在复合材

料中的传输，缓解了 SnS_2/Sn_3S_4 杂化体的体积膨胀，而纳米尺寸的 SnS_2/Sn_3S_4 杂化物增强了电解质与电极之间的接触。当用作锂离子电池的负极时，S-TC 表现出良好的循环稳定性（在 100 mA/g 下循环 100 次后比容量为 462.3 mA·h/g）和优异的倍率性能（5 A/g 下为 216.5 mA·h/g）。

（3）硫化钴。硫化钴由于其高的理论比容量、优异的电子电导率和相稳定性，也是一种重要的碱金属离子电池负极材料。基于转化反应机制，CoS 在充放电过程中的反应过程可以归纳为

$$CoS + 2M^+ + 2e^- \longrightarrow Co + M_2S \quad (M = Li、Na、K) \tag{5-29}$$

和大多数金属氧/硫化物一样，充放电过程中较大的体积应变是影响 CoS 电化学性能的主要因素之一。对 CoS 结构的合理设计以及与高导电性物质复合可以有效抑制其体积应变，余学斌等[90]通过在 MXene 表面原位生长 Co 基 MOF（ZIF-67）晶体，构筑了具有三维多孔结构的 MOF@MXene 气凝胶，随后在高温下退火，经一步碳化和硫化，合成了具有三维"海绵"结构的 MXene/氮掺杂多孔炭包覆 CoS 纳米复合材料 CoS NP@NHC@MXene，如图 5-32（a）所示。从 SEM 照片和 TEM 图像[图 5-32（b，c）]可以看出，CoS 纳米颗粒均匀分布在 MXene 纳米片上，

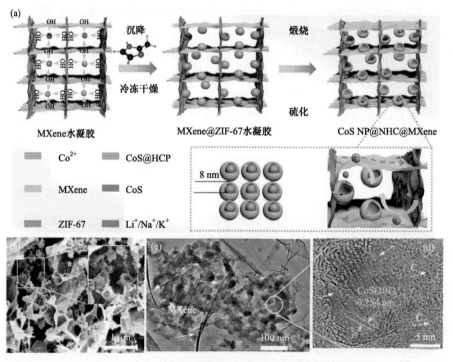

图 5-32　CoS NP@NHC@MXene 复合材料的（a）制备示意图、（b）SEM 图、（c）TEM 图和（d）HRTEM 图[90]

多面体内部呈空心结构。通过 HRTEM 图像[图 5-32(d)]可以看出，CoS 纳米颗粒的平均粒径约为 8 nm，晶格条纹间距为 0.254 nm，对应于 CoS 六方相的(101)平面。得益于这一结构，CoS NP@NHC@MXene 在应用于锂/钠/钾离子电池负极材料时均表现出优异的电化学性能：用于锂离子电池，在 1 A/g 下循环 800 次后的比容量为 1145.9 mA·h/g，在 5 A/g 下循环 1000 次后的比容量为 574.1 mA·h/g；用于钠离子电池，在 2 A/g 下循环 650 次后的比容量为 420 mA·h/g；用于钾离子电池，在 2 A/g 下循环 500 次后的比容量为 210 mA·h/g。同时，高度互连的多孔 MXene 网络有效地缩短了电子和离子的传输路径，保证了 CoS NP@NHC@MXene 在高质量负载下仍可表现出优异的倍率性能。

徐茂文等[65]以 Co(NO₃)₂·6H₂O 和硫代乙酰胺分别为钴源和硫源，通过水热法在 MXene 表面原位生长 CoS 纳米颗粒，制备了 CoS/MXene 纳米复合材料。其中，MXene 网络类似于"印刷电路板"，提供导电网络并锚定 CoS 纳米颗粒，缓冲其体积膨胀；CoS 纳米颗粒类似于"电子元件"，提供大量电化学反应的活性位点，使复合材料表现出高的比容量。用于钠离子电池时，CoS/MXene 复合材料在 2 A/g 电流密度下，经过 1700 次循环后保持有 267 mA·h/g 的可逆比容量，每个循环容量损失率仅为 0.00072%，而纯 CoS 经过 1000 次和 1600 次循环后，容量分别衰减至 162 mA·h/g 和 80 mA·h/g。当电流密度增大至 5 A/g 时，CoS/MXene 复合材料表现出 273 mA·h/g 的可逆比容量，当电流密度恢复至 0.1 A/g 时，CoS/MXene 复合材料仍保持 505 mA·h/g 的可逆比容量，具有优异的倍率性能和循环稳定性。

(4)其他硫化物。除了以上类型的硫化物外，以 MXene 为导电基底改善一些其他金属硫化物电化学性能的研究也有报道，如 ZnS[70]、FeS[113]等。

徐斌等[70]通过在 MXene 表面生长 ZIF-8、然后再通过原位硫化，制备了具有优异储锂性能的 0D-2D ZnS 纳米点/Ti₃C₂Tₓ MXene 复合材料。在 ZnS/MXene 复合材料中，Ti₃C₂Tₓ MXene 纳米片作为二维基底不仅提高了电极整体的导电性，而且还可以防止 ZnS 纳米点的聚集并缓解充放电过程中 ZnS 的体积变化。更重要的是，ZnS 纳米点可以通过界面 Ti—O—Zn 键紧紧锚定在 2D MXene 纳米片的表面上，使得复合材料不仅具有优异的结构稳定性，而且具有较 ZnS 纳米颗粒更强的锂吸附能力、更强的界面电子转移能力和更低的离子扩散能垒，如图 5-33 所示。因此，0D-2D ZnS/MXene 复合材料作为锂离子电池负极材料时表现出了优异的电化学性能，其在 30 mA/g 下表现出 726.8 mA·h/g 的可逆比容量，在 0.5 A/g 下循环 1000 次后没有明显的容量衰减，可逆比容量达 462.8 mA·h/g。

王殿龙等[113]通过在 3D 多孔 Ti₃C₂ 框架中原位生长 Fe₃O₄ 纳米颗粒，再经过硫化处理使尖晶石型 Fe₃O₄ 通过拓扑转化形成六方型的 FeS，同时 Ti₃C₂ 表面被硫基团修饰，构建了具有开放多孔结构的 Fe₃O₄/FeS@S-MX 复合材料。复合材料具有以下优势：一方面，MXene 表面硫端基使其界面性质得到改善，可以改善锂吸附性能，并进一步增加额外的储锂活性位点；另一方面，MXene 优异的导电性不仅可以促进电子转移，还可以缓解氧化物/硫化物的体积变化。因此 $Fe_3O_4/FeS@S-MX$ 作为锂离子电池负极材料时具有优异的循环性能和倍率性能，在 1 A/g 下循环 1000 次后可逆比容量为 913.9 mA·h/g，在 10 A/g 下可逆比容量为 490.4 mA·h/g。

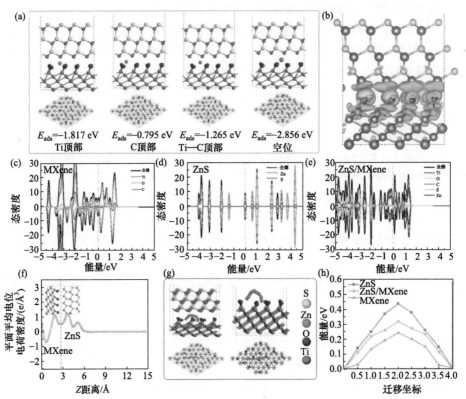

图 5-33　(a)锂离子在 $ZnS/Ti_3C_2T_x$ 复合材料异质界面的 Ti、C、Ti—C 顶部和空位处的吸附能；(b)$ZnS/Ti_3C_2T_x$ 复合材料异质界面的电荷密度；(c)$Ti_3C_2T_x$、(d)ZnS 和(e)$ZnS/Ti_3C_2T_x$ 复合材料的态密度曲线；(f)$ZnS/Ti_3C_2T_x$ 复合材料沿着 z 轴方向的平面平均电位电荷密度曲线；$ZnS/Ti_3C_2T_x$ 复合材料异质界面处的(g)锂离子扩散路径和(h)相应的能量变化[70]

3）金属硒化物

和金属硫化物相比，金属硒化物具有许多相似的特征，又有一些独自的特点：①硒的密度约为硫的 2.5 倍，因此金属硒化物的理论质量比容量较对应的金属硫化物低，但高的密度也使得金属硒化物有望表现出较高的体积比容量；②由于硒比硫的电导率高，金属硒化物表现出更高的电子电导率；③金属硒化物中的金属-硒键比金属-硫键弱，有利于转化反应的进行。

　　二硒化钼由二维 Se-Mo-Se 原子层构成，其层间距为 0.64 nm，层状结构和大的层间距有利于碱金属离子在其层间的可逆反应。基于转化反应机制，二硒化钼作为碱金属离子电池负极材料时具有较高的理论比容量，例如，$MoSe_2$ 的理论储钠比容量高达 422 mA·h/g，其储能机理可以归纳为

$$MoSe_2 + 4M^+ + 4e^- \longrightarrow Mo + 2M_2Se \quad (M = Li、Na、K) \qquad (5-30)$$

　　蒋阳等[114]通过水热法在 MXene 纳米片上原位生长了 $MoSe_2$ 纳米团簇，MXene 与 $MoSe_2$ 通过范德瓦耳斯力在表面紧密结合，有效抑制了其充放电过程中的体积变化。同时，MXene 作为导电基底显著改善了复合材料的导电性。当作为钠离子电池负极材料时，$MoSe_2$/MXene 异质结构在 1 A/g 的电流密度下表现出 490 mA·h/g 的可逆比容量，在 10 A/g 的电流密度下比容量保持有 250 mA·h/g，表现出高的比容量和优异的倍率性能。

　　由于钾离子的尺寸较大，$MoSe_2$ 在储钾时较大的体积膨胀导致其结构坍塌严重。为增强复合材料结构的稳定性，张雷等[91]采用水热法在 MXene 表面生长了 $MoSe_2$ 纳米片后，进一步通过盐酸多巴胺自聚合和高温煅烧过程在 $MoSe_2$/MXene 复合材料表面包覆了聚多巴胺衍生碳层，合成了具有三明治结构的三维碳包覆 $MoSe_2$/MXene 纳米复合材料（$MoSe_2$/MXene@C）。如图 5-34 所示，$MoSe_2$ 纳米片垂直生长在 MXene 表面，形成阵列结构；聚多巴胺衍生碳层包覆在 $MoSe_2$ 表面，使得 $MoSe_2$/MXene@C 复合材料形成三维互联的网络结构；碳层的包覆和 MXene 导电基底有效地提高了材料的结构稳定性，使得 $MoSe_2$/MXene@C 纳米复合材料表现出显著改善的循环稳定性和倍率性能。在 200 mA/g 的电流密度下，$MoSe_2$/MXene@C 纳米复合材料循环 100 次后的可逆比容量为 355 mA·h/g，在 5 A/g 的

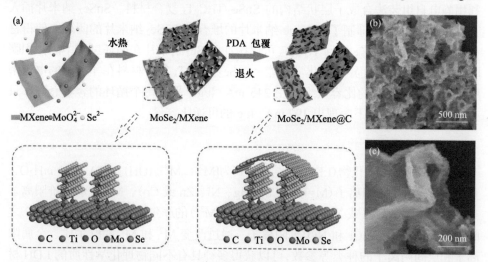

图 5-34　三维碳包覆 $MoSe_2$/MXene 纳米复合材料的 (a) 制备示意图和 (b，c) SEM 图[84]

电流密度下循环 300 次后比容量保持有 207 mA·h/g，当电流密度增大至 10 A/g 时，其可逆比容量保持有 183 mA·h/g。

基于转化反应机制，二硒化钴 (CoSe$_2$) 的理论储钠比容量为 494 mA·h/g，其储能反应机理为

$$CoSe_2 + 4Na^+ + 4e^- \longrightarrow Co + 2Na_2Se \tag{5-31}$$

余学斌等[115]基于柯肯德尔效应，通过对 Co-MOF 进行硒化，构建了空心结构多孔 CoSe$_2$ 微球，随后利用静电自组装技术在空心 CoSe$_2$ 微球表面包覆了 MXene 纳米片，构筑了中空核壳结构的 CoSe$_2$@MXene 复合结构。CoSe$_2$ 微球可以和具有含氧基团的 Ti$_3$C$_2$ MXene 在界面处形成 Co—O—Ti 共价键，不仅可以促进电子/离子传输，而且增强了 CoSe$_2$@MXene 复合材料的结构稳定性，从而具有优异的循环稳定性和倍率性能。作为锂离子电池的负极材料时，CoSe$_2$@MXene 复合材料在 200 mA/g 时具有 1051 mA·h/g 的可逆比容量，在 5 A/g 时比容量保持 465 mA·h/g，并且在 1 A/g 下循环 1000 次后表现出 1279 mA·h/g 的比容量。蒋阳等[116]制备了由 ZIF-67/MXene 衍生的分级梯度结构 CoSe$_2$@CNTs-MXene 复合材料。特殊的"片-管-点"层次结构可以促进离子/电子的快速传输并保持 CoSe$_2$ 纳米颗粒的稳定性。用于钠离子电池时，CoSe$_2$@CNTs-MXene 复合材料在醚类电解质中的首次库仑效率高达 81.7%，并表现出优异的循环性能，在 2 A/g 电流密度下循环 200 次后的比容量维持在 400 mA·h/g，在 5 A/g 下表现出 347.5 mA·h/g 的可逆比容量。

SnSe$_2$ 和 CoSe$_2$ 类似，同样具有高的理论比容量和大的层间距，是一种有前景的钠离子电池负极材料。基于 SnSe$_2$ 和钠离子之间转化和合金化的储能机制，SnSe$_2$ 在充放电过程中的体积膨胀超过 300%，严重影响了其循环稳定性。徐茂文等[117]利用静电自组装法合成了层状结构的 SnSe$_2$/Ti$_3$C$_2$T$_x$ 复合材料。SnSe$_2$ 纳米片插入 Ti$_3$C$_2$T$_x$ 层间，不仅抑制了 MXene 纳米片的堆叠和 SnSe$_2$ 纳米片的团聚，使得材料活性位点高度暴露，而且 Ti$_3$C$_2$T$_x$ 可以缓冲 SnSe$_2$ 纳米片在循环过程中的体积膨胀，因此具有更加优异的电化学性能。SnSe$_2$/Ti$_3$C$_2$T$_x$ 复合材料在 1 A/g 的电流密度下循环 445 次后的比容量维持在 245 mA·h/g，平均每个循环的容量衰减率只有 0.06%，在 5 A/g 下表现出 192 mA·h/g 的可逆比容量。

4) 其他金属化合物

层状双金属氢氧化物 (LDH) 的结构通式为 [M$^{2+}_{1-n}$M$^{3+}_n$(OH)$_2$]$^{n+}$[A^{z-}]$_{n/z}$·mH$_2$O，其中 M^{2+} 表示二价阳离子 (M=Fe、Cu、Mg、Ni、Zn 或 Co)，M^{3+} 表示三价阳离子 (M=Al、Cr、Fe、Ga 或 Mn)，n 为 M^{2+}/(M^{2+}+M^{3+}) 的摩尔比，一般在 0.2～0.33 之间，A^{z-} 表示 CO$_3^{2-}$、Cl$^-$ 和 NO$_3^-$ 等阴离子。通过改变 M^{2+} 和 M^{3+} 的摩尔比、金属阳离子和层间阴离子的种类等参数，可以获得多种具有不同物理化学性质的 LDH 材

料。LDH 中的氢氧化物层具有由二价阳离子与三价阳离子同晶取代形成的正电荷,其层间的阴离子起到平衡电荷的作用,氢键水分子占据层间的自由空间。LDH 具有稳定的化学结构,这可归因于水分子、阴离子和羟基层之间的氢键网络以及阴离子和羟基层之间存在的静电作用力。由于 LDH 独特的二维离子层状结构表现出的优异的阴离子交换性能、在环境气氛中的稳定性和较小的电阻率,其在锂离子电池领域的应用也得到了一定的关注。NiCo-LDH 是一种典型的层状双金属氢氧化物,张新宇等[118]通过金属阳离子和 Ti_3C_2 MXene 之间的静电相互作用,在 Ti_3C_2 MXene 表面负载了具有超薄、褶皱和大层间距结构的 NiCo-LDH 纳米片。MXene 作为导电基底将 NiCo-LDH 锚定在其片层表面,不仅有助于 LDH 暴露更多的活性位点,而且促进了锂离子在活性材料内的扩散。因此,NiCo-LDH/Ti_3C_2 表现出优异的电化学储锂性能,在 0.1 A/g 和 10 A/g 的电流密度下分别表现出 1076.7 mA·h/g 和 370.6 mA·h/g 的比容量,在 5.0 A/g 下进行 800 次循环后的比容量仍保持有 562 mA·h/g。

作为一类新型多孔材料,金属有机骨架(MOF)材料具有高表面积、超高孔隙率、结构多样性和有序性等特点,这使得它们作为电极材料时能够促进离子和电子的快速传输。研究表明,具有适当有机配体和金属离子的 MOF 具有优异的结构稳定性和电化学性能[119]。程起林等[120]通过真空抽滤法制备了具有三维互联结构的 Ti_3C_2/NiCo-MOF 复合膜电极。二维 MXene 纳米片通过氢键作用力和 NiCo-MOF 纳米片相结合。交错的纳米片紧密相连,形成相互连接的多孔网络,不仅有利于电极表面活性位点的有效暴露,而且避免了纳米片层之间的重新堆叠。由于具有比表面积大、电荷转移迅速和锂离子扩散快等优势,Ti_3C_2/NiCo-MOF 电极在 0.1 A/g 的电流密度下表现出 440 mA·h/g 的首次充电比容量,在 300 次循环后维持有 402 mA·h/g 的比容量。当电流密度增大到 1 A/g 时,Ti_3C_2/NiCo-MOF 表现出 256 mA·h/g 的比容量,经过 400 次循环后的容量保持率达到 85.7%,表现出高的比容量、优异的循环稳定性和倍率性能。

通过密度泛函理论计算表明,过渡金属磷化物具有优异的氧化还原性能、充放电电位相对较低和热稳定性优异等优势,其主要储能机理为转化反应:

$$CoP_n + 3nLi^+ + 3ne^- \longrightarrow nLi_3P + Co \tag{5-32}$$

然而,储能过程中较大的体积变化会导致材料晶体结构的破坏,活性材料与集流体之间的接触不良等问题。王芬等[121]通过静电吸附和低温磷化法在 Ti_3C_2 纳米片上原位生长磷化钴纳米颗粒,CoP-Co_2P 纳米颗粒均匀分布在 Ti_3C_2 纳米片的表面和层内空间中。这种 CoP-Co_2P/Ti_3C_2 复合材料用作锂离子电池负极材料时表现出良好的循环稳定性,在 700 mA/g 电流密度下循环 1000 次后的比容量稳定在 650 mA·h/g,且在 1 A/g 下维持有 510 mA·h/g 的比容量。

2. 合金类材料

石墨作为目前商业化程度最高的锂离子电池负极材料，其嵌锂时可以形成 LiC_6 化合物，表现出 372 mA·h/g 的理论比容量。相比之下，硅、磷、锡等材料作为碱金属离子电池负极材料时主要基于合金化反应进行储能，表现出远高于石墨负极的理论比容量，受到了研究人员广泛的关注。然而，硅、磷、锡等材料在储能过程中存在着较大的体积膨胀，且导电性较差，使得这些材料的循环和倍率性能不佳。将合金类材料和高导电性 MXene 材料进行复合，可以有效改善其导电性，缓冲材料在储能过程中的体积应变，制备高性能 MXene 基纳米复合材料。

1）硅

在众多锂离子电池负极材料中，硅材料因其理论比容量高、充放电电位低、成本低廉等优势，成为下一代高能量密度锂离子电池负极材料的首选。基于合金化的反应机制，其储锂反应过程如下：

$$Si + xLi^+ + xe^- \longrightarrow Li_xSi \tag{5-33}$$

在理想的锂化温度(450℃)下，Si 负极在储锂过程中经历 $Li_{12}Si_7$、$Li_{14}Si_6$、$Li_{13}Si_4$ 和 $Li_{22}Si_5$ 等四相的转变，对应的电压平台在 0.33 V、0.29 V、0.16 V 和 0.05 V 左右，具有 4200 mA·h/g 的理论比容量，这是目前锂离子电池负极材料的最高理论比容量。而在室温下，Si 负极在储锂过程中最终转变为 $Li_{15}Si_4$，表现出 3579 mA·h/g 的理论比容量。此外，硅在自然界分布极广，在地壳中的储量排在第二位，约占地壳质量的 26%，具有储量丰富、成本低的优势。因此，硅负极材料受到了研究人员广泛的关注。

然而，硅作为锂离子电池负极材料还存在着一些问题：①硅的导电性较差，且锂离子在硅负极中的扩散速率低($10^{-14} \sim 10^{-13}$ cm²/s)[122]，严重影响了其电极反应动力学；②硅嵌锂后的体积膨胀在 300% 以上，严重的体积变化会导致硅电极发生粉化，容量迅速衰减；③硅负极的体积膨胀会使得活性物质与活性物质、活性物质与集流体之间失去电接触，同时有新的活性表面形成，导致固态电解质层的不断形成和变厚，影响了电极的库仑效率。将硅材料纳米化，一方面可以促进材料与电解液的充分接触，缩短锂离子在电极中的扩散路径，另一方面可以有效缓冲材料的体积应变，避免电极粉化导致的容量迅速衰减，从而改善硅负极的循环稳定性。此外，将硅与炭材料等高导电性材料复合，可以有效提高材料的导电性，缓冲硅负极储锂时的体积膨胀，获得具有优异电化学储锂性能的复合材料。

由于 MXene 具有独特的二维层状结构和类金属的导电性，以 MXene 为导电基底负载硅材料，有望改善硅导电性差的缺点并缓冲硅储锂时的体积膨胀，获得高性能的 MXene/Si 复合材料。郭少军等[71]通过 Stöber 法在多层 MXene 纳米片上原位负载了 SiO₂ 纳米颗粒，并利用高温镁热还原将 SiO₂ 还原成 Si，制得了 MXene/Si 纳米复合材料。随后在尿素的作用下通过在 MXene/Si 表面键合聚甲基丙烯酸甲酯(PMMA)并碳化，在材料表面包覆了氮掺杂碳层，制得了具有逐层排列的"三明治"结构的 MXene/Si@SiO$_x$@C 复合材料(图 5-35)。Ti—N 键的形成以及吡啶、吡咯和石墨氮原子的掺杂可以在三明治结构 MXene/Si@SiO$_x$@C 复合材料的异质界面形成较强的共价键，增强复合材料的结构稳定性，改善材料的电化学性能。此外，通过调控正硅酸乙酯的水解时间可以制得具有不同硅含量的复合材料。其中，硅含量为 74.3%的复合材料表现出最佳的电化学储锂性能，在 0.2 C 下循环 200 次后比容量为 1547 mA·h/g，当电流密度增大至 10 C 时，比容量有 398 mA·h/g，且在 1000 次循环后保持有 390 mA·h/g，表现出优异的循环和倍率性能。通过非原位 XRD 谱可以看出，由于 Si 在嵌锂时的体积膨胀，MXene 的(002)峰向小角度偏移，在随后的脱锂过程中(002)峰回到嵌锂前的位置，表明复合材料具有优异的充放电可逆性和结构稳定性，可以缓冲硅在充放电过程中的体积应变[图 5-35(e)]。此外，以 Li[Ni$_{0.6}$Co$_{0.2}$Mn$_{0.2}$]O₂ 为正极，MXene/Si@SiO$_x$@C 为负极组装的软包全电池的能量密度高达 485 W·h/kg，并在不同角度的弯折下维持了 200 次的稳定循环，具有潜在的应用前景。

利用静电自组装、球磨等非原位方法也可以制备高性能的硅/MXene 复合材料。杨金虎等[123]首先利用镁热还原法制备了具有多孔结构的纳米硅球，随后利用硅烷偶联剂对纳米硅球进行了表面修饰，并通过乳液聚合法在其表面原位包覆了 PMMA 层。由于 PMMA 和 MXene 之间较强的界面相互作用力，MXene 纳米片可以自发包覆在经修饰后的多孔纳米硅球表面，形成具有核-壳结构的多孔硅球/MXene 纳米复合材料，如图 5-36(a，b)所示。在该复合材料中，纳米硅球和 MXene 纳米片之间形成了具有强相互作用力的 Si—O—Ti 键，不但可以促进电子的界面传输，而且增强了复合材料的结构稳定性，因此复合材料表现出了优异的电化学储锂性能[图 5-36(c)]。多孔硅球/MXene 纳米复合材料在 0.2 A/g 的电流密度下循环 150 次后的可逆比容量达到了 1154 mA·h/g，而在 1 A/g 下循环 2000 次后比容量仍能保持 501 mA·h/g，平均每个循环的容量衰减率仅为 0.026%，表现出优异的循环稳定性。当电流密度增大到 4 A/g 时，复合材料表现出 899 mA·h/g 的比容量，倍率性能较为优异。此外，以 LiFePO₄ 为正极，多孔硅球/MXene 纳米复合材料为负极组装的全电池在首次和循环 80 次后的能量密度分别达到 385 W·h/kg 和 405 W·h/kg，优于目前商用的锂离子电池。

MXene 独特的二维层状结构使其可以通过真空抽滤等方式构筑柔性自支撑电极。冯金奎等[83]通过简单的液相混合-真空抽滤工艺制备了柔性自支撑的锂离子电池用硅/MXene 复合膜电极。MXene 作为柔性骨架有效地缓冲了硅在储锂时的体积应变，提高了复合膜的电导率，促进了锂离子的快速传输。硅/MXene 复合膜电极在 0.2 A/g 的电流密度下循环 100 次后的比容量达到了 2118 mA·h/g，在 1 A/g 下循环 200 次后表现出 1672 mA·h/g 的比容量，当电流密度增大至 5 A/g 时仍具有 890 mA·h/g 的比容量，表现出了优异的电化学储锂性能。

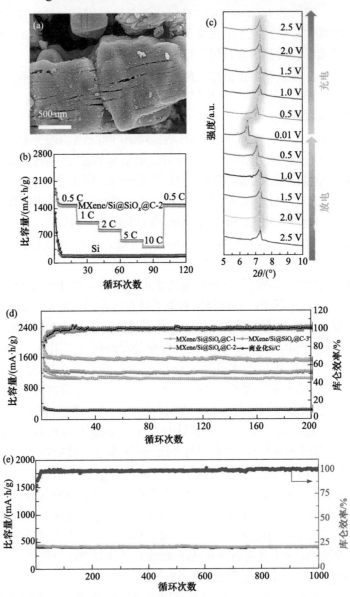

图 5-35   硅含量为 74.3% 时 MXene/Si@SiOₓ@C 复合材料的结构和电化学储锂性能：(a)SEM 图、(b)倍率性能、(c)不同充放电电压下的非原位 XRD 谱、(d)循环性能和(e)10 C 下的循环性能[71]

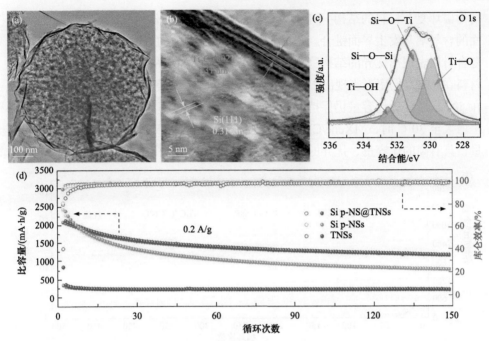

图 5-36 多孔硅球/MXene 纳米复合材料的结构和电化学储锂性能：(a)TEM 图、(b)HRTEM
图、(c)O 1s XPS 谱图和(d)循环性能[123]

2) 磷

磷基负极材料由于具有理论比容量高、电压平台低、价格低廉等优势，同样
引起了研究人员的广泛关注。目前，应用于碱金属离子电池负极材料的单质磷主
要是红磷和黑磷，二者储能机制相似，即

$$P + 3X^+ + 3e^- \longrightarrow X_3P(X = Li、Na) \tag{5-34}$$

基于独特的三电子转移反应，磷的理论比容量高达 2596 mA·h/g，且电压平
台较低(Li/Li$^+$：约 0.8 V；Na/Na$^+$：约 0.4 V)。然而，和硅类似，磷基电极材料导
电性较差，且在储能过程中存在严重的体积应变，需要进一步通过形貌调控、复
合等手段对其进行修饰改性。

红磷在空气中相对较为稳定，成本较低，但其作为电极材料时电导率低(仅为
10^{-14} S/cm)，体积膨胀大，电化学性能较差。徐斌等[81]将 MXene、红磷、碳纳米
管进行高能球磨，制备了具有强界面相互作用力的 MXene/CNT@P 纳米复合材
料。在复合材料中，MXene/CNTs 作为导电骨架，可以改善复合材料的导电性，
并缓冲红磷储锂时的体积应变。CNTs 可以充当缓冲介质，避免球磨过程中的强剪

切力破坏复合材料的结构。同时，红磷在球磨剪切力的作用下，可以与 MXene 表面的含氧端基发生界面键合，形成具有强界面作用力的 Ti—O—P 键，进而使得复合材料表现出优异的结构稳定性和电化学储锂性能。MXene/CNTs@P 纳米复合材料在 0.05 C 倍率下表现出 2598 mA·h/g 的可逆比容量，首次库仑效率达到 77%，在 500 次循环后比容量仍保持有 2078 mA·h/g，保持率为 83%。即使当充放电倍率增大至 30 C 时，MXene/CNTs@P 纳米复合材料仍表现出 454 mA·h/g 的比容量，具有高的比容量、优异的循环稳定性和倍率性能（图 5-37）。

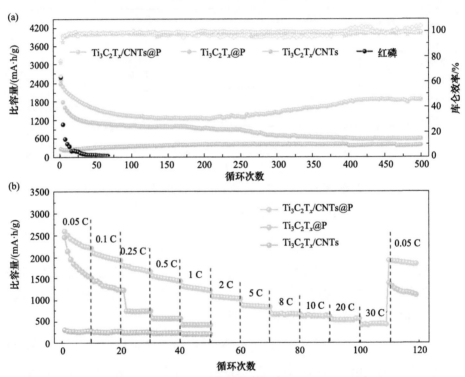

图 5-37 MXene/CNTs@P 纳米复合材料作为锂离子电池负极材料时的（a）循环性能和（b）倍率性能[81]

韩伟强等[124]通过高能球磨法同样制备了具有强界面相互作用力 Ti—O—P 键的红磷/$Ti_3C_2T_x$ 纳米复合材料。密度泛函理论计算表明，与硅、锡等合金类材料相比，红磷和 $Ti_3C_2T_x$ 复合后的内聚能仅为 -11.22 eV，表明其具有更加稳定的结构。因此，该复合材料不仅表现出优异的电化学储锂性能，作为钠离子电池负极材料时同样具有较高的比容量，在 200 mA/g 的电流密度下循环 200 圈后比容量仍能保持 370.2 mA·h/g。

与红磷相比，黑磷(BP)电导率(约为 10^2 S/m)更高，且具有独特的层状结构，有利于碱金属离子的嵌入/脱嵌，因此其在储能领域同样得到了较为广泛的研究。杨金虎等[86]利用超声辅助液相剥离法将 BP 块体剥离成 BP 量子点，随后通过液相混合-超声处理将 BP 量子点均匀地组装在了 MXene 纳米片表面，制得了 BP 量子点/MXene 复合材料。MXene 作为导电基底不仅可以改善复合材料的导电性，抑制 BP 在储能过程中的体积应变，而且其丰富的含氧端基可以和 BP 形成 Ti—O—P 键，有利于复合材料对金属离子的吸附，促进电子在复合材料界面的传输。BP 量子点和 MXene 纳米片通过 Ti—O—P 键的结合使得复合材料表现出原子的电荷极化现象，即 P 原子和 Ti 离子的价态升高以及 C 和 O 离子的价态降低，因此复合材料具有独特的电池-电容双重储能机制，从而表现出优异的电化学性能。作为锂离子电池负极材料时，BP 量子点/MXene 复合材料在 100 mA/g 的电流密度下具有 862 mA·h/g 的比容量，当电流密度增大至 2000 mA/g 时保持有 167 mA·h/g。当电流密度重新恢复至 100 mA/g 后，BP 量子点/MXene 复合材料表现出 920 mA·h/g 的比容量，继续循环 100 次后，比容量维持在 828 mA·h/g，表现出优异的循环稳定性。

通过液相超声辅助剥离技术，黑磷块体还可以被剥离成具有二维片状结构的少层 BP 纳米片。和 BP 块体相比，BP 纳米片具有更短的离子扩散路径、更大的表面-体积比和更高的活性位点利用率，但其存在二维片层的自堆叠问题，严重影响了其电化学性能。汪国秀等[125]通过液相混合超声-冷冻干燥过程将磷烯纳米片组装在 MXene 纳米片表面，构筑得到了 2D-2D 磷烯/MXene 异质结构[图 5-38(a)、(b)]。和纯磷烯电极相比，2D-2D 磷烯/MXene 异质结构具有以下优势：①MXene 的引入可以改善复合材料的导电性，缓冲磷烯储能时的体积膨胀；②MXene 表面的氟端基可以在电极表面形成含氟化合物，提高固态电解质层的稳定性；③理论计算表明，磷烯/MXene 异质结构(尤其是磷烯/$Ti_3C_2F_2$ 异质结构)的异质界面对于钠离子的吸附能力以及离子扩散动力学显著增强[图 5-38(c)～(e)]。基于以上优势，作为钠离子电池负极材料时，磷烯/MXene 异质结构在 100 mA/g 时表现出 535 mA·h/g 的可逆比容量，在 1000 mA/g 下循环 1000 次后比容量保持有 343 mA·h/g，容量保持率达到 87%，表现出优异的电化学储钠性能。

3)金属单质

金属锡(Sn)可通过合金化反应进行储锂，每个锡原子可以和 4.4 个锂进行合金化，即形成 $Li_{4.4}Sn$，其理论比容量高达 994 mA·h/g，而且锡的储锂工作电位较低，仅为 0.4 V 左右，我国锡储量也比较丰富，因此金属锡被认为是一类具有潜在应用前景的锂离子电池负极材料，但导电性差、储锂时体积膨胀大(高达 300%)

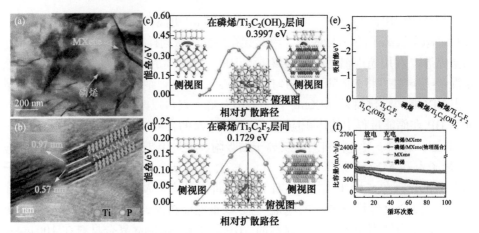

图 5-38　2D-2D 磷烯/MXene 异质结构的(a) TEM 图和(b) HRTEM 图；Na^+在(c)磷烯
/$Ti_3C_2(OH)_2$和(d)磷烯/$Ti_3C_2F_2$层间的扩散路径和能垒；(e) Na^+在磷烯、$Ti_3C_2(OH)_2$、
$Ti_3C_2F_2$、MXene 和磷烯/MXene 表面的吸附能；(f)磷烯/MXene 异质结构的循环性能[125]

的问题制约着其进一步的应用。饶平根等[126]以 $SnCl_2$ 为锡源，通过静电作用力使
Sn^{2+}离子吸附在 MXene 纳米片表面，随后在氢氩混合气的气氛下将 Sn^{2+}离子还原
成单质锡，制备了 $Sn@Ti_3C_2T_x$ 纳米复合材料。Sn^{2+}离子通过静电作用力和 MXene
表面的含氧基团结合，使得随后还原生成的单质锡可以以 Ti—O—Sn 键和 MXene
形成界面键合，有利于维持复合材料的结构稳定性，促进离子/电子在复合材料异
质界面的传输。与通过机械混合 MXene 和单质锡制备的电极相比，这种具有强界
面相互作用力的 $Sn@Ti_3C_2T_x$ 纳米复合材料作为锂离子电池负极材料时具有更为
优异的循环性能和倍率性能，在 0.1 A/g 的电流密度下表现出 648.3 mA·h/g 的首
次充电比容量，在循环 200 圈后容量保持在 586.4 mA·h/g，而当电流密度增大至
3 A/g 时仍表现出 231.2 mA·h/g。白继荣等[127]通过液相混合-真空抽滤两步工艺
将锡纳米颗粒组装在 $Ti_3C_2T_x$ 纳米片层间，制备了具有三维"点对面"结构的
$Sn@Ti_3C_2$复合材料。独特的结构使得 $Sn@Ti_3C_2$复合材料在 0.5 A/g 下首次和 250
次循环后分别表现出 701 mA·h/g 和 666 mA·h/g 的充电比容量，而在 3 A/g 的电
流密度下可保持 238 mA·h/g 的比容量。

　　锑(Sb)作为碱金属离子电池负极材料时主要具有以下优势：①较高的理论储
锂/钠/钾比容量。锑基于合金化反应进行储能，其储能反应机制为：$Sb + 3M^+ +$
$3e^- \longrightarrow M_3Sb(M= Li，Na，K)$，每个锑原子可以和 3 个碱金属离子进行合金化
反应，进而表现出 660 mA·h/g 的理论储锂/钠/钾比容量。②合适的工作电压。例
如，锑储钠时的工作电压范围为 0.5~0.8 V。③我国是世界上锑矿资源储量最丰
富的国家，成本相对较低。④锑的密度高达 6.7 g/cm^3，作为电极材料时有望表现

出高的体积容量。尽管具备以上优势，锑作为电极材料时存在的导电性差、体积应变大的问题仍需进一步解决。以 MXene 为导电基体负载单质锑，构筑锑/MXene 复合材料是解决这些问题的有效方案。韩伟强等[128]采用十六烷基三甲基溴化铵（CTAB）对 MXene 纳米片进行处理，CTA$^+$离子的柱撑效应扩大了 MXene 纳米片的层间距，随后利用离子交换将 MXene 表面的 CTA$^+$离子取代为 Sb^{3+}离子，并通过高温煅烧将 Sb^{3+}离子原位还原为单质锑，制备了 Sb/Ti$_3$C$_2$T$_x$纳米复合材料。Sb^{3+}离子通过静电作用力在 MXene 表面的吸附不但可以降低单质 Sb 的尺寸，得到纳米级单质 Sb，而且避免了纳米级单质 Sb 因其大的表面能造成的颗粒团聚。在该复合材料中，Sb 和 MXene 表面通过 Ti—O—Sb 键进行键合，提高了离子/电子在异质界面的传输，并有利于缓冲单质 Sb 在储钠时的体积膨胀。因此 Sb/Ti$_3$C$_2$T$_x$纳米复合材料表现出了较为优异的电化学储钠性能，其在 50 mA/g 的电流密度下循环 100 圈后比容量保持有 350.6 mA·h/g，并在 2000 mA/g 的电流密度下表现出 126.6 mA·h/g 的比容量。

　　冯金奎等[129]以 SbCl$_3$为锑源，通过电化学沉积技术在 MXene 表面和层间沉积了花状的 Sb 纳米颗粒，制备了柔性自支撑的 MXene@Sb 复合膜电极，如图 5-39 所示。独特的结构使得 MXene@Sb 复合膜电极具有优异的电化学储钾性能，在 50 mA/g 的电流密度下表现出 516.8 mA·h/g 的首次充电比容量，在循环 100 圈后的容量保持率达到了 94.3%。当电流密度增大至 500 mA/g 时，MXene@Sb 复合膜电极在循环 500 次后的容量保持率为 79.1%，平均每个循环的容量衰减率仅为 0.04%，表现出良好的循环稳定性。此外，这种电化学沉积法同样可以用于

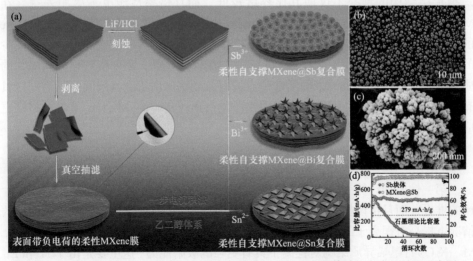

图 5-39　(a)通过电化学沉积技术制备柔性自支撑 MXene@金属单质复合膜的过程示意图；
MXene@Sb 复合膜的(b，c)SEM 图和(d)电化学储钾循环性能[129]

单质铋、锡在 MXene 表面的沉积，构筑柔性自支撑 MXene@Bi、MXene@Sn 膜电极，具有一定的普适性。

单质铋理论储钠比容量为 386 mA·h/g，且具有较低的充放电电压(约 0.6 V)，因此其作为钠离子电池负极材料也受到了一些关注。汪国秀等[130]以溶剂热反应合成的硫化铋(Bi_2S_3)纳米颗粒为前驱体，将其和 MXene 经液相混合-冷冻干燥-氢气还原等工艺制得 Bi/MXene 纳米复合材料。原位还原得到的单质铋通过 Ti—O—Bi 键和 MXene 表面形成化学键合，不仅使得 Bi 在 MXene 表面均匀分布，而且保证了复合材料的结构稳定性。Bi/MXene 纳米复合材料在 0.2 A/g 的电流密度下表现出 350 mA·h/g 的储钠比容量，首次库仑效率达到 76%，并在 5 A/g 的电流密度下可以维持 2500 次的稳定循环。Bi/MXene 纳米复合材料也表现出优异的倍率性能，在 8 A/g 的电流密度下比容量可保持有 307 mA·h/g。以磷酸钒钠为正极，Bi/MXene 纳米复合材料为负极组装的钠离子全电池在 0.4 A/g 时的首圈比容量达到了 116 mA·h/g，首次库仑效率高达 91.9%，并在 2 A/g 下循环 7000 次后表现出 80%的容量保持率，表明 Bi/MXene 纳米复合材料是一种很有潜力的钠离子电池负极材料。

3. 碳材料

MXene 除了可以作为导电基底材料用于改善复合材料的导电性，缓冲活性物质储能时的体积应变之外，其自身同样可以作为活性物质进行储能，如 $Ti_3C_2T_x$ 和 V_2CT_x 的理论储锂比容量可以分别达到 448 mA·h/g 和 940 mA·h/g。但 MXene 二维片层结构的堆叠不仅使其比容量较低，而且倍率性能也不尽如人意。在 MXene 层间引入碳基层间间隔物以抑制其片层堆叠现象，可以有效提高 MXene 的储能比容量。和 MXene 基超级电容器电极不同，Li^+ 离子较大的尺寸使得较少的层间间隔物有时不足以优化 MXene 材料的储锂性能，需要提高层间间隔物的质量占比以促进 MXene 表面活性位点的有效利用。由于碳基层间间隔物同样具有一定的储锂比容量，因此层间间隔物质量占比较高时的 MXene 基电极材料更应该称为 MXene/碳基复合材料。

1) 石墨烯

第一性原理计算表明，石墨烯和 MXene 层间的结合不仅可以抑制 MXene 片层的堆叠，而且可以提高材料的电导率和机械强度，并在保证锂离子快速传输的情况下提高对锂离子的吸附能力。此外，和 $M_{n+1}X_n(OH)_2$/石墨烯异质结构相比，$M_{n+1}X_nO_2$/石墨烯异质结构对锂离子具有更强的吸附能力，这主要是由于 H^+ 和 Li^+ 离子之间的静电斥力所致，其中，Ti_2CO_2/石墨烯和 V_2CO_2/石墨烯异质结构与锂的结合能最大，分别达到了-1.43 eV 和-1.78 eV。韩炜等[131]将多片层 Ti_2CT_x MXene

和 GO 进行液相混合，随后通过真空抽滤-高温还原等工艺，制得了柔性自支撑的
rGO/Ti$_2$CT$_x$ 复合膜电极。在这个复合膜中，多片层 Ti$_2$CT$_x$ 和 rGO 的质量比例为
1∶3，多片层 Ti$_2$CT$_x$ 均匀地包覆在 rGO 纳米片之间，抑制了石墨烯片层的堆叠。
而在 GO 热还原过程中，多片层 Ti$_2$CT$_x$ 表面的—OH 基团被除去（Ti$_2$CT$_r$），有利
于锂离子在复合材料表面的吸附、表面活性位点的暴露和锂离子的传输。因此该
rGO/Ti$_2$CT$_r$ 复合膜电极表现出了优异的电化学储锂性能，在 100 mA/g 的电流
密度下表现出 920 mA·h/g 的首次充电比容量，在循环 100 次后比容量仍能维
持 700 mA·h/g，远高于 Ti$_2$CT$_r$ 和 Ti$_2$CT$_x$ 电极。

刘兆平等[132]通过在 Ti$_3$C$_2$/GO 混合溶液中引入 NH$_4$HCO$_3$，利用 NH$_4^+$离子打破
Ti$_3$C$_2$ 和 GO 之间的静电平衡，形成了 NH$_4^+$离子诱导交联的 Ti$_3$C$_2$/GO 纳米团簇，
随后通过真空抽滤-冷冻干燥-肼蒸气还原工艺制备了具有发达孔结构的三维
Ti$_3$C$_2$/rGO 柔性膜[图 5-40（a）]，并通过高温退火去除了复合膜中残存的 NH$_4$HCO$_3$、
水分子和部分官能团，这有利于提高复合膜的储锂性能。通过调控 Ti$_3$C$_2$ 和 GO 的
质量比可以优化复合膜的结构和电化学性能，如图 5-40（b）所示。当 Ti$_3$C$_2$ 和 GO
的质量比为 1∶1 时，Ti$_3$C$_2$/rGO 柔性膜呈现三维多孔结构，表现出最佳的电化
学储锂性能[图 5-40（c）、（d）]，在 0.05 A/g 电流密度下的首次充电比容量达到
473 mA·h/g，并在 1 A/g 的电流密度下循环 1000 次后保持有 212.5 mA·h/g 的比容
量，远高于 Ti$_3$C$_2$（56.4 mA·h/g）和 rGO 电极（58.4 mA·h/g）。

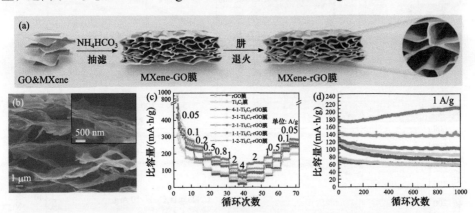

图 5-40 （a）三维 Ti$_3$C$_2$/rGO 柔性膜的制备示意图；（b）Ti$_3$C$_2$ 和 GO 的质量比为
1∶1 的柔性膜的 SEM 图；不同 Ti$_3$C$_2$ 和 GO 质量比的 Ti$_3$C$_2$/rGO 柔性膜储锂时的（c）倍率
性能和（d）循环性能[132]

2）碳纳米管

碳纳米管（CNTs）是最为常见的一维纳米材料，具有良好的导电性、柔韧性以
及与二维材料的相容性，因此可以和 MXene 进行复合，用于改善 MXene 的电化

学性能。彭新生等[133]通过真空抽滤法制备了柔性 MXene/CNTs 膜电极。CNTs 均匀地嵌入 MXene 纳米片层间，有效地抑制了其片层堆叠现象，促进活性位点的有效利用。研究表明，当 CNTs 的质量占比达到 50%时，MXene/CNTs 膜电极表现出了最佳的电化学储锂性能，其在 0.5 C 的电流密度下循环 300 圈后表现出 428 mA·h/g 的比容量，高于纯 MXene 电极（96.2 mA·h/g），而在 2 C 下比容量仍保持有 218.2 mA·h/g，倍率性能较为优异。

孙正明等[72]将二茂铁作为前驱体，通过微波辐射法在多片层 MXene 表面原位生长了 CNTs，构筑了 Ti₃C₂/CNTs 纳米复合材料，如图 5-41（a）所示。和其他复合方式相比，该法仅需 40 s 即可制备出复合材料，并可以通过控制微波辐射的次数实现不同质量的 CNTs 在 MXene 表面的生长。其中，连续生长三次 CNTs 制得的 Ti₃C₂/CNTs 纳米复合材料表现出最佳的电化学储锂性能，其在 1 A/g 的电流密度下循环 250 次后的比容量达到 445 mA·h/g，而在 10 A/g 的电流密度下 500 次循环后比容量保持有 175 mA·h/g[图 5-41（c）]。Ti₃C₂/CNTs 纳米复合材料优异的电化学储锂性能可以归因于：①CNTs 作为层间间隔物可以抑制 MXene 纳米片的堆叠，使 MXene 暴露更多的表面活性位点；②CNTs 在 MXene 纳米片层间可以

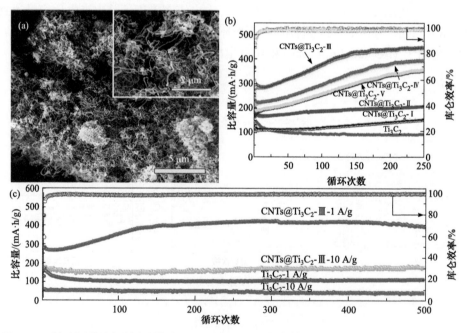

图 5-41　（a）利用微波辐射法制备的 Ti₃C₂/CNTs 纳米复合材料的 SEM 图；（b）进行不同微波辐射次数的 Ti₃C₂/CNTs 纳米复合材料的储锂循环性能；（c）微波辐射 3 次制备的 Ti₃C₂/CNTs 纳米复合材料在 1 A/g 和 10 A/g 下的储锂循环性能[72]

作为"桥梁"，使复合材料形成三维导电网络，有利于电子/离子的传输；③Ti$_3$C$_2$ 作为基底表现出优异的导热性、高的比表面积和催化性的活性位点，有利于 CNTs 的生长。此外，这种微波辐射法可以将 CNTs 生长在多种 MXene 表面和层间，如 Ti$_3$C$_2$、Ti$_2$C、V$_2$C 等。

3）其他碳材料

Sovizi 等[134]以 HF 为刻蚀剂，通过优化刻蚀工艺首次实现了对 Ti$_3$SiC$_2$ 的刻蚀，得到了多片层 Ti$_3$C$_2$T$_x$ MXene，并将其和介孔碳材料 CMK-5 通过高能湿法球磨的工艺进行复合，得到了 Ti$_3$C$_2$T$_x$/CMK-5 纳米复合材料。在该复合材料中，CMK-5 的质量占比达到 50%，其通过球磨过程的剪切力插入到多片层 Ti$_3$C$_2$T$_x$ 的层间，不仅可以抑制 MXene 纳米片的堆叠，促进其表面活性位点的有效利用，而且引入了介孔结构，改善了锂离子在 MXene 表面的吸附。Ti$_3$C$_2$T$_x$/CMK-5 纳米复合材料作为锂离子电池负极材料时，在 1 C 的电流密度下循环 100 圈后的比容量达到 342 mA · h/g。

钠离子电池硬碳负极材料具有高的比容量、优异的循环性能和较低的成本，但由于钠离子较大的尺寸使其很难实现在硬碳材料层间快速的嵌入/脱出，导致硬碳材料的倍率性能不佳。徐志伟等[135]将爆米花衍生硬碳和 Ti$_3$C$_2$T$_x$ MXene 进行球磨，MXene 表面丰富的含氧基团可以和硬碳形成 Ti—O—C 界面键合，而 MXene 纳米片的边缘在球磨过程中原位氧化成 TiO$_2$ 纳米棒，形成 1D/2D MXene/TiO$_2$ 异质结构，进而构筑得到硬碳/MXene/TiO$_2$ 三元复合材料。1D/2D MXene/TiO$_2$ 异质结构作为导电骨架不仅可以提供额外的储钠活性位点，而且可以改善复合材料的导电性和结构稳定性。因此硬碳/MXene/TiO$_2$ 三元复合材料表现出了优异的电化学储钠性能，在 1 A/g 下循环 100 次后维持有 660 mA · h/g 的比容量。

4. 其他化合物

1）有机化合物

有机化合物电极材料由于具有理论比容量高、结构可控、环境友好、资源丰富等特点，近年来也引起了研究人员的关注。目前，应用于碱金属离子电池负极材料的有机化合物材料主要包括半导体聚合物、有机硫化合物、有机自由基化合物、有机羰基化合物等。然而，目前有机化合物作为电极材料时存在两个主要问题：一是有机化合物的导电性差，倍率性能不佳；二是有机化合物在有机体系电解液中的溶解度较大，导致电极容量迅速衰减，循环稳定性较差。为了解决上述问题，一方面可以将小分子有机化合物聚合成分子量更大的聚合物，从而有效抑制其在有机电解液的溶解；另一方面将有机化合物和吸附性较强的高导电性材料相结合，以降低有机化合物的溶解，同时提高材料的导电性。由于 MXene 具有类金属的导电性和丰富的表面端基，因此以其为导电基底用于负载有机化合物，是改善有机化合物材料电化学性能的有效途径。

张校刚等[136]利用盐酸多巴胺在 Tris-HCl 缓冲溶液中的自聚合反应，将其原位聚合在 MXene 纳米片表面，并经过热处理得到了聚多巴胺/MXene 纳米复合材料。独特的结构使得该复合材料在 50 mA/g 和 5000 mA/g 的电流密度下分别表现出 1190 mA·h/g 和 552 mA·h/g 的比容量，在 1 A/g 下经过 1000 次循环后仍具有 695 mA·h/g 的比容量，容量保持率约为 82%，表现出高的比容量、优异的循环和倍率性能(图 5-42)。聚多巴胺/MXene 纳米复合材料优异的电化学储锂性能主要归因于：①高的电子电导率。盐酸多巴胺经自聚合和热处理后的电子电导率仅为 6.85 S/m，而以 MXene 为导电基底构筑的复合材料的电导率高达 $4.26×10^4$ S/m，具有更快速的电荷转移动力学；②快速的锂离子扩散动力学，MXene 独特的二维层状结构使得复合材料具有较聚多巴胺电极更高的锂离子扩散系数；③聚多巴胺经热处理后具有丰富的不饱和碳-碳键，不饱和碳-碳键的超锂化过程使得材料具有高的储锂比容量。

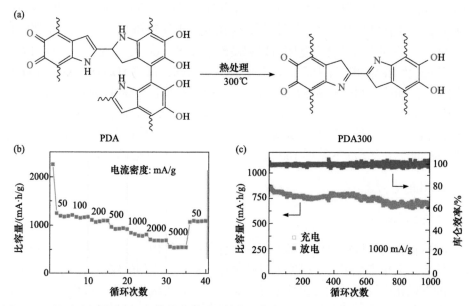

图 5-42   (a)聚多巴胺在 300℃热处理前后的结构示意图；聚多巴胺/MXene 纳米复合材料用作锂离子电池负极材料时的(b)倍率性能和(c)循环性能[136]

王杰等[137]将多巴胺组装在 PS-*b*-PEO 表面形成微胶粒，随后将微胶粒原位聚合在 $Ti_3C_2T_x$ 表面，并通过 350℃热处理得到了具有"三明治"结构的聚多巴胺/MXene 纳米复合材料，如图 5-43 所示。在该复合材料中，PS-*b*-PEO 作为软模板使聚合在 MXene 表面的聚多巴胺垂直排列，聚多巴胺通过其表面的酚/醌基官能团和 MXene 表面官能团形成氢键，可以有效避免有机分子在有机电解液的溶解。随后的热处理过程不仅可以除去 PS-*b*-PEO 软模板，使聚多巴胺层表现出有序介孔结构以促进离子/电子的传输，而且可以氧化聚多巴胺分子以形成更多的醌基官能团，进而提高材料的储能容量[图 5-43（b）]。独特的结构使得这种有序介孔聚多巴胺/MXene 纳米复合材料作为锂离子电池负极材料时在 50 mA/g 的电流密度下表现出 862 mA·h/g 的首次充电比容量，而在 5000 mA/g 时比容量仍能保持有 230 mA·h/g，表现出高的比容量和优异的倍率性能[图 5-43（c）]。

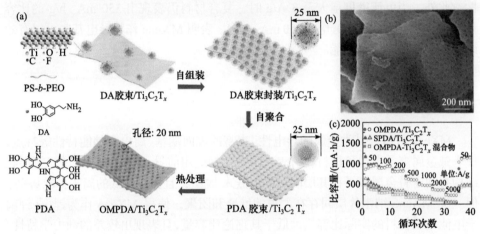

图 5-43　有序介孔聚多巴胺/MXene 纳米复合材料的（a）制备示意图、（b）SEM 图和（c）储锂倍率性能[137]

2）无机盐类

锂藻土是一种由均匀的盘状纳米片组成的层状含水硅酸镁，其结构和组成与天然蒙脱石相似，属于（2∶1）硅酸盐结构，由八面体配位的氧化镁片夹在两个平行的四面体配位的二氧化硅片之间构成。RDS 溶胶型锂藻土的化学式为 $Na_{0.7}(Si_8Mg_{5.5}Li_{0.3})O_{20}(OH)_4Na_4P_2O_7$，其表面和边缘带有正电荷，可以和表面带有负电荷的 MXene 通过静电作用力进行组装。王李波等[138]通过静电自组装法将 RDS 型锂藻石纳米片组装在 $Ti_3C_2T_x$ 纳米片上，制备了具有 2D-2D 结构的锂藻石/$Ti_3C_2T_x$ 纳米复合材料。作为锂离子电池负极材料时，锂藻石/$Ti_3C_2T_x$ 纳米复合材料在 50 mA/g 的电流密度下表现出 214 mA·h/g 的首次充电比容量，在 1 A/g 下循环 500 圈后的比容量仍能保持 160 mA·h/g，具有优异的循环性能。

在众多过渡金属碳酸盐中，$FeCO_3$ 来源广泛，成本较低，且可以基于转换反应机制进行储锂（$FeCO_3 + 2Li^+ + 2e^- \longrightarrow Li_2CO_3 + Fe$），具有较高的理论储锂比容量，因此是一类有潜力的锂离子电池负极材料，但较低的导电性和大的体积膨胀制约了其进一步的应用。赵建庆等[139]通过超声诱导静电自组装法将 $FeCO_3$ 纳米棒均匀地组装在 $Ti_3C_2T_x$ 纳米片表面，制备了 $FeCO_3/Ti_3C_2T_x$ 纳米复合材料。$Ti_3C_2T_x$ 和 $FeCO_3$ 纳米棒在组装过程中经界面氧原子形成化学键合，促进了离子/电子在异质界面的传输，并有利于缓冲 $FeCO_3$ 纳米棒储锂时的体积应变。作为锂离子电池负极材料时，$FeCO_3/Ti_3C_2T_x$ 纳米复合材料在 200 mA/g 的电流密度下表现出 1011 mA·h/g 的首次充电比容量，50 次循环后的容量保持率达到 88.1%，在 1 A/g 下经过 500 次循环后的比容量维持在 530 mA·h/g，表现出优异的循环稳定性。此外，当电流密度增大至 3 A/g 时，复合材料仍表现出 350 mA·h/g 的比容量，倍率性能优于 $FeCO_3$ 电极(50 mA·h/g)，表明 MXene 作为导电基底可以有效改善复合材料的倍率性能。

5.6　总结与展望

MXene 材料因其类金属的导电性、丰富的表面端基、赝电容储能特性等特点，作为碱金属离子电池负极材料时表现出潜在的应用前景。MXene 独特的二维层状结构有利于碱金属离子在其层间可逆地嵌入/脱出，且具有较低的离子扩散势垒，但二维 MXene 纳米片层间存在严重的堆叠和团聚，使得 MXene 作为锂/钠/钾离子电池电极材料的实际比容量远低于其理论比容量，且表现出较差的动力学特性。层间距调控和构筑三维结构可以使 MXene 表面活性位点得以充分暴露，进而提高 MXene 电极材料的比容量，改善其倍率性能。

MXene 表面丰富的官能团使其可以在水、DMF、NMP、PC 等多种溶剂中具有良好的分散性，因此可以通过原位生长、自组装、真空抽滤等方法负载各类高容量活性物质，构筑 MXene 基复合材料以改善这些活性物质作为碱金属离子电池负极材料的电化学性能。作为基底材料，高导电的 MXene 不仅可以改善复合材料的导电性，改善材料的倍率性能，而且可以缓冲活性物质因嵌锂/钠/钾而产生的体积膨胀，改善材料的循环性能。此外，MXene 的表面端基在储能过程中可以吸附碱金属离子及多硫化物等副产物，降低离子扩散的势垒。基于以上优势，金属氧化物、硫化物、硒化物、合金类材料、聚合物等多种活性物质均已实现和 MXene 材料的复合，制得许多高性能的 MXene 基复合材料。

尽管 MXene 在碱金属离子电池领域具有潜在的应用前景，但仍存在一些问题亟待解决。首先，三维结构的构筑可以显著提高 MXene 作为电极材料时的质量比容量和倍率性能，但不可避免地牺牲了材料的密度，导致其体积比容量不尽如人意。因此，如何制备兼具高质量比容量和高密度的致密电极，对于 MXene 在碱金属离子电池领域的实际应用至关重要；其次，MXene 材料家族庞大、组成多样、性质各异，钒、钼、铌等非钛基 MXene 材料作为碱金属离子电池负极材料时同样具有优异的电化学性能，如 V_2CT_x 的理论储锂比容量高达 940 mA·h/g，但目前大多数研究工作仍然集中于 $Ti_3C_2T_x$ 上。对于各类非钛基 MXene 材料作为碱金属离子电池负极材料的应用研究，将会进一步推动 MXene 材料在储能领域的发展；再次，MXene 作为电极材料时在电化学反应过程中结构和电极界面结构的演变、MXene 作为导电基底材料对复合异质结构电极界面的反应机制的影响规律仍需深入探索，需要结合实验研究、密度泛函理论计算和各类原位/非原位物理表征技术进行研究；最后，目前大多数 MXene 及其异质结构复合材料作为碱金属离子电池电极材料的电化学性能都是以相应的碱金属箔作为对电极，通过组装半电池体系进行评价。选用合适的正极材料，基于 MXene 及其异质结构复合材料进行全电池、软包等体系的组装及性能评价，对于 MXene 基电极材料的实际应用具有重要的推动意义。

参 考 文 献

[1] Kubota K, Dahbi M, Hosaka T, Kumakura S, Komaba S. Towards K-ion and Na-ion batteries as "beyond Li-ion". The Chemical Record, 2018, 18 (4): 459-479.

[2] Dunn B, Kamath H, Tarascon J M. Electrical energy storage for the grid: a battery of choices. Science, 2011, 334: 928-935.

[3] Tian Y, Zeng G, Rutt A, Shi T, Kim H, Wang J, Koettgen J, Sun Y, Ouyang B, Chen T, Lun Z, Rong Z, Persson K, Ceder G. Promises and challenges of next-generation "beyond Li-ion" batteries for electric vehicles and grid decarbonization. Chemical Reviews, 2021, 121 (3): 1623-1669.

[4] Chung S Y, Bloking J T, Chiang Y M. Electronically conductive phospho-olivines as lithium storage electrodes. Nature Materials, 2002, 1 (2): 123-128.

[5] Noh H J, Youn S, Yoon C S, Sun Y K. Comparison of the structural and electrochemical properties of layered Li[Ni$_x$Co$_y$Mn$_z$]O$_2$ (x = 1/3, 0.5, 0.6, 0.7, 0.8 and 0.85) cathode material for lithium-ion batteries. Journal of Power Sources, 2013, 233: 121-130.

[6] Zheng J, Myeong S, Cho W, Yan P, Xiao J, Wang C, Cho J, Zhang J G. Li‐and Mn‐rich cathode materials: challenges to commercialization. Advanced Energy Materials, 2016, 7 (6): 1601284.

[7] McDowell M T, Lee S W, Nix W D, Cui Y. 25th anniversary article: understanding the lithiation of silicon and other alloying anodes for lithium-ion batteries. Advanced Materials, 2013, 25 (36): 4966-4985.

[8] Liu H, Zhang S, Zhu Q, Cao B, Zhang P, Sun N, Xu B, Wu F, Chen R. Fluffy carbon-coated red phosphorus as a highly stable and high-rate anode for lithium-ion batteries. Journal of Materials Chemistry A, 2019, 7 (18): 11205-11213.

[9] Zhang W, Liu Y, Guo Z. Approaching high-performance potassium-ion batteries via advanced design strategies and engineering. Science Advances, 2019, 5 (5): eaav7412.

[10] Er D, Li J, Naguib M, Gogotsi Y, Shenoy V B. Ti$_3$C$_2$ MXene as a high capacity electrode material for metal（Li, Na, K, Ca）ion batteries. ACS Applied Materials & Interfaces, 2014, 6（14）: 11173-11179.

[11] Hu J, Xu B, Ouyang C, Yang S A, Yao Y. Investigations on V$_2$C and V$_2$CX$_2$（X = F, OH）monolayer as a promising anode material for Li ion batteries from first-principles calculations. The Journal of Physical Chemistry C, 2014, 118（42）: 24274-24281.

[12] Tang Q, Zhou Z, Shen P. Are MXenes promising anode materials for Li ion batteries? Computational studies on electronic properties and Li storage capability of Ti$_3$C$_2$ and Ti$_3$C$_2$X$_2$（X = F, OH）monolayer. Journal of the American Chemical Society, 2012, 134（40）: 16909-16916.

[13] Naguib M, Come J, Dyatkin B, Presser V, Taberna P L, Simon P, Barsoum M W, Gogotsi Y. MXene: a promising transition metal carbide anode for lithium-ion batteries. Electrochemistry Communications, 2012, 16（1）: 61-64.

[14] Naguib M, Halim J, Lu J, Cook K M, Hultman L, Gogotsi Y, Barsoum M W. New two-dimensional niobium and vanadium carbides as promising materials for Li-ion batteries. Journal of the American Chemical Society, 2013, 135（43）: 15966-15969.

[15] Gogotsi Y, Anasori B. The rise of MXenes. ACS Nano, 2019, 13（8）: 8491-8494.

[16] Kajiyama S, Szabova L, Sodeyama K, Iinuma H, Morita R, Gotoh K, Tateyama Y, Okubo M, Yamada A. Sodium-ion intercalation mechanism in MXene nanosheets. ACS Nano, 2016, 10（3）: 3334-3341.

[17] Naguib M, Adams R A, Zhao Y, Zemlyanov D, Varma A, Nanda J, Pol V G. Electrochemical performance of MXenes as K-ion battery anodes. Chemical Communications, 2017, 53（51）: 6883-6886.

[18] Sun D, Wang M, Li Z, Fan G, Fan L, Zhou A. Two-dimensional Ti$_3$C$_2$ as anode material for Li-ion batteries. Electrochemistry Communications, 2014, 47: 80-83.

[19] Mashtalir O, Naguib M, Mochalin V N, Dall'Agnese Y, Heon M, Barsoum M W, Gogotsi Y. Intercalation and delamination of layered carbides and carbonitrides. Nature Communications, 2013, 4: 1716.

[20] Sun N, Guan Z, Zhu Q, Anasori B, Gogotsi Y, Xu B. Enhanced ionic accessibility of flexible MXene electrodes produced by natural sedimentation. Nano-Micro Letters, 2020, 12（1）: 89.

[21] Liu R, Cao W, Han D, Mo Y, Zeng H, Yang H, Li W. Nitrogen-doped Nb$_2$CT$_x$ MXene as anode materials for lithium ion batteries. Journal of Alloys and Compounds, 2019, 793: 505-511.

[22] Li J, Yan D, Hou S, Li Y, Lu T, Yao Y, Pan L. Improved sodium-ion storage performance of Ti$_3$C$_2$T$_x$ MXenes by sulfur doping. Journal of Materials Chemistry A, 2018, 6（3）: 1234-1243.

[23] Zhou J, Lin S, Huang Y, Tong P, Zhao B, Zhu X, Sun Y. Synthesis and lithium ion storage performance of two-dimensional V$_4$C$_3$ MXene. Chemical Engineering Journal, 2019, 373: 203-212.

[24] Li L, Wang F, Zhu J, Wu W. The facile synthesis of layered Ti$_2$C MXene/carbon nanotube composite paper with enhanced electrochemical properties. Dalton Transactions, 2017, 46（43）: 14880-14887.

[25] Mashtalir O, Lukatskaya M R, Zhao M Q, Barsoum M W, Gogotsi Y. Amine-assisted

delamination of Nb₂C MXene for Li-ion energy storage devices. Advanced Materials, 2015, 27 (23): 3501-3506.

[26] Xie X, Zhao M Q, Anasori B, Maleski K, Ren C E, Li J, Byles B W, Pomerantseva E, Wang G, Gogotsi Y. Porous heterostructured MXene/carbon nanotube composite paper with high volumetric capacity for sodium-based energy storage devices. Nano Energy, 2016, 26: 513-523.

[27] Chen C, Boota M, Xie X, Zhao M, Anasori B, Ren C E, Miao L, Jiang J, Gogotsi Y. Charge transfer induced polymerization of EDOT confined between 2D titanium carbide layers. Journal of Materials Chemistry A, 2017, 5 (11): 5260-5265.

[28] Lu M, Han W, Li H, Shi W, Wang J, Zhang B, Zhou Y, Li H, Zhang W, Zheng W. Tent-pitching-inspired high-valence period 3-cation pre-intercalation excels for anode of 2D titanium carbide (MXene) with high Li storage capacity. Energy Storage Materials, 2019, 16: 163-168.

[29] Zhao S, Meng X, Zhu K, Du F, Chen G, Wei Y, Gogotsi Y, Gao Y. Li-ion uptake and increase in interlayer spacing of Nb₄C₃ MXene. Energy Storage Materials, 2017, 8: 42-48.

[30] Luo J, Fang C, Jin C, Yuan H, Sheng O, Fang R, Zhang W, Huang H, Gan Y, Xia Y, Liang C, Zhang J, Li W, Tao X. Tunable pseudocapacitance storage of MXene by cation pillaring for high performance sodium-ion capacitors. Journal of Materials Chemistry A, 2018, 6 (17): 7794-7806.

[31] Luo J, Zheng J, Nai J, Jin C, Yuan H, Sheng O, Liu Y, Fang R, Zhang W, Huang H, Gan Y, Xia Y, Liang C, Zhang J, Li W, Tao X. Atomic sulfur covalently engineered interlayers of Ti₃C₂ MXene for ultra-fast sodium-ion storage by enhanced pseudocapacitance. Advanced Functional Materials, 2019, 29 (10): 1808107.

[32] Li K, Liang M, Wang H, Wang X, Huang Y, Coelho J, Pinilla S, Zhang Y, Qi F, Nicolosi V, Xu Y. 3D MXene architectures for efficient energy storage and conversion. Advanced Functional Materials, 2020, 30 (47): 2000842.

[33] Zhao M Q, Xie X, Ren C E, Makaryan T, Anasori B, Wang G, Gogotsi Y. Hollow MXene spheres and 3D macroporous MXene frameworks for Na-ion storage. Advanced Materials, 2017, 29 (37): 1702410.

[34] Sun R, Zhang H B, Liu J, Xie X, Yang R, Li Y, Hong S, Yu Z Z. Highly conductive transition metal carbide/carbonitride (MXene)@polystyrene nanocomposites fabricated by electrostatic assembly for highly efficient electromagnetic interference shielding. Advanced Functional Materials, 2017, 27 (45): 1702807.

[35] Zhao Q, Zhu Q, Miao J, Zhang P, Wan P, He L, Xu B. Flexible 3D porous MXene foam for high-performance lithium-ion batteries. Small, 2019, 15 (51): 1904293.

[36] Min G D, Nam M G, Kim D, Oh M J, Moon J H, Kim W J, Park J, Yoo P J. Controlled high-capacity storage of lithium-ions using void-incorporated 3D MXene architectures. Advanced Materials Interfaces, 2020, 7 (14): 2000734.

[37] Zhao J, Li Q, Shang T, Wang F, Zhang J, Geng C, Wu Z, Deng Y, Zhang W, Tao Y, Yang Q H. Porous MXene monoliths with locally laminated structure for enhanced pseudo-capacitance and fast sodium-ion storage. Nano Energy, 2021, 86: 106091.

[38] Zhao D, Clites M, Ying G, Kota S, Wang J, Natu V, Wang X, Pomerantseva E, Cao M, Barsoum M W. Alkali-induced crumpling of Ti₃C₂Tₓ (MXene) to form 3D porous networks for sodium

ion storage. Chemical Communications, 2018, 54 (36): 4533-4536.

[39] Natu V, Clites M, Pomerantseva E, Barsoum M W. Mesoporous MXene powders synthesized by acid induced crumpling and their use as Na-ion battery anodes. Materials Research Letters, 2018, 6 (4): 230-235.

[40] Lian P, Dong Y, Wu Z S, Zheng S, Wang X, Sen W, Sun C, Qin J, Shi X, Bao X. Alkalized Ti_3C_2 MXene nanoribbons with expanded interlayer spacing for high-capacity sodium and potassium ion batteries. Nano Energy, 2017, 40: 1-8.

[41] Ming F W, Liang H F, Zhang W L, Ming J, Lei Y J, Emwas A H, Alshareef H N. Porous MXenes enable high performance potassium ion capacitors. Nano Energy, 2019, 62: 853-860.

[42] Zhao S, Liu Z, Xie G, Guo X, Guo Z, Song F, Li G, Chen C, Xie X, Zhang N, Sun B, Guo S, Wang G. Achieving high-performance 3D K^+-pre-intercalated $Ti_3C_2T_x$ MXene for potassium-ion hybrid capacitors via regulating electrolyte solvation structure. Angewandte Chemie International Edition, 2021, 60 (50): 26246-26253.

[43] Du F, Tang H, Pan L, Zhang T, Lu H, Xiong J, Yang J, Zhang C. Environmental friendly scalable production of colloidal 2D titanium carbonitride MXene with minimized nanosheets restacking for excellent cycle life lithium-ion batteries. Electrochimica Acta, 2017, 235: 690-699.

[44] Meng J, Zhang F, Zhang L, Liu L, Chen J, Yang B, Yan X. Rolling up MXene sheets into scrolls to promote their anode performance in lithium-ion batteries. Journal of Energy Chemistry, 2020, 46: 256-263.

[45] Fang Y Z, Hu R, Zhu K, Ye K, Yan J, Wang G, Cao D. Aggregation-resistant 3D $Ti_3C_2T_x$ MXene with enhanced kinetics for potassium ion hybrid capacitors. Advanced Functional Materials, 2020, 30 (50): 2005663.

[46] Xie Y, Naguib M, Mochalin V N, Barsoum M W, Gogotsi Y, Yu X, Nam K W, Yang X Q, Kolesnikov A I, Kent P R. Role of surface structure on Li-ion energy storage capacity of two-dimensional transition-metal carbides. Journal of the American Chemical Society, 2014, 136 (17): 6385-6394.

[47] Lu M, Li H, Han W, Chen J, Shi W, Wang J, Meng X M, Qi J, Li H, Zhang B, Zhang W, Zheng W. 2D titanium carbide (MXene) electrodes with lower-F surface for high performance lithium-ion batteries. Journal of Energy Chemistry, 2019, 31: 148-153.

[48] Dong H, Xiao P, Jin N, Wang B, Liu Y, Lin Z. Molten salt derived Nb_2CT_x MXene anode for Li - ion batteries. ChemElectroChem, 2021, 8 (5): 957-962.

[49] Wu H, Guo Z, Zhou J, Sun Z. Vacancy-mediated lithium adsorption and diffusion on MXene. Applied Surface Science, 2019, 488: 578-585.

[50] Wang X, Chen J, Wang D, Mao Z. Defect engineering to boost the lithium-ion storage performance of $Ti_3C_2T_x$ MXene induced by plasma-assisted mechanochemistry. ACS Applied Energy Materials, 2021, 4 (9): 10280-10289.

[51] Cao M, Wang F, Wang L, Wu W, Lv W, Zhu J. Room temperature oxidation of Ti_3C_2 MXene for supercapacitor electrodes. Journal of the Electrochemical Society, 2017, 164 (14): A3933-A3942.

[52] Ahmed B, Anjum D H, Hedhili M N, Gogotsi Y, Alshareef H N. H_2O_2 assisted room temperature

oxidation of Ti₂C MXene for Li-ion battery anodes. Nanoscale, 2016, 8 (14): 7580-7587.

[53] Xue M, Wang Z, Yuan F, Zhang X, Wei W, Tang H, Li C. Preparation of TiO₂/Ti₃C₂T$_x$ hybrid nanocomposites and their tribological properties as base oil lubricant additives. RSC Advances, 2017, 7 (8): 4312-4319.

[54] Yang C, Liu Y, Sun X, Zhang Y, Hou L, Zhang Q, Yuan C. *In-situ* construction of hierarchical accordion-like TiO₂/Ti₃C₂ nanohybrid as anode material for lithium and sodium ion batteries. Electrochimica Acta, 2018, 271: 165-172.

[55] Lu X, Zhu J, Wu W, Zhang B. Hierarchical architecture of PANI@TiO₂/Ti₃C₂T$_x$ ternary composite electrode for enhanced electrochemical performance. Electrochimica Acta, 2017, 228: 282-289.

[56] Li Z, Chen G, Deng J, Li D, Yan T, An Z, Shi L, Zhang D. Creating sandwich-like Ti₃C₂/TiO₂/rGO as anode materials with high energy and power density for Li-ion hybrid capacitors. ACS Sustainable Chemistry & Engineering, 2019, 7 (18): 15394-15403.

[57] Wang P, Lu X, Boyjoo Y, Wei X, Zhang Y, Guo D, Sun S, Liu J. Pillar-free TiO₂/Ti₃C₂ composite with expanded interlayer spacing for high-capacity sodium ion batteries. Journal of Power Sources, 2020, 451: 227756.

[58] Zhang C F, Kim S J, Ghidiu M, Zhao M Q, Barsoum M W, Nicolosi V, Gogotsi Y. Layered orthorhombic Nb₂O₅@Nb₄C₃T$_x$ and TiO₂@Ti₃C₂T$_x$ hierarchical composites for high performance Li-ion batteries. Advanced Functional Materials, 2016, 26 (23): 4143-4151.

[59] Ding B, Wang J, Wang Y, Chang Z, Pang G, Dou H, Zhang X. A two-step etching route to ultrathin carbon nanosheets for high performance electrical double layer capacitors. Nanoscale, 2016, 8 (21): 11136-11142.

[60] Chen C, Xie X, Anasori B, Sarycheva A, Makaryan T, Zhao M, Urbankowski P, Miao L, Jiang J, Gogotsi Y. MoS₂-on-MXene heterostructures as highly reversible anode materials for lithium-ion batteries. Angewandte Chemie International Edition, 2018, 57 (7): 1846-1850.

[61] Yuan W, Cheng L, Wu H, Zhang Y, Lv S, Guo X. One-step synthesis of 2D-layered carbon wrapped transition metal nitrides from transition metal carbides (MXenes) for supercapacitors with ultrahigh cycling stability. Chemical Communications, 2018, 54 (22): 2755-2758.

[62] Thapaliya B P, Jafta C J, Lyu H, Xia J, Meyer H M, Paranthaman M P, Sun X G, Bridges C A, Dai S. Fluorination of MXene by elemental F₂ as electrode material for lithium-ion batteries. ChemSusChem, 2019, 12 (7): 1316-1324.

[63] Byrappa K, Adschiri T. Hydrothermal technology for nanotechnology. Progress in Crystal Growth and Characterization of Materials, 2007, 53 (2): 117-166.

[64] Wu F, Jiang Y, Ye Z, Huang Y, Wang Z, Li S, Mei Y, Xie M, Li L, Chen R. A 3D flower-like VO₂/MXene hybrid architecture with superior anode performance for sodium ion batteries. Journal of Materials Chemistry A, 2019, 7 (3): 1315-1322.

[65] Zhang Y, Zhan R, Xu Q, Liu H, Tao M, Luo Y, Bao S, Li C, Xu M. Circuit board-like CoS/MXene composite with superior performance for sodium storage. Chemical Engineering Journal, 2019, 357: 220-225.

[66] Wu X, Wang Z, Yu M, Xiu L, Qiu J. Stabilizing the MXenes by carbon nanoplating for developing hierarchical nanohybrids with efficient lithium storage and hydrogen evolution capability.

Advanced Materials, 2017, 29（24）: 1607017.

[67] Wang T, Shen D, Liu H, Chen H, Liu Q, Lu B. A Sb_2S_3 nanoflower/MXene composite as an anode for potassium-ion batteries. ACS Applied Materials & Interfaces, 2020, 12（52）: 57907-57915.

[68] Zhang P, Soomro R A, Guan Z, Sun N, Xu B. 3D carbon-coated MXene architectures with high and ultrafast lithium/sodium-ion storage. Energy Storage Materials, 2020, 29: 163-171.

[69] Zhu Y P, Lei Y, Ming F, Abou-Hamad E, Emwas A H, Hedhili M N, Alshareef H N. Heterostructured MXene and g-C_3N_4 for high-rate lithium intercalation. Nano Energy, 2019, 65: 104030.

[70] Cao B, Liu H, Zhang X, Zhang P, Zhu Q, Du H, Wang L, Zhang R, Xu B. MOF-derived ZnS nanodots/$Ti_3C_2T_x$ MXene hybrids boosting superior lithium storage performance. Nano-Micro Letters, 2021, 13（1）: 202.

[71] Zhang Y, Mu Z, Lai J, Chao Y, Yang Y, Zhou P, Li Y, Yang W, Xia Z, Guo S. MXene/Si@SiO_x@C layer-by-layer superstructure with autoadjustable function for superior stable lithium storage. ACS Nano, 2019, 13（2）: 2167-2175.

[72] Zheng W, Zhang P, Chen J, Tian W B, Zhang Y M, Sun Z M. *In situ* synthesis of CNTs@Ti_3C_2 hybrid structures by microwave irradiation for high-performance anodes in lithium ion batteries. Journal of Materials Chemistry A, 2018, 6（8）: 3543-3551.

[73] Naguib M, Unocic R R, Armstrong B L, Nanda J. Large-scale delamination of multi-layers transition metal carbides and carbonitrides "MXenes". Dalton Transactions, 2015, 44（20）: 9353-9358.

[74] Zhang P, Wang D, Zhu Q, Sun N, Fu F, Xu B. Plate-to-layer Bi_2MoO_6/MXene-heterostructured anode for lithium-ion batteries. Nano-Micro Letters, 2019, 11（1）: 81.

[75] Liu H, Zhang X, Zhu Y, Cao B, Zhu Q, Zhang P, Xu B, Wu F, Chen R. Electrostatic self-assembly of 0D-2D SnO_2 quantum dots/$Ti_3C_2T_x$ MXene hybrids as anode for lithium-ion batteries. Nano-Micro Letters, 2019, 11（1）: 65.

[76] Cao D, Ren M, Xiong J, Pan L, Wang Y, Ji X, Qiu T, Yang J, Zhang C. Self-assembly of hierarchical $Ti_3C_2T_x$-CNT/SiNPs resilient films for high performance lithium ion battery electrodes. Electrochimica Acta, 2020, 348: 136211.

[77] Ma K, Dong Y, Jiang H, Hu Y, Saha P, Li C. Densified MoS_2/Ti_3C_2 films with balanced porosity for ultrahigh volumetric capacity sodium-ion battery. Chemical Engineering Journal, 2021, 413: 127479.

[78] Liu Y T, Zhang P, Sun N, Anasori B, Zhu Q Z, Liu H, Gogotsi Y, Xu B. Self-assembly of transition metal oxide nanostructures on MXene nanosheets for fast and stable lithium storage. Advanced Materials, 2018, 30（23）: 1707334.

[79] Zhang P, Sun N, Soomro R A, Yue S, Zhu Q, Xu B. Interface-engineered Fe_3O_4/MXene heterostructures for enhanced lithium-ion storage. ACS Applied Energy Materials, 2021, 4（10）: 11844-11853.

[80] Zou Z, Wang Q, Yan J, Zhu K, Ye K, Wang G, Cao D. Versatile interfacial self-assembly of $Ti_3C_2T_x$ MXene based composites with enhanced kinetics for superior lithium and sodium storage. ACS Nano, 2021, 15（7）: 12140-12150.

[81] Zhang S, Liu H, Cao B, Zhu Q, Zhang P, Zhang X, Chen R, Wu F, Xu B. An MXene/CNTs@P nanohybrid with stable Ti—O—P bonds for enhanced lithium ion storage. Journal of Materials Chemistry A, 2019, 7 (38): 21766-21773.

[82] Liu S, Zhang X, Yan P, Cheng R, Tang Y, Cui M, Wang B, Zhang L, Wang X, Jiang Y, Wang L, Yu H. Dual bond enhanced multidimensional constructed composite silicon anode for high-performance lithium ion batteries. ACS Nano, 2019, 13 (8): 8854-8864.

[83] Tian Y, An Y, Feng J. Flexible and freestanding silicon/MXene composite papers for high-performance lithium-ion batteries. ACS Applied Materials & Interfaces, 2019, 11 (10): 10004-10011.

[84] Wang K, Zhu X, Wang C, Hu Y, Gu L, Qiu S, Gao X, Mao Y. Self-standing hybrid film of SnO_2 nanotubes and MXene as a high-performance anode material for thin film lithium-ion batteries. ChemistrySelect, 2019, 4 (41): 12099-12103.

[85] Zhao M Q, Trainor N, Ren C E, Torelli M, Anasori B, Gogotsi Y. Scalable manufacturing of large and flexible sheets of MXene/graphene heterostructures. Advanced Materials Technologies, 2019, 4 (5): 1800639.

[86] Meng R, Huang J, Feng Y, Zu L, Peng C, Zheng L R, Zheng L, Chen Z, Liu G, Chen B, Mi Y, Yang J. Black phosphorus quantum dot/Ti_3C_2 MXene nanosheet composites for efficient electrochemical lithium/sodium-ion storage. Advanced Energy Materials, 2018, 8 (26): 1801514.

[87] Wang Y, Li Y, Qiu Z, Wu X, Zhou P, Zhou T, Zhao J, Miao Z, Zhou J, Zhuo S. Fe_3O_4@Ti_3C_2 MXene hybrids with ultrahigh volumetric capacity as an anode material for lithium-ion batteries. Journal of Materials Chemistry A, 2018, 6 (24): 11189-11197.

[88] Lin Z, Sun D, Huang Q, Yang J, Barsoum M W, Yan X. Carbon nanofiber bridged two-dimensional titanium carbide as a superior anode for lithium-ion batteries. Journal of Materials Chemistry A, 2015, 3 (27): 14096-14100.

[89] Ahmed B, Anjum D H, Gogotsi Y, Alshareef H N. Atomic layer deposition of SnO_2 on MXene for Li-ion battery anodes. Nano Energy, 2017, 34: 249-256.

[90] Yao L, Gu Q, Yu X. Three-dimensional MOFs@MXene aerogel composite derived MXene threaded hollow carbon confined CoS nanoparticles toward advanced alkali-ion batteries. ACS Nano, 2021, 15 (2): 3228-3240.

[91] Huang H, Cui J, Liu G, Bi R, Zhang L. Carbon-coated $MoSe_2$/MXene hybrid nanosheets for superior potassium storage. ACS Nano, 2019, 13 (3): 3448-3456.

[92] Ding J, Tang C, Zhu G, He F, Du A, Wu M, Zhang H. Ultrasmall SnO_2 nanocrystals sandwiched into polypyrrole and $Ti_3C_2T_x$ MXene for highly effective sodium storage. Materials Chemistry Frontiers, 2021, 5 (2): 825-833.

[93] Liang J, Zhou Z, Zhang Q, Hu X, Peng W, Li Y, Zhang F, Fan X. Chemically-confined mesoporous γ-Fe_2O_3 nanospheres with $Ti_3C_2T_x$ MXene via alkali treatment for enhanced lithium storage. Journal of Power Sources, 2021, 495: 229758.

[94] Guo X, Zhang J, Song J, Wu W, Liu H, Wang G. MXene encapsulated titanium oxide nanospheres for ultra-stable and fast sodium storage. Energy Storage Materials, 2018, 14: 306-313.

[95] Dong Y, Wu Z S, Zheng S, Wang X, Qin J, Wang S, Shi X, Bao X. Ti_3C_2 MXene-derived

sodium/potassium titanate nanoribbons for high-performance sodium/potassium ion batteries with enhanced capacities. ACS Nano, 2017, 11（5）: 4792-4800.

[96] Zeng C, Xie F, Yang X, Jaroniec M, Zhang L, Qiao S Z. Ultrathin titanate nanosheets/graphene films derived from confined transformation for excellent Na/K ion storage. Angewandte Chemie International Edition, 2018, 130（28）: 8676-8680.

[97] Zhao M Q, Torelli M, Ren C E, Ghidiu M, Ling Z, Anasori B, Barsoum M W, Gogotsi Y. 2D titanium carbide and transition metal oxides hybrid electrodes for Li-ion storage. Nano Energy, 2016, 30: 603-613.

[98] Li X, Zhu J, Fang Y, Lv W, Wang F, Liu Y, Liu H. Hydrothermal preparation of CoO/Ti₃C₂ composite material for lithium-ion batteries with enhanced electrochemical performance. Journal of Electroanalytical Chemistry, 2018, 817: 1-8.

[99] Wang C, Zhu X D, Wang K X, Gu L L, Qiu S Y, Gao X T, Zuo P J, Zhang N Q. A general way to fabricate transition metal dichalcogenide/oxide-sandwiched MXene nanosheets as flexible film anodes for high-performance lithium storage. Sustainable Energy & Fuels, 2019, 3（10）: 2577-2582.

[100] Liu Z, Guo R, Li F, Zheng M, Wang B, Li T, Luo Y, Meng L. Reduced graphene oxide bridged, TiO₂ modified and Mn₃O₄ intercalated Ti₃C₂Tₓ sandwich-like nanocomposite as a high performance anode for enhanced lithium storage applications. Journal of Alloys and Compounds, 2018, 762: 643-652.

[101] Yu F, Wang X, Du R, Jiang F, Zhou Y. ZnFe₂O₄ nanoparticles decorated Ti₃C₂Tₓ nanosheet as anode materials for enhanced lithium storage. Materials Letters, 2019, 253: 162-165.

[102] Lu M, Li H, Han W, Wang Y, Shi W, Wang J, Chen H, Li H, Zhang B, Zhang W, Zheng W. Integrated MXene&CoFe₂O₄ electrodes with multi-level interfacial architectures for synergistic lithium-ion storage. Nanoscale, 2019, 11（32）: 15037-15042.

[103] Guo X, Xie X, Choi S, Zhao Y, Liu H, Wang C, Chang S, Wang G. Sb₂O₃/MXene（Ti₃C₂Tₓ） hybrid anode materials with enhanced performance for sodium-ion batteries. Journal of Materials Chemistry A, 2017, 5（24）: 12445-12452.

[104] Tao M, Zhang Y, Zhan R, Guo B, Xu Q, Xu M. A chemically bonded CoNiO₂ nanoparticles/MXene composite as anode for sodium-ion batteries. Materials Letters, 2018, 230: 173-176.

[105] Zheng M, Guo R, Liu Z, Wang B, Meng L, Li F, Li T, Luo Y. MoS₂ intercalated p-Ti₃C₂ anode materials with sandwich-like three dimensional conductive networks for lithium-ion batteries. Journal of Alloys and Compounds, 2018, 735: 1262-1270.

[106] Shen C, Wang L, Zhou A, Zhang H, Chen Z, Hu Q, Qin G. MoS₂-decorated Ti₃C₂ MXene nanosheet as anode material in lithium-ion batteries. Journal of The Electrochemical Society, 2017, 164（12）: A2654-A2659.

[107] Wu Y, Nie P, Jiang J, Ding B, Dou H, Zhang X. MoS₂-nanosheet-decorated 2D titanium carbide （MXene） as high-performance anodes for sodium-ion batteries. ChemElectroChem, 2017, 4（6）: 1560-1565.

[108] Wang M, Huang Y, Zhu Y, Wu X, Zhang N, Zhang H. Binder-free flower-like SnS₂ nanoplates

decorated on the graphene as a flexible anode for high-performance lithium-ion batteries. Journal of Alloys and Compounds, 2019, 774: 601-609.

[109] Huang K, Li Z, Lin J, Han G, Huang P. Two-dimensional transition metal carbides and nitrides (MXenes) for biomedical applications. Chemical Society Reviews, 2018, 47 (14): 5109-5124.

[110] Wu Y, Nie P, Wu L, Dou H, Zhang X. 2D MXene/SnS$_2$ composites as high-performance anodes for sodium ion batteries. Chemical Engineering Journal, 2018, 334: 932-938.

[111] Zhang Y, Guo B, Hu L, Xu Q, Li Y, Liu D, Xu M. Synthesis of SnS nanoparticle-modified MXene (Ti$_3$C$_2$T$_x$) composites for enhanced sodium storage. Journal of Alloys and Compounds, 2018, 732: 448-453.

[112] Li J, Han L, Li Y, Li J, Zhu G, Zhang X, Lu T, Pan L. MXene-decorated SnS$_2$/Sn$_3$S$_4$ hybrid as anode material for high-rate lithium-ion batteries. Chemical Engineering Journal, 2020, 380: 122590.

[113] Ruan T, Wang B, Yang Y, Zhang X, Song R, Ning Y, Wang Z, Yu H, Zhou Y, Wang D, Liu H, Dou S. Interfacial and electronic modulation via localized sulfurization for boosting lithium storage kinetics. Advanced Materials, 2020, 32 (17): 2000151.

[114] Xu E, Zhang Y, Wang H, Zhu Z, Quan J, Chang Y, Li P, Yu D, Jiang Y. Ultrafast kinetics net electrode assembled via MoSe$_2$/MXene heterojunction for high-performance sodium-ion batteries. Chemical Engineering Journal, 2020, 385: 123839.

[115] Hong L, Ju S, Yang Y, Zheng J, Xia G, Huang Z, Liu X, Yu X. Hollow-shell structured porous CoSe$_2$ microspheres encapsulated by MXene nanosheets for advanced lithium storage. Sustainable Energy & Fuels, 2020, 4 (5): 2352-2362.

[116] Xu E, Li P, Quan J, Zhu H, Wang L, Chang Y, Sun Z, Chen L, Yu D, Jiang Y. Dimensional gradient structure of CoSe$_2$@CNTs-MXene anode assisted by ether for high-capacity, stable sodium storage. Nano-Micro Letters, 2021, 13 (1): 40.

[117] Fan T, Wu Y, Li J, Zhong W, Tang W, Zhang X, Xu M. Sheet-to-layer structure of SnSe$_2$/MXene composite materials for advanced sodium ion battery anodes. New Journal of Chemistry, 2021, 45 (4): 1944-1952.

[118] Zhang R, Xue Z, Qin J, Sawangphruk M, Zhang X, Liu R. NiCo-LDH/Ti$_3$C$_2$ MXene hybrid materials for lithium ion battery with high-rate capability and long cycle life. Journal of Energy Chemistry, 2020, 50: 143-153.

[119] Shrivastav V, Sundriyal S, Goel P, Kaur H, Tuteja S K, Vikrant K, Kim K-H, Tiwari U K, Deep A. Metal-organic frameworks (MOFs) and their composites as electrodes for lithium battery applications: novel means for alternative energy storage. Coordination Chemistry Reviews, 2019, 393: 48-78.

[120] Liu Y, He Y, Vargun E, Plachy T, Saha P, Cheng Q. 3D porous Ti$_3$C$_2$ MXene/NiCo-MOF composites for enhanced lithium storage. Nanomaterials, 2020, 10 (4): 695.

[121] Wang Z, Wang F, Liu K, Zhu J, Chen T, Gu Z, Yin S. Cobalt phosphide nanoparticles grown on Ti$_3$C$_2$ nanosheet for enhanced lithium ions storage performances. Journal of Alloys and Compounds, 2021, 853: 157136.

[122] Tritsaris G A, Zhao K, Okeke O U, Kaxiras E. Diffusion of lithium in bulk amorphous silicon: a

theoretical study. The Journal of Physical Chemistry C, 2012, 116（42）: 22212-22216.

[123] Xia M, Chen B, Gu F, Zu L, Xu M, Feng Y, Wang Z, Zhang H, Zhang C, Yang J. Ti$_3$C$_2$T$_x$ MXene nanosheets as a robust and conductive tight on Si anodes significantly enhance electrochemical lithium storage performance. ACS Nano, 2020, 14（4）: 5111-5120.

[124] Zhang S, Li X Y, Yang W, Tian H, Han Z, Ying H, Wang G, Han W Q. Novel synthesis of red phosphorus nanodot/Ti$_3$C$_2$T$_x$ MXenes from low-cost Ti$_3$SiC$_2$ MAX phases for superior lithium- and sodium-ion batteries. ACS Applied Materials & Interfaces, 2019, 11（45）: 42086-42093.

[125] Guo X, Zhang W, Zhang J, Zhou D, Tang X, Xu X, Li B, Liu H, Wang G. Boosting sodium storage in two-dimensional phosphorene/Ti$_3$C$_2$T$_x$ MXene nanoarchitectures with stable fluorinated interphase. ACS Nano, 2020, 14（3）: 3651-3659.

[126] Yang Q, Xia Y, Wu G, Li M, Wan S, Rao P, Wang Z. Uniformly depositing Sn onto MXene nanosheets for superior lithium-ion storage. Journal of Alloys and Compounds, 2021, 859: 157799.

[127] Wang Z, Bai J, Xu H, Chen G, Kang S, Li X. Synthesis of three-dimensional Sn@Ti$_3$C$_2$ by layer-by-layer self-assembly for high-performance lithium-ion storage. Journal of Colloid and Interface Science, 2020, 577: 329-336.

[128] Zhang S, Ying H, Huang P, Wang J, Zhang Z, Zhang Z, Han W Q. Ultrafine Sb pillared few-layered Ti$_3$C$_2$T$_x$ MXenes for advanced sodium storage. ACS Applied Energy Materials, 2021, 4（9）: 9806-9815.

[129] Tian Y, An Y, Xiong S, Feng J, Qian Y. A general method for constructing robust, flexible and freestanding MXene@metal anodes for high-performance potassium-ion batteries. Journal of Materials Chemistry A, 2019, 7（16）: 9716-9725.

[130] Ma H, Li J, Yang J, Wang N, Liu Z, Wang T, Su D, Wang C, Wang G. Bismuth nanoparticles anchored on Ti$_3$C$_2$T$_x$ MXene nanosheets for high-performance sodium-ion batteries. Chemistry-An Asian Journal, 2021, 16（22）: 3774-3780.

[131] Xu S, Dall'Agnese Y, Li J, Gogotsi Y, Han W. Thermally reduced graphene/MXene film for enhanced Li-ion storage. Chemistry-A European Journal, 2018, 24（69）: 18556-18563.

[132] Ma Z, Zhou X, Deng W, Lei D, Liu Z. 3D porous MXene（Ti$_3$C$_2$）/reduced graphene oxide hybrid films for advanced lithium storage. ACS Applied Materials & Interfaces, 2018, 10（4）: 3634-3643.

[133] Liu Y, Wang W, Ying Y, Wang Y, Peng X. Binder-free layered Ti$_3$C$_2$/CNTs nanocomposite anodes with enhanced capacity and long-cycle life for lithium-ion batteries. Dalton Transactions, 2015, 44（16）: 7123-7126.

[134] Pourali Z, Sovizi M R, Yaftian M R. Two-dimensional Ti$_3$C$_2$T$_x$/CMK-5 nanocomposite as high performance anodes for lithium batteries. Journal of Alloys and Compounds, 2018, 738: 130-137.

[135] Gao P, Shi H, Ma T, Liang S, Xia Y, Xu Z, Wang S, Min C, Liu L. MXene/TiO$_2$ heterostructure-decorated hard carbon with stable Ti—O—C bonding for enhanced sodium-ion storage. ACS Applied Materials & Interfaces, 2021, 13（43）: 51028-51038.

[136] Dong X, Ding B, Guo H, Dou H, Zhang X. Superlithiated polydopamine derivative for high-

capacity and high-rate anode for lithium-ion batteries. ACS Applied Materials & Interfaces, 2018, 10 (44): 38101-38108.

[137] Li T, Ding B, Wang J, Qin Z, Fernando J F S, Bando Y, Nanjundan A K, Kaneti Y V, Golberg D, Yamauchi Y. Sandwich-structured ordered mesoporous polydopamine/MXene hybrids as high-performance anodes for lithium-ion batteries. ACS Applied Materials & Interfaces, 2020, 12 (13): 14993-15001.

[138] He Y, Zhou A, Liu D, Hu Q, Liu X, Wang L. Self-assemble and *in-situ* formation of laponite RDS-decorated d-Ti$_3$C$_2$T$_x$ hybrids for application in lithium-ion battery. ChemistrySelect, 2019, 4 (36): 10694-10700.

[139] Yang S, Yao J, Hu H, Zeng Y, Huang X, Liu T, Bu L, Tian K, Lin Y, Li X, Jiang S, Zhou S, Li W, Bashir T, Choi J H, Gao L, Zhao J. Sonication-induced electrostatic assembly of an FeCO$_3$@Ti$_3$C$_2$ nanocomposite for robust lithium storage. Journal of Materials Chemistry A, 2020, 8 (44): 23498-23510.

第6章

MXene 在锂硫电池中的应用

6.1 引　　言

实现可再生清洁能源(如太阳能、风能、水能、地热能等)的利用是可持续发展的重要环节。高效的储能技术是实现可再生能源利用的关键。作为目前综合性能最优的电化学储能技术，锂离子电池的能量密度已达 300 W·h/kg 以上，但仍然无法满足电动汽车、国防军工等领域的需求。锂硫电池是以单质硫(理论比容量为 1675 mA·h/g)为正极，金属锂(理论比容量为 3860 mA·h/g)为负极的电化学储能体系，理论能量密度为 2567 W·h/kg，是传统石墨-LiCoO$_2$锂离子电池的 6.6 倍(图 6-1)。因此，锂硫电池是非常有前景的下一代高比能电化学储能技术[1-3]。

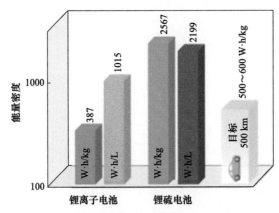

图 6-1　石墨-LiCoO$_2$锂离子电池和锂硫电池的理论能量密度对比[1]

　　然而，锂硫电池的实际能量密度与理论值相差甚远，循环和倍率性能也不理想，主要原因包括：①充放电中间产物，长链多硫化锂 Li$_2$S$_n$($4 \leqslant n \leqslant 8$)溶于电解液，在正负极之间来回迁移形成"穿梭效应"，导致活性物质损失和容量持续衰减；②单质硫和放电产物 Li$_2$S 导电性差，影响活性物质的利用率和电池倍率性能；③单质硫在充放电过程中的体积膨胀(80%)较大，影响电极结构的稳定性；④金属锂负极在充放电过程中发生体积变化并形成锂枝晶，容易造成电池短路。为了解决这些问题，人们采取的主要策略包括：正极以多孔炭为载硫基体，在提高电极电导率的同时利用多孔结构物理吸附可溶性的长链多硫化锂，或采用极性金属化合物化学键合多硫化锂，抑制"穿梭效应"；在正极和隔膜之间添加导电中间层，阻挡多硫化锂穿梭的同时提高导电性；构筑先进的锂负极结构抑制锂枝晶的生长等。这些方法虽然在一定程度上缓解了锂硫电池存在的问题，但依旧难以使锂硫电池的潜能得到完全发挥。

MXene 材料在锂硫电池中表现出诱人的应用潜力。①MXene 超高的导电性保证了电子的快速传输，有利于活性物质硫的有效利用，提升锂硫电池的能量密度；②MXene 的表面端基能够化学键合可溶性的长链多硫化锂，形成金属-硫键抑制"穿梭效应"，提高锂硫电池的循环稳定性；③MXene 可以催化多硫化物与 Li_2S 的相互转化，提高氧化还原反应动力学，改善电池倍率性能；④MXene 还能够诱导锂的均匀成核和生长，抑制锂枝晶的生成；⑤MXene 独特的二维结构有利于构筑多样的开放结构，缓冲电极在充放电过程中的体积膨胀。这些特点使得 MXene 材料在锂硫电池中的应用引起了研究者们的广泛关注，围绕正极、中间层和负极三个方面都有大量的研究报道，其主要研究方向如图 6-2 所示。

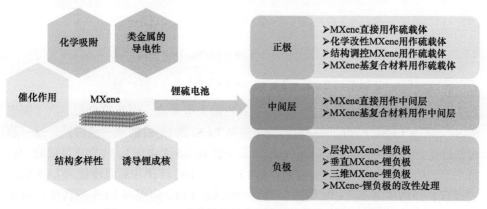

图 6-2 MXene 的优势及其在锂硫电池中的应用示意图

6.2 锂硫电池简介

6.2.1 锂硫电池的工作原理

锂硫电池是以金属锂为负极，单质硫为正极的电化学储能体系[图 6-3(a)]，电解液主要采用有机醚类电解液。锂硫电池正极一般由活性材料硫与导电剂、黏结剂混合调浆涂覆于铝箔集流体上制备，负极为金属锂箔。锂硫电池放电时，在负极金属锂被氧化生成 Li^+ 和电子，在正极单质硫与负极迁移来的 Li^+ 和电子发生一系列还原反应，最终生成 Li_2S，而电子通过外电路由正极流向负极，产生电流，其总的反应式为 $16\,Li+S_8 \longrightarrow 8\,Li_2S$。在充电时，则发生相反的反应。

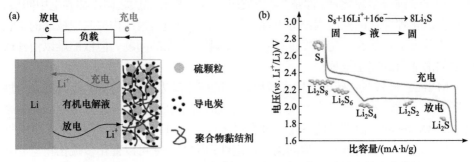

图 6-3　锂硫电池的(a)结构示意图和(b)在醚类电解液中的充放电曲线[4]

在实际的充放电循环过程中，锂硫电池的反应过程远比想象的复杂。其充放电曲线如图 6-3(b)所示，在放电过程中出现两个放电反应平台，分别对应不同的反应过程。在 $2.1\sim2.4$ V 之间的高电压平台表示 S_8 向长链多硫化锂 Li_2S_n($4 \leqslant n \leqslant 8$)的还原反应，具体的反应历程为

$$S_8 + 2\,Li^+ + 2\,e^- \longrightarrow Li_2S_8 \qquad （固—液）$$

$$3\,Li_2S_8 + 2\,Li^+ + 2\,e^- \longrightarrow 4\,Li_2S_6 \qquad （液—液）$$

$$2\,Li_2S_6 + 2\,Li^+ + 2\,e^- \longrightarrow 3\,Li_2S_4 \qquad （液—液）$$

其中，中间产物长链多硫化锂可以溶于有机醚类电解液，因此该过程经历了固态的 S_8 向液态 Li_2S_8 之间的固—液转换以及从 Li_2S_8 到 Li_2S_4 的液—液转换。这一阶段的理论比容量为 $418\,mA \cdot h/g$(每个硫原子转移 0.5 个电子)，约为总容量的 1/4。第二个放电平台出现在 2.1 V 左右，为 Li_2S_4 向 Li_2S_2 转化并最终转化为 Li_2S 的反应过程，经历了液态 Li_2S_4 到固态 Li_2S_2 和固态 Li_2S_2 到固态 Li_2S 的转变，由于固-固之间的反应速率较慢，因此该过程决定着整个反应过程的快慢。此阶段的理论比容量为 $1257\,mA \cdot h/g$(每个硫原子转移 1.5 个电子)，占总比容量的 3/4。具体的反应过程为

$$Li_2S_4 + 2\,Li^+ + 2e^- \longrightarrow 2\,Li_2S_2 \quad （液—固）$$

$$Li_2S_2 + 2\,Li^+ + 2\,e^- \longrightarrow 2\,Li_2S \quad （固—固）$$

锂硫电池在充电过程中，Li_2S_2/Li_2S 首先被氧化为短链多硫化锂，再进一步被氧化为长链多硫化锂(Li_2S_6、Li_2S_7)，但其并不能完全被氧化为 S_8，对应 $2.4\sim2.5$ V 的充电平台，同样经历了固—液—固的反应历程。

由锂硫电池的反应机制可知，在充放电过程中，锂硫电池的活性物质经历了固—液—固之间的相转变，因此也产生了一系列的问题。

6.2.2　锂硫电池存在的问题

单质硫在地壳中储量丰富，价格低廉，环保无毒，具有高达 1675 mA·h/g 的理论比容量，因此锂硫电池具有 2567 W·h/kg 的高理论能量密度，被认为是很有前景的下一代高比能电化学储能体系。但是，目前锂硫电池的研究仍面临着许多严峻的挑战，主要包括以下几个方面。

1. 单质硫及放电产物 Li_2S 的绝缘特性

硫及放电产物 Li_2S 均为绝缘材料，其电导率分别为 5×10^{-30} S/cm 及 1×10^{-30} S/cm[5, 6]，实际应用时需要添加导电剂或与导电物质复合方可进行充放电。导电剂的添加量越多，越有利于提高活性物质硫的利用率及其比容量。但是添加过量的导电剂会降低整个电极的比容量和电池的能量密度。因此需要寻找高效的导电添加剂，以期在用量较小的情况下能够最大限度地提高硫的利用率。

2. "穿梭效应"

从锂硫电池的放电机理可知，锂硫电池在充放电过程中，活性物质经历了固—液—固的相转变过程。如图 6-4 所示，在实际的充电过程中，在浓度梯度的作用下，溶于电解液的长链多硫化锂会穿过隔膜迁移至锂负极，与锂直接反应被还原为短链多硫化锂 $Li_2S_n (2 \leqslant n \leqslant 4)$，这些还原产物在电场作用下扩散回正极并被氧化为长链多硫化锂，这种不同价态的多硫化物在正负极之间来回被氧化还原并往返迁移，即所谓的"穿梭效应"。"穿梭效应"对锂硫电池的电化学性能造成了严重的影响，具体表现为：①活性物质的损失使循环过程中容量持续衰

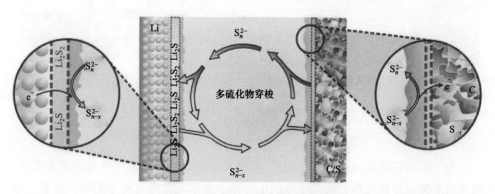

图 6-4　锂硫电池的工作原理图[9]

减；②不可逆的转换反应降低了库仑效率；③活性物质溶于电解液，造成电池自放电现象严重；④Li$_2$S/Li$_2$S$_2$在负极表面的不断堆积会钝化负极表面，增大离子传输的阻力，进一步加剧容量衰减[4, 7, 8]。

3. 硫正极的体积膨胀

单质硫和放电产物 Li$_2$S 的密度分别为 2.03 g/cm^3 和 1.66 g/cm^3，因此在放电过程中活性物质会发生体积膨胀(80%)。随着充放电循环的进行，电极材料反复膨胀，会严重破坏电极结构，最终影响电池的使用寿命。

4. 锂负极枝晶的生成

采用液态电解质的锂电池在充电时，锂离子还原时形成的树枝状金属锂单质，即"锂枝晶"。锂硫电池存在的"穿梭效应"问题使多硫化物直接与锂负极接触，因此锂硫电池的锂枝晶形成过程比锂离子电池更复杂。总的来说，锂枝晶主要是由电极表面电流的不均匀分布，以及锂离子在电极/电解液界面存在的浓度差造成的。如图 6-5 所示，充放电过程中，锂会经历不断的溶解/沉积过程导致锂负极的形貌从致密变得蓬松。不均匀的电场分布使锂优先沉积在活性高的位点，并且不断长大生成树枝状锂枝晶[8]。锂枝晶可能会刺穿隔膜，使电池短路并迅速产生大量的热，引发着火甚至是爆炸，存在较大的安全隐患。此外，锂枝晶具有比平滑锂箔更高的反应活性，在锂负极溶解时，首先倾向于失去锂枝晶根部的锂，导致锂枝晶从负极脱落下来，形成"死锂"，降低锂负极的库仑效率和循环稳定性[10]。

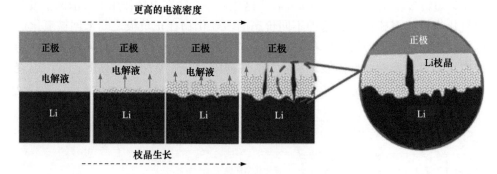

图 6-5　锂枝晶的不断生长过程[10]

6.2.3　锂硫电池的研究进展

为了实现锂硫电池的商业化应用，提高其实际能量密度和循环寿命至关重要。因此需要抑制穿梭效应、提高电极的电导率、缓解充放电过程中的体积膨胀、抑制负极锂枝晶的生成。目前锂硫电池的研究主要围绕构筑复合硫正极、在正极与隔膜之间添加导电中间层和锂负极结构设计三个方面。

1. 构筑复合硫正极

2009 年，Nazar 等[11]将硫填充在有序介孔炭 CMK-3 的孔道中，构筑了 CMK-3/S 复合硫正极，开启了锂硫电池正极的研究热潮。将硫与载体材料复合构筑复合硫正极，成为提高锂硫电池电化学性能的主要方法。目前报道的硫载体材料主要分为三类。

1) 导电炭材料

炭材料品种多样、原料来源广泛、价格低廉，具有良好的导电性和发达的孔结构。炭材料不仅可以构建导电网络以提供快速的电子传输通道，从而提高硫的利用率，而且能够通过物理限域作用将硫和多硫化物限制在孔道内，抑制 "穿梭效应"，缓解充放电过程中的体积膨胀。常用的炭材料包括：多孔炭材料[12]、碳纳米管 (CNTs)[13-16]、石墨烯[17-19]、碳纳米纤维[20]，以及它们的复合材料。

（1）多孔炭材料。多孔炭材料具有高的比表面积、发达的孔结构和良好的导电性，能够将活性物质硫容纳在孔内，是最为常用的锂硫电池正极硫载体。多孔炭的多孔结构使其能够与硫充分接触，形成连续的导电网络，促进电子和锂离子的快速传递，因此硫/多孔炭复合材料能够显著提升电池的能量密度。微孔炭、超微孔炭 (UMC)、介孔炭、分级孔炭等不同孔结构的炭材料在锂硫电池硫正极中的应用均有研究。微孔炭 (孔径<2 nm) 的微孔结构对多硫化物具有超强的吸附作用，可以有效抑制穿梭效应，提高锂硫电池的循环稳定性；介孔炭 (孔径在 2~50 nm) 的孔径大于微孔，能够提供更大的空间容纳硫，增加硫/炭复合材料的载硫量，并提供更多的剩余容积以促进电解液中锂离子的传输；大孔炭 (孔径>50 nm) 的大孔结构有利于电解液的渗透和锂离子的传输；分级孔炭，包括微孔/介孔，介孔/大孔炭，甚至是微孔/介孔/大孔炭，则可以综合各种孔径大小的炭孔的优点，作为硫载体可以更为有效地提升锂硫电池的性能[12]。此外，使用孔径尺寸小于 0.7 nm 的超微孔炭作为载体负载硫时，由于超微孔的物理限域作用，只有小尺寸的 $S_{2~4}$ 能进入超微孔炭孔内，而长链的 $S_{5~8}$ 被排除在孔外，因此所得硫/炭复合材料中的活性物质为小分子 $S_{2~4}$，而非传统的皇冠状 S_8。这种小分子硫/超微孔炭复合材料的充放电过程为 $S_{2~4}$ 与 Li_2S_2/Li_2S 的相互转化，从根本上避免了长链多硫化物的产生，杜绝了 "穿梭效应"，其放电曲线仅在 1.8 V 左右出现一个平台，具有优异的循环稳定性。徐斌等[21]通过高温热解聚偏二氟乙烯 (PVDF) 制备了孔径均匀分布在 0.55 nm 的超微孔炭，进而通过熔融浸渍法负载硫，制得了小分子硫/超微孔炭复合电极材料，在 0.1 C 循环 150 次后容量保持率为 99.9%，在 1 C 倍率下循环 1000 次，容量衰减率为 0.03%/次 (图 6-6)。

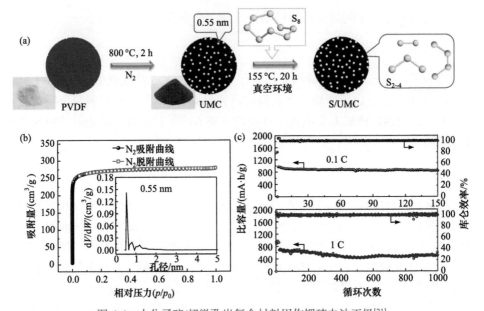

图 6-6　小分子硫/超微孔炭复合材料用作锂硫电池正极[21]

(a) 小分子硫/超微孔炭复合材料的制备示意图；(b) 超微孔炭的氮吸附曲线和孔径分布曲线(插图)；
(c) 小分子硫/超微孔炭电极在 $LiPF_6$-EC/DEC 电解液中的循环性能

(2)碳纳米管(CNTs)。CNTs 具有一维中空管状结构、良好的导电性、热稳定性和力学性能，是一种优异的电化学储能材料。作为锂硫电池正极硫载体，CNTs 的高导电性可以提升硫正极的电导率；其中空管状结构缓解锂硫电池的"穿梭效应"；其独特的一维形貌有利于构筑多样的结构，提供连续的三维导电网络促进 Li^+/电子的传输，并提升正极的载硫量。对 CNTs 进行表面改性后，其表面丰富的官能团还可以化学键合多硫化物，通过化学作用抑制多硫化物的"穿梭效应"，提升锂硫电池的电化学性能。

(3)石墨烯。石墨烯是一种具有二维层状结构的纳米炭材料，可以做到几个碳原子层甚至单原子层的厚度，具有许多独特的优点，如高的比表面积、优异的导电性、良好的柔韧性等。石墨烯可以直接作为正极硫载体材料使用，也可以通过元素掺杂改性，进一步提高其与多硫化物之间的作用力，提升锂硫电池的循环稳定性[22]。石墨烯独特的二维形貌有利于构筑多种电极结构，如作为柔性基体制备柔性一体化电极[23]，或者作为三维多孔石墨烯泡沫载硫等[24]，在提升载硫量的同时保证了优异的电化学性能。

然而，炭材料的非极性平面原子层对极性的多硫化物的吸附能力有限，硫/炭复合正极材料构筑的锂硫电池容量衰减仍然比较明显。对炭材料进行掺杂改性可以引入极性位点，如在炭材料结构中掺杂氮[22, 25-27]、磷[28, 29]、硫[30]等原子，通过极性位点与多硫化物形成化学键，可以提高其对多硫化物的吸附能力。

2) 金属化合物

极性的金属化合物主要通过化学键合作用束缚可溶性的多硫化物。金属化合物与多硫化物的结合能远高于炭材料，抑制"穿梭效应"的能力更强，构筑的锂硫电池循环稳定性更加优异。常用的金属化合物包括过渡金属氧化物（如 TiO_2[31, 32]、Ti_4O_7[33]、MnO_2[34]）、过渡金属硫化物（如 TiS_2[30]、MoS_2[35]）、过渡金属氮化物（如 TiN[36]、VN[37]）等。金属氧化物制备方法简单，通过优化制备方法可以调控其结构，但是大多数金属氧化物导电性较差，通常与炭材料复合使用。例如，在碳布表面原位生长 TiO_2 纳米线作为硫载体使用时，碳布构筑离子传输通道并保证高的载硫量，TiO_2 通过化学吸附作用进一步提升锂硫电池的循环性能[31]。金属硫化物对含硫化合物具有强亲和性，能够与多硫化物形成强化学键，抑制其"穿梭效应"。金属硫化物的电压平台相对较低，可以避免与锂硫电池电压窗口重叠。此外，与金属氧化物相比，大部分金属硫化物是导体或者半导体，更有利于活性物质硫的利用。

不管是炭材料还是金属化合物材料作为硫载体，都是将可溶性的多硫化物限制在正极区域，以缓解"穿梭效应"。然而，多硫化物在正极区域的不断聚集会降低电极的氧化还原反应动力学，影响电化学性能，这种现象在高载硫量电极和长循环后的电极中尤为明显。因此，在限制多硫化物的基础上实现多硫化物的快速转化，更有利于提升锂硫电池的循环性能和倍率性能。

3) 催化材料

第三类硫载体聚焦于具有催化功能的材料，这种材料不仅要对多硫化物具有强的吸附能力，还要能够催化被吸附的多硫化物向 Li_2S 的快速转化，避免其在正极的堆积，从而在正极区域形成吸附-转化的动态平衡，加快氧化还原反应动力学。这类材料包括金属（如 Pt[38]、$Pt@Ni$[39]等）、金属化合物（如 Fe_3O_4[40]、Fe_2O_3-Mn_3O_4[41]、CoP[42]、MoS_3[43]、MoS_2[44]等）、无机物（如黑磷[45]、C_3N_4[46]等）以及它们的复合物。为了提高催化材料的导电性能，降低成本，通常将催化材料与导电炭材料（如石墨烯[38, 44]、多孔炭[39, 40]等）复合使用，进一步提升锂硫电池的电化学性能。

理想的硫载体应具有以下特性：①优异的导电性，保证活性物质硫的充分利用；②发达的多孔结构，提高硫的负载量，并通过物理吸附作用抑制"穿梭效应"，缓解体积膨胀；③与多硫化物具有适当的结合能，可通过化学作用键合多硫化物，从而更好地抑制"穿梭效应"；④高的催化活性，可加速氧化还原反应动力学，促进多硫化物和 Li_2S 之间的快速转换。

2. 添加导电中间层

在正极与隔膜之间添加一层导电中间层也是改善锂硫电池性能的有效方法。

导电中间层可以通过涂覆法或者真空抽滤法附着于隔膜之上，也可以制备成自支撑的膜在电池组装时装配在正极与隔膜之间，其作用为：吸附/阻挡可溶性的多硫化物，限制其向负极的迁移，缓解"穿梭效应"；作为上层集流体，提高电极导电性，进而提升多硫化物的利用率。目前锂硫电池导电中间层材料的研究主要集中在以下几个方面。

1）炭材料

用于锂硫电池导电中间层的炭材料主要包括多孔炭材料[47]、CNTs[48]、石墨烯[49,50]和它们的复合材料[51]。多孔炭材料具有发达的孔结构，可通过物理限域作用阻挡多硫化物向负极的迁移，同时其优异的导电性可促进多硫化物的利用。有研究表明，与多孔炭涂覆隔膜中间层相比，具有三维结构的一体化中间层在锂硫电池中具有更高的电解液吸附量，可以更有效地吸附电解液及溶于其中的多硫化物，三维导电网络结构还可以更有效地促进活性物质的转化利用[图 6-7(a)][52]。Manthiram 等[53]将 CNTs 与氧化石墨烯（GO）联用，在隔膜表面逐层抽滤多壁碳纳

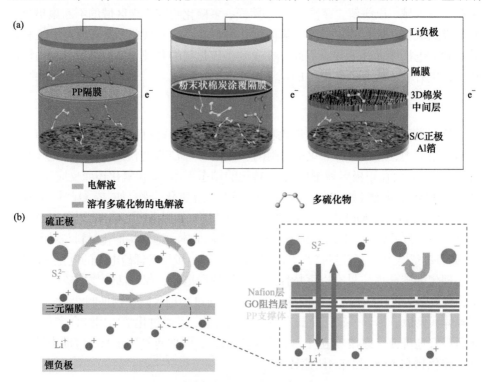

图 6-7   通过添加导电中间层改善锂硫电池性能
(a)传统锂硫电池、隔膜上涂覆炭涂层、添加三维炭中间层锂硫电池的工作原理示意图[52]；
(b)添加 PP-GO-Nafion 隔膜的锂硫电池工作原理示意图[60]

米管(MWCNTs)和 GO,制备了 MWCNTs-GO-MWCNTs 三层多功能中间层,上下两层 MWCNTs 通过物理作用吸附多硫化物并提高其利用率,中间极薄的 GO 层表面含有丰富的带负电官能团,通过静电排斥作用阻挡多硫化物,使锂硫电池表现出良好的循环性能。

2) 金属和金属化合物

金属化合物的极性位点能够化学键合多硫化物,限制其向负极的迁移,从而减缓"穿梭效应"。尤其是一些金属(如 Pt[54]、Co[55]等)和金属化合物(如 MnO_2[56]、Ti_4O_7[57]、CoS_2[58]、VN[59]等)还具有催化功能,不仅能够通过化学作用吸附多硫化物,而且能够促进多硫化物的快速转化,加快氧化还原反应动力学,形成吸附-转换的动态平衡,避免多硫化物的堆积,因此可以更有效地抑制"穿梭效应",提升电池的循环和倍率性能。

3) 表面带负电的材料

可溶性的多硫化物以表面带负电的阴离子形式存在,在隔膜面向正极的一侧添加带负电的中间层,可以通过静电排斥力将多硫化物阻挡在正极区域,从而抑制"穿梭效应"。张强等[60]在锂硫电池的聚丙烯(PP)隔膜上涂覆了 GO 和 Nafion,GO 和 Nafion 层都带有负电荷,可以静电排斥带电的多硫化物,将其限制在隔膜和正极之间的区域[图 6-7(b)]。与传统 PP 隔膜相比,采用这种隔膜的锂硫电池硫正极首次放电比容量由 969 mA·h/g 提升至 1057 mA·h/g,库仑效率由 80%提升至>95%,循环 200 次容量衰减率由 0.34%/次降至 0.18%/次。

理想的导电中间层材料应具有优异的导电性以保证电子的快速传输,较强的多硫化物吸附能力,以及催化作用以促进多硫化物与 Li_2S 间的快速转化。此外,导电中间层作为电池组件中的附加部分,应尽可能轻薄,从而降低对整体电池能量密度的影响。

3. 锂负极结构设计

为了减缓负极锂枝晶的生成和充放电过程中的体积膨胀,提高锂负极的界面稳定性和结构稳定性至关重要。目前锂负极的研究主要集中在设计具有先进结构的复合锂负极[61, 62],在锂负极表面添加保护层[63],调节电解液组成提高负极表面生成的固体电解质界面(SEI)膜的稳定性[64],使用固态电解质[65]等。其中,将金属锂负载于基体材料之上,构筑具有先进结构的复合锂负极是提高电极稳定性的有效方法。金属锂的负载基体应该轻薄、多孔、稳定,具有较低的锂离子扩散能垒和优异的亲锂性,以保证锂离子的快速传输并诱导锂的均匀成核和生长。

6.3　MXene 在锂硫电池中的应用

自发现以来，MXene 材料在包括锂硫电池在内的电化学储能领域得到广泛研究。MXene 材料具有独特的二维结构、类金属的电子导电性和丰富的表面端基，其在锂硫电池中的应用具有诸多优势，引起了研究者们的广泛关注。MXene 不仅能提高正极硫的导电性和利用率，化学吸附多硫化物并催化其快速转化，还能诱导金属锂的均匀成核和生长，是提升锂硫电池能量密度、循环稳定性和倍率性能的理想选择。

（1）MXene 类金属的高导电性可提升硫正极的比容量。将单质硫与高导电性的材料复合，构筑复合硫正极是实现活性物质硫充分利用的有效途径。大多数 MXene 材料都具有优异的导电性。采用旋涂法制备的 100 nm 厚的透明 Ti_2CT_x MXene 膜的电导率高达 5.25×10^5 S/m[66]；采用刮刀涂覆法制备的 214 nm 厚的 $Ti_3C_2T_x$ 膜具有大的片层尺寸和高度有序排列的片层，电导率高达 1.51×10^6 S/m[67]。基于 MXene 超高的电导率，构筑 MXene/S 复合正极可以促进电子的快速传输，保证活性物质硫的充分利用，从而提升锂硫电池的比容量。

（2）二维结构和丰富的表面端基使 MXene 可以构筑多样的结构。构筑高载硫量的复合硫正极是实现锂硫电池商业化应用的关键。在实际应用中，MXene 二维纳米片在范德瓦耳斯力和氢键的作用下自发的堆叠现象限制了 Li^+ 的扩散和 MXene 活性表面的充分利用。构筑多样结构的 MXene 基复合材料是抑制堆叠的有效方法。例如，以海藻酸钠为引发剂，可以将 $Ti_3C_2T_x$ MXene 纳米片剥离成小的 MXene 纳米点，MXene 纳米点在 MXene 纳米片层间原位生成，抑制了 MXene 纳米片的堆叠和 MXene 纳米点的自团聚[68]。将多层 Ti_3C_2 MXene 在 KOH 溶液中振荡处理，可以获得 Ti_3C_2 MXene 纳米带，这种结构有利于 Li^+ 的传输，并提高硫的负载量[69]。将 $Ti_3C_2T_x$ MXene 与乙二胺溶液经水热处理后组装成花朵状多孔 MXene 框架，构筑的花状 MXene/S 复合材料在 10.5 mg/cm² 的高载硫量下面积比容量为 10.04 mA·h/cm²[70]。

（3）丰富的表面端基使 MXene 可以化学吸附多硫化物。MXene 的极性表面能够与多硫化物形成金属-硫键，通过化学键合多硫化物抑制其"穿梭效应"。MXene 的种类[71]、表面端基[72]、表面缺陷[73]是决定其对多硫化物的化学吸附能力强弱的主要因素。密度泛函理论（DFT）计算表明，$Cr_3C_2O_2$ 对多硫化物的吸附能力强于其他五种 $M_3C_2O_2$ MXene（M=V、Ti、Nb、Hf 和 Zr）；具有不同端基修饰的 Ti_2C MXene 对多硫化物的吸附能力强弱也不相同：$Ti_2CF_2 < Ti_2CO_2 < Ti_2C(OH)_2$。因此，对 MXene 进行表面端基调控是调节其对多硫化物吸附能力的有效方法。

(4) MXene 的催化特性可显著改善锂硫电池的倍率性能。在吸附多硫化物的同时促进多硫化物与 Li_2S 的快速转换，在正极形成吸附-转化的平衡状态对提高电池倍率性能至关重要。基于类金属的导电性、高比表面积、带隙结构可调、各向异性载流子迁移率等优点，MXene 是一种高活性、高选择性、长寿命的电催化材料[74]。在锂硫电池中，MXene 能够降低多硫化物和 Li_2S 的反应能垒，加快氧化还原反应动力学速度，促进 Li^+ 的快速传输，催化多硫化物与 Li_2S 间的转化。MXene 对多硫化物的催化能力受表面端基和表面缺陷的影响。例如，不同端基修饰 Ti_3C_2 MXene 催化能力大小顺序为：$Ti_3C_2S_2$ > $Ti_3C_2O_2$ > $Ti_3C_2F_2$ > $Ti_3C_2N_2$ > $Ti_3C_2Cl_2$[75]。对 MXene 进行杂原子掺杂 (如氮、锌等) 也可提升 MXene 的催化能力[76, 77]。

(5) 优异的亲锂特性使 MXene 能够有效抑制锂枝晶的生长。MXene 丰富的表面端基使其具有良好的锂亲和力，可以诱导锂的均匀成核和生长，从而抑制锂枝晶的生长，同时 MXene 优异的导电性和低的 Li^+ 扩散势垒有利于 Li^+ 的快速传输，其独特的二维结构有利于构筑先进结构的 MXene 基复合锂负极[78]。杨树斌等[79]将 MXene 与锂复合后经过无数次的折叠、辊压，构筑了层状 $Ti_3C_2T_x$ MXene-Li 负极，其中金属锂均匀分布在 MXene 的层间。MXene 诱导锂在层间可控生长，避免了其垂直生长刺穿隔膜，有利于改善锂硫电池的安全性。

6.4　MXene 基材料用于锂硫电池

6.4.1　MXene 基硫正极

将硫与高导电性材料复合是提高硫利用率、抑制穿梭效应最直接有效的途径。如前文所述，MXene 材料具有独特的二维结构、类金属的高导电性、能够化学吸附多硫化物并催化其与 Li_2S 的快速转化。因此，MXene 应用于锂硫电池正极硫载体有望实现高的比容量、良好的循环稳定性和高的倍率性能，是非常有潜力的锂硫电池硫载体材料。

1. MXene 直接用作正极硫载体

由于具有优异的导电性，不同结构、形貌的 MXene 材料都被尝试用作锂硫电池正极硫载体。以 40% HF 刻蚀 Ti_3AlC_2 制备的具有手风琴状结构、层与层间明显分开的 $Ti_3C_2T_x$ MXene[图 6-8(a)、(b)]，通过熔融浸渍法负载硫后制备的 $Ti_3C_2T_x$/S 复合材料在 200 mA/g 的电流密度下首次放电比容量为 1291 mA·h/g，循环 100 次后比容量保持在 970 mA·h/g[80]。将 Ti_2AlC 经过 HF 刻蚀、DMSO 剥离得到的寡层 Ti_2CT_x MXene 薄片[图 6-8(c)] 暴露出更多的活性比面积，可通过钛原子化学键合多硫化物抑制穿梭效应，将其作为硫载体构筑的 Ti$_2$CT$_x$/S 电极[70 wt%硫含量，图 6-8(d)]在 0.5 C 倍率下的比容量为 1090 mA·h/g，循环 650 次的容量衰减率为 0.05%/次[81]。

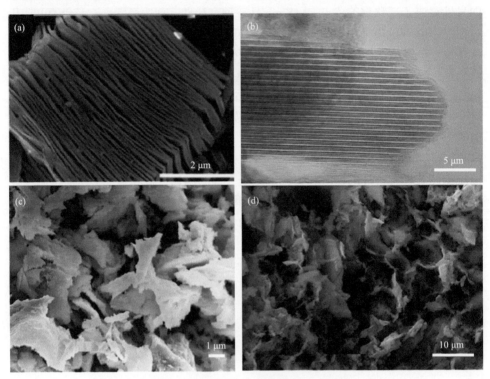

图 6-8　手风琴状 MXene 用作硫正极载体

(a) 手风琴状 Ti$_3$C$_2$T$_x$ MXene 的 SEM 和(b) TEM 图[80]；　(c) 寡层 Ti$_2$CT$_x$ MXene 和
(d) 寡层 Ti$_2$CT$_x$/S 复合材料的 SEM 图[81]

张喜田等[82]采用 LiF/HCl 蚀刻制备出尺寸在几百纳米到几微米的 Ti$_3$C$_2$ 纳米片[图 6-9(a)]，采用熔融浸渍法将硫均匀地负载在其表面[图 6-9(b)]得到的复合电

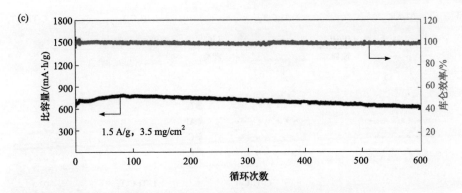

图 6-9　(a)LiF/HCl 刻蚀 Ti_3AlC_2 制备的 Ti_3C_2 纳米片和(b)Ti_3C_2/S 复合材料的 SEM 图；
(c)S/Ti_3C_2 复合电极的循环性能曲线[82]

极材料(载硫量 50 wt%，1.0～1.2 mg/cm²)在 0.8 A/g 电流密度下循环 1500 次容量衰减率为 0.04%/次；当载硫量提高至 80 wt% 和 3.5 mg/cm² 时，在 1.5 A/g 的电流密度下首次比容量为 675.2 mA·h/g，循环 600 次容量保持率为 92.6%[图 6-9(c)]。

　　MXene 独特的二维结构为构筑柔性 MXene/S 复合电极提供了可能。在 $Ti_3C_2T_x$ MXene 水溶液中添加 Na_2S_x 和乙酸，原位生成硫颗粒即可获得 $Ti_3C_2T_x$/S "墨水" [图 6-10(a)、(b)]，真空抽滤后得到柔性自支撑的 $Ti_3C_2T_x$/S 复合膜，该复合膜可直接用作锂硫电池的柔性电极[83]。该电极(载硫量为 70 wt%)在 0.2 C 和 2 C 倍率下的比容量分别为 1184 mA·h/g 和 1044 mA·h/g，在 0.2 C 倍率循环 800 次后容量仍然可保持 724 mA·h/g，表现出优异的循环稳定性。将 $Ti_3C_2T_x$ MXene 超声处理，可以降低其片层尺寸、增加其表面活性基团数量，更有利于抑制多硫化物的穿梭。董晓臣等[84]将带正电荷的聚多巴胺(PDA)包覆硫颗粒(S@PDA)与小尺寸 $Ti_3C_2T_x$ MXene(C-$Ti_3C_2T_x$)纳米片静电自组装后，C-$Ti_3C_2T_x$ MXene 包覆在 S@PDA 表面形成微球，再与大尺寸 $Ti_3C_2T_x$ MXene(L-$Ti_3C_2T_x$)液相混合-真空抽滤，得到柔性自支撑的 S@PDA@C-$Ti_3C_2T_x$/L-$Ti_3C_2T_x$(S@PCL)膜，可直接用作锂硫电池正极[图 6-10(c)]。该柔性自支撑膜具有三维多级结构、高的导电性、丰富的

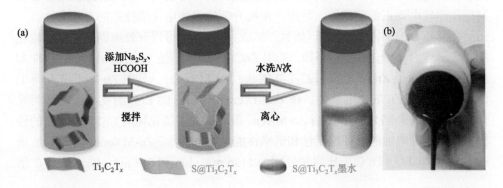

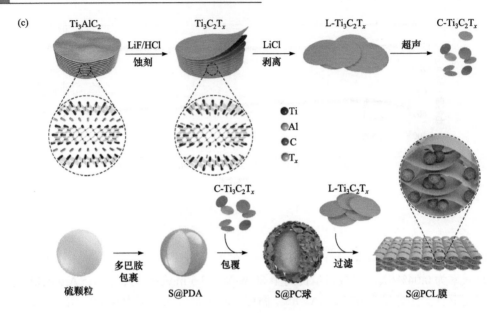

图 6-10   S@Ti₃C₂Tₓ墨水的(a)制备示意图和(b)数码照片[83]；(c)柔性自支撑的 S@PDA@C-Ti₃C₂Tₓ/L-Ti₃C₂Tₓ(S@PCL)膜的制备流程示意图[84]

表面活性位点，能够保证快速的离子传输，具有较强的多硫化物吸附能力，在载硫量为 4 mg/cm² 时，循环 200 次后体积比容量仍然可保持 2.7 A · h/cm³。

将 MXene 直接用作硫载体，可有效提高锂硫电池的电化学性能，但由于二维 MXene 纳米片容易自堆叠，限制了 Li⁺的扩散和 MXene 表面活性位点的充分利用。为了克服这一问题，最大限度地发挥 MXene 在锂硫电池中的优势，可以采用对 MXene 进行化学改性、结构调控以及构筑 MXene 基复合材料等策略。

2. 化学改性 MXene 用作正极硫载体

通过化学改性，可以增强 MXene 对多硫化物的吸附作用与催化能力，而且在化学改性过程中还可以灵活调控 MXene 的结构。因此，将化学改性的 MXene 材料用作锂硫电池正极硫载体，是进一步提升锂硫电池电化学性能的有效方法。

在 MXene 中掺杂杂原子(如氮、硫或金属原子)可以有效地提升其对多硫化物的吸附能力和催化性能。例如，采用 ZnCl₂熔融盐刻蚀 Ti₃AlC₂ MAX 相中的 Al 层制备了单原子 Zn 植入的 Ti₃C₂Tₓ MXene(Zn-MXene)，其中 Zn 原子植入到 Ti 位点[77]。由于 Zn 的高电负性，在 Zn-MXene 上 Li₂S₂向 Li₂S 的反应自由能明显低于MXene[图 6-11(a)]，说明 Zn-MXene 能够加快多硫化物向 Li₂S₂和 Li₂S 的转化，从而提升电池的循环稳定性和倍率性能。构筑的 S@Zn-MXene 电极(载硫量89 wt%)在 0.2 C 和 6 C 的比容量分别为 1136 mA · h/g 和 517 mA · h/g，在 1 C 倍率下循环 400 次容量保持在 706 mA·h/g[图 6-11(b)]。

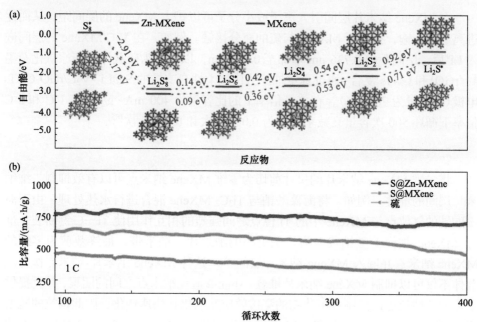

图 6-11　(a) Zn-MXene 和 MXene 对多硫化物的吉布斯自由能；(b) S@Zn-MXene、S@MXene 和硫在 1 C 倍率下的循环曲线[77]

　　氮、硫原子掺杂也可以提升 MXene 在锂硫电池中的电化学活性。以三聚氰胺作为造孔模板和氮源，将带负电的 $Ti_3C_2T_x$ MXene 与带正电的三聚氰胺自组装后进行热处理，可制备褶皱状三维多孔氮掺杂 $Ti_3C_2T_x$ MXene[76]。氮掺杂改性不仅可以提高 MXene 的导电性，而且可以增强 MXene 对多硫化物中 Li 的亲和性，降低分解能垒，即提高对多硫化物的吸附能力和催化作用；同时多孔结构可以增加 MXene 的有效比表面积，提供足够的电化学反应活性位点。以多孔氮掺杂 MXene 作为硫载体构筑的硫正极在 2 C 下循环 1200 次容量衰减率为 0.033%/次，说明氮掺杂改性处理可以有效提升 MXene 载硫正极的循环性能。得益于其多孔结构，当面载硫量增加到 8.2 mg/cm² 时，其面积比容量可达到 9.0 mA·h/cm²[76]。

3. 结构调控 MXene 用作硫正极载体

　　通过结构调控设计具有开放式结构和形貌的 MXene 材料，可以防止 MXene 纳米片层的堆叠，在保持 MXene 优异导电性的前提下最大程度地暴露其可利用的电化学活性表面，促进电解液的渗透和 Li^+ 的扩散，并为多硫化物的化学吸附和催化转化提供足够的活性位点，对实现 MXene 在锂硫电池中的高效利用具有重要意义。目前报道的结构调控方法包括扩大 MXene 层间距和构筑特殊结构 MXene。

1）扩大层间距

在 MXene 纳米片层间引入离子或小分子可以扩大 MXene 的层间距，从而促进离子的传输，有利于 MXene 与硫的充分接触。例如，在 V_2C MXene 的层间嵌入 Li^+ 后，层间距由 0.736 nm 增加至 0.939 nm，以其作为硫载体与还原氧化石墨烯 (rGO) 和 CNTs 复合，通过真空抽滤法构筑柔性自支撑的 S@Li^+-V_2C/rGO-CNTs 电极 (载硫量为 70 wt%)，在 5 C 倍率下的比容量为 400 mA·h/g，在 1 C 和 2 C 倍率下循环 500 次容量衰减率分别为 0.053%/次和 0.051%/次[85]。

2）构筑特殊结构 MXene

将二维 MXene 纳米片的尺寸剪切为零维 MXene 纳米点可以有效抑制二维纳米片层间的堆叠。例如，将海藻酸钠与 Ti_3C_2 MXene 混合进行水热处理，由于海藻酸钠的氧位点与 MXene 中的 Ti 位点之间强烈的相互作用使 Ti—C 键断裂，部分 MXene 被海藻酸钠裁剪为片层更小的纳米片、纳米带，最终裁剪为零维的 MXene 纳米点并嵌入 MXene 纳米片层间[68]。这种 MXene 纳米片-纳米点作为硫载体不仅可以抑制 MXene 纳米片堆叠，还能够避免纳米点之间的团聚，并且提供更多的活性位点以抑制多硫化物的穿梭效应并催化其快速转化，因此构筑的硫电极 (面载硫量 1.8 mg/cm^2) 在 0.05 C 下的比容量为 1609 mA·h/g，3 C 倍率下的比容量为 882 mA·h/g；即使当面载硫量增加至 13.8 mg/cm^2 时，在 0.05 C 时的面积/体积比容量仍能达到 13.7 mA·h/cm^2/1957 mA·h/cm^3[68]。

吴忠帅等[69]将多层 Ti_3C_2 MXene 在 KOH 溶液中振荡处理后得到具有大量开放大孔的 Ti_3C_2 MXene 纳米带，这种结构有利于 Li^+ 的快速扩散并有效提高载硫量[图 6-12 (a)]。以 MXene 纳米带作为硫载体，在聚丙烯隔膜上先抽滤一层 MXene 作为集流体，再在其上涂覆 MXene 纳米带/硫复合材料构筑了柔性一体化电极。这种电极在 0.2 C 下的比容量为 1062 mA·h/g，在 10 C 的高倍率下仍表现出 288 mA·h/g 的比容量。

将二维 MXene 纳米片设计成具有高比表面积和相互贯通的三维多孔骨架可以为电解质浸润和离子传输提供路径。在 MXene 中造孔可以提供足够的载硫空间、缓冲充放电过程中的体积膨胀，并通过物理限域和化学吸附双重作用抑制多硫化物的穿梭，因此可以提升硫正极在高载量下的循环稳定性和倍率性能[70, 86]。

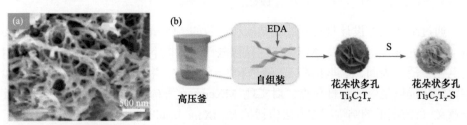

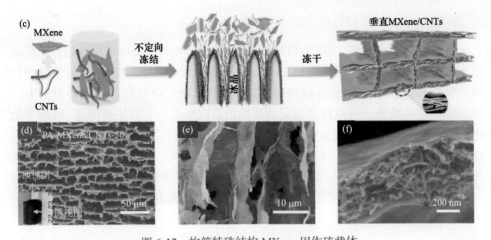

图 6-12　构筑特殊结构 MXene 用作硫载体

(a) 碱处理 Ti$_3$C$_2$ 纳米带的 SEM 图[69]；(b) 三维花朵状 Ti$_3$C$_2$T$_x$ MXene 的合成示意图[70]；平行 MXene-CNTs 阵列
的 (c) 制备流程示意图和 (d~f) SEM 图[88]

王瑞虎等[70]将 Ti$_3$C$_2$T$_x$ MXene 在乙二胺溶液中水热处理制备了三维花状多孔 Ti$_3$C$_2$T$_x$ 阵列[图 6-12(b)]，导电的 Ti$_3$C$_2$T$_x$ 纳米片以不同的角度取向，不仅实现了电子/Li$^+$ 的快速传输，而且其负载硫后获得了高的振实密度。在 10.5 mg/cm^2 的高载硫量下，三维花状多孔 Ti$_3$C$_2$T$_x$ 阵列/硫复合电极获得了 10.04 mA·h/cm^2 的面积比容量。孙靖宇等[87]以三聚氰胺甲醛树脂球作为模板和氮源制备了氮掺杂多孔 MXene(N-pTi$_3$C$_2$T$_x$)，将其用熔融法负载硫后，与 CNTs 复合调制为浓度 300~600 mg/mL 的"墨水"，进行 3D 打印即得到 N-pTi$_3$C$_2$T$_x$/S-CNTs 复合电极。该电极发达的网络结构能够提供快速的电子传输通道和较强的多硫化物吸附与转化能力，因此可以有效地抑制穿梭效应，提高硫的负载量和利用率，构筑的锂硫电池在 0.2 C、0.5 C、1.0 C 和 2.0 C 倍率下的比容量分别为 1254.26 mA·h/g、1113.78 mA·h/g、987.48 mA·h/g 和 819.50 mA·h/g[87]。将 N-pTi$_3$C$_2$T$_x$ 与 CNTs 进行 3D 打印构筑的三维骨架置于金属锂负极表面可以使电流在锂负极表面均匀分布，并促使锂均匀沉积，有效抑制锂枝晶的生成，构筑的三维多孔 N-pTi$_3$C$_2$T$_x$/S||N-pTi$_3$C$_2$T$_x$@Li 锂硫电池全电池在载硫量为 12.02 mg/cm^2 时的面积比容量为 8.47 mA·h/cm^2[87]。吕伟等[88]将 MXene 与 CNTs 液相复合、定向冷冻干燥处理制备出平行 MXene/CNTs 阵列[图 6-12(c)]。这种结构可以充分地暴露 MXene 的表面活性位点，通过物理阻挡和化学吸附作用限制多硫化物的穿梭并催化其快速转化，而 CNTs 则避免了 MXene 纳米片的堆叠并保证复合材料具有优异的导电性。将其作为载体构筑的硫正极在 7 mg/cm^2 的面载硫量下，比容量为 712 mA·h/g，在 0.5 C 下循环 800 次容量衰减率为 0.025%/次，当面载硫量增加到 10 mg/cm^2 时，在 0.5 C 下循环 300 次仍然保持 6 mA·h/cm^2 的面积比容量[88]。

4. MXene 基复合材料用作硫正极的载体

MXene 具有独特的二维层状结构和高的电子导电性，既可以单独用作正极硫载体材料，又可以构筑高效的 MXene 基复合硫载体，主要包括 MXene/炭复合材料、MXene/金属氧化物复合材料和 MXene/聚合物复合材料。在复合材料中，MXene 提供高的电子导电性和充足的活性位点以促进电子的快速传递、吸附多硫化物并催化其与 Li$_2$S 的快速转化。另一复合组分在发挥其自身优势的同时，还可以作为"间隔剂"来增大 MXene 的层间距，抑制 MXene 的堆叠，从而实现快速的离子传输。因此，MXene 基复合材料作为正极硫载体往往表现出良好的电化学性能，是 MXene 在锂硫电池应用中的一个重要的研究方向。

1) MXene/炭复合材料

炭材料种类丰富，具有导电性高、孔结构可调、成本低等优点，是研究最多的锂硫电池正极硫载体材料。构筑 MXene/炭复合材料能够综合 MXene 和炭材料的优势并产生协同作用。在复合材料中，MXene 纳米片增强了复合材料的电导率，保证了快速的电子传递，炭材料作为"间隔剂"防止了 MXene 的堆叠，实现了快速的离子传递，同时其发达的多孔结构提供了丰富的载硫空间[89]。一维 CNTs 和二维石墨烯还可组装为三维结构[90, 91]，为 MXene 基复合材料的构筑提供了更多的机会。

将一维 CNTs 和不同种类的二维 MXene 直接复合可构筑具有开放结构的 CNTs/MXene 复合材料。赖志平等[92]将 CNTs 用聚乙烯亚胺(PEI)处理使其表面带正电荷，然后与表面带负电荷的 Ti$_3$C$_2$T$_x$ MXene 自组装形成多孔的 Ti$_3$C$_2$T$_x$@PEI-CNTs 复合材料[图 6-13(a)]。由于具有高的孔隙率，可大量负载硫[图 6-13(b)]，采用这种复合材料作为正极硫载体和中间层构筑的锂硫电池在 1 C 倍率下循环 500 次后比容量仍然保持 980 mA·h/g(面载硫量 2.6 mg/cm^2)。魏子栋等[93]通过静电自组装法将直径在微米级的碳纤维与 Ti$_3$C$_2$T$_x$MXene 复合，使 MXene 在碳纤维

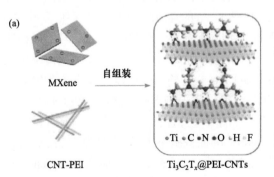
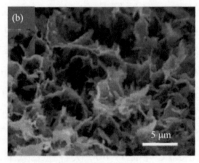

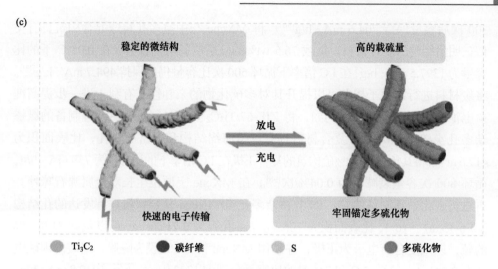

图 6-13　Ti$_3$C$_2$T$_x$@PEI-CNTs 复合材料的 (a) 制备示意图和 (b) SEM 图[92]；(c) Ti$_3$C$_2$@碳纤维-S 复合电极的作用机理示意图[93]

表面均匀铺展并形成包覆结构，形成的 MXene@碳纤维复合材料作为基体负载硫/碳复合材料可以促进离子/电子的快速传输，抑制"穿梭效应"[图 6-13(c)]。构筑的电极在 4 mg/cm^2 载硫量下、1 C 倍率下首次比容量为 1058.4 mA·h/g，循环 1000 次容量保持率为 59.1%[93]。

二维石墨烯或还原氧化石墨烯(rGO)材料与 MXene 复合可以构筑多样的三维结构，将其作为硫载体可以促进离子/电子的传输并提高载硫量。将 Ti$_3$C$_2$T$_x$ MXene 与氧化石墨烯溶液复合后进行水热处理、冻干后可得到三维多孔结构的 MXene/rGO 复合凝胶[图 6-14(a, b)][94]。以其作为载体、Li$_2$S$_6$ 作为活性物质构筑的自支撑硫正极实现了快速的离子扩散和电子传输，在 0.1 C 时比容量为 1270 mA·h/g，在 1 C 倍率下循环 500 次容量衰减率为 0.07%/次，在 6 mg/cm^2 的面载硫量下，面积比容量为 5.27 mA·h/cm^2[94]。邱介山等[95]以 EDA 为交联剂和还原剂，将其加入 MXene 与 GO 的混合溶液，经过化学交联和冷冻干燥，制得 MXene/rGO 复合气凝胶，具有超轻的质量和发达的大孔结构[图 6-14(c)～(e)]。将该气凝胶负载 Li$_2$S 制备的 Li$_2$S@MXene/石墨烯复合电极在 Li$_2$S 的负载量为 9 mg/cm^2 时，0.2 C 倍率下循环 100 次容量保持率为 88%，在 2 C 时的面积比容量为 3.42 mA·h/cm^2[95]。

多孔炭材料具有发达的孔结构，构筑的 MXene/多孔炭复合材料能够提供足够的空间来提高锂硫电池的载硫量并缓解充放电过程中的体积膨胀，是最为常用的锂硫电池正极硫载体。将 MXene@MOF-5 复合材料碳化处理后得到具有三维蓬松结构的 MXene@介孔炭复合材料，将其作为硫载体构筑的复合硫电极(硫含量 72.88 wt%，面载硫量 2 mg/cm^2)在 0.5 C 下的首次比容量为 1225.8 mA·h/g，循环

300 次后容量保持 704.6 mA·h/g[96]。将 MXene 与中空多孔炭球混合构筑具有类似三明治结构的复合材料，负载 76.5 wt%的硫后制备的复合电极在 0.05 C 下的比容量为 1397.5 mA·h/g，在 1 C 倍率下循环 500 次比容量仍然保持 494.7 mA·h/g[89]。将炭材料进行杂原子掺杂可以提升其对多硫化物的亲和性，有利于进一步提高锂硫电池的循环稳定性[97]。例如，将 ZIF-67/Ti$_3$C$_2$ 复合材料进行热处理制备的氮掺杂多孔炭/Ti$_3$C$_2$ MXene 复合材料具有三维海绵结构和丰富的介孔，比表面积为 417.6 m^2/g，将其负载 80 wt%硫构筑的复合正极在 1 C 倍率下的比容量为 759 mA·h/g，循环 800 次容量衰减率为 0.04%/次[98]。在 MXene 上原位生长双金属沸石咪唑，再进行碳化处理制备的 Co、N 共掺杂多孔炭/MXene 复合材料具有发达的孔结构 [图 6-15(a)～(c)]，比表面积为 726.6 m^2/g，孔容为 0.71 cm^3/g，可以负载 81.9 wt% 的硫，以该复合硫电极为正极，并采用 MXene 修饰 PP 膜为隔膜，组装的锂硫电池在 0.2 C、1 C、3 C、5 C 和 7 C 时的比容量分别为 1333.9 mA·h/g、1049.8 mA·h/g、864.6 mA·h/g、716.1 mA·h/g 和 579.2 mA·h/g，在 1 C 倍率下的首次比容量为 914.7 mA·h/g，循环 1000 次后容量仍然保持在 616.7 mA·h/g[99]。

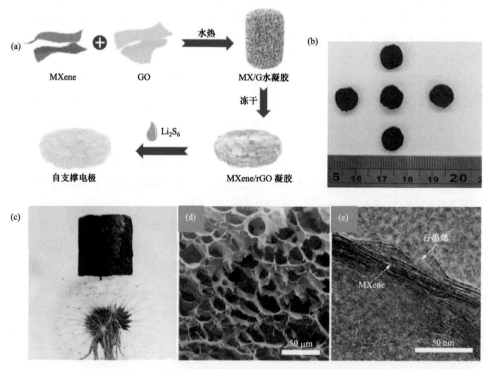

图 6-14   MXene/rGO 凝胶电极的(a)制备示意图和(b)数码照片[94]；通过 EDA 化学交联法制备的 MXene/石墨烯复合气凝胶的(c)数码照片、(d)SEM 图和(e)TEM 图[95]

图 6-15　Co、N 共掺杂多孔炭/MXene 复合材料的(a)制备流程示意图和(b，c)SEM 图[99]

2) MXene/过渡金属化合物复合材料

过渡金属化合物(氧化物、硫化物等)，能够与多硫化物形成化学键，从而通过化学作用抑制多硫化物的穿梭效应。将过渡金属化合物与 MXene 复合，不仅可以增强对多硫化物的化学吸附能力，还可以抑制 MXene 纳米片堆叠，而 MXene 则可弥补过渡金属化合物电导率低的不足，提高硫的利用率。因此构筑 MXene/过渡金属化合物复合材料作为硫载体，能够有效提升硫正极的比容量和循环稳定性。

MXene/金属化合物复合材料的制备方法可分为原位生长法和非原位组装法。原位生长法是在液相环境中通过化学反应在 MXene 纳米片上直接生长金属氧化物。例如，对 V$_2$C MXene 和 VO$_2$ 前驱体的混合溶液进行水热处理，即可在二维 V$_2$C 纳米片上原位生长 VO$_2$ 纳米棒簇，制备出 VO$_2$-V$_2$C 复合材料[100]，在其上负载 72.7 wt%硫后制备的 VO$_2$-V$_2$C/S 复合硫正极在 0.2 C 和 4 C 的比容量分别为 1250 mA·h/g 和 585 mA·h/g；在 2 C 倍率下循环 500 次容量保持率为 69.1%；当面载硫量增加至 10.2 mg/cm^2 时，在 0.2 C 倍率下具有 9.3 mA·h/cm^2 的面积比容量，循环 200 次后仍可保持 6.5 mA·h/cm^2。郭少军等[101]将 MXene 与炭前驱体(葡萄糖)、MoS$_2$ 前驱体(四水合物钼酸盐和硫脲)水热后在 N$_2$ 和 NH$_3$ 气氛下 600℃ 退火处理，在 MXene 表面原位生长了 1T-2H MoS$_2$-C 纳米材料，其中硫空位和 1T MoS$_2$ 能有效捕获多硫化物并加速其氧化还原动力学；1T MoS$_2$、MXene 和氮掺杂炭均具有高的电导率保证快速的电子转移；三维分层多孔结构（比表面积 153.3 m²/g）可以提高载硫量并有效缓解充放电过程中的体积膨胀。构筑的 MXene/1T-2H MoS₂-C-S（载硫量 79.6 wt%）在 0.1 C 倍率下首次比容量为 1194.7 mA·h/g，在 0.5 C 倍率下循环 300 次后比容量保持在 799.3 mA·h/g。将 MXene 直接部分氧化是一种独特的 MXene/金属氧化物复合材料制备方法。例如，将 Ti₃C₂ 在高温下部分氧化生成的手风琴状 TiO₂/Ti₃C₂ MXene 异质结构有效地防止了 MXene 纳米片的堆叠，并且增强了其对多硫化物的锚定能力和催化作用[图 6-16(a)][102]。负载 80 wt%硫的 TiO₂-Ti₃C₂/S 复合材料在 0.5 C、1 C、2 C 和 5 C 的首次比容量分别为 1567 mA·h/g、1417 mA·h/g、1321 mA·h/g 和 969 mA·h/g，循环 500 次后的容量衰减率分别为 0.056%/次、0.083%/次、0.11%/次和 0.12%/次，在 0.5 C 和 1 C 倍率下循环 1000 次后比容量分别保持在 803 mA·h/g 和 662 mA·h/g [图 6-16(b)]。

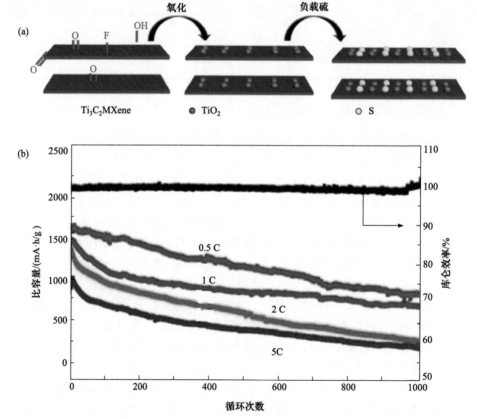

图 6-16　(a)在 Ti₃C₂ MXene 上原位生长 TiO₂ 并负载硫的示意图；(b)S@TiO₂-Ti₃C₂ 复合材料的循环性能曲线[102]

将过渡金属化合物进行金属原子掺杂可以改变其电子结构提高导电性，产生的表面缺陷可以提高其催化性能。李运勇等[103]在 MXene 表面原位生长 Co-MoSe$_2$ 纳米片并负载硫（硫含量 75 wt%）后与 GO 复合水热自组装得到了 S/Co-MoSe$_2$/MXene/rGO 水凝胶，在空气中干燥后制得了致密的一体化 S/Co-MoSe$_2$/MXene/rGO 电极。该电极在 0.1 C 时的比容量为 1454 mA·h/g，即使在 3.5 μL/mg 硫的贫电解液状态下，仍然表现出约 8.0 mA·h/cm^2 的面积比容量。

MXene 与过渡金属化合物的非原位组装可以精确地调节 MXene 与过渡金属化合物的比例，是制备复合材料的另一种有效方法。孙正明等[104]将十六烷基三甲基溴化铵（CTAB）接枝的 MnO$_2$ 纳米片和 Ti$_3$C$_2$ MXene 纳米片进行静电自组装，合

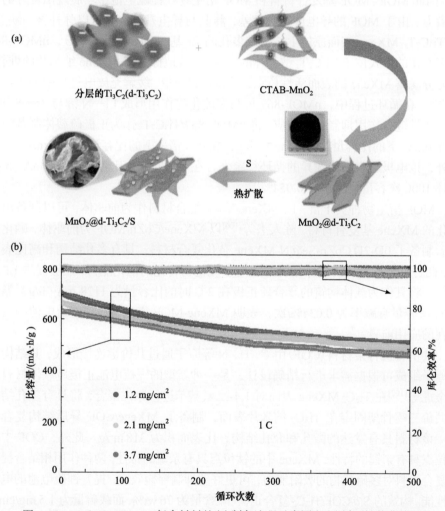

图 6-17 MnO$_2$@MXene/S 复合材料的(a)制备流程示意图和(b)循环性能曲线[104]

成了三维介孔 MnO_2@Ti_3C_2 气凝胶框架[图 6-17(a)]。由于 MnO_2 和 Ti_3C_2 均对多硫化物具有强的化学吸附作用，这种复合材料负载硫构筑的复合硫正极(70 wt%硫含量)在 0.05 C 倍率下首次比容量为 1140 mA·h/g，在 1 C 倍率下循环 500 次容量保持率为 91%；当面载硫量为 3.7 mg/cm² 时，在 1 C 倍率下循环 500 次比容量仍然保持 474 mA·h/g，与面载硫量 2.1 mg/cm² 电极保持的比容量(491 mA·h/g)相近[图 6-17(b)]。

3) MXene/金属(或共价)有机骨架复合材料

金属有机骨架(MOF)具有孔径可调、比表面积大、孔隙率高、结构可控等优点，因此 MOF、MOF 基复合材料和 MOF 衍生物在锂硫电池中均展现出良好的应用潜力。由于 MOF 的导电性通常较差，将其与导电基体复合可以弥补这一缺点。在 $Ti_3C_2T_x$ MXene 表面原位生长三维多孔的 Zr 基 MOF(nMOF-867)，nMOF-867以多面体的形式位于 $Ti_3C_2T_x$ 纳米片的层间，有效地抑制了 MXene 纳米片的堆叠，可充分暴露 MXene 的表面活性位点、提高其载硫量、缓解充放电过程中的体积膨胀[105]。在循环过程中，nMOF-867 可与多硫化物作用形成 Li—N 键与 Zr—S 键，通过化学键合作用抑制穿梭效应。将 nMOF-867/$Ti_3C_2T_x$ 作为正极硫载体制备的电极在 0.2 C 下的比容量为 1302 mA·h/g，在 4 C 倍率下的比容量为 581 mA·h/g，此外，该电极还表现出优异的循环稳定性，在 1 C 的首次比容量为 801 mA·h/g，循环 1000 次容量衰减率为 0.054%/次。

MOF 衍生物种类丰富，以 MXene/MOF 复合材料作为前驱体，可以制备出多样化的 MXene 基复合材料。陈人杰等[106]以 MXene/CoZn-MOF 为前驱体，硒化处理后制备了 0D-2D CoZn-Se@N-MXene 杂化复合材料，具有多孔结构和高比表面积，两种基体材料的协同作用提升了对多硫化物转化的催化能力，能够促进 Li⁺ 的传输，将其作为载体构筑的复合硫正极在 2 C 时的比容量为 1128 mA·h/g，循环 2000 次容量衰减率为 0.034%/次，表明 MXene-MOF 衍生材料在锂硫电池中具有潜在的应用前景。

共价有机骨架材料(COF)由 C、H、N 等原子通过共价键连接形成，其结构和杂原子组成可根据需求进行精确设计，是一种新型的锂硫电池正极硫载体材料。杨金虎等[107]在 Ti_3C_2 MXene 表面对 1,4-二氰基苯进行原位聚合，将具有多孔结构的共价三嗪骨架固定在 Ti_3C_2 纳米片表面，制备了 MXene/COF 异质结构复合材料。该材料具有发达的微孔和介孔结构，比表面积为 318 m²/g。此外，COF 中的氮位点具有亲锂的特性，MXene 中的钛位点具有亲硫的特性，两种作用相结合提高了复合材料对多硫化物的吸附能力，可更好地抑制穿梭效应，提升锂硫电池的电化学性能。构筑的 S@COF/Ti_3C_2 复合正极(硫含量为 76 wt%，面载硫量为 1.5 mg/cm²)在 0.2 C 倍率时首次比容量为 1441 mA·h/g，在 1 C 倍率下循环 1000 次容量衰减率为 0.014%/次；在 5.6 mg/cm² 的高载硫量下，在 0.2 C 循环 100 次后容量仍然保持在 816 mA·h/g，容量保持率为 94%。

5. MXene 用作硫正极的导电黏结剂

由于具有类金属的高导电性，MXene 纳米片也可以作为导电剂来提高复合硫电极的导电性。例如，在 S@TiO₂ 复合材料中加入 Ti₂C MXene 得到的 S@TiO₂/Ti₂C 电极在 0.2 C 时的首次比容量为 1408.6 mA·h/g[108]。另外，在科琴黑/S 复合材料中添加 Ti₃C₂Tₓ MXene 作为导电剂，可以进一步改善硫正极的电化学性能[109]。在此基础上以涂覆了科琴黑@Ti₃C₂Tₓ 的 PP 膜作为隔膜，制备的锂硫电池在 5.6 mg/cm² 的面载硫量、0.2 C 倍率时的面积比容量为 4.5 mA·h/cm²，循环 100 次容量保持率为 74%。

MXene 具有独特的二维片层结构，作为外壳包覆硫/炭复合材料不仅能够通过物理作用阻挡多硫化物向负极的迁移，还能够化学吸附多硫化物并催化其快速转化。例如，将 MXene 包覆在 S-CNTs 球表面得到的三维 S-CNTs@MXene 笼作为锂硫电池正极，在 0.1 C 倍率下的比容量为 1375.1 mA·h/g，在 1 C 下的比容量为 910.3 mA·h/g，8 C 下的比容量为 557.3 mA·h/g，在 4 C 下循环 150 次后容量稳定在 656.3 mA·h/g[110]。

MXene 还可以集导电和黏结两种功能于一身，直接用作导电黏结剂，构筑柔性一体化电极。传统电极是通过将活性材料、导电剂和黏结剂混合成浆料涂覆于金属集流体上制备。添加绝缘性的黏结剂会降低电极的导电性和倍率性能。而在以 MXene 为导电黏结剂构筑的一体化电极中，MXene 构建了连续的导电网络以保证电子的快速传输，并且对多硫化物有着良好的化学吸附能力和催化作用。因此，以 MXene 作为导电黏结剂构筑柔性一体化电极在锂硫电池中具有广阔的前景。徐斌等[111]以 MXene 作为导电黏结剂和柔性基体，将小分子硫/超微孔炭（S₂₋₄/UMC）材料构筑为柔性一体化的 MXene 基 S₂₋₄/UMC 正极。该电极在 0.1 C 和 2 C 的比容量分别为 1029.7 mA·h/g 和 502.3 mA·h/g，在 0.1 C 倍率下循环 200 次容量保持率为 91.9%，明显优于传统电极。

MXene 具有独特的二维结构、类金属的导电性，组成和结构多样，对多硫化物具有强的化学吸附作用和高效的催化作用，用作锂硫电池正极硫载体可以显著提升其电化学性能（表 6-1）。针对 MXene 纳米片易于堆叠的问题，通过扩大 MXene 层间距、构筑纳米带、纳米点和三维结构，以及 MXene 基复合材料等方法可充分暴露 MXene 的有效比表面积，提高硫的利用率，增强对多硫化物的吸附能力和催化作用，并提供足够的空间以缓解体积膨胀，进一步改善硫正极的电化学性能。

表 6-1   锂硫电池 MXene 基硫正极的电化学性能

材料	载硫量/(mg/cm²)	硫含量	首次比容量(mA·h/g)/电流密度	容量衰减率@循环次数/电流密度	比容量(mA·h/g)/电流密度	参考文献
手风琴状 Ti₃C₂/S	—	57.6%	1291/200 (mA/g)	0.25%@100/200 (mA/g)	620/3.2 (A/g)	[80]
S@Ti₃C₂Tₓ墨水	4	67.1%	1477.2/0.2 C	0.18%@100/0.2 C	860.2/2 C	[112]
剥离 Ti₂C/S	1.0	70%	1090/0.5 C	0.05%@650/0.5 C	660/4 C	[92]
S@MXene@PDA	1.7 4.4	60%	1439/0.2 C 1034.1/0.2 C	0.183%@150/0.2 C 0.128%@140/0.2 C	624/6 C 735/1 C	[113]
Ti₃C₂Tₓ "黏土" /S 和 SWCNTs 中间层	1.0~1.2 3.5	50% 80%	1458/0.1 (A/g) 675.2/1.5 (A/g)	0.04%@1500/0.8 (A/g) 0.012%@600/1.5 (A/g)	608/4.9 C	[82]
S@Ti₃C₂Tₓ墨水	—	50% 70%	1350/0.1 C 1244/0.1 C	0.048%@800/0.2 C 0.035%@175/2 C	1004/2 C 1161/2 C	[83]
S@PDA@C-Ti₃C₂Tₓ/L-Ti₃C₂Tₓ膜	4	69.6%	1560/0.12 C	0.04%@1000/3 C	854/3 C	[84]
Ti₃C₂Tₓ膜/S	—	30%	1383/0.1 C	0.014%@1500/1 C	1075/2 C	[114]
Zn-Ti₃C₂Tₓ/S	1.7	89%	1136/0.2 C	0.03%@400/1 C	517/6 C	[77]
V₂C-Li/rGO-CNTs/S	3	70%	1140/0.1 C	0.053%@500/1 C 0.051%@500/2 C	400/5 C	[85]
花状多孔 Ti₃C₂Tₓ/S	4.2 6.8 10.5	61.5%	1547 (mA·h/cm³)/0.033 C 1814 (mA·h/cm³)/0.033 C 2009 (mA·h/cm³)/0.033 C	0.366%@75/0.033 C 0.395%@75/0.033 C 0.294%@75/0.033 C	—	[70]
褶皱状 N 掺杂 Ti₃C₂Tₓ/S	1.5 5.1	73.85%	1609/0.05 C 765/0.2 C	0.026%@1000/2 C 0.046%@500/0.2 C	770/2 C	[115]

续表

材料	载硫量/(mg/cm²)	硫含量	首次比容量(mA·h/g)/电流密度	容量衰减率@循环次数/电流密度	比容量(mA·h/g)/电流密度	参考文献
多孔 N 掺杂 $Ti_3C_2T_x$/S	1.4~1.6 3.6 8.2	64%	1072/0.5 C 993/0.2 C 9.0(mA·h/cm²)/0.1 C	0.033%@1200/2 C 0.062%@50/0.2 C 0.722%@20/0.1 C	792/3 C	[76]
$Ti_3C_2T_x$ 泡沫/S	1.5	71.1%	1226.4/0.2 C	0.025%@1000/1 C	711.0/5 C	[116]
Ti_3C_2 纳米带/S 和剥离-Ti_3C_2 中间层	0.6~1	68%	1062/0.2 C	0.2516%@200/0.5 C	373/6 C	[69]
$Ti_3C_2T_x$ 纳米点-$Ti_3C_2T_x$ 纳米片/S	1.8 9.2 13.8	67.6%	1609/0.05 C 1827(mA·h/cm³)/0.05 C 1957(mA·h/cm³)/0.05 C	0.057%@400/2 C 0.02%@100/0.05 C 0.02%@100/0.05 C	—	[68]
多孔 N-$Ti_3C_2T_x$/S 和多孔 N-$Ti_3C_2T_x$ 锂负极中间层	12.02	82.31%	8.47(mA·h/cm²)/0.1 C	—		[87]
平行 MXene-CNTs 阵列/S	7 10	40%~ 60%	—	0.025%@800/0.5 C 0.01%@300/0.5 C	—	[88]
Ti_2CT_x/CNTs/S $Ti_3C_2T_x$/CNTs/S Ti_3CNT_x/CNTs/S	1.5 1.5 1.5	83% 79% 83%	1240/0.05 C 1216/0.05 C 1263/0.05 C	0.043%@1200/0.5 C 0.043%@1200/0.5 C 0.043%@1200/0.5 C	—	[91]
Mo_2C/CNTs/S	0.8 1.5 3.5 5.6	87.1%	1438/0.1 C 1314/0.1 C 1068/0.1 C 959/0.1 C	0.1%@250/0.1 C	519@5 C	[117]
$Ti_3C_2T_x$@PEI-CNTs/S 和 $Ti_3C_2T_x$@PEI-CNTs 中间层	2.6 5.8	70.2%	1110/0.5 C 1184/0.25 C	0.02%@1500/1 C 0.286%@100/0.25 C	950/2.5 C	[92]
3D$Ti_3C_2T_x$/rGO 凝胶/S	1.57 6	45%	1270/0.1 C 879/0.1 C	0.07%@500/1 C	977/1 C	[94]
$Ti_3C_2T_x$/石墨烯/Li_2S	3 6 9	62%	710/0.2 C 590/0.2 C 545/0.2 C	0.133%@100/0.2 C	550/2 C 520/1 C 380/1 C	[95]
$Ti_3C_2T_x$/rGO/S	1.5	70.4%	1144.2/0.5 C	0.0774%@300/0.5 C	750/5 C	[84]
Ti_3C_2@碳纤维/S	4		1175.2/0.5 C	0.042%@1000/1 C		[93]

材料	载硫量/ (mg/cm²)	硫含量	首次比容量 (mA·h/g)/ 电流密度	容量衰减率@循环次数/电流密度	比容量 (mA·h/g)/ 电流密度	参考文献
Ti₃C₂Tₓ@介孔炭 C/S	2	—	1225.8/0.5 C	0.142%@300/0.5 C	544.3/4 C	[96]
中空多孔炭球@d-Ti₃C₂Tₓ/S	1	76.5%	1397.5/0.05 C	0.069%@500/1 C	398.9/2 C	[89]
Ti₃C₂Tₓ/N 掺杂 C/S	—	80%	1064/0.1 C	0.04%@800/1 C	595/2 C	[98]
Ti₃C₂Tₓ/Co，N 共掺杂 C/S 和 MXene 中间层	1.5 5.2	—	1340.2/0.2 C 924.7/1 C	0.016%@1000/1 C 0.033%@1000/1 C	579.2/7 C	[99]
Ti₃C₂Tₓ-1T-2H MoS₂-C/S	1	79.6%	1194.7/0.1 C	0.07%@300/0.5 C	677.2/2 C	[101]
VO₂(p)-V₂C/S	—	72.7%	1250/0.2 C	0.0618%@500/2 C	585/2 C	[100]
Ti₃C₂Tₓ-TiO₂/S	—	60%	1417/1 C	0.053%@1000/1 C	367/10 C	[102]
Ti₃C₂Tₓ-MnO₂/S	1.2	70%	1140/0.05 C	0.06%@500/1 C	615/2 C	[104]
S/nMOF-867/Ti₃C₂	1.2	52%	1302/0.2 C	0.054%@1000/1 C	581/4 C	[105]
S/COF/Ti₃C₂	1.5 5.6	76%	1441/0.2 C 868.1/0.2 C	0.014%@1000/1 C 0.06%@100/0.2 C	—	[107]
S/CoZn-Se/N-MXene	—	70%	1270/0.2 C	0.034%@2000/2 C	844/3 C	[106]
Ti₃C₂Tₓ/S₂₋₄/UMC	1	37.2%	1029.7/0.1 C	0.0405%@200/0.1 C	502.3/2 C	[111]
S@TiO₂/Ti₂C	1.8-2.0	78.4%	1408.6/0.2 C	0.2036%@200/2 C	317.7/5 C	[108]
科琴黑/S@Ti₃C₂Tₓ 正极和科琴黑@Ti₃C₂Tₓ 中间层	4.5 5.6	82%	920/0.05 C 1137/0.05 C 810/0.2 C	0.158%@100/0.2 C 0.25%@100/0.2 C	517/2 C	[109]
S-CNTs@MXene 笼	1.2	70%	1375.1/0.1 C	0@150/4 C	557.3/8 C	[110]

目前有关 MXene 在锂硫电池中应用的研究主要集中在 Ti 基 MXene 上，特别是 $Ti_3C_2T_x$，而对其他类型 MXene 的报道较少。理论计算表明，MXene 的表面端基对多硫化物的化学吸附能力和催化效果有很大的影响，但相关的实验研究还较少。此外，提升 MXene 性质的其他策略，包括原子掺杂、引入空位等也值得深入探究。

6.4.2　MXene 基锂硫电池中间层

除了构筑先进的复合硫正极外，在正极和隔膜之间加入导电中间层也是提高锂硫电池电化学性能的有效方法。中间层既可以作为物理屏障以阻止多硫化物向负极的迁移，又可以作为上层集流体促进多硫化物的利用(图 6-18)。导电中间层不仅可以独立存在，也可以涂覆于隔膜上。MXene 不仅是非常有发展前景的锂硫电池硫载体材料，也是很有潜力的中间层材料。

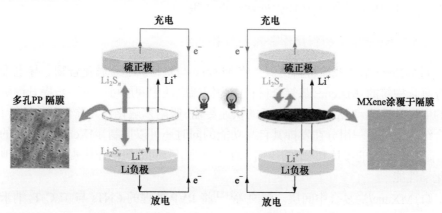

图 6-18　传统锂硫电池(左)和添加 MXene 中间层锂硫电池(右)的工作原理示意图[118]

1. MXene 直接用作锂硫电池中间层

MXene 具有独特的二维结构、优异的导电性、能够化学吸附多硫化物并催化其转化，是高效的锂硫电池中间层材料。汪国秀等[118]在 PP 隔膜上抽滤一层二维 $Ti_3C_2T_x$ MXene 作为中间层，在厚度为 522 nm、面负载量为 0.1 mg/cm^2 时，能够显著改善锂硫电池的循环性能。MXene 中间层越薄，锂离子通过中间层越快。研究表明，100 nm 厚度的 $Ti_3C_2T_x$ MXene 导电中间层即可有效抑制多硫化物的穿梭效应[119]。此外，在 MXene 导电中间层中添加 CNTs 可以进一步促进电解液的渗透和锂离子的传输。韩凯等[119]将 $Ti_3C_2T_x$ 与 10%的 CNTs 混合涂覆于 PP 隔膜，以 S/CNTs(70 wt%硫含量)作为硫正极，采用涂层厚度 0.016 mg/cm^2 的 PP 隔膜的锂硫电池在 2 C 倍率下的比容量为 640 mA·h/g，在 1 C 倍率下循环 200 次仍然保持 640 mA·h/g 的比容量。将 MXene 中间层附着于电解液浸润程度更高的玻璃纤维隔膜、可生物降解的蛋壳膜隔膜上，可进一步促进 Li$^+$ 的传输[120, 121]。例如，在玻璃纤维隔膜表面真空抽滤一层 $Ti_3C_2T_x$ MXene 作中间层，以硫含量为 70 wt% 的 S/super P（一种导电炭黑）作正极构筑的锂硫电池在 0.5 A/g 电流密度下的比容量为 1366 mA·h/g，在 2 A/g 电流密度下的比容量为 802 mA·h/g[120]。

MXene 用于锂硫电池中间层时，对其进行结构调控能够有效抑制 MXene 纳米片之间的紧密堆叠，促进锂离子的传输。杨慧颖等[122]将 MXene 纳米片部分氧化成 TiO_2，酸处理去除 TiO_2 后在 MXene 纳米片上原位生成纳米孔。这种多孔结构能够提供更多的活性位点和表面缺陷，促进多硫化物的吸附与转化，同时有利于锂离子的快速传输，将这种多孔 MXene 和十六烷基三甲基溴化铵（CTAB）接枝的 CNTs（10%含量）静电自组装后真空抽滤在 PP 隔膜上得到 MXene/CNTs 中间层（负载量 0.16 mg/cm^2），构筑的锂硫电池在 1 C 倍率下循环 500 次比容量保持 535 mA·h/g，在 2 C 倍率下比容量为 677 mA·h/g，说明多孔 MXene 用作中间层可有效提升锂硫电池的循环稳定性和倍率性能。

2. MXene 基复合材料用作锂硫电池中间层

同 MXene 基硫载体材料类似，将 MXene 与炭材料、金属化合物、导电聚合物等复合构筑的 MXene 基复合材料作为锂硫电池中间层可以进一步提升锂硫电池的电化学性能。MXene 保证电子的快速传输，吸附多硫化物并催化其快速转化，复合结构中的另一组分在发挥其自身功能的同时还可以抑制 MXene 片层间的堆叠，促进电解液的渗透和 Li$^+$ 的传输，通过两种组分间的协同作用提升锂硫电池的电化学性能。

（1）MXene/炭复合中间层。韩凯等[123]将 PVP 处理的 CNTs 与 $Ti_3C_2T_x$ 纳米片液相混合后在 PP 隔膜上真空抽滤制备了 3D $Ti_3C_2T_x$/CNTs 修饰 PP 隔膜（中间层负载量为 0.16 mg/cm^2），使用该隔膜的锂硫电池在 0.1 C 倍率下的首次比容量为 1415 mA·h/g，在 1 C 倍率下循环 1000 次容量衰减率为 0.06%/次。李永生等[124]将 ZIF-67 修饰的 MXene 热处理，制备了 N 掺杂 Ti_3C_2 MXene-炭复合材料，将其添加导电剂、黏结剂调浆涂覆于 PP 隔膜（负载量为 0.6 mg/cm^2）作为锂硫电池中间层使用。MXene 中掺杂的氮原子可以提高其对多硫化物的吸附能力并作为亲锂位点促进 Li$^+$ 的扩散，多孔炭可物理吸附多硫化物并缓解锂枝晶的生长，使用该隔膜的锂硫电池在 0.1 C 的比容量为 1332 mA·h/g，在 2 C 倍率下的比容量为 675 mA·h/g（载硫量为 3.4 mg/cm^2），当载硫量增加至 10.3 mg/cm^2 时，面积比容量为 6.3 mA·h/cm^2。李明涛等[125]将 MXene 与 GO 液相复合-真空抽滤，制备了柔性自支撑的 $Ti_3C_2T_x$/GO 膜，将其置于正极与隔膜之间作为独立中间层使用，所构筑的锂硫电池在 0.1 C 下的首次比容量为 1621.5 mA·h/g，循环 200 次比容量可保持 833.2 mA·h/g，在 5 C 倍率下的比容量为 640 mA·h/g，表现出优异的循环稳定性和倍率性能。

（2）MXene/金属化合物复合中间层。杨全红等[126]将 $Ti_3C_2T_x$ MXene 部分氧化生成的 TiO_2-MXene 异质结构与石墨烯混合构筑复合中间层，其中 TiO_2 纳米颗粒作为吸附中心捕获多硫化物，异质结构的界面保证多硫化物从 TiO_2 快速转移至 MXene 并催化其快速转化，石墨烯提高导电网络的连续性并作为物理屏障限制多硫化物的穿梭效应，添加这种导电中间层的锂硫电池在 2 C 时的比容量为 800 mA·h/g，循环 1000 次的容量衰减率为 0.028%/次；当面载硫量增加为 5.1 mg/cm^2、硫含量为 75 wt%时，0.5 C 循环 200 次比容量保持率为 93%。

（3）MXene/聚合物复合中间层。黄佳佳等[127]在 PP 隔膜上真空抽滤 $Ti_3C_2T_x$ MXene 和 Nafion 的混合溶液制得了 $Ti_3C_2T_x$-Nafion 复合中间层。Nafion 均匀地嵌入 MXene 的层间，可促进 Li$^+$的传输，并通过静电排斥作用限制多硫化物向负极的迁移。添加 MXene/Nafion 修饰 PP 隔膜的锂硫电池在 0.2 C 下的首次比容量为 1234 mA·h/g，在 3 C 的比容量为 794 mA·h/g，在 1 C 循环 1000 次的容量衰减率为 0.03%/次。

（4）MXene/无机非金属材料复合夹层。杨全红等[128]将 $Ti_3C_2T_x$ MXene 与硅藻土复合作为双功能的锂硫电池中间层，硅藻土中的 Si—OH 可以有效吸附多硫化物并抑制 MXene 的致密堆叠，MXene 提供导电性并催化多硫化物的快速转化。以 MXene/硅藻土作为中间层的锂硫电池在 1 C 倍率下循环 1000 次容量衰减率为 0.059%/次，当面载硫量增加至 6 mg/cm^2 时，可以在 0.3 C 稳定循环 200 次。

此外，MXene 衍生物也可以用作中间层。沈培康等[129]将 MXene 原位氮化处理得到 TiN@C 复合材料，将其与石墨烯液相复合后在 PP 隔膜上抽滤即得到 TiN@C 修饰隔膜。TiN@C 对多硫化物具有强的吸附作用并可以催化其与 Li_2S_2/ Li_2S 之间的快速转化，采用该中间层的锂硫电池在 0.1 C 下的比容量为 1490.2 mA·h/g，在 1 C 下循环 600 次容量衰减率为 0.047%/次。

在正极与隔膜之间添加导电中间层是抑制锂硫电池穿梭效应、提升电池循环稳定性的一种简单高效的方法。MXene 和 MXene 基复合材料作为锂硫电池的中间层显著提升了锂硫电池的电化学性能（表 6-2）。100 nm 厚的 MXene 基中间层即可有效地抑制多硫化物。需要注意的是，作为锂硫电池的附加部分，夹层材料应尽可能轻薄、高效。除了 $Ti_3C_2T_x$ MXene 之外，其他种类 MXene 作为中间层在锂硫电池中的应用也值得探索。

表 6-2   添加不同结构 MXene 基中间层的锂硫电池电化学性能

材料	正极	载硫量 /(mg/cm^2)	硫含量	首次比容量 (mA·h/g)/电流密度	容量衰减率@循环 次数/电流密度	比容量 (mA·h/g)/ 电流密度	参考 文献
Ti$_3$C$_2$T$_x$	S/super P	1.2	68%	1046.9/0.2 C	0.062%@500/0.5C	743.7/1 C	[118]
Ti$_3$C$_2$T$_x$/10%CNTs	S/CNTs	1.2	70%	约 1100/0.1 C	0.086%@200/1C	640/2 C	[119]
Ti$_3$C$_2$T$_x$/玻璃纤维	S/super P	1.9	70%	1462/0.1 (A/g)	0.22%@100/0.5(A/g)	802/2(A/g)	[120]
Ti$_3$C$_2$T$_x$/蛋壳膜	S/科琴黑	2.07	67%	1003/0.5 C	0.104%@250/0.5C	948/1 C	[121]
多孔 Ti$_3$C$_2$T$_x$/CNTs	S/科琴黑	0.9	82%	1105/0.5 C	0.07%@500/1C		[122]
3D Ti$_3$C$_2$T$_x$/CNTs	S/CNTs	0.8	70%	1415/0.1 C	0.06%@600/1C	728/2 C	[123]
N-Ti$_3$C$_2$T$_x$/C	S/CNTs	3.4	79%	1332/0.1 C	0.07%@500/0.5C	675/2 C	[124]
Ti$_3$C$_2$T$_x$/GO	S/CNTs	3.4	79%	1332/0.1 C	0.07%@500/0.5C	640/5 C	[125]
Ti$_3$C$_2$T$_x$/TiO$_2$-石墨烯	S/CNTs	1.2 5.1 7.3	75%	712/0.5 C	0.028%@1000/2 C 0.035%@200/0.5 C 0.2115%@200/0.5 C	663/2 C	[126]
Ti$_3$C$_2$T$_x$/Nafion	S/炭黑	2 6	74.1%	1234/0.2 C	0.03%@1000/1 C	794/3 C	[127]
Ti$_3$C$_2$T$_x$/硅藻土	S/CNTs	1	70%	1031/1 C	0.059%@1000/1 C	655/3 C	[128]
TiN@C	S/炭黑	1.1	73.2%	1490.2/0.1 C	0.047%@600/1 C	647.6/2 C	[129]

6.4.3   MXene 基金属锂负极

为了抑制负极锂枝晶的生长，构筑先进的复合金属锂负极是一种有效的策略。MXene 同样是一种非常有潜力的锂载体材料。第一，MXene 的表面端基可以诱导锂的成核和生长，具有良好的亲锂特性；第二，MXene 具有类似金属的导电性和较低的 Li$^+$ 扩散势垒，保证了快速的电化学反应动力学；第三，MXene 独特的二维结构和良好的力学性能为构筑具有先进结构的 MXene/Li 复合负极提供了广阔的空间。因此，MXene 材料用作锂载体有望抑制锂枝晶的形成和生长，获得稳定的锂负极。构筑 MXene 基复合锂负极也受到越来越多的关注。

1. 层状 MXene-Li 复合金属锂负极

将 MXene 与金属锂层层堆叠，使 MXene 与锂平行排列，MXene 将诱导锂枝晶在纳米尺度的层间可控生长，阻止其在垂直方向上的生长，从而缓解锂枝晶现象。基于金属锂独特的延展性和原子层间的润滑性，杨树斌等[79]采用卷轴式缠绕的机械方法制备了层层组装的 Ti$_3$C$_2$T$_x$ MXene-Li 复合膜负极[图 6-19(a)]，在 1.0 mA/cm^2 的电流密度下表现出稳定的电压平台，极化电压为 32 mV。使用 Ti$_3$C$_2$T$_x$-Li 复合负极和硫/炭复合正极组装的锂硫电池在 0.5 mA/cm^2 电流密度下循环 100 次后能量密度仍然保持在 656 W·h/kg（基于电极材料的质量）。杨树斌等[130] 还将 Ti₃C₂Tₓ MXene 在水/空气界面进行自组装制备了水平排列的 MXene 纳米片，将其通过辊压的方式转移至金属锂表面，即在锂表面生成一层水平排列的 MXene 保护层。在循环过程中，锂倾向于沿 MXene 纳米片水平生长，并在 MXene 纳米片层间形成成核位点，从而诱导锂在 MXene 纳米片上均匀分布[图 6-19（b）]。这种复合锂负极循环 100 次后表面仍然光滑无明显的枝晶，在锂沉积容量为 0.5 mA·h/cm²，

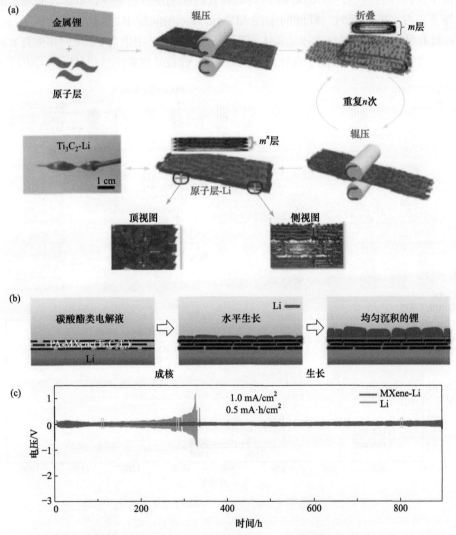

图 6-19　层状 MXene-Li 负极的制备、工作原理及电化学性能

(a) 层状 Ti₃C₂Tₓ MXene-Li 复合膜的制备流程示意图[79]；(b) 平行排列 Ti₃C₂Tₓ MXene 层的嵌锂示意图；
(c) 平行排列 Ti₃C₂Tₓ MXene|Li 电池在 1.0 mA/cm² 的循环曲线，锂沉积容量为 0.5 mA·h/cm²[130]

电流密度为 1.0 mA/cm^2 时可稳定循环 900 h[图 6-19(c)]，当锂沉积容量为 35 mA·h/cm^2 时仍然无明显的锂枝晶。

2. 垂直 MXene-Li 负极

构筑垂直 MXene 阵列，将 MXene 和锂相互间隔呈周期排列，可以保证 Li$^+$ 的快速传输，有效缓解锂嵌入/脱嵌过程中存在的锂枝晶现象。在垂直 MXene-Li 负极中，在锂脱嵌后，MXene 阵列仍呈垂直的周期排列；在 MXene 表面端基的引导下，再次嵌入锂时，锂倾向于在 MXene 阵列的间隙中均匀生长[图 6-20(a，b)]，具有足够的空间缓解锂枝晶和体积膨胀[131]。然而，采用垂直 Cu 阵列和垂直 rGO 阵列构筑的锂负极，锂倾向于在阵列的顶端生长，锂枝晶现象仍然明显[图 6-20(c)~

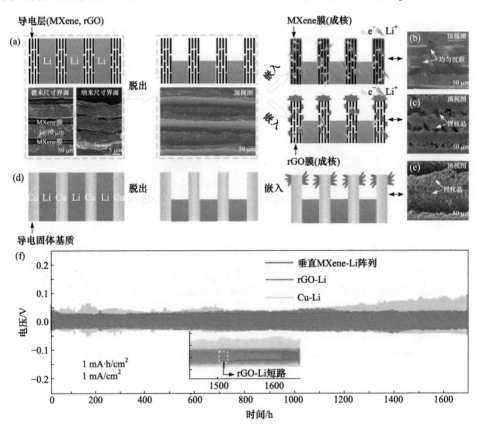

图 6-20 垂直 MXene-Li 负极的结构与电化学性能[131]

(a)垂直 MXene-Li 阵列、rGO-Li 阵列的锂嵌入/脱嵌过程示意图；在 20 mA·h/cm^2 电流密度、脱嵌 1 mA·h/cm^2 锂后(b)垂直 MXene-Li 阵列、(c)垂直 rGO-Li 阵列的 SEM 图；(d)Cu-Li 阵列的锂嵌入/脱嵌过程示意图；(e)在 20 mA·h/cm^2 电流密度、脱嵌 1 mA·h/cm^2 锂后垂直 Cu-Li 阵列示意图；(f)MXene-Li、rGO-Li 和 Cu-Li 阵列在 1 mA/cm^2 电流密度、1 mA·h/cm^2 锂沉积容量下的循环性能

(e)]，表明垂直 MXene 阵列在抑制锂枝晶方面的优越性。以垂直 MXene-Li 阵列组装的半电池可以稳定循环 1700 h 并保持低的极化电压[图 6-20(f)]，比容量为 2056 mA·h/g[131]。

3. 三维 MXene-Li 负极

构建三维 MXene 骨架材料作为锂负极载体可以缓解锂在嵌入/脱嵌过程中的体积变化，提供足够的空间以抑制锂枝晶的生长。罗加严等[132]将 $Ti_3C_2T_x$ MXene 与 rGO 的混合溶液进行水热处理制备了三维 MXene/rGO 气凝胶[图 6-21(a)]，其中 MXene 纳米片诱导锂均匀地成核；rGO 提高复合材料的机械性能；三维导电骨架促进电子/Li^+ 的快速传输，有利于锂的均匀生长；互相连接的孔结构保证锂载体的稳定性，缓解体积膨胀。采用该气凝胶构筑的复合金属锂负极在 10 mA/cm² 的电流密度下可以稳定循环 350 次，极化电压为 42 mV[图 6-21(b)]。吴忠帅等[133]采用冷冻-干燥法制备了 $Ti_3C_2T_x$ MXene/GO 复合材料，利用"火花反应"将 GO 还原为 rGO，构筑了具有相互连通的孔结构的 MXene/rGO 框架材料[图 6-21(c)]。通过熔融法对其进行注锂，锂的负载量可高达 92 wt%。构筑的 MXene/rGO-Li 负极库仑效率高达 99%，循环寿命为 2700 h[图 6-21(d)]，在 20 mA/cm² 的高电流密度下可以稳定循环 230 周。

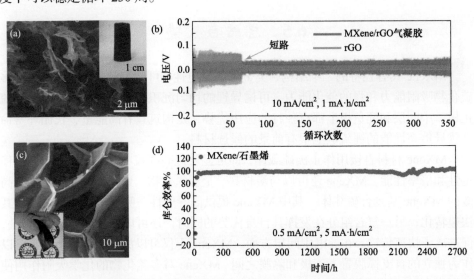

图 6-21　三维 MXene-Li 负极的照片及电化学性质

(a) $Ti_3C_2T_x$ MXene/rGO 气凝胶的 SEM 图和数码照片；(b) 10 mA/cm²、1 mA·h/cm² 条件下，MXene/rGO 气凝胶和 rGO 骨架组装对称电池的电压分布曲线[132]；(c) 三维 $Ti_3C_2T_x$ MXene/rGO 膜的 SEM 图和数码照片；(d) MXene/rGO-Li 负极在 0.5 mA/cm²、5 mA·h/cm² 条件下循环 2700 h 的库仑效率曲线[133]

4. MXene 基锂负极的改性处理

高的成核效率是抑制锂枝晶生长的关键。提高 MXene 的锂成核效率有两种方法：①在 MXene 基体上负载成核效率更高的金属原子。例如，采用 $ZnCl_2$ 熔融盐刻蚀 Ti_3AlC_2 MAX 相制备的锌掺杂 $Ti_3C_2Cl_x$ MXene (Zn-MXene) 作为基底沉积锂，锂先与 Zn 形成 Zn-Li 合金，然后倾向于在 Zn-Li 合金上成核，最后在层状 Zn-MXene 的边缘生长并最终生成碗状的锂，从而抑制锂枝晶的生长[134]；②在 MXene 表面直接修饰金属原子。冯金奎等[135]将非晶态 3℃液态金属 GaInSnZn 涂覆在 $Ti_3C_2T_x$ MXene 基体上，液态金属可作为成核位点控制锂的均相成核，保证锂的均匀生长，抑制锂枝晶。以液态金属-MXene/Li 构筑的对称电池在 0.5 mA/cm^2 的电流密度下，锂沉积容量为 0.5 mA·h/cm^2 时可以稳定循环 300 h。

二维 MXene 是结构稳定的金属锂载体。MXene/Li 或 MXene 基复合材料/Li 复合锂负极可显著抑制锂枝晶的生成，提升锂硫电池的电化学性能。目前，MXene 材料在锂负极的研究主要集中在 $Ti_3C_2T_x$ MXene，需要进一步探索具有高导电性、低 Li$^+$ 扩散势垒、结构稳定的其他种类 MXene 在金属锂负极的应用。对 MXene 进行化学改性可以有效提升锂的成核效率。此外，实现 MXene 纳米片和锂在原子水平的交替堆叠，构筑超晶格结构，也是 MXene 基锂负极研究的重要方向。

6.5　总结与展望

MXene 具有独特的二维结构、类金属的导电性、可调控的表面端基、强的多硫化物吸附能力和强的催化能力、可诱导锂的均匀沉积和生长等关键特征，在硫正极、中间层和锂负极上都有独特的应用优势，是构筑具有高能量、长循环寿命和优异倍率性能的锂硫电池很有前景的候选材料。

MXene 材料直接用作正极硫载体，即可显著提高锂硫电池的比容量、循环稳定性和倍率性能。MXene 还可以与炭材料、金属氧化物、聚合物等复合，构筑高效的 MXene 基复合硫载体，其中 MXene 提供高导电性、吸附多硫化物并催化其快速转化；另一复合组分在发挥其自身优势的同时，还可以抑制 MXene 的堆叠，促进离子快速传输。在导电中间层方面，MXene 不仅可以涂覆于隔膜上，也可以作为独立的自支撑膜置于正极和隔膜之间。MXene 对多硫化物的化学吸附作用使其用作中间层可以有效阻止多硫化物向负极迁移，抑制"穿梭效应"；其类金属的导电性和催化特性还可以促进多硫化物的利用。与作为硫正极载体类似，也可以对 MXene 进行结构调控，或将其与炭材料、金属化合物、导电聚合物等复合构筑复合中间层，以进一步提升锂硫电池的电化学性能。在锂负极方面，MXene 具有优异的亲锂特性，能够有效抑制锂枝晶的生长；其类似金属的导电性和较低的 Li$^+$

扩散势垒保证了快速的电化学反应动力学；结构多样性使其用作锂负极载体时可以缓解锂的体积膨胀。基于这些优势，研究者们开发了层状 MXene-Li 复合负极、垂直 MXene-Li 复合负极和三维 MXene-Li 复合负极，取得了良好的效果。此外，在 MXene 上负载或修饰具有高的锂成核效率的金属原子，可以更好地抑制锂枝晶的生长。

　　MXene 在锂硫电池中的应用已取得了许多重要的研究进展。未来应进一步致力于探究 MXene 在锂硫电池中的作用机制，通过表面修饰、化学改性提升 MXene 基锂硫电池的性能，探索新型 MXene 在锂硫电池中的应用。探究 MXene 提升锂硫电池电化学性能的机制，特别是 MXene 吸附多硫化物并催化其转化的机理是一个重要的挑战。MXene 的表面端基是影响其对多硫化物的吸附和催化作用的重要因素。由于 MXene 的表面端基组成多样，而锂硫电池的充放电中间产物组成又比较复杂，因此很难检测出 MXene 与中间产物的相互作用和影响。需要通过理论计算结合实验研究，分析 MXene 吸附并催化多硫化物转化的作用机制，探究 MXene 提升锂硫电池性能的机理，为高性能 MXene 材料的结构设计奠定理论基础。表面端基、空位和掺杂原子影响 MXene 的电导率、对多硫化物的吸附能力、催化效果、对锂的亲和力，从而影响 MXene 基锂硫电池的电化学性能。将 MXene 表面修饰和化学改性后用于其他领域的研究已有一些报道，但在锂硫电池中的研究目前还较少，值得进一步研究探索。最近，MXene 的表面端基调控取得了一定的进展，不同种类单官能团修饰的 MXene 已被成功合成，这为探索—O、—OH 和—F 以外的其他种类表面端基对锂硫电池性能影响的研究提供了更多的可能。

参 考 文 献

[1] Wang J G, Xie K, Wei B. Advanced engineering of nanostructured carbons for lithium-sulfur batteries. Nano Energy, 2015, 15: 413-444.

[2] Fu A, Wang C, Pei F, Cui J, Fang X, Zheng N. Recent advances in hollow porous carbon materials for lithium-sulfur batteries. Small, 2019, 15(10): 1804786.

[3] Yin Y X, Xin S, Guo Y G, Wan L J. Lithium-sulfur batteries: electrochemistry, materials, and prospects. Angewandte Chemie International Edition, 2013, 52(50): 13186-13200.

[4] Fang R, Zhao S, Sun Z, Wang D W, Cheng H M, Li F. More reliable lithium-sulfur batteries: status, solutions and prospects. Advanced Materials, 2017, 29(48): 1606823.

[5] Wang J, Lu L, Shi D, Tandiono R, Wang Z, Konstantinov K, Liu H. A conductive polypyrrole-coated, sulfur-carbon nanotube composite for use in lithium-sulfur batteries. ChemPlusChem, 2013, 78(4): 318-324.

[6] Wang J Z, Lu L, Choucair M, Stride J A, Xu X, Liu H K. Sulfur-graphene composite for rechargeable lithium batteries. Journal of Power Sources, 2011, 196(16): 7030-7034.

[7] Li Z, Huang Y, Yuan L, Hao Z, Huang Y. Status and prospects in sulfur-carbon composites as cathode materials for rechargeable lithium-sulfur batteries. Carbon, 2015, 92: 41-63.

[8] Pope M A, Aksay I A. Structural design of cathodes for lithium-sulfur batteries. Advanced Energy Materials, 2015, 5(16): 1500124.

[9] Busche M R, Adelhelm P, Sommer H, Schneider H, Leitner K, Janek J. Systematical electrochemical study on the parasitic shuttle-effect in lithium-sulfur-cells at different temperatures and different rates. Journal of Power Sources, 2014, 259: 289-299.

[10] Lu D, Shao Y, Lozano T, Bennett W D, Graff G L, Polzin B, Zhang J, Engelhard M H, Saenz N T, Henderson W A, Bhattacharya P, Liu J, Xiao J. Failure mechanism for fast-charged lithium metal batteries with liquid electrolytes. Advanced Energy Materials, 2015, 5(3): 1400993.

[11] Ji X, Lee K T, Nazar L F. A highly ordered nanostructured carbon-sulphur cathode for lithium-sulphur batteries. Nature Materials, 2009, 8(6): 500-506.

[12] Chen M, Jiang S, Cai S, Wang X, Xiang K, Ma Z, Song P, Fisher A C. Hierarchical porous carbon modified with ionic surfactants as efficient sulfur hosts for the high-performance lithium-sulfur batteries. Chemical Engineering Journal, 2017, 313: 404-414.

[13] Li M, Carter R, Douglas A, Oakes L, Pint C L. Sulfur vapor-infiltrated 3D carbon nanotube foam for binder-free high areal capacity lithium-sulfur battery composite cathodes. ACS Nano, 2017, 11(5): 4877-4884.

[14] Sun L, Wang D, Luo Y, Wang K, Kong W, Wu Y, Zhang L, Jiang K, Li Q, Zhang Y, Wang J, Fan S. Sulfur embedded in a mesoporous carbon nanotube network as a binder-free electrode for high-performance lithium-sulfur batteries. ACS Nano, 2016, 10(1): 1300-1308.

[15] Fang R, Li G, Zhao S, Yin L, Du K, Hou P, Wang S, Cheng H M, Liu C, Li F. Single-wall carbon nanotube network enabled ultrahigh sulfur-content electrodes for high-performance lithium-sulfur batteries. Nano Energy, 2017, 42: 205-214.

[16] Geng X, Rao M, Li X, Li W. Highly dispersed sulfur in multi-walled carbon nanotubes for lithium/sulfur battery. Journal of Solid State Electrochemistry, 2012, 17(4): 987-992.

[17] Li B, Li S, Liu J, Wang B, Yang S. Vertically aligned sulfur-graphene nanowalls on substrates for ultrafast lithium-sulfur batteries. Nano Letters, 2015, 15(5): 3073-3079.

[18] Fang R, Zhao S, Pei S, Qian X, Hou P X, Cheng H M, Liu C, Li F. Toward more reliable lithium-sulfur batteries: an all-graphene cathode structure. ACS Nano, 2016, 10(9): 8676-8682.

[19] Zhang Y, Bakenov Z, Tan T, Huang J. Three-dimensional hierarchical porous structure of PPy/porous-graphene to encapsulate polysulfides for lithium/sulfur batteries. Nano Materials (Basel), 2018, 8(8): 606.

[20] Zhao X, Kim M, Liu Y, Ahn H J, Kim K W, Cho K K, Ahn J H. Root-like porous carbon nanofibers with high sulfur loading enabling superior areal capacity of lithium sulfur batteries. Carbon, 2018, 128: 138-146.

[21] Zhu Q, Zhao Q, An Y, Anasori B, Wang H, Xu B. Ultra-microporous carbons encapsulate small sulfur molecules for high performance lithium-sulfur battery. Nano Energy, 2017, 33: 402-409.

[22] Wang C, Su K, Wan W, Guo H, Zhou H, Chen J, Zhang X, Huang Y. High sulfur loading composite wrapped by 3D nitrogen-doped graphene as a cathode material for lithium-sulfur batteries. Journal of Materials Chemistry A, 2014, 2(14): 5018-5023.

[23] Zhou G, Pei S, Li L, Wang D W, Wang S, Huang K, Yin L C, Li F, Cheng H M. A graphene-pure-

sulfur sandwich structure for ultrafast, long-life lithium-sulfur batteries. Advanced Materials, 2014, 26(4): 625-631.

[24] Zhou G, Li L, Ma C, Wang S, Shi Y, Koratkar N, Ren W, Li F, Cheng H M. A graphene foam electrode with high sulfur loading for flexible and high energy Li-S batteries. Nano Energy, 2015, 11: 356-365.

[25] Yu Q, Lu Y, Luo R, Liu X, Huo K, Kim J K, He J, Luo Y. *In situ* formation of copper-based hosts embedded within 3D N-doped hierarchically porous carbon networks for ultralong cycle lithium-sulfur batteries. Advanced Functional Materials, 2018, 28(39):1804520.

[26] Qiu Y, Li W, Zhao W, Li G, Hou Y, Liu M, Zhou L, Ye F, Li H, Wei Z, Yang S, Duan W, Ye Y, Guo J, Zhang Y. High-rate, ultralong cycle-life lithium/sulfur batteries enabled by nitrogen-doped graphene. Nano Letters, 2014, 14(8): 4821-4827.

[27] Pei F, An T, Zang J, Zhao X, Fang X, Zheng M, Dong Q, Zheng N. From hollow carbon spheres to N-doped hollow porous carbon bowls: rational design of hollow carbon host for Li-S batteries. Advanced Energy Materials, 2016, 6(8): 1502539.

[28] Zhou X, Liao Q, Bai T, Yang J. Rational design of graphene@nitrogen and phosphorous dual-doped porous carbon sandwich-type layer for advanced lithium-sulfur batteries. Journal of Materials Science, 2017, 52(13): 7719-7732.

[29] Qiu W, Xiao H, Li Y, Lu X, Tong Y. Nitrogen and phosphorus codoped vertical graphene/carbon cloth as a binder-free anode for flexible advanced potassium ion full batteries. Small, 2019, 15(23): 1901285.

[30] Huang X, Tang J, Luo B, Knibbe R, Lin T, Hu H, Rana M, Hu Y, Zhu X, Gu Q, Wang D, Wang L. Sandwich-like ultrathin TiS$_2$ nanosheets confined within N, S codoped porous carbon as an effective polysulfide promoter in lithium-sulfur batteries. Advanced Energy Materials, 2019, 9(32): 1901872.

[31] Lei T, Xie Y, Wang X, Miao S, Xiong J, Yan C. TiO$_2$ feather duster as effective polysulfides restrictor for enhanced electrochemical kinetics in lithium-sulfur batteries. Small, 2017, 13(37): 1701013.

[32] Ma X Z, Jin B, Wang H Y, Hou J Z, Zhong X B, Wang H H, Xin P M. S-TiO$_2$ composite cathode materials for lithium/sulfur batteries. Journal of Electroanalytical Chemistry, 2015, 736: 127-131.

[33] Tao X, Wang J, Ying Z, Cai Q, Zheng G, Gan Y, Huang H, Xia Y, Liang C, Zhang W, Cui Y. Strong sulfur binding with conducting magneli-phase Ti$_n$O$_{2n-1}$ nanomaterials for improving lithium-sulfur batteries. Nano Letters, 2014, 14(9): 5288-5294.

[34] Ahad S A, Ragupathy P, Ryu S, Lee H W, Kim D K. Unveiling the synergistic effect of polysulfide additive and MnO$_2$ hollow spheres in evolving a stable cyclic performance in Li-S batteries. Chemical Communications, 2017, 53(62): 8782-8785.

[35] Wang H E, Li X, Qin N, Zhao X, Cheng H, Cao G, Zhang W. Sulfur-deficient MoS$_2$ grown inside hollow mesoporous carbon as a functional polysulfide mediator. Journal of Materials Chemistry A, 2019, 7(19): 12068-12074.

[36] Tang Q, Li H, Pan Y, Zhang J, Lin Z, Chen Y, Shu X, Qi W. TiN synergetic with micro-/mesoporous carbon for enhanced performance lithium-sulfur batteries. Ionics, 2018, 24(10):

2983-2993.

[37] Li X, Ding K, Gao B, Li Q, Li Y, Fu J, Zhang X, Chu P K, Huo K. Freestanding carbon encapsulated mesoporous vanadium nitride nanowires enable highly stable sulfur cathodes for lithium-sulfur batteries. Nano Energy, 2017, 40: 655-662.

[38] Xie Z. Electrocatalytic polysulfide traps and their conversion to long-chain polysulfides using rGO-Pt composite as electrocatalyst to improve the performance of Li-S battery. International Journal of Electrochemical Science, 2019: 11225-11236.

[39] Liu Y, Kou W, Li X, Huang C, Shui R, He G. Constructing patch-Ni-shelled Pt@Ni nanoparticles within confined nanoreactors for catalytic oxidation of insoluble polysulfides in Li-S batteries. Small, 2019, 15(34): 1902431.

[40] Zhang Y, Gu R, Zheng S, Liao K, Shi P, Fan J, Xu Q, Min Y. Long-life Li-S batteries based on enabling the immobilization and catalytic conversion of polysulfides. Journal of Materials Chemistry A, 2019, 7(38): 21747-21758.

[41] Liu H, Chen Z, Zhou L, Pei K, Xu P, Xin L, Zeng Q, Zhang J, Wu R, Fang F, Che R, Sun D. Interfacial charge field in hierarchical yolk-shell nanocapsule enables efficient immobilization and catalysis of polysulfides conversion. Advanced Energy Materials, 2019, 9(37): 1901667.

[42] Ye Z, Jiang Y, Qian J, Li W, Feng T, Li L, Wu F, Chen R. Exceptional adsorption and catalysis effects of hollow polyhedra/carbon nanotube confined CoP nanoparticles superstructures for enhanced lithium-sulfur batteries. Nano Energy, 2019, 64:103965.

[43] Yu J, Xiao J, Li A, Yang Z, Zeng L, Zhang Q, Zhu Y, Guo L. Enhanced multiple anchoring and catalytic conversion of polysulfides by amorphous MoS_3 nanoboxes for high-performance Li-S batteries. Angewandte Chemie International Edition, 2020, 59(31): 13071-13078.

[44] Lin H, Yang L, Jiang X, Li G, Zhang T, Yao Q, Zheng G W, Lee J Y. Electrocatalysis of polysulfide conversion by sulfur-deficient MoS_2 nanoflakes for lithium-sulfur batteries. Energy & Environmental Science, 2017, 10(6): 1476-1486.

[45] Xu Z L, Lin S, Onofrio N, Zhou L, Shi F, Lu W, Kang K, Zhang Q, Lau S P. Exceptional catalytic effects of black phosphorus quantum dots in shuttling-free lithium sulfur batteries. Nature Communications, 2018, 9(1): 4164.

[46] Wang M, Liang Q, Han J, Tao Y, Liu D, Zhang C, Lv W, Yang Q H. Catalyzing polysulfide conversion by $g-C_3N_4$ in a graphene network for long-life lithium-sulfur batteries. Nano Research, 2018, 11(6): 3480-3489.

[47] Balach J, Jaumann T, Klose M, Oswald S, Eckert J, Giebeler L. Functional mesoporous carbon-coated separator for long-life, high-energy lithium-sulfur batteries. Advanced Functional Materials, 2015, 25(33): 5285-5291.

[48] Luo L, Chung S-H, Manthiram A. A trifunctional multi-walled carbon nanotubes/polyethylene glycol (MWCNT/PEG)-coated separator through a layer-by-layer coating strategy for high-energy Li-S batteries. Journal of Materials Chemistry A, 2016, 4(43): 16805-16811.

[49] Zhou G, Li L, Wang D W, Shan X Y, Pei S, Li F, Cheng H M. A flexible sulfur-graphene-polypropylene separator integrated electrode for advanced Li-S batteries. Advanced materials, 2015, 27(4): 641-647.

[50] Wang X, Wang Z, Chen L. Reduced graphene oxide film as a shuttle-inhibiting interlayer in a lithium-sulfur battery. Journal of Power Sources, 2013, 242: 65-69.

[51] Huang J Q, Xu Z L, Abouali S, Akbari Garakani M, Kim J K. Porous graphene oxide/carbon nanotube hybrid films as interlayer for lithium-sulfur batteries. Carbon, 2016, 99: 624-632.

[52] Zhao Q, Zhu Q, An Y, Chen R, Sun N, Wu F, Xu B. A 3D conductive carbon interlayer with ultrahigh adsorption capability for lithium-sulfur batteries. Applied Surface Science, 2018, 440: 770-777.

[53] Chang C H, Chung S H, Nanda S, Manthiram A. A rationally designed polysulfide-trapping interface on the polymeric separator for high-energy Li-S batteries. Materials Today Energy, 2017, 6: 72-78.

[54] Al Salem H, Babu G, Rao C V, Arava L M. Electrocatalytic polysulfide traps for controlling redox shuttle process of Li-S batteries. Journal of the American Chemical Society, 2015, 137(36): 11542-11545.

[55] Zhang Z, Kong L L, Liu S, Li G R, Gao X P. A high-efficiency sulfur/carbon composite based on 3D graphene nanosheet@carbon nanotube matrix as cathode for lithium-sulfur battery. Advanced Energy Materials, 2017, 7(11): 1602543.

[56] Liang X, Hart C, Pang Q, Garsuch A, Weiss T, Nazar L F. A highly efficient polysulfide mediator for lithium-sulfur batteries. Nature Communications, 2015, 6: 5682.

[57] Pang Q, Kundu D, Cuisinier M, Nazar L F. Surface-enhanced redox chemistry of polysulphides on a metallic and polar host for lithium-sulphur batteries. Nature Communications, 2014, 5: 4759.

[58] Yuan Z, Peng H J, Hou T Z, Huang J Q, Chen C M, Wang D W, Cheng X B, Wei F, Zhang Q. Powering lithium-sulfur battery performance by propelling polysulfide redox at sulfiphilic hosts. Nano Letters, 2016, 16(1): 519-527.

[59] Sun Z, Zhang J, Yin L, Hu G, Fang R, Cheng H M, Li F. Conductive porous vanadium nitride/graphene composite as chemical anchor of polysulfides for lithium-sulfur batteries. Nature Communications, 2017, 8: 14627.

[60] Zhuang T Z, Huang J Q, Peng H J, He L Y, Cheng X B, Chen C M, Zhang Q. Rational integration of polypropylene/graphene oxide/Nafion as ternary-layered separator to retard the shuttle of polysulfides for lithium-sulfur batteries. Small, 2016, 12(3): 381-389.

[61] Liu Y, Lin D, Liang Z, Zhao J, Yan K, Cui Y. Lithium-coated polymeric matrix as a minimum volume-change and dendrite-free lithium metal anode. Nature Communications, 2016, 7: 10992.

[62] Lin D, Liu Y, Liang Z, Lee H W, Sun J, Wang H, Yan K, Xie J, Cui Y. Layered reduced graphene oxide with nanoscale interlayer gaps as a stable host for lithium metal anodes. Nature Nanotechnology, 2016, 11(7): 626-632.

[63] Zheng G, Lee S W, Liang Z, Lee H W, Yan K, Yao H, Wang H, Li W, Chu S, Cui Y. Interconnected hollow carbon nanospheres for stable lithium metal anodes. Nature Nanotechnology, 2014, 9(8): 618-623.

[64] Li N W, Yin Y X, Yang C P, Guo Y G. An artificial solid electrolyte interphase layer for stable lithium metal anodes. Advance Material, 2016, 28(9): 1853-1858.

[65] Yang C, Fu K, Zhang Y, Hitz E, Hu L. Protected lithium-metal anodes in batteries: from liquid to

solid. Advanced Materials, 2017, 29 (36) 1701169.

[66] Ying G, Dillon A D, Fafarman A T, Barsoum M W. Transparent, conductive solution processed spincast 2D Ti_2CT_x (MXene) films. Materials Research Letters, 2017, 5 (6): 391-398.

[67] Jiang X, Kuklin A V, Baev A, Ge Y, Ågren H, Zhang H, Prasad P N. Two-dimensional MXenes: from morphological to optical, electric, and magnetic properties and applications. Physics Reports, 2020, 848: 1-58.

[68] Xiao Z, Li Z, Li P, Meng X, Wang R. Ultrafine Ti_3C_2 MXene nanodots-interspersed nanosheet for high-energy-density lithium-sulfur batteries. ACS Nano, 2019, 13 (3): 3608-3617.

[69] Dong Y, Zheng S, Qin J, Zhao X, Shi H, Wang X, Chen J, Wu Z S. All-MXene-based integrated electrode constructed by Ti_3C_2 nanoribbon framework host and nanosheet interlayer for high-energy-density Li-S batteries. ACS Nano, 2018, 12 (3): 2381-2388.

[70] Xiao Z, Yang Z, Li Z, Li P, Wang R. Synchronous gains of areal and volumetric capacities in lithium-sulfur batteries promised by flower-like porous $Ti_3C_2T_x$ matrix. ACS Nano, 2019, 13 (3): 3404-3412.

[71] Li N, Meng Q, Zhu X, Li Z, Ma J, Huang C, Song J, Fan J. Lattice constant-dependent anchoring effect of MXenes for lithium-sulfur (Li-S) batteries: a DFT study. Nanoscale, 2019, 11 (17): 8485-8493.

[72] Rao D, Zhang L, Wang Y, Meng Z, Qian X, Liu J, Shen X, Qiao G, Lu R. Mechanism on the improved performance of lithium sulfur batteries with MXene-based additives. The Journal of Physical Chemistry C, 2017, 121 (21): 11047-11054.

[73] Zhao Y, Zhao J. Functional group-dependent anchoring effect of titanium carbide-based MXenes for lithium-sulfur batteries: a computational study. Applied Surface Science, 2017, 412: 591-598.

[74] Wang H, Lee J-M. Recent advances in structural engineering of MXene electrocatalysts. Journal of Materials Chemistry A, 2020, 8 (21): 10604-10624.

[75] Wang D, Li F, Lian R, Xu J, Kan D, Liu Y, Chen G, Gogotsi Y, Wei Y. A general atomic surface modification strategy for improving anchoring and electrocatalysis behavior of $Ti_3C_2T_2$ MXene in lithium-sulfur batteries. ACS Nano, 2019, 13 (10): 11078-11086.

[76] Song Y, Sun Z, Fan Z, Cai W, Shao Y, Sheng G, Wang M, Song L, Liu Z, Zhang Q, Sun J. Rational design of porous nitrogen-doped Ti_3C_2 MXene as a multifunctional electrocatalyst for Li-S chemistry. Nano Energy, 2020, 70:104555.

[77] Zhang D, Wang S, Hu R, Gu J, Cui Y, Li B, Chen W, Liu C, Shang J, Yang S. Catalytic conversion of polysulfides on single atom zinc implanted MXene toward high-rate lithium-sulfur batteries. Advanced Functional Materials, 2020, 30 (30) :2002471.

[78] Wang C Y, Zheng Z J, Feng Y Q, Ye H, Cao F F, Guo Z P. Topological design of ultrastrong MXene paper hosted Li enables ultrathin and fully flexible lithium metal batteries. Nano Energy, 2020, 74:104817.

[79] Li B, Zhang D, Liu Y, Yu Y, Li S, Yang S. Flexible Ti_3C_2 MXene-lithium film with lamellar structure for ultrastable metallic lithium anodes. Nano Energy, 2017, 39: 654-661.

[80] Zhao X, Liu M, Chen Y, Hou B, Zhang N, Chen B, Yang N, Chen K, Li J, An L. Fabrication of layered Ti_3C_2 with an accordion-like structure as a potential cathode material for high performance

lithium-sulfur batteries. Journal of Materials Chemistry A, 2015, 3(15): 7870-7876.

[81] Liang X, Garsuch A, Nazar L F. Sulfur cathodes based on conductive MXene nanosheets for high-performance lithium-sulfur batteries. Angewandte Chemie International Edition, 2015, 54(13): 3907-3911.

[82] Jin Q, Zhang N, Zhu C C, Gao H, Zhang X T. Rationally designing S/Ti$_3$C$_2$T$_x$ as a cathode material with an interlayer for high-rate and long-cycle lithium-sulfur batteries. Nanoscale, 2018, 10(35): 16935-16942.

[83] Tang H, Li W, Pan L, Cullen C P, Liu Y, Pakdel A, Long D, Yang J, Mcevoy N, Duesberg G S, Nicolosi V, Zhang C J. In situ formed protective barrier enabled by sulfur@titanium carbide (MXene) ink for achieving high-capacity, long lifetime Li-S batteries. Advanced Science, 2018, 5(9): 1800502.

[84] Zhao W, Lei Y, Zhu Y, Wang Q, Zhang F, Dong X, Alshareef H N. Hierarchically structured Ti$_3$C$_2$T$_x$ MXene paper for Li-S batteries with high volumetric capacity. Nano Energy, 2021, 86: 106120.

[85] Chen Z, Yang X, Qiao X, Zhang N, Zhang C, Ma Z, Wang H. Lithium-ion-engineered interlayers of V$_2$C MXene as advanced host for flexible sulfur cathode with enhanced rate performance. The Journal of Physical Chemistry Letters, 2020, 11(3): 885-890.

[86] Zhang X, Miao J, Zhang P, Zhu Q, Jiang M, Xu B. 3D crumbled MXene for high-performance supercapacitors. Chinese Chemical Letters, 2020, 31(9): 2305-2308.

[87] Wei C, Tian M, Fan Z, Yu L, Song Y, Yang X, Shi Z, Wang M, Yang R, Sun J. Concurrent realization of dendrite-free anode and high-loading cathode via 3D printed N-Ti$_3$C$_2$ MXene framework toward advanced Li-S full batteries. Energy Storage Materials, 2021, 41: 141-151.

[88] Zhang B, Luo C, Zhou G, Pan Z Z, Ma J, Nishihara H, He Y B, Kang F, Lv W, Yang Q H. Lamellar MXene composite aerogels with sandwiched carbon nanotubes enable stable lithium-sulfur batteries with a high sulfur loading. Advanced Functional Materials, 2021, 31(26): 2100793.

[89] Qi Q, Zhang H, Zhang P, Bao Z, Zheng W, Tian W, Zhang W, Zhou M, Sun Z. Self-assembled sandwich hollow porous carbon sphere@MXene composites as superior Li-S battery cathode hosts. 2D Materials, 2020, 7(2): 025049.

[90] Bao W, Xie X, Xu J, Guo X, Song J, Wu W, Su D, Wang G. Confined sulfur in 3D MXene/reduced graphene oxide hybrid nanosheets for lithium-sulfur battery. Chemistry, 2017, 23(51): 12613-12619.

[91] Liang X, Rangom Y, Kwok C Y, Pang Q, Nazar L F. Interwoven MXene nanosheet/carbon-nanotube composites as Li-S cathode hosts. Advanced Materials, 2017, 29(3): 1603040.

[92] Guo D, Ming F, Su H, Wu Y, Wahyudi W, Li M, Hedhili M N, Sheng G, Li L J, Alshareef H N, Li Y, Lai Z. MXene based self-assembled cathode and antifouling separator for high-rate and dendrite-inhibited Li-S battery. Nano Energy, 2019, 61: 478-485.

[93] Gan R, Yang N, Dong Q, Fu N, Wu R, Li C, Liao Q, Li J, Wei Z. Enveloping ultrathin Ti$_3$C$_2$ nanosheets on carbon fibers: a high-density sulfur loaded lithium-sulfur battery cathode with remarkable cycling stability. Journal of Materials Chemistry A, 2020, 8(15): 7253-7260.

[94] Song J, Guo X, Zhang J, Chen Y, Zhang C, Luo L, Wang F, Wang G. Rational design of free-

standing 3D porous MXene/rGO hybrid aerogels as polysulfide reservoirs for high-energy lithium-sulfur batteries. Journal of Materials Chemistry A, 2019, 7(11): 6507-6513.

[95] Wang Z, Zhang N, Yu M, Liu J, Wang S, Qiu J. Boosting redox activity on MXene-induced multifunctional collaborative interface in high Li_2S loading cathode for high-energy Li-S and metallic Li-free rechargeable batteries. Journal of Energy Chemistry, 2019, 37: 183-191.

[96] Bao W, Su D, Zhang W, Guo X, Wang G. 3D metal carbide@mesoporous carbon hybrid architecture as a new polysulfide reservoir for lithium-sulfur batteries. Advanced Functional Materials, 2016, 26(47): 8746-8756.

[97] Zhang M, Chen W, Xue L, Jiao Y, Lei T, Chu J, Huang J, Gong C, Yan C, Yan Y, Hu Y, Wang X, Xiong J. Adsorption-catalysis design in the lithium-sulfur battery. Advanced Energy Materials, 2019, 10(2): 1903008.

[98] Zhang Y, Tang W, Zhan R, Liu H, Chen H, Yang J, Xu M. An N-doped porous carbon/MXene composite as a sulfur host for lithium-sulfur batteries. Inorganic Chemistry Frontiers, 2019, 6(10): 2894-2899.

[99] Wang J, Zhao T, Yang Z, Chen Y, Liu Y, Wang J, Zhai P, Wu W. MXene-based Co, N-codoped porous carbon nanosheets regulating polysulfides for high-performance lithium-sulfur batteries. ACS Applied Materials & Interfaces, 2019, 11(42): 38654-38662.

[100] Wang Z, Yu K, Feng Y, Qi R, Ren J, Zhu Z. $VO_2(p)$-V_2C(MXene) grid structure as a lithium polysulfide catalytic host for high-performance Li-S battery. ACS Applied Materials & Interfaces, 2019, 11(47): 44282-44292.

[101] Zhang Y, Mu Z, Yang C, Xu Z, Zhang S, Zhang X, Li Y, Lai J, Sun Z, Yang Y, Chao Y, Li C, Ge X, Yang W, Guo S. Rational design of MXene/1T-2H MoS_2-C nanohybrids for high-performance lithium-sulfur batteries. Advanced Functional Materials, 2018, 28(38): 1707578.

[102] Pan H, Huang X, Zhang R, Wang D, Chen Y, Duan X, Wen G. Titanium oxide-Ti_3C_2 hybrids as sulfur hosts in lithium-sulfur battery: fast oxidation treatment and enhanced polysulfide adsorption ability. Chemical Engineering Journal, 2019, 358: 1253-1261.

[103] Wang W, Huai L, Wu S, Shan J, Zhu J, Liu Z, Yue L, Li Y. Ultrahigh-volumetric-energy-density lithium-sulfur batteries with lean electrolyte enabled by cobalt-doped $MoSe_2$/$Ti_3C_2T_x$ MXene bifunctional catalyst. ACS Nano, 2021, 15, 11619-11633.

[104] Zhang H, Qi Q, Zhang P, Zheng W, Chen J, Zhou A, Tian W, Zhang W, Sun Z. Self-assembled 3D MnO_2 nanosheets@delaminated-Ti_3C_2 aerogel as sulfur host for lithium-sulfur battery cathodes. ACS Applied Energy Materials, 2018, 2(1): 705-714.

[105] Wen C, Guo D, Zheng X, Li H, Sun G. Hierarchical nMOF-867/MXene nanocomposite for chemical adsorption of polysulfides in lithium-sulfur batteries. ACS Applied Energy Materials, 2021, 4(8): 8231-8241.

[106] Ye Z, Jiang Y, Li L, Wu F, Chen R. Self-assembly of 0D-2D heterostructure electrocatalyst from MOF and MXene for boosted lithium polysulfide conversion reaction. Advanced Materials, 2021, 33(33): 2101204.

[107] Meng R, Deng Q, Peng C, Chen B, Liao K, Li L, Yang Z, Yang D, Zheng L, Zhang C, Yang J. Two-dimensional organic-inorganic heterostructures of in situ-grown layered COF on Ti_3C_2

MXene nanosheets for lithium-sulfur batteries. Nano Today, 2020, 35:100991.

[108] Du C, Wu J, Yang P, Li S, Xu J, Song K. Embedding S@TiO$_2$ nanospheres into MXene layers as high rate cyclability cathodes for lithium-sulfur batteries. Electrochimica Acta, 2019, 295: 1067-1074.

[109] Zhang S, Zhong N, Zhou X, Zhang M, Huang X, Yang X, Meng R, Liang X. Comprehensive design of the high-sulfur-loading Li-S battery based on MXene nanosheets. Nanomicro Letters, 2020, 12(1): 112.

[110] Wang H, He S A, Cui Z, Xu C, Zhu J, Liu Q, He G, Luo W, Zou R. Enhanced kinetics and efficient activation of sulfur by ultrathin MXene coating S-CNTs porous sphere for highly stable and fast charging lithium-sulfur batteries. Chemical Engineering Journal, 2021, 420:129693.

[111] Zhao Q, Zhu Q, Miao J, Zhang P, Xu B. 2D MXene nanosheets enable small-sulfur electrodes to be flexible for lithium-sulfur batteries. Nanoscale, 2019, 11(17): 8442-8448.

[112] Zhang F, Zhou Y, Zhang Y, Li D, Huang Z. Facile synthesis of sulfur@titanium carbide MXene as high performance cathode for lithium-sulfur batteries. Nanophotonics, 2020, 9(7): 2025-2032.

[113] Yao Y, Feng W, Chen M, Zhong X, Wu X, Zhang H, Yu Y. Boosting the electrochemical performance of Li-S batteries with a dual polysulfides confinement strategy. Small, 2018, 14(42): 1802516.

[114] Tang H, Li W, Pan L, Tu K, Du F, Qiu T, Yang J, Cullen C P, Mcevoy N, Zhang C. A robust, freestanding MXene-sulfur conductive paper for long-lifetime Li-S batteries. Advanced Functional Materials, 2019, 29(30): 1901907.

[115] Bao W, Liu L, Wang C, Choi S, Wang D, Wang G. Facile synthesis of crumpled nitrogen-doped MXene nanosheets as a new sulfur host for lithium-sulfur batteries. Advanced Energy Materials, 2018, 8(13): 1702485.

[116] Zhao T, Zhai P, Yang Z, Wang J, Qu L, Du F, Wang J. Self-supporting Ti$_3$C$_2$T$_x$ foam/S cathodes with high sulfur loading for high-energy-density lithium-sulfur batteries. Nanoscale, 2018, 10(48): 22954-22962.

[117] Lv L P, Guo C F, Sun W, Wang Y. Strong surface-bound sulfur in carbon nanotube bridged hierarchical MO$_2$C-based MXene nanosheets for lithium-sulfur batteries. Small, 2019, 15(3): 1804338.

[118] Song J, Su D, Xie X, Guo X, Bao W, Shao G, Wang G. Immobilizing polysulfides with MXene-functionalized separators for stable lithium-sulfur batteries. ACS Applied Materials & Interfaces, 2016, 8(43): 29427-29433.

[119] Li N, Xie Y, Peng S, Xiong X, Han K. Ultra-lightweight Ti$_3$C$_2$T$_x$ MXene modified separator for Li-S batteries: thickness regulation enabled polysulfide inhibition and lithium ion transportation. Journal of Energy Chemistry, 2020, 42: 116-125.

[120] Lin C, Zhang W, Wang L, Wang Z, Zhao W, Duan W, Zhao Z, Liu B, Jin J. A few-layered Ti$_3$C$_2$ nanosheet/glass fiber composite separator as a lithium polysulphide reservoir for high-performance lithium-sulfur batteries. Journal of Materials Chemistry A, 2016, 4(16): 5993-5998.

[121] Yin L, Xu G, Nie P, Dou H, Zhang X. MXene debris modified eggshell membrane as separator for high-performance lithium-sulfur batteries. Chemical Engineering Journal, 2018, 352: 695-703.

[122] Xiong D, Huang S, Fang D, Yan D, Li G, Yan Y, Chen S, Liu Y, Li X, Von Lim Y, Wang Y, Tian B, Shi Y, Yang H Y. Porosity engineering of MXene membrane towards polysulfide inhibition and fast lithium ion transportation for lithium-sulfur batteries. Small, 2021, 17(34): 2007442.

[123] Li N, Cao W, Liu Y, Ye H, Han K. Impeding polysulfide shuttling with a three-dimensional conductive carbon nanotubes/MXene framework modified separator for highly efficient lithium-sulfur batteries. Colloids and Surfaces A: Physicochemical and Engineering Aspects, 2019, 573: 128-136.

[124] Jiang G, Zheng N, Chen X, Ding G, Li Y, Sun F, Li Y. *In-situ* decoration of MOF-derived carbon on nitrogen-doped ultrathin MXene nanosheets to multifunctionalize separators for stable Li-S batteries. Chemical Engineering Journal, 2019, 373: 1309-1318.

[125] Liu P, Qu L, Tian X, Yi Y, Xia J, Wang T, Nan J, Yang P, Wang T, Fang B, Li M, Yang B. $Ti_3C_2T_x$/graphene oxide free-standing membranes as modified separators for lithium-sulfur batteries with enhanced rate performance. ACS Applied Energy Materials, 2020, 3(3): 2708-2718.

[126] Jiao L, Zhang C, Geng C, Wu S, Li H, Lv W, Tao Y, Chen Z, Zhou G, Li J, Ling G, Wan Y, Yang Q H. Capture and catalytic conversion of polysulfides by *in situ* built TiO_2-MXene heterostructures for lithium-sulfur batteries. Advanced Energy Materials, 2019, 9(19): 1900219.

[127] Wang J, Zhai P, Zhao T, Li M, Yang Z, Zhang H, Huang J. Laminar MXene-Nafion-modified separator with highly inhibited shuttle effect for long-life lithium-sulfur batteries. Electrochimica Acta, 2019, 320:134558.

[128] Fan Z, Zhang C, Hua W, Li H, Jiao Y, Xia J, Geng C N, Meng R, Liu Y, Tang Q, Lu Z, Shang T, Ling G, Yang Q H. Enhanced chemical trapping and catalytic conversion of polysulfides by diatomite/MXene hybrid interlayer for stable Li-S batteries. Journal of Energy Chemistry, 2021, 62: 590-598.

[129] Fan Y, Liu K, Ali A, Chen X, Shen P K. 2D TiN@C sheets derived from MXene as highly efficient polysulfides traps and catalysts for lithium-sulfur batteries. Electrochimica Acta, 2021, 384:138-187.

[130] Zhang D, Wang S, Li B, Gong Y, Yang S. Horizontal growth of lithium on parallelly aligned MXene layers towards dendrite-free metallic lithium anodes. Advanced Materials, 2019, 31(33): 1901820.

[131] Cao Z, Zhu Q, Wang S, Zhang D, Chen H, Du Z, Li B, Yang S. Perpendicular MXene arrays with periodic interspaces toward dendrite-free lithium metal anodes with high-rate capabilities. Advanced Functional Materials, 2019, 30(5): 1908075.

[132] Zhang X, Lv R, Wang A, Guo W, Liu X, Luo J. MXene aerogel scaffolds for high-rate lithium metal anodes. Angewandte Chemie International Edition, 2018, 57(46): 15028-15033.

[133] Shi H, Zhang C J, Lu P, Dong Y, Wen P, Wu Z S. Conducting and lithiophilic MXene/graphene framework for high-capacity, dendrite-free lithium-metal anodes. ACS Nano, 2019, 13(12):

14308-14318.

[134] Gu J, Zhu Q, Shi Y, Chen H, Zhang D, Du Z, Yang S. Single zinc atoms immobilized on MXene (Ti₃C₂Clₓ) layers toward dendrite-free lithium metal anodes. ACS Nano, 2020, 14(1): 891-898.

[135] Wei C, Fei H, Tian Y, An Y, Guo H, Feng J, Qian Y. Isotropic Li nucleation and growth achieved by an amorphous liquid metal nucleation seed on MXene framework for dendrite-free Li metal anode. Energy Storage Materials, 2020, 26: 223-233.

第7章

MXene 在水系锌离子电池中的应用

7.1 引　　言

锂离子电池是目前综合性能最高的电化学储能技术,已广泛应用于数码产品、电动工具和电动汽车等领域,但也面临着锂资源有限、成本偏高以及使用有机电解液带来的安全隐患等问题。与锂离子电池相比,基于水基电解液的水系电池在安全性、功率特性和成本方面具有明显优势。有机电解液通常有毒、易燃,而水基电解液环境友好、安全、回收成本低;水基电解液的离子电导率(约 1 S/cm)也远高于有机电解液($10^{-2}\sim10^{-3}$ S/cm),有利于提高电池的功率性能;与必须在严格控制水、氧条件的惰性气氛中组装的锂离子电池相比,水系电池可以在空气条件下组装,制造成本大大降低。由于在低成本和高安全性方面的突出优势,水系电池在大规模储能领域有着广阔的应用前景。

表 7-1 列出了常见二次电池用金属的原子量、理论比容量等参数[1]。可以看出,多价金属作为负极具有超高的理论体积比容量。在正极方面,由于每个多价离子能够转移两个或三个电子,如果等量的多价离子和锂离子嵌入正极材料中,则嵌入多价离子的电极容量显著高于嵌入锂离子的电极。因此,多价离子电池通常具有较高的能量密度。水系锌离子电池由于能量密度高、成本低廉、安全性能优异等优势,近年来引起了研究者们的广泛关注。

表 7-1　常见二次电池用金属的特征参数[1]

金属	原子量	离子半径/Å	标准电极电势 (vs. SHE)	理论质量比容量/(mA·h/g)	理论体积比容量/(mA·h/cm³)	地壳丰度/ppm
Li	6.94	0.76	−3.04	3862	2061	18
Na	23.00	1.02	−2.71	1166	1129	23000
K	39.10	1.38	−2.93	685	610	21000
Mg	24.31	0.72	−2.37	2205	3834	23000
Zn	65.38	0.74	−0.76	820	5851	79
Al	26.98	0.535	−1.66	2980	8046	8200

在水系锌离子电池中，金属锌具有较小的离子半径(0.74 Å)、较低的氧化还原电位(–0.76 V *vs.* SHE)和较为丰富的地壳储量，而且在电化学充放电过程中涉及两个电子的氧化还原过程，表现出超高的理论比容量(5851 mA·h/cm^3)，是良好的负极材料[1]。然而，虽然采用温和的中性或微酸性水基电解液代替碱性电解液可以缓解锌枝晶的生长，但是依然难以完全消除锌枝晶问题。此外，在储锌正极材料方面，虽然 Zn^{2+} 的半径(0.74 Å)与 Li^+(0.76 Å)相似，但是由于 Zn^{2+} 的原子质量更大、电荷密度更高，大多数储锂正极材料并不适用于 Zn^{2+} 的存储。现有的水系锌离子电池正极材料通常面临着离子扩散缓慢、结构不稳定等问题，循环和倍率性能尚不令人满意。

MXene 材料具有类金属的导电性、丰富的表面端基、快速的离子扩散动力学、良好的机械性能和结构多样性等特点，使其在水系锌离子电池中展现出很大的应用潜力，在正极、负极、电解液中的应用均已有报道。MXene 的二维片层结构和超高的导电性使其可以作为导电基底与活性材料结合构筑复合正极材料，提高导电性和结构稳定性，进而提高材料的比容量、循环性能和倍率性能。MXene 表面丰富的官能团使其表现出良好的亲水性，可以促进电极材料与水基电解液的充分接触。将钒基 MXene 作为正极材料组装电池，经过电化学活化可原位生成活性材料 V_2O_5。MXene 可用于水系锌离子电池的负极或电解液添加剂，诱导锌的均匀沉积，抑制锌枝晶的生长。MXene 还可以构筑成多样的开放结构，缓冲电极在充放电过程中的体积膨胀。

7.2　水系锌离子电池简介

7.2.1　正极材料

水系锌离子电池由锌金属负极、温和的中性或微酸性的水基电解液和储锌正极材料组成，具有成本低廉、环境友好、安全性高等优点。然而，缺乏合适的正极材料是水系锌离子电池面临的主要挑战之一。因此，探索和开发具有高储锌容量和良好结构稳定性的正极材料是水系锌离子电池发展的关键。目前，人们研究的水系锌离子电池正极材料主要包括锰基氧化物、钒基氧化物、普鲁士蓝类似物、醌类有机材料等。

1. 锰基氧化物材料

水系锌离子电池锰基氧化物正极材料主要有 MnO_2、Mn_2O_3 和 Mn_3O_4 等，其

中 MnO_2 最为常用。锰基氧化物材料具有资源丰富、成本低廉、理论比容量高($308 mA \cdot h/g$, 基于 Mn^{4+} 和 Mn^{3+} 之间的单电子转移)、工作电压高($0.8 \sim 1.8 V$)等优点[2], 一直备受研究者们的关注。但是, 锰基材料也存在着一些问题和挑战: 锰基氧化物在水合 H^+/Zn^{2+} 离子插层/脱层过程中普遍会发生结构的不可逆转变, 导致容量衰减严重; 在充放电循环过程中, Mn^{2+} 容易从锰基氧化物正极溶解到电解液中, 导致正极材料的可逆容量降低; 锰基氧化物的导电性差, 不利于电荷传输和转移, 难以实现大倍率充放电[2]。因此, 改善循环性能和倍率性能是锰基氧化物材料研究的主要方向。为了改善锰基氧化物正极材料的储锌性能, 研究者们提出了构建纳米结构[3]、与导电材料复合[4,5]、引入缺陷[6]和客体粒子插层调节层状结构[7,8]等策略。

针对锰基氧化物材料导电性差的问题, 研究者们常常将其与碳纳米管、石墨烯、碳纤维纸、不锈钢网等高导电性的材料复合以提高其导电性, 进而提升比容量和倍率性能。麦立强等[5]将硫酸锰、硫酸、高锰酸钾以及氧化石墨烯混合后一步水热处理, 制备了石墨烯包覆α-MnO_2纳米线复合材料, 相比纯α-MnO_2纳米线, 该复合材料在 $0.3 A/g$ 下的比容量自 $176.4 mA \cdot h/g$ 提升至 $382.2 mA \cdot h/g$, 在 $3 A/g$ 下的比容量自 $58.9 mA \cdot h/g$ 提升至 $165.7 mA \cdot h/g$, 还表现出了良好的循环性能, 在 $3 A/g$ 下循环 3000 次容量保持率为 94%。此外, 导电材料对锰基氧化物材料的包覆还可在一定程度上阻碍锰的溶解, 从而提升其循环性能。Kim 等[4]将马来酸作为碳源与α-MnO_2在乙醇溶液中凝胶化后高温碳化, 制备了碳包覆α-MnO_2的复合材料, 相比纯α-MnO_2材料, 碳包覆α-MnO_2复合材料在 $66 mA/g$ 下的可逆比容量从 $213 mA \cdot h/g$ 提升至 $272 mA \cdot h/g$。

通过纳米结构设计可以有效改善锰基氧化物正极材料在充放电循环过程中的结构退化问题。刘宇等[3]通过化学沉淀法制备了α-MnO_2纳米线, 并进一步通过喷雾造粒制备了球形结构的α-MnO_2纳米线/碳纳米管复合材料, α-MnO_2纳米线具有独特的一维结构, 可有效缓解储锌过程中的体积变化并缩短 Zn^{2+} 离子的扩散路径, 而碳纳米管的加入可以改善材料的导电性能, 从而使该材料相比普通块体α-MnO_2表现出更优的循环稳定性, 在 $3 A/g$ 电流密度下循环 10000 次容量保持率为 96%。

在锰基氧化物材料中引入缺陷一方面可有效降低周围 Zn^{2+} 吸附的吉布斯自由能, 以实现较高的 Zn^{2+} 吸附/脱附可逆性[6]; 另一方面还可提高电子导电性, 并促进 Zn^{2+} 在 MnO_6 多面体结构内的扩散, 从而实现更优的反应动力学和更高的可逆比容量。梁叔全等[6]将乙酸锰和乙酸钾混合共沉淀后煅烧, 制备了一种钾离子稳定的氧缺陷型 $K_{0.8}Mn_8O_{16}$ 材料, 在 $2 A/g$ 的电流密度下比容量约为 $110 mA \cdot h/g$, 约为未引入缺陷的α-MnO_2的 3 倍。

通过客体粒子插层改善锰基氧化物层状结构的稳定性，也是提升其循环性能的有效策略。王建淦等[7]将锌粉加入酸性高锰酸钾溶液，经过水浴搅拌制备了水合 Zn^{2+} 插层的介孔 MnO_2 花状纳米球，表现出较高的可逆比容量（358 mA·h/g@0.3 A/g）和良好的循环性能（超过 2000 次循环容量无明显衰减）。王永刚等[8]在高锰酸钾溶液中进行苯胺聚合，制备了聚苯胺插层 MnO_2 材料，其中聚合物在层间柱撑，缓解了 MnO_2 在 H^+/Zn^{2+} 共插入过程中的结构变化，有效提高了其循环稳定性。

2. 钒基材料

水系锌离子电池钒基正极材料主要包括钒氧化物和各类钒酸盐，它们的晶体结构通常由 VO_5 方锥体或 VO_6 八面体通过不同的组合与连接构成。钒基材料具有丰富可变的氧化态和多样的晶体结构（图 7-1）[9]，用于水系锌离子电池具有理论比容量高、离子迁移快等优势，但仍存在许多问题亟待改善。钒基正极材料在水系电解液体系中容易发生复杂的副反应，尤其是钒基氧化物材料在酸性电解液中易溶解，导致容量迅速衰减；钒基正极材料的 V—O 骨架结构导电性不足且易与 Zn^{2+} 产生较强的静电相互作用，这使得材料的倍率性能较差。研究表明，构筑纳米复合材料[10,11]和客体粒子插层[12-14]可有效改善钒基正极材料在水系锌离子电池中的性能。

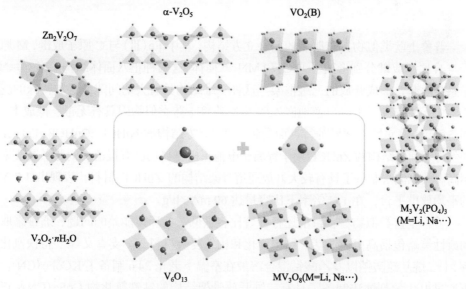

图 7-1　由 VO_5 方锥体与 VO_6 八面体组合连接构成的各类钒基材料[9]

纳米结构能够提供大的可接触面积，有利于电解液渗透和离子传输，从而提高材料的倍率性能，并可缓冲充放电过程中的体积膨胀、提高材料的循环稳定性。此外，将钒基材料与碳纳米管、石墨烯、MXene 等各种导电材料复合，可以有效改善钒基材料的导电性。陈双宏等[10]将 V_2O_5 与氧化石墨烯混合冻干后再高温退火构建了 V_2O_5 基异质结构，在 1 A/g 下具有 478 mA·h/g 的比容量，在 20 A/g 下循环 10000 次具有 90.8%的容量保持率。王振波等[11]通过简单的真空抽滤法制备了无黏结剂 V_2O_5/CNTs 纸状复合电极，在 1 A/g 的电流下实现了 312 mA·h/g 的比容量。

将阳离子(如 NH_4^+、Li^+、Na^+、K^+、Mg^{2+}、Ca^{2+}、Ni^{2+}、Zn^{2+}、Co^{2+}、Cu^{2+}等)[12]、水分子[13]和导电聚合物(如聚苯胺)[14]预嵌入钒基材料中，可以降低 V—O 骨架与锌离子之间的强静电相互作用，从而降低锌离子的扩散能垒；还可以作为柱体与钒基基体形成柱撑结构，避免层状结构坍塌[12]。牛志强等[13]将 V_2O_5 粉末加入 NaCl 溶液中搅拌后冷冻干燥，制得 $NaV_3O_8 \cdot 1.5H_2O$ 纳米带，层间水和钠离子作为柱体在充放电过程中稳定了 NaV_3O_8 的层状结构，使其表现出 380 mA·h/g 的高可逆比容量，并且在 4 A/g 的电流密度下循环 1000 次容量无明显衰减。李成超等[14]通过原位聚合法实现了聚苯胺在 V_2O_5 层间的预插层，聚苯胺的π共轭结构阻断了 Zn^{2+} 和 V—O 骨架间的强静电相互作用，有效改善了 Zn^{2+} 的扩散动力学和电极的循环稳定性，使电极在 10 A/g 电流密度下循环 1000 次容量保持率为 95.3%。

3. 普鲁士蓝类似物

普鲁士蓝类似物具有典型的面心立方结构，其中 Fe(Ⅲ)与 C 原子成键，M 原子与 N 原子成键分别形成了 FeC_6 和 MN_6 八面体，这两种正八面体结构通过 C≡N 联系在一起，形成开放的三维框架。这种三维结构具有大的间隙位置和特殊的隧道结构，使锌离子可以可逆地嵌入/脱出。普鲁士蓝类似物因具有无毒、低成本、制备简单、倍率性能优异等特点而受到关注，立方结构的 NiHCF、CuHCF、FeHCF 和斜方六面体结构的 ZnHCF 用于锌离子电池正极材料均已有报道。刘兆平等[15]采用高温共沉淀法制备了具有较大开放通道骨架结构的 ZnHCF 材料，表现出 1.7 V 的平均放电平台，在 1 C 倍率下比容量达 60 mA·h/g。

普鲁士蓝类似物材料目前还存在着比容量低、循环性能差的问题，通常采取的改性策略包括高电位激活、结构优化和构筑复合材料等。支春义等[16]将铁氰化钾、十二烷基硫酸钠以及乙酸钴混合溶液在室温下老化 24 h 制备了 $KCoFe(CN)_6$，再通过电化学刻蚀法制备了具有三维开放骨架结构的钴铁氰化物 $CoFe(CN)_6$ 正极材料。独特的三维开放骨架结构使其比容量和循环性能都有了显著提升，在 0.3 A/g 电流密度下具有 173.4 mA·h/g 的比容量，即使在 6 A/g 的电流密度下仍然有 109.5 mA·h/g 的比容量，2200 次循环后没有任何容量衰减，库仑效率接近 100%。

4. 有机化合物

有机化合物具有质量轻、资源丰富、多电子反应和电化学窗口可调等优点，尤其是醌类材料在水溶液中稳定性较好，是一种很有吸引力的水系电池电极材料。醌类化合物一般通过带正电荷的阳离子与带负电荷的氧原子配位储能。陈军等[17]使用对氨基苯甲酸进行重氮化偶联反应，制备了具有开放碗状结构的杯状醌，其中 8 个羰基可以提供可逆且高效的锌离子储存位点，作为正极材料时具有稳定的工作电压(1.0 V)，在 500 mA/g 的电流密度下循环 1000 次后容量保持率为 87%。

7.2.2　负极材料

水系锌离子电池的负极材料主要是锌金属，锌金属在中性或弱酸性水溶液中充放电时，表面发生 Zn^{2+} 的溶解/沉积过程，氧化还原电位为–0.76 V(vs. SHE)。然而，锌金属在实际应用中面临着几个关键问题：①锌金属在溶解/沉积过程中容易产生不均匀的锌枝晶，导致金属锌负极的安全问题；②锌金属的溶解/沉积过程会伴随着析氢副反应和局部 pH 变化，生成锌氢氧化物或锌酸盐等绝缘副产物，从而使锌金属表面钝化；③金属锌在水系电解液中易于被腐蚀，这一过程同时会造成电解液的消耗。

为了抑制锌枝晶、减缓副反应，最常用的锌负极是锌箔，但其电化学可逆性依然不够理想。在锌负极表面引入保护层可以改善锌箔负极的可逆性。Ruoff 等[18]将锌箔表面氧化后以湿化学法涂覆金属-有机框架(MOF)材料 ZIF-8，热解后制得具有 N 掺杂多孔炭涂层的锌负极，锌和碳层的紧密接触有助于促进锌离子的扩散，并在锌溶解/沉积过程中产生均匀的电荷分布。如图 7-2(a)、(b)所示，与纯锌负极相比，涂层改性的锌负极有效缓解了锌枝晶和副反应，显著提升了锌溶解/沉积效率。

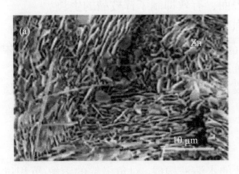

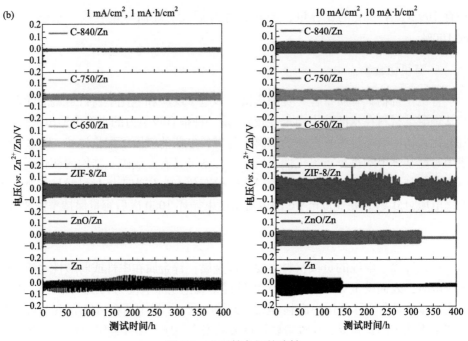

图 7-2　金属锌负极的改性

锌箔与表面涂覆 N 掺杂多孔炭涂层的锌负极 (a) 循环后的 SEM 图和 (b) 在 1 mA/cm² 和 10 mA/cm² 电流密度下的循环性能曲线[18]

除了使用商用锌箔外，还可以在集流体上直接沉积锌金属，以集流体为骨架，构筑出先进结构的锌负极。碳基和铜基集流体具有高电化学稳定性、高导电性、良好的机械强度和对锌的亲和力，是沉积锌负极的良好基体[19]。徐成俊等[20]将锌电沉积在三维多孔铜骨架上，制备了稳定的三维锌负极，铜骨架的高导电性和开放结构可以诱导锌的均匀沉积，使锌负极的极化减弱，表现出良好的循环稳定性和高库仑效率。Kim 等[21]将金属锌电沉积在表面有缺陷的炭毡上，空位与锌原子的强相互作用阻碍了初始电沉积阶段的锌聚集，随着沉积的进行，相邻的锌核连接成片，紧密均匀地覆盖在三维碳骨架表面，有效抑制了锌枝晶的生长。

锌粉相比锌箔成本更低、可调性更强，但单分散的球状锌粉比表面积较大，在锌的溶解/沉积过程中更容易产生锌枝晶；而且充放电中锌的体积膨胀/收缩会影响粉末之间的电接触，导致锌负极阻抗急剧增大，极化严重，锌利用率降低。目前，对锌粉负极的研究仍处于起步阶段，还需要进一步的深入研究以提高其稳定性。

7.2.3　电解液

水系锌离子电池的电解液通常由锌盐的水溶液构成，对负极锌的溶解/沉积过程有着非常重要的影响。由于锌离子的水解，水基锌盐电解液通常呈现 pH3.6～4.3 的弱酸性。研究者们对水系锌离子电池电解液的研究主要包括开发新型锌盐[22,23]、新型添加剂[24-26]和设计"盐中水"超高浓度电解液[27]等。

目前已有多种锌盐被用于水系锌离子电池电解液，如 $ZnCl_2$、$ZnNO_3$、$Zn(ClO_4)_2$、$ZnSO_4$、三氟甲基磺酸锌 $Zn(CF_3SO_3)_2$ 和双三氟甲基磺酸锌酰亚胺 $Zn(TFSI)_2$ 等。其中，$ZnSO_4$ 和 $Zn(CF_3SO_3)_2$ 电解液的电化学窗口较宽，表现出较好的锌溶解/沉积可逆性[22,23]；而 $ZnCl_2$、$ZnNO_3$ 和 $Zn(ClO_4)_2$ 的稳定性较差，会对锌负极产生不利影响[28]。此外，$Zn(CF_3SO_3)_2$ 和 $Zn(TFSI)_2$ 电解液中，Zn^{2+} 阳离子周围的溶剂化效应较弱，有利于 Zn^{2+} 的传输和电荷转移[29]，使锌负极表现出良好的可逆性和快速溶解/沉积动力学。

在电解液中加入一些添加剂可以诱导锌的均匀沉积。据报道，一些有机添加剂，如十二烷基硫酸钠(SDS)和聚乙二醇(PEG)能够降低锌的腐蚀速率，并且调控锌的晶体取向，促进 Zn(002) 和 (103) 晶面沉积，有利于抑制锌枝晶的生长[24]。二乙醚(Et_2O)等高极性的有机分子作为添加剂，倾向于聚集在锌尖端的表面，从而降低尖端效应，阻碍更多的 Zn^{2+} 离子继续沉积，缓解锌枝晶问题[25]。此外，LiCl、$In_2(SO_4)_3$、SnO_2 等无机物也可以作为电解液添加剂用于水系锌离子电池，诱导具有特定晶体取向的锌沉积[26]。

设计"盐中水"超高浓度电解液是提高电解液稳定性的有效方法。在电解液中，Zn^{2+} 周围围绕着水分子构成的溶剂壳，而电解液中的自由水分子是锌负极腐蚀和析氢等副反应的根源。设计"盐中水"超高浓度电解液可以减少体系中水分子的数量，将电解液的电化学窗口拓宽至 3V 以上。王春生等[27]设计了由 1 mol/L $Zn(TFSI)_2$ 和 20 mol/L LiTFSI 组成的超高浓度电解液,高浓度的 TFSI⁻抑制了 Zn^{2+} 周围形成水溶剂壳，而是更倾向于以 $(Zn-TFSI)^+$ 离子对的形式存在，有效消除了水引起的副反应，使锌负极的溶解/沉积效率接近 100%。

7.3　MXene 在水系锌离子电池中的应用优势

MXene 材料独特的二维片层结构、类金属的电子导电性、丰富的表面端基和优异的机械性能使其在水系锌离子电池中的应用具有诸多优势，用于水系锌离子电池的正极、负极、电解液均已有报道。

(1)MXene 类金属的导电性和丰富的表面端基使其可作为导电基底改善正极材料的比容量和倍率性能。针对水系锌离子电池常用的正极材料导电性差的问题，将其负载在高导电性的 MXene 纳米片上，构筑复合正极材料是提高其导电性和利用率的有效方法。MXene 表面丰富的端基使其可以与活性材料形成具有氢键作用力的紧密界面[30]，有利于促进电子的快速传输、提高结构稳定性，从而改善材料的比容量、倍率性能和循环性能。

（2）MXene 的二维片层结构和良好的机械性能使得 MXene 基复合材料易于制备成柔性一体化膜电极。MXene 胶体分散液可以通过真空抽滤、喷涂、印刷、静电自组装、冲压、静电纺丝等方法组装为柔性自支撑的薄膜，具有高导电性和良好的机械性能[31]。与活性材料结合构筑为复合材料后，依然可以制备成柔性膜电极，在柔性可穿戴器件中有着良好的应用前景。

（3）MXene 良好的亲水性可以促进电极材料与水基电解液的充分接触。电极与电解液之间的润湿性对电极/电解液界面的电荷转移非常重要。MXene 表面的含氧端基使其具有良好的亲水性，可以在不含任何表面活性剂的水溶液中均匀分散[30]。因此，引入 MXene 可以保证电极材料与电解液的充分接触，进一步提高倍率性能。

（4）MXene 优异的亲锌特性使其能够有效抑制锌枝晶的生长。MXene 的表面端基可以诱导锌的均匀成核和沉积，抑制锌枝晶的生长。因此，MXene 材料可以直接用作锌金属载体[32]；也可以构筑为三维开放式结构，作为集流体沉积金属锌[33]；还可以用作锌负极表面保护涂层，均能够有效提升锌负极的电化学性能。

（5）MXene 的组成多样性使其可以转化为具有储锌活性的衍生物。MXene 表面的过渡金属原子具有氧化还原活性。钒基 MXene 被氧化可转化为常用的水系锌离子电池正极材料 V_2O_5[34]；通过控制氧化程度，可以得到 V_2O_5/MXene 复合材料[35]；还可以将钒基 MXene 直接作为正极材料组装电池，在电化学循环过程中原位生成活性 V_2O_5[36]。

7.4   MXene 基材料用于水系锌离子电池

7.4.1   MXene 基水系锌离子电池正极

将锰基、钒基等正极材料与高导电性基底材料复合是改善其导电性，提高结构稳定性最为常用的方法。MXene 材料具有独特的二维结构、类金属的高导电性和丰富的表面端基，用作导电基底改性水系锌离子电池正极材料可以显著提高活性物质利用率、提高电子电导率，使其表现出高比容量、良好的倍率性能和循环性能。值得注意的是，将钒基 MXene 氧化，可衍生为 V_2O_5 正极材料；通过控制氧化程度，可以一步得到 V_2O_5/MXene 复合材料；直接将钒基 MXene 作为正极材料组装电池，随着电化学充放电的进行，电池中的 MXene 可以逐渐原位转化为 V_2O_5，呈现出逐渐升高的电池容量。此外，研究者们已经发现了具有储锌电位平台的 MXene 材料，可直接作为水系锌离子电池正极材料使用。

1. MXene 基复合正极材料

目前研究最为广泛的锰基、钒基正极活性材料都存在着导电性差、利用率低和充放电过程中结构不稳定等问题，导致其实际比容量偏低，循环和倍率性能不佳。将这些活性电极材料与高导电的纳米材料（如石墨烯、碳纳米管等）复合，可以有效提高导电性、增加活性物质利用率并缓冲体积膨胀，进而获得高性能的复合正极材料。MXene 具有独特的二维片层结构、类金属的导电性、大的比表面积、丰富的表面端基和良好的机械性能。以 MXene 为基底，将各种活性物质负载于MXene 纳米片上，制备的 MXene 基复合电极材料在诸多方面具有独特的性能优势。MXene 类金属的导电性可以保证电极中电子的快速传输，提高活性物质的利用率和倍率特性；活性物质均匀负载在 MXene 片层上，可以有效提高活性材料的结构稳定性，改善循环性能；MXene 的二维片层结构和良好的机械性能还使得复合材料易于制备成柔性一体化膜电极用于柔性可穿戴器件中。研究者们报道了一系列 MXene 基复合正极材料，应用于水系锌离子电池展现出独特的优势。

制备 MXene 基复合正极材料的主要方法是原位生长法。黄扬等[37]采用高锰酸钾对 Ti$_3$C$_2$T$_x$ MXene 进行功能化处理 16 h，使氧化锰以 MnO$_x$ 的形式均匀负载到 MXene 片层表面[图 7-3(a)～(c)]，制得的 MnO$_x$@Ti$_3$C$_2$T$_x$ 复合材料作为水系锌离子正极具有良好的稳定性和倍率性能，当电流密度从 0.1 A/g 增加到 10 A/g时，容量保持率为 50%[图 7-3(d)]。叶明新等[38]先用 K$^+$ 原位插层 V$_2$CT$_x$ MXene，再通过水热法将 MnO$_2$ 生长在 K$^+$ 插层的 V$_2$CT$_x$ 片层上得到 K-V$_2$C@MnO$_2$ 复合材料，显示出优异的电化学储锌性能，在 0.3 A/g 下比容量为 408.1 mA·h/g，在

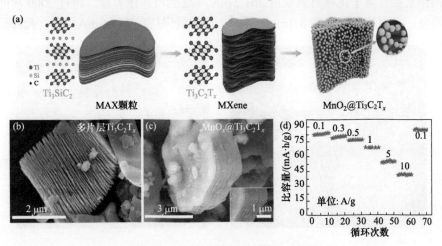

图 7-3　MnO$_x$@Ti$_3$C$_2$T$_x$ 复合材料[37]

(a) MnO$_x$@Ti$_3$C$_2$T$_x$ 合成示意图；(b) 多片层 Ti$_3$C$_2$T$_x$ 与(c)MnO$_x$@Ti$_3$C$_2$T$_x$ 复合材料的 SEM 图；(d)MnO$_x$@Ti$_3$C$_2$T$_x$ 复合材料的倍率性能

10 A/g 的高电流密度下保持有 119.2 mA·h/g 的比容量，且循环寿命长达 10000 次。梅长彤等[39]将 V_2O_5 与 H_2O_2 均匀混合后加入苯胺和 MXene 分散液，通过一步水热处理在 $Ti_3C_2T_x$ MXene 纳米片上生长了 $H_2V_3O_8$ 纳米线，该 $H_2V_3O_8/Ti_3C_2T_x$ 复合材料显示出良好的电子导电性和离子传输能力，在 200 mA/g 电流密度下表现出 365 mA·h/g 的比容量，在 5000 mA/g 下 5600 次循环后容量保持率为 84%。尖晶石 $ZnMn_2O_4$ 作为锌离子电池正极材料由于双金属的协同作用可以提供更多的活性位点，但充放电过程中副反应严重，导致循环稳定性不佳。彭强等[40]将乙酸、乙酸锰和 MXene 悬浮液混合，通过一步水热法制备了 $ZnMn_2O_4@Ti_3C_2T_x$ MXene 复合正极材料，高导电的 $Ti_3C_2T_x$ 基底能够有效抑制 $ZnMn_2O_4$ 的副反应，使复合材料表现出良好的电化学可逆特性。

　　导电聚合物聚苯胺(PANI)是一种具有较高容量的锌离子电池正极材料，但是存在着充放电过程中脱质子和溶胀/收缩的问题。黄扬等[41]将磺酸基端基改性的 Ti_3C_2 分散液与 PANI 搅拌共沉淀，制得了 Ti_3C_2/PANI 复合材料，其中磺酸基改性的 MXene 不断提供质子来缓解 PANI 的脱质子问题，同时提供了高导电性，其柔性有助于缓解电极在循环过程中的溶胀/收缩，使复合材料在 15 A/g 的电流密度下仍有 122 mA·h/g 的比容量。

　　基于 MXene 的结构多样性，还可以对 MXene 基复合正极材料进行结构调控。阎兴斌等[42]通过气相喷雾干燥法制备了三维花状的高密度 MXene@MnO_2 复合材料，其中 MnO_2 纳米粒子被封装在 MXene 纳米片的皱褶中[图 7-4(a)、(b)]，提高了结构稳定性，并且有利于离子和电子的快速传输。这种三维 MXene@MnO_2 材料用作水系锌离子正极时表现出 301.2 mA·h/g 的可逆比容量，超过 2000 次的循环寿命。当面载量增加到 8.0 mg/cm² 时，比容量保持在 287.6 mA·h/g。此外，为

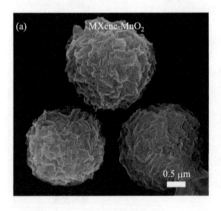
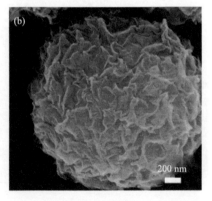

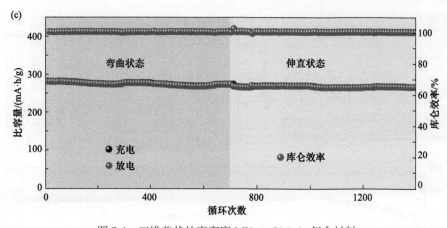

图 7-4　三维花状的高密度 MXene@MnO$_2$ 复合材料

(a，b)SEM 图；(c)基于该材料的柔性电池在 100 mA/g 电流密度下弯曲-伸直状态下的循环性能曲线[42]

了显示该材料在便携式可穿戴电子产品上的应用潜力，将 MXene/@MnO$_2$ 活性材料涂覆在预处理好的柔性碳布上作为正极，将电沉积了锌的柔性碳布作为负极，浸泡有 1 mol/L 硫酸锌的 PVA 凝胶作为电解质，组装得到柔性器件，在弯曲的状态下其依然表现出了良好的循环性能[图 7-4(c)]。潘丽坤等[43]将多片层 MXene 悬浮液和偏钒酸铵通过一步水热法制备了三维 V$_2$O$_5$·nH$_2$O/MXene 复合材料，在 0.1 A/g 下比容量为 323 mA·h/g，在 2 A/g 的电流密度下比容量保持在 262 mA·h/g。

2. MXene 衍生物作为正极材料

钒基化合物中钒元素具有多种氧化还原价态，是锌离子电池的常见正极材料，其中最为常用的是 V$_2$O$_5$。通过表面可控氧化，可以将 V$_2$CT$_x$ MXene 转化为 V$_2$O$_5$ 材料。由于前驱体 MXene 具有结构多样性，衍生得到的 V$_2$O$_5$ 形貌可控，展现出良好的储锌性能[34]。冯金奎等[34]以 V$_2$CT$_x$ 为原料，经过 0.1℃/min 缓慢升温烧结处理即得到具有纳米孔结构的 V$_2$O$_5$ 片层材料。如图 7-5 所示，这种特殊的结构使材料具有高离子可及性、结构稳定性和快速的电荷转移动力学，表现出较高的比容量(200 mA/g 电流密度下循环 400 次后比容量为 358.7 mA·h/g)，良好的倍率性能(8 A/g 下比容量为 250.4 mA·h/g)和稳定的长循环性能(2 A/g 下可循环超过 3500 次)。

通过控制 V$_2$CT$_x$ MXene 的氧化程度，可以直接得到 V$_2$O$_5$@V$_2$CT$_x$ 复合材料。晏超等[35]采用水热法对 V$_2$CT$_x$ 进行氧化处理，通过控制水热温度调控 V$_2$CT$_x$ 的氧化程度，制得 V$_2$O$_5$ 均匀分布在 V$_2$CT$_x$ 纳米薄片上的 V$_2$O$_5$@V$_2$CT$_x$ 复合材料，在 2.5 mol/L ZnSO$_4$ 电解液中表现出高放电比容量(50 mA/g 下为 397 mA·h/g)，优异的倍率性能(4 A/g 下为 290 mA·h/g)和良好的循环性能(4 A/g 下循环 2000 次容量

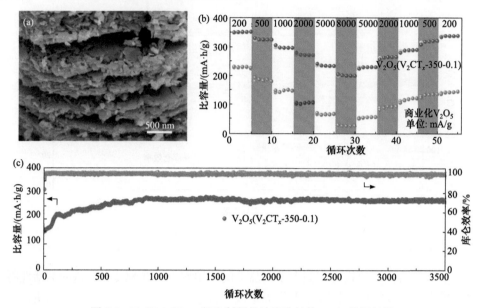

图 7-5   V$_2$CT$_x$ MXene 衍生制得的纳米孔结构 V$_2$O$_5$ 片层材料
(a) SEM 图；(b) 倍率性能；(c) 循环性能曲线[34]

保持率为 87%）。叶明新等[44]以氢氧化钾处理 K$^+$预碱化的 K-V$_2$CT$_x$，通过 Zn^{2+}插层和氧化制备了 Zn$_x$V$_2$O$_5$ 纳米带@V$_2$CT$_x$ MXene 复合材料，作为储锌正极表现出快速的电化学动力学和稳定的循环性能（8000 次循环后容量保持率为 96.4%）。

有趣的是，直接将 V$_2$CT$_x$ MXene 作为正极材料组装成水系锌离子电池，V$_2$CT$_x$ 会在电池中水、空气和电压的条件下，逐渐转化为高容量的钒基氧化物（VO$_x$）。翁术雷等[45]将 V$_2$CT$_x$ 作为正极材料组装锌离子电池，在首次充电过程中，在一定电位（1.4 V、1.8 V、2.0 V）下恒压以部分氧化 V$_2$CT$_x$，在其表面形成 VO$_x$ 层，得到 VO$_x$@V$_2$CT$_x$ 复合材料，表现出优异的倍率性能，在 30 A/g 的电流密度下仍有 358 mA·h/g 的比容量，循环 2000 次后库仑效率保持 100%。支春义等[36]采用 HF 刻蚀 V$_2$AlC 制得手风琴结构的 V$_2$CT$_x$ 型 MXene[图 7-6(a)]，将其用作锌离子电池正极材料，在 21 mol/L LiTFSI+1 mol/L Zn(CF$_3$SO$_3$)$_2$ 电解液中，0.2 A/g 的电流密度下比容量为 508 mA·h/g；以 Zn@碳布为负极组装的锌离子电池工作电压为 0.1~2.0 V，能量密度为 386.2 W·h/kg，功率密度为 10281.6 W/kg（基于 V$_2$CT$_x$ 的质量计算）；在 10 A/g 下充放电循环 18000 次，比容量随着循环次数的增加而增加，最后趋于稳定。循环 1000 次后的电极材料的 XRD 测试表明[图 7-6(b)]，在充放电过程中 V$_2$CT$_x$ 逐渐转化为 V$_2$O$_5$，正极中 V$_2$O$_5$ 含量逐渐增加并持续贡献容量。他们还将 V$_2$CT$_x$ MXene 材料涂覆在碳布上制备了柔性电极，与 Zn@碳布负极匹配组装为柔性电池，该电池可以在极低温度下以及弯曲、扭曲、刺入、切割等恶劣环境下稳定工作。Venkatkarthick 等[46]采用 NaF/HCl 溶液在 90℃下刻蚀

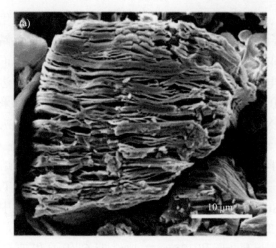
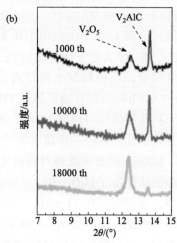

图 7-6　V_2CT_x MXene 材料

(a) SEM 图；(b) 循环多次后的 XRD 谱图[47]

V_2AlC 制备表面部分氧化的 V_2CT_x MXene 材料，将其作为正极、金属锌箔作为负极，1 mol/L $ZnSO_4$ 作为电解液组装电池，随着充放电循环的进行，V_2CT_x 被进一步氧化为 $V_2O_x@V_2CT_x$ 复合材料，在 1 A/g 电流密度下首次放电比容量为 107 mA·h/g，循环 200 次后容量保持率为 82%，库仑效率为 98%。

　　研究者们还巧妙地将 MAX 相 V_2AlC 作为电极材料，以 21 mol/L LiTFSI+ 1 mol/L $Zn(OTf)_2$ 水溶液为电解液组装锌离子电池，一步完成原位电化学刻蚀制备 MXene、MXene 原位部分转化为 V_2O_5 和 V_2O_5 储能三个过程[47]。电化学反应过程中 V_2AlC 在电池内部被富氟电解液原位刻蚀成 V_2CT_x MXene，这个过程在封闭的电池内部进行，无需任何酸/碱即可蚀刻制得 MXene。随着充放电循环继续进行，MXene 被逐渐氧化为 V_2O_5，最终得到三明治结构的 $V_2O_5/C/V_2O_5$ 复合材料。整个过程电极都可以正常工作，在 0.5 A/g 下具有 409.7 mA·h/g 的比容量，在 64 A/g 的超高电流密度下，电池保持 95.7 mA·h/g 的比容量。

3. MXene 作为正极活性材料

　　MXene 材料具有类金属的导电性和大的比表面积，具有优异的电容活性，作为锌离子混合电容器的电极表现出良好的电化学性能。但是，几乎所有报道的 MXene 材料都缺乏明显的放电电压平台，如 $Ti_3C_2T_x$ MXene 作为水系锌离子电池的正极活性材料时，仅表现出约 50 mA·h/g 的比容量[48]，而受限于水基电解液的电化学窗口，基于纯 MXene 电极材料的水系锌离子电池能量密度非常有限，通常小于 100 W·h/kg（基于电极材料质量计）。因此，发展具有明显平台的 MXene 电极材料，对于 MXene 在水系锌离子电池中的应用具有重要意义。

　　支春义等[49]将 Nb_2CT_x 作为正极用于水系锌离子电池[电解液为 21 mol/L

LiTFSI +1 mol/L Zn(OTf)₂ 水溶液]，在 2.4 V 的充电截止电压下，具有明显的氧化还原行为和 1.55 V 的放电电压平台(图 7-7)，显示出以电池行为为主的 Zn^{2+} 存储行为，在 0.5 A/g 下比容量达到 145 mA · h/g。以 2.4 V 高压激活后的 Nb_2CT_x 正极和锌金属负极构筑水系锌离子电池，工作电压为 0.3～1.5 V，能量密度高达146.7 W · h/kg，并且循环超过 1800 次没有发现明显的结构坍塌现象。该研究结果显示高压激活法可以使 Nb_2CT_x MXene 材料呈现出电池储能行为，这一方法的机制和普适性还需进一步研究。

　　MXene 的表面端基对其电化学行为有着重要影响。黄庆等[48]通过路易斯酸熔盐刻蚀法制备了具有—Cl、—Br、—I、—BrI 和—ClBrI 等不同表面端基的 $Ti_3C_2T_x$ 材料，并探索其在 21 mol/L LiTFSI + 7 mol/L LiOTf + 1 mol/L Zn(OTf)₂ 电解液中的储锌性能。结果如图 7-8 所示，$Ti_3C_2Br_2$ 和 $Ti_3C_2I_2$ 分别在 1.6 V 和 1.1 V 具有放电平台，对应的比容量分别为 97.6 mA · h/g 和 135 mA · h/g；$Ti_3C_2(BrI)$ 和 Ti_3C_2(ClBrI) 具有双放电平台，比容量分别为 117.2 mA · h/g 和 106.7 mA · h/g；而$Ti_3C_2Cl_2$ 和 $Ti_3C_2(OF)$ 没有放电平台，比容量和能量密度仅为 $Ti_3C_2Br_2$ 的 50%。$Ti_3C_2Br_2$ 和 $Ti_3C_2I_2$ 的高储锌比容量可能与—Br 和—I 发生的氧化还原反应有关。

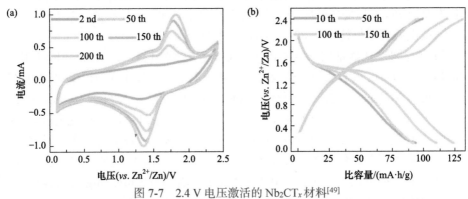

图 7-7　2.4 V 电压激活的 Nb_2CT_x 材料[49]

(a)在 5 mV/s 下的循环伏安曲线(扫描至 2.4 V)；(b) 在 1 A/g 下的充放电曲线(充电至 2.4 V)

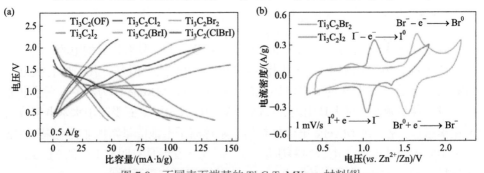

图 7-8　不同表面端基的 $Ti_3C_2T_x$ MXene 材料[48]

(a)在 0.5 A/g 下的充放电曲线；(b) $Ti_3C_2Br_2$ 和 $Ti_3C_2I_2$ 的循环伏安曲线

7.4.2　MXene 用于水系锌离子电池负极

水系锌离子电池负极面临着锌腐蚀和锌枝晶增长两大难题。MXene 材料类金属的导电性和亲水性能够促进锌负极/电解液界面处快速的电化学反应动力学；MXene 的结构可调控性便于构筑具有先进结构的载锌 MXene 复合负极，以缓冲充放电过程中锌金属的体积变化；MXene 的表面端基可以诱导锌金属离子的均匀成核，避免锌枝晶的生长[32,33]。将 MXene 材料作为锌金属载体或锌负极表面修饰层，可以有效改善锌负极的稳定性。

1. MXene 作为锌金属载体

将锌沉积在 MXene 载体上，构筑锌/MXene 复合结构，有利于抑制锌枝晶的生长。冯金奎等[32]通过电沉积法在柔性 $Ti_3C_2T_x$ MXene 膜上沉积金属锌，得到柔性自支撑的 $Ti_3C_2T_x$ MXene@Zn 膜负极，其中锌金属纳米颗粒均匀分布在 MXene 片层之间，MXene 的高导电性、良好的机械柔韧性和亲锌特性有利于缓冲锌金属的体积变化，诱导锌离子均匀成核，促进锌溶解/沉积过程中的快速电子转移和离子扩散动力学。因此，与纯金属锌箔相比，该 $Ti_3C_2T_x$ MXene@Zn 膜负极具有更低的锌沉积过电位(–40 mV *vs.* 纯金属锌箔–57 mV)和显著改善的循环稳定性[图 7-9(a)]。经过长时间循环后，$Ti_3C_2T_x$ MXene@Zn 膜负极表面光滑[图 7-9(b)]，而在纯金属锌箔的表面已经生长了许多尖刺状锌枝晶[图 7-9(c)]，表明 MXene 作为金属锌载体对于锌枝晶生长有抑制作用。

将锌金属沉积在三维集流体上也是减缓锌负极枝晶生长的有效策略。MXene 材料的二维片层结构和丰富的表面端基使其很容易被构筑为三维结构，可以作为三维集流体用于锌金属的沉积。陈人杰等[33]通过水热-定向冷冻法制备了柔性三维 $Ti_3C_2T_x$ MXene/还原氧化石墨烯(rGO)骨架，通过电沉积法将金属锌沉积在该三维骨架中，制备了 MXene/rGO@Zn 复合负极[图 7-10(a)]。在充放电循环过程中，MXene 表面的—F 端基与 Zn^{2+} 结合，在电极/电解液界面原位形成富含 ZnF_2 的固体电解质界面(SEI)膜，有效地抑制了锌枝晶的生长。与镀锌铜箔 Cu@Zn 电极相

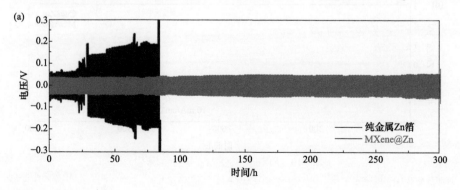

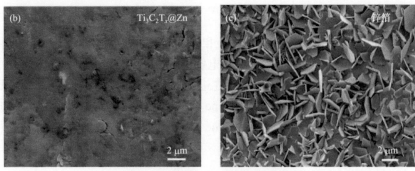

图 7-9　Ti₃C₂Tₓ MXene@Zn 膜负极[32]

(a)在 1 mA/cm² 电流密度下的循环性能曲线；(b)Ti₃C₂Tₓ MXene@Zn 膜负极和
(c)纯金属锌箔在长时间循环后的 SEM 图

比，该复合负极的循环稳定性显著增强，循环 100 次后电极表面没有出现明显的
枝晶[图 7-10(b)～(d)]。

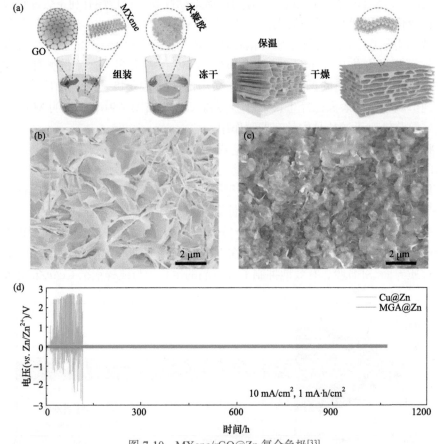

图 7-10　MXene/rGO@Zn 复合负极[33]

(a)制备示意图；(b)Cu@Zn 电极和(c)MXene/rGO@Zn 复合负极循环 100 次后的 SEM 图；(d)循环性能曲线

锌粉用作水系锌离子电池负极具有成本低、可调性强的优势，但是与锌箔相比，锌粉负极的锌枝晶生长问题更为严重。支春义等[50]通过溶液混合法制得 $Ti_3C_2T_x$ MXene 包覆的锌粉材料 MXene@Zn，其中 Zn 的 (0002) 面和 $Ti_3C_2T_x$ MXene 的 (0002) 面之间能够形成均匀的界面，通过高导电的 MXene 桥接锌粉、构筑 Zn^{2+} 离子快速传输通道并诱导均匀成核，可实现持续可逆的锌溶解/沉积。将该 MXene@Zn 负极与氰基六氰酸铁正极匹配构筑的水系锌离子全电池表现出良好的循环性能和倍率性能，电流密度从 1 A/g 增加到 5 A/g 时，容量仍然保有 64%；在 1 A/g 下循环 1000 次后容量保持率为 77%，而未经 MXene 包覆的锌粉循环 120 次即无法正常工作。

除了金属锌之外，金属氧化物[51]、金属硫化物[52]以及 Chevrel 相[53]等材料也可以用作水系锌离子电池的负极材料。金属锑可以通过与锌形成 ZnSb 合金相这一可逆合金化反应进行储锌。冯金奎等[54]通过电化学置换-高温烧结法在 $Ti_3C_2T_x$ MXene 膜上均匀生长了多功能锑纳米阵列，锑既可以储锌，又可以作为亲锌材料诱导锌离子的均匀沉积，还可以提供高导电性，所得电极在 50 mA/g 下循环 200 次后比容量为 299.6 mA·h/g。$(NH_4)_2V_{10}O_{25}\cdot8H_2O$ 可以基于嵌入式反应储锌。袁国辉等[55]将 $(NH_4)_2V_{10}O_{25}\cdot8H_2O$ 纳米带与 $Ti_3C_2T_x$ MXene 纳米片混合后真空抽滤，制备了柔性自支撑的复合膜负极，MXene 的引入提供了相互连通的导电网络，稳定了 $(NH_4)_2V_{10}O_{25}8H_2O$ 纳米带的结构，使复合负极表现出 514.7 mA·h/g 的比容量，在 5 A/g 电流密度容量保持率为 84.2%。

2. MXene 用于锌负极保护涂层

锌负极/电解液界面优化对于改善锌离子传输和界面电荷转移动力学非常重要。采用涂层技术对锌负极进行表面改性，是优化负极/电解液界面、增强锌负极稳定性的有效方法。理想的锌负极保护涂层应该能够促进快速离子传输和电子转移，防止锌负极与电解液的直接接触，避免锌负极的腐蚀，诱导锌离子的均匀成核，抑制锌枝晶的生长。因此，具有高导电性、丰富的表面端基和良好的亲锌性的 MXene 是非常具有应用前景的锌负极涂层材料。

牛志强等[56]将金属锌箔浸渍在一定浓度的 $Ti_3C_2T_x$ MXene 溶液中静置，$Ti_3C_2T_x$ 纳米片即自发地均匀组装在锌箔表面，形成均匀的保护涂层，且可以通过控制浸渍时间调控 $Ti_3C_2T_x$ 涂层的厚度[图 7-11 (a,b)]。这是由于 $Ti_3C_2T_x$ 表面含有大量的含氧端基，去除含氧基团的还原电位高于 Zn/Zn^{2+} 的还原电位，因此 $Ti_3C_2T_x$ 纳米片接触到锌箔表面时即被原位还原脱出含氧端基，导致 $Ti_3C_2T_x$ 纳米片在锌箔表面逐层自组装。研究表明，150 nm 厚的 $Ti_3C_2T_x$ 涂层即可有效抑制锌枝晶的生长和锌负极副反应的发生，使锌负极在 0.2 mA/cm^2 电流密度下显示出较小的电压波动[图 7-11 (c)]，和二氧化锰组装成全电池后在 1 A/g 的电流密度下初始容量有 252.8 mA·h/g, 在循环 500 圈后仍然保持有 81%, 而纯锌箔在 500 圈后容量仅剩 60.5 mA·h/g。

冯金奎等[57]将硫和 $Ti_3C_2T_x$ MXene 的混合物喷涂在锌箔上后高温烧结 2 h, 部分硫与锌箔形成 ZnS, 部分硫在高温下被去除, 得到了具有三维硫掺杂 MXene-ZnS 保护层的锌箔负极。三维硫掺杂 MXene 能够有效降低局部电流密度, 使电场均匀分布, 诱导锌离子均匀成核, 并且缓解锌溶解/沉积过程中的体积变化; ZnS 颗粒可以抑制副反应的发生, 加速锌离子传输速率, 促进锌离子的均匀成核。与裸锌箔相比, 带有该涂层的锌负极循环稳定性显著提高, 在 0.5 mA·h/cm² 下循环 1600 h 过电势不出现明显波动, 在 1 mA·h/cm² 下可以循环 1100 h。

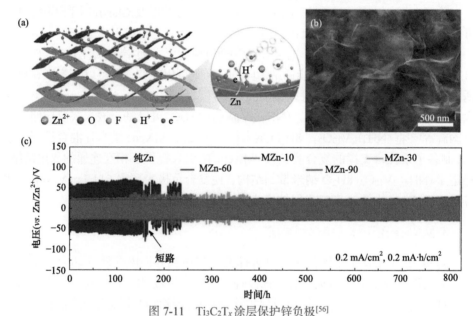

图 7-11　$Ti_3C_2T_x$ 涂层保护锌负极[56]

(a)示意图; 带有 $Ti_3C_2T_x$ 涂层的锌极的(b)SEM 图和(c)在 0.2 mA/cm² 电流密度下的循环性能曲线

7.4.3　MXene 用于水系锌离子电池电解液

通过电解液优化, 也可以改善水系锌离子电池的性能, 尤其是金属锌负极的溶解/沉积可逆性和循环稳定性。研究表明, MXene 可以作为电解液添加剂应用于水系锌离子电池。王庆红等[58]在 2 mol/L $ZnSO_4$ 电解液中加入了不同浓度的 $Ti_3C_2T_x$ MXene 作为添加剂, 研究了含有 MXene 的 $ZnSO_4$ 电解液对于水系锌离子电池电化学性能的改善效果[图 7-12(a)]。密度泛函理论计算结果表明, $Ti_3C_2T_x$ 表面的—OH、—F 和—O 等基团和锌箔负极之间的结合能分别为−7.64 eV、−18.35 eV 和−26.33 eV, 说明该电解液用于水系锌离子电池时, 其中的 MXene 纳米片可以通过静电作用力吸附在锌箔负极表面, 原位形成 MXene 保护层[图 7-12(b)]。电解液中 MXene 的浓度对于锌箔负极表面原位形成的 MXene 层的厚度有较大影响，以锌箔在该电解液中浸泡 4 h 为例，当 MXene 添加剂的浓度分别为 0.02 mg/mL、0.05 mg/mL 和 0.1 mg/mL 时，锌箔表面 MXene 层的厚度分别达到 0.3 μm、0.5 μm 和 1 μm。由于 MXene 表面具有丰富的含氧基团，其亲锌特性使得锌原子和 $Ti_3C_2O_x$ 的结合能达到 –0.99 eV，可以作为成核位点诱导锌离子的均匀沉积，促进电荷转移。相比之下，锌原子和锌箔负极之间的相互作用较弱，二者的结合能仅为 –0.52 eV，不利于锌在锌箔表面的均匀成核，导致锌枝晶的形成[图 7-12(c)]。进一步组装 Zn-Zn 对称电池研究 MXene 添加剂的浓度（0.02 mg/mL、0.05 mg/mL 和 0.1 mg/mL）对于电池电化学性能的影响。当 MXene 添加剂的浓度为 0.05 mg/mL 时组装的 Zn-Zn 对称电池具有最低的过电位（50 mV），这主要是由于 MXene 浓度过低时电极表面不能形成完整、稳定的 SEI 层；而浓度过高会导致形成的 SEI 层变厚，降低

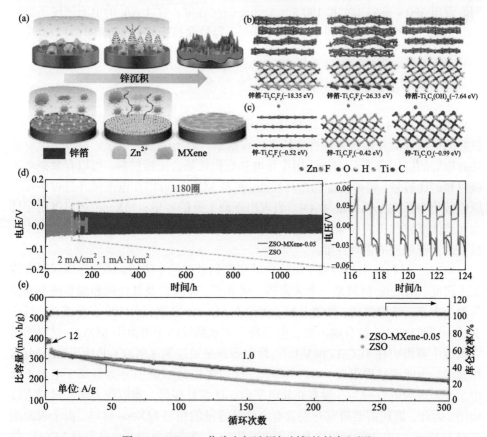

图 7-12　MXene 作为电解液添加剂保护锌负极[58]

(a) MXene 添加剂对于锌沉积过程的影响机制示意图；基于密度泛函理论计算的 (b) 带有不同端基的 $Ti_3C_2T_x$ 和 (c) 锌原子在不同锌箔表面的吸附模型和相应结合能；(d) 基于含 MXene 添加剂的电解液组装的 Zn-Zn 对称电池的循环性能曲线；(e) 基于含 MXene 添加剂的电解液组装的 Zn-V_2O_5 全电池在 1.0 A/g 下的循环性能曲线

了电极的动力学性能。除此之外，高导电性 MXene 对于 Zn^{2+} 的吸附可以缩短 Zn^{2+} 的传输路径，进而改善电解液的离子电导率，MXene 添加量分别为 0.02 mg/mL、0.05 mg/mL 和 0.1 mg/mL 的电解液的电导率分别达到了 2.74 mS/cm、2.81 mS/cm 和 3.01 mS/cm，显著高于未加入添加剂的 2 mol/L $ZnSO_4$ 电解液（2.56 mS/cm）。电解液离子电导率的提高有利于降低电极/电解液界面处的 Zn^{2+} 浓度梯度，促进离子的扩散，使组装的电池表现出更为优异的电化学过程动力学。基于以上优势，以含 MXene 添加剂的电解液组装的 Zn-Zn 对称电池在 2 mA/cm² (1 mA·h/cm²) 的电流密度下进行锌溶解/沉积时可以维持 1180 次的稳定循环，而以 2 mol/L $ZnSO_4$ 电解液组装的电池在维持 124 次循环后出现短路现象，表明 MXene 添加剂在抑制锌枝晶方面具有良好的效果[图 7-12(d)]。基于含 MXene 添加剂的电解液组装的 Zn-V_2O_5 全电池也表现出高的比容量和优异的倍率性能，在 0.2 A/g 和 4 A/g 下分别表现出 390.9 mA·h/g 和 190.5 mA·h/g 的比容量；在 1 A/g 的电流密度下循环 300 次后，可逆比容量达到 192.9 mA·h/g，容量保持率接近 60%[图 7-12(e)]。

7.5 总结与展望

MXene 作为一种新型二维材料，由于具有类金属的导电性、丰富的表面端基、良好的机械性能和结构多样性等特点，在水系锌离子电池的正极、负极、电解液都有很好的应用潜力。MXene 用作导电基底构筑复合正极材料，可以有效提高正极材料的比容量、倍率性能和循环性能；钒基 MXene 可以在电池循环过程中逐渐原位转化为活性正极材料 V_2O_5，表现出逐渐上升的容量；MXene 还可以用作锌金属载体或锌负极表面涂层，可以有效抑制锌枝晶的生成，防止副反应的发生，显著改善锌负极的循环性能。

MXene 材料在水系锌离子电池中的研究仍处于起步阶段，还有许多问题有待深入研究。MXene 材料是一个大家族，M 元素、X 元素及其比例和端基的不同使其种类丰富、结构多变、性能各异。理论上 MXene 家族应有 100 多个成员，目前有约 40 种 MXene 被合成出来，但是现有的水系锌离子电池用 MXene 材料的研究报道主要集中在 $Ti_3C_2T_x$ 和 V_2CT_x，且大多数是通过氢氟酸或 LiF/HCl 刻蚀 MAX 相制得，表面端基局限在—O、—OH、—F。这些 MXene 在水系锌离子电池正极中主要表现为电容行为，没有充放电平台，比容量很低，难以作为活性材料直接应用。因此，迫切需要研究开发具有高储锌容量的新型 MXene 材料。由于表面端基对 MXene 的电化学行为也有着很大的影响，调控表面端基也是提高 MXene 材料储锌容量的有效方法。目前 MXene 基复合正极材料在水系锌离子电池中的应用虽已有系列报道，但复合材料主要通过原位生长法和表面转化法制得。非原位界面自组装也是构筑复合材料的常用方法，将各种尺度(零维、一维、二维)的活性材料在二维 MXene 纳米片上定向锚定制备 MXene 基储锌电极材料也值得探索。

参 考 文 献

[1] Tian Y, An Y, Feng J, Qian Y. MXenes and their derivatives for advanced aqueous rechargeable batteries. Materials Today, 2021, doi.org/10.1016/j.mattod.2021.11.021.

[2] Zhao Y, Zhu Y, Zhang X. Challenges and perspectives for manganese-based oxides for advanced aqueous zinc-ion batteries. Information Material, 2019, 2(2): 237-260.

[3] Liu Y, Chi X, Han Q, Du Y, Huang J, Liu Y, Yang J. α-MnO_2 nanofibers/carbon nanotubes hierarchically assembled microspheres: approaching practical applications of high-performance aqueous zn-ion batteries. Journal of Power Sources, 2019, 443: 227244.

[4] Islam S, Alfaruqi M H, Song J, Kim S, Pham D T, Jo J, Kim S, Mathew V, Baboo J P, Xiu Z, Kim J. Carbon-coated manganese dioxide nanoparticles and their enhanced electrochemical properties for zinc-ion battery applications. Journal of Energy Chemistry, 2017, 26(4): 815-819.

[5] Wu B, Zhang G, Yan M, Xiong T, He P, He L, Xu X, Mai L. Graphene scroll-coated alpha-MnO_2 nanowires as high-performance cathode materials for aqueous Zn-ion battery. Small, 2018, 14(13): 1703850.

[6] Fang G, Zhu C, Chen M, Zhou J, Tang B, Cao X, Zheng X, Pan A, Liang S. Suppressing manganese dissolution in potassium manganate with rich oxygen defects engaged high-energy-density and durable aqueous zinc-ion battery. Advanced Functional Materials, 2019, 29(15): 1808375.

[7] Wang J, Wang J G, Liu H, Wei C, Kang F. Zinc ion stabilized MnO_2 nanospheres for high capacity and long lifespan aqueous zinc-ion batteries. Journal of Materials Chemistry A, 2019, 7(22): 13727-13735.

[8] Huang J, Wang Z, Hou M, Dong X, Liu Y, Wang Y, Xia Y. Polyaniline-intercalated manganese dioxide nanolayers as a high-performance cathode material for an aqueous zinc-ion battery. Nature Communications, 2018, 9(1): 2906.

[9] Jia X, Liu C, Neale Z G, Yang J, Cao G. Active materials for aqueous zinc-ion batteries: synthesis, crystal structure, morphology, and electrochemistry. Chemical Reviews, 2020, 120(15): 7795-7866.

[10] Wu S, Liu S, Hu L, Chen S. Constructing electron pathways by graphene oxide for V_2O_5 nanoparticles in ultrahigh-performance and fast charging aqueous zinc ion batteries. Journal of Alloys and Compounds, 2021, 878: 160324.

[11] Yin B, Zhang S, Ke K, Xiong T, Wang Y, Lim B K D, Lee W S V, Wang Z, Xue J. Binder-free V_2O_5/CNT paper electrode for high rate performance zinc ion battery. Nanoscale, 2019, 11(42): 19723-19728.

[12] Yi T F, Qiu L, Qu J P, Liu H, Zhang J H, Zhu Y R. Towards high-performance cathodes: design and energy storage mechanism of vanadium oxides-based materials for aqueous Zn-ion batteries. Coordination Chemistry Reviews, 2021, 446: 214124.

[13] Wan F, Zhang L, Dai X, Wang X, Niu Z, Chen J. Aqueous rechargeable zinc/sodium vanadate batteries with enhanced performance from simultaneous insertion of dual carriers. Nature Communications, 2018, 9(1): 1656.

[14] Liu S, Zhu H, Zhang B, Li G, Zhu H, Ren Y, Geng H, Yang Y, Liu Q, Li C C. Tuning the kinetics of zinc-ion insertion/extraction in V_2O_5 by *in situ* polyaniline intercalation enables improved aqueous zinc-ion storage performance. Advanced Materials, 2020, 32(26): 2001113.

[15] Zhang L, Chen L, Zhou X, Liu Z. Towards high-voltage aqueous metal-ion batteries beyond 1.5 V: the zinc/zinc hexacyanoferrate system. Advanced Energy Materials, 2015, 5(2): 1400930.

[16] Ma L, Chen S, Long C, Li X, Zhao Y, Liu Z, Huang Z, Dong B, Zapien J A, Zhi C. Achieving high-voltage and high-capacity aqueous rechargeable zinc-ion battery by incorporating two-species redox reaction. Advanced Energy Materials, 2019, 9(45): 1902446.

[17] Zhao Q, Huang W, Luo Z, Liu L, Lu Y, Li Y, Li L, Hu J, Ma H, Chen J. High-capacity aqueous zinc batteries using sustainable quinone electrodes. Science Advances, 2018, 4: eaao1761.

[18] Yuksel R, Buyukcakir O, Seong W K, Ruoff R S. Metal-organic framework integrated anodes for aqueous zinc-ion batteries. Advanced Energy Materials, 2020, 10(16): 1904215.

[19] Zhang Q, Luan J, Tang Y, Ji X, Wang H. Interfacial design of dendrite-free zinc anodes for aqueous zinc-ion batteries. Angewandte Chemie International Edition, 2020, 59(32): 13180-13191.

[20] Kang Z, Wu C, Dong L, Liu W, Mou J, Zhang J, Chang Z, Jiang B, Wang G, Kang F, Xu C. 3D porous copper skeleton supported zinc anode toward high capacity and long cycle life zinc ion batteries. ACS Sustainable Chemistry & Engineering, 2019, 7(3): 3364-3371.

[21] Lee J H, Kim R, Kim S, Heo J, Kwon H, Yang J H, Kim H T. Dendrite-free Zn electrodeposition triggered by interatomic orbital hybridization of Zn and single vacancy carbon defects for aqueous Zn-based flow batteries. Energy & Environmental Science, 2020, 13(9): 2839-2848.

[22] Li Z, Ganapathy S, Xu Y, Zhou Z, Sarilar M, Wagemaker M. Mechanistic insight into the electrochemical performance of Zn/VO_2 batteries with an aqueous $ZnSO_4$ electrolyte. Advanced Energy Materials, 2019, 9(22): 1900237.

[23] Wu S, Chen Y, Jiao T, Zhou J, Cheng J, Liu B, Yang S, Zhang K, Zhang W. An aqueous Zn-ion hybrid supercapacitor with high energy density and ultrastability up to 80 000 cycles. Advanced Energy Materials, 2019, 9(47): 1902915.

[24] Ye Z, Cao Z, Lam Chee M O, Dong P, Ajayan P M, Shen J, Ye M. Advances in Zn-ion batteries via regulating liquid electrolyte. Energy Storage Materials, 2020, 32: 290-305.

[25] Xu W, Zhao K, Huo W, Wang Y, Yao G, Gu X, Cheng H, Mai L, Hu C, Wang X. Diethyl ether as self-healing electrolyte additive enabled long-life rechargeable aqueous zinc ion batteries. Nano Energy, 2019, 62: 275-281.

[26] Zhang C, Shin W, Zhu L, Chen C, Neuefeind J C, Xu Y, Allec S I, Liu C, Wei Z, Daniyar A, Jiang J X, Fang C, Alex Greaney P, Ji X. The electrolyte comprising more robust water and superhalides transforms Zn-metal anode reversibly and dendrite-free. Carbon Energy, 2020, 3(2): 339-348.

[27] Wang F, Borodin O, Gao T, Fan X, Sun W, Han F, Faraone A, Dura J A, Xu K, Wang C. Highly reversible zinc metal anode for aqueous batteries. Nature Materials, 2018, 17(6): 543-549.

[28] Xu C, Li B, Du H, Kang F. Energetic zinc ion chemistry: the rechargeable zinc ion battery.

Angewandte Chemie International Edition, 2012, 51 (4) : 933-935.

[29] Rajput N N, Seguin T J, Wood B M, Qu X, Persson K A. Elucidating solvation structures for rational design of multivalent electrolytes: a review. Topics in Current Chemistry, 2018, 376 (3) : 19.

[30] VahidMohammadi A, Rosen J, Gogotsi Y. The world of two-dimensional carbides and nitrides (MXenes). Science, 2021, 372: 1165.

[31] Ling Z, Ren C E, Zhao M Q, Yang J, Giammarco J M, Qiu J, Barsoum M W, Gogotsi Y. Flexible and conductive MXene films and nanocomposites with high capacitance. Proceedings of the National Academy of Sciences of the United States of America, 2014, 111 (47) : 16676-16681.

[32] Tian Y, An Y, Wei C, Xi B, Xiong S, Feng J, Qian Y. Flexible and free-standing $Ti_3C_2T_x$ MXene@Zn Paper for dendrite-free aqueous zinc metal batteries and nonaqueous lithium metal batteries. ACS Nano, 2019, 13 (10) : 11676-11685.

[33] Zhou J, Xie M, Wu F, Mei Y, Hao Y, Li L, Chen R. Encapsulation of metallic Zn in a hybrid MXene/Graphene aerogel as a stable Zn anode for foldable Zn-ion batteries. Advanced Materials, 2021, doi.org/10.1002/adma.202106897.

[34] Tian Y, An Y, Wei H, Wei C, Tao Y, Li Y, Xi B, Xiong S, Feng J, Qian Y. Micron-sized nanoporous vanadium pentoxide arrays for high-performance gel zinc-ion batteries and potassium batteries. Chemistry of Materials, 2020, 32 (9) : 4054-4064.

[35] Narayanasamy M, Kirubasankar B, Shi M, Velayutham S, Wang B, Angaiah S, Yan C. Morphology restrained growth of V_2O_5 by the oxidation of V-MXenes as a fast diffusion controlled cathode material for aqueous zinc ion batteries. Chemical Communications, 2020, 56 (47) : 6412-6415.

[36] Li X, Li M, Yang Q, Li H, Xu H, Chai Z, Chen K, Liu Z, Tang Z, Ma L, Huang Z, Dong B, Yin X, Huang Q, Zhi C. Phase transition induced unusual electrochemical performance of V_2CT_x MXene for aqueous zinc hybrid-ion battery. ACS Nano, 2020, 14 (1) : 541-551.

[37] Luo S, Xie L, Han F, Wei W, Huang Y, Zhang H, Zhu M, Schmidt O G, Wang L. Nanoscale parallel circuitry based on interpenetrating conductive assembly for flexible and high-power zinc ion battery. Advanced Functional Materials, 2019, 29 (28) : 1901336.

[38] Zhu X, Cao Z, Wang W, Li H, Dong J, Gao S, Xu D, Li L, Shen J, Ye M. Superior-performance aqueous zinc-ion batteries based on the in situ growth of MnO_2 nanosheets on V_2CT_x MXene. ACS Nano, 2021, 15 (2) : 2971-2983.

[39] Liu C, Xu W, Mei C, Li M C, Xu X, Wu Q. Highly stable $H_2V_3O_8$/Mxene cathode for Zn-ion batteries with superior rate performance and long lifespan. Chemical Engineering Journal, 2021, 405: 126737.

[40] Shi M, Wang B, Shen Y, Jiang J, Zhu W, Su Y, Narayanasamy M, Angaiah S, Yan C, Peng Q. 3D assembly of MXene-stabilized spinel $ZnMn_2O_4$ for highly durable aqueous zinc-ion batteries. Chemical Engineering Journal, 2020, 399: 125627.

[41] Liu Y, Dai Z, Zhang W, Jiang Y, Peng J, Wu D, Chen B, Wei W, Chen X, Liu Z, Wang Z, Han F, Ding D, Wang L, Li L, Yang Y, Huang Y. Sulfonic-group-grafted $Ti_3C_2T_x$ MXene: a silver bullet to settle the instability of polyaniline toward high-performance Zn-ion Batteries. ACS Nano,

2021, 15(5): 9065-9075.

[42] Shi M, Wang B, Chen C, Lang J, Yan C, Yan X. 3D high-density MXene@MnO₂ microflowers for advanced aqueous zinc-ion batteries. Journal of Materials Chemistry A, 2020, 8(46): 24635-24644.

[43] Xu G, Zhang Y, Gong Z, Lu T, Pan L. Three-dimensional hydrated vanadium pentoxide/MXene composite for high-rate zinc-ion batteries. Journal of Colloid and Interface Science, 2021, 593: 417-423.

[44] Zhu X, Wang W, Cao Z, Gao S, Chee M O L, Zhang X, Dong P, Ajayan P M, Ye M, Shen J. Zn^{2+}-intercalated $V_2O_5 \cdot nH_2O$ derived from V_2CT_x MXene for hyper-stable zinc-ion storage. Journal of Materials Chemistry A, 2021, 9(33): 17994-18005.

[45] Liu Y, Jiang Y, Hu Z, Peng J, Lai W, Wu D, Zuo S, Zhang J, Chen B, Dai Z, Yang Y, Huang Y, Zhang W, Zhao W, Zhang W, Wang L, Chou S. *In-situ* electrochemically activated surface vanadium valence in V_2C MXene to achieve high capacity and superior rate performance for Zn-ion batteries. Advanced Functional Materials, 2020, 31(8): 2008033.

[46] Venkatkarthick R, Rodthongkum N, Zhang X, Wang S, Pattananuwat P, Zhao Y, Liu R, Qin J. Vanadium-based oxide on two-dimensional vanadium carbide MXene ($V_2O_x@V_2CT_x$) as cathode for rechargeable aqueous zinc-ion batteries. ACS Applied Energy Materials, 2020, 3(5): 4677-4689.

[47] Li X, Li M, Yang Q, Liang G, Huang Z, Ma L, Wang D, Mo F, Dong B, Huang Q, Zhi C. *In situ* electrochemical synthesis of MXenes without acid/alkali usage in/for an aqueous zinc ion battery. Advanced Energy Materials, 2020, 10(36): 2001791.

[48] Li M, Li X, Qin G, Luo K, Lu J, Li Y, Liang G, Huang Z, Zhou J, Hultman L, Eklund P, Persson P O A, Du S, Chai Z, Zhi C, Huang Q. Halogenated Ti_3C_2 MXenes with electrochemically active terminals for high-performance zinc ion batteries. ACS Nano, 2021, 15(1): 1077-1085.

[49] Li X, Ma X, Hou Y, Zhang Z, Lu Y, Huang Z, Liang G, Li M, Yang Q, Ma J, Li N, Dong B, Huang Q, Chen F, Fan J, Zhi C. Intrinsic voltage plateau of a Nb_2CT_x MXene cathode in an aqueous electrolyte induced by high-voltage scanning. Joule, 2021, 5(11): 2993-3005.

[50] Li X, Li Q, Hou Y, Yang Q, Chen Z, Huang Z, Liang G, Zhao Y, Ma L, Li M, Huang Q, Zhi C. Toward a practical Zn powder anode: $Ti_3C_2T_x$ MXene as a lattice-match electrons/ions redistributor. ACS Nano, 2021, 15(9): 14631-14642.

[51] Kaveevivitchai W, Manthiram A. High-capacity zinc-ion storage in an open-tunnel oxide for aqueous and nonaqueous Zn-ion batteries. Journal of Materials Chemistry A, 2016, 4(48): 18737-18741.

[52] Li W, Wang K, Cheng S, Jiang K. An ultrastable presodiated titanium disulfide anode for aqueous "rocking‐chair" zinc ion battery. Advanced Energy Materials, 2019, 9(27): 1900993.

[53] Cheng Y, Luo L, Zhong L, Chen J, Li B, Wang W, Mao S X, Wang C, Sprenkle V L, Li G, Liu J. Highly reversible zinc-ion intercalation into chevrel phase Mo_6S_8 nanocubes and applications for advanced zinc-ion batteries. ACS Applied Materials & Interfaces, 2016, 8(22): 13673-13677.

[54] Tian Y, An Y, Liu C, Xiong S, Feng J, Qian Y. Reversible zinc-based anodes enabled by zincophilic antimony engineered MXene for stable and dendrite-free aqueous zinc batteries.

Energy Storage Materials, 2021, 41: 343-353.

[55] Wang X, Wang Y, Jiang Y, Li X, Liu Y, Xiao H, Ma Y, Huang Y, Yuan G. Tailoring ultrahigh energy density and stable dendrite-free flexible anode with $Ti_3C_2T_x$ MXene nanosheets and hydrated ammonium vanadate nanobelts for aqueous rocking-chair zinc ion batteries. Advanced Functional Materials, 2021, 31(35): 2103210.

[56] Zhang N, Huang S, Yuan Z, Zhu J, Zhao Z, Niu Z. Direct self-assembly of MXene on Zn anodes for dendrite-free aqueous zinc-ion batteries. Angewandte Chemie International Edition, 2021, 60(6): 2861-2865.

[57] An Y, Tian Y, Liu C, Xiong S, Feng J, Qian Y. Rational design of sulfur-doped three-dimensional $Ti_3C_2T_x$ MXene/ZnS heterostructure as multifunctional protective layer for dendrite-free zinc-ion batteries. ACS Nano, 2021. 15(9): 15259-15273.

[58] Sun C, Wu C, Gu X, Wang C, Wang Q. Interface engineering via $Ti_3C_2T_x$ MXene electrolyte additive toward dendrite-free zinc deposition. Nano-micro letters, 2021, 13(1): 89.

第8章

MXene 多功能导电黏结剂在电极成型中的应用

8.1 引　言

在电化学储能器件中，材料是关键，而电极作为核心部件常常直接决定着储能器件的综合性能。目前在工业上，二次电池和超级电容器的电极制备方式通常是将活性材料与导电剂、黏结剂按照一定的比例匀浆、压片在泡沫镍上或将浆料均匀涂覆在金属集流体（铜箔、铝箔等）上。由于具有良好的电化学稳定性和界面结合能力，聚偏二氟乙烯（PVDF）、聚四氟乙烯（PTFE）、羧甲基纤维素（CMC）等高分子聚合物是目前最为常用的黏结剂[1-3]。然而，这些聚合物黏结剂通常是电绝缘的，导致电极的内阻增加，不利于储能器件功率密度的提升；黏结剂、导电剂等非活性组分通常占电极质量的 5%～20%，但却几乎不提供任何容量，从而严重影响储能器件的能量密度[4]。此外，随着柔性可穿戴、便携式电子设备的发展，柔性储能器件的开发日益引起关注，传统涂覆法制备的电极虽然具有良好的强度，但柔性较差，且活性物质与金属基底的界面结合力较弱，折叠弯曲过程中集流体易褶皱，导致活性物质脱落，难以满足柔性储能器件的发展需求。因此，探索新的电极成型方法引起了人们越来越多的关注[4,5]。

石墨烯、MXene 等二维纳米材料的出现为高性能柔性电极的构筑提供了新的机遇[6-8]，优异的本征力学柔性和导电性使二维纳米材料在柔性电极领域极具优势。氧化石墨烯在水中具有良好的分散性，采用真空抽滤、流延等方法成膜后，再将其进行热还原或化学还原，可以得到柔性自支撑的石墨烯电极[9,10]。MXene 兼具良好的亲水性和类金属的导电性，其二维纳米片层可自组装成膜，得到柔性一体化电极[11-13]。新近的研究表明，石墨烯和 MXene 这类高导电性的二维层状材料可取代传统电极成型工艺中的黏结剂和导电剂，作为一种新型的多功能导电黏结剂，用于超级电容器、锂/钠/钾离子电池等的电极成型，构筑的电极不仅具有良好的柔性，而且电化学性能也优于传统的以高分子为黏结剂制备的电极。

8.2　MXene 多功能导电黏结剂在超级电容器中的应用

　　活性炭具有比表面积高、孔隙结构可调、价格低廉等优点，是超级电容器最为常用的电极材料[14,15]。超级电容器活性炭电极的传统制备方法是利用高分子黏结剂(PTFE、PVDF 等)将活性炭颗粒黏结成型，由于高分子黏结剂通常是电绝缘的，因此需要额外加入一定量的导电添加剂(通常活性炭∶黏结剂∶导电剂=8∶1∶1)，以减小接触电阻，提高电子电导率，但黏结剂、导电剂等非活性组分的引入会严重影响超级电容器的能量密度和功率密度。此外，采用传统的高分子黏结剂制备的活性炭电极柔性较差，难以满足柔性储能器件的发展需求。

　　2017 年，徐斌等[16]提出了以高导电性的二维层状材料石墨烯为多功能导电黏结剂用于超级电容器炭电极成型的新思想。将氧化石墨烯(GO)与粒径在微米级的分级孔炭(HPC)按一定比例液相分散、真空抽滤得到 HPC/GO 复合膜，进一步在惰性气氛保护下于 300℃热还原即得到以石墨烯为多功能导电黏结剂的柔性炭电极，如图 8-1(a) 所示，其中，石墨烯在电极中同时充当了导电剂、黏结剂、柔性骨架和辅助活性材料。与传统的以 PVDF、PTFE 为黏结剂构筑的电极不同，活性炭颗粒包裹在由二维石墨烯纳米片构筑的三维导电网络中，并形成一些大孔结构，可促进电子和离子的高效传输。因此，以石墨烯为多功能导电黏结剂的电极(HPC-rGO)表现出比传统的以 PTFE 和 PVDF 为黏结剂制备的电极(HPC-PTFE，HPC-PVDF)更为优异的电化学性能。在 6 mol/L KOH 电解液体系中，HPC-rGO 电极比

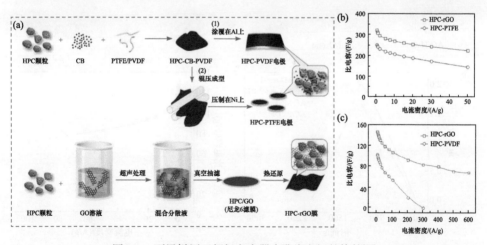

图 8-1　石墨烯用于超级电容器多孔炭电极的构筑[16]

(a) 以石墨烯为多功能导电黏结剂和传统的以 PTFE、PVDF 为黏结剂制备电极的流程示意图；(b) 在 6 mol/L
KOH 电解液中，HPC-rGO 膜电极和 HPC-PTFE 电极的倍率性能对比；(c) 在 1 mol/L Et_4NBF_4/AN 电解液中，
HPC-rGO 膜电极和 HPC-PVDF 电极的倍率性能对比

电容高达 321 F/g，比传统 HPC-PTFE 电极高出 27.3%(251 F/g)。在 1 mol/L Et$_4$NBF$_4$/AN(乙腈)有机体系中，HPC-rGO 电极的比电容为 147 F/g，而传统 HPC-PVDF 电极的比电容仅为 103 F/g。由于石墨烯的高导电性，以石墨烯为多功能导电黏结剂的电极还表现出优异的倍率特性，在 300 A/g 的大电流下，HPC-rGO 电极仍能保持 83 F/g 的比电容，而传统 HPC-PVDF 电极已无容量[图 8-1(c)]。该方法对于不同形貌和结构的炭材料具有很好的普适性，将其应用于活性炭纤维、活性炭微球和粉体活性炭等活性物质的电极成型，也取得了良好的效果。

由于 MXene 兼具氧化石墨烯良好的亲水性和石墨烯的高导电性，2018 年徐斌等将石墨烯多功能导电黏结剂的思想拓展到 MXene 材料，以 MXene 为多功能导电黏结剂构筑了柔性自支撑的活性炭电极，同样取得了很好的效果[17]。将活性炭(AC)颗粒与 Ti$_3$C$_2$T$_x$ MXene 溶液按一定比例均匀混合，真空抽滤在滤膜上，干燥后揭下，即可得到柔性自支撑的 AC/MXene 一体化膜电极(图 8-2)。由于 MXene 自身就具有类金属的导电性，因此无需 GO 的热还原步骤，真空抽滤获得的柔性

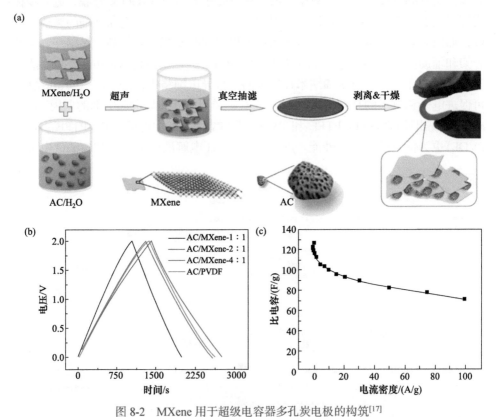

图 8-2　MXene 用于超级电容器多孔炭电极的构筑[17]

(a)以 MXene 为导电黏结剂的活性炭 AC 电极的制备流程图；(b)不同电极在 0.1 A/g 电流密度下的电压-时间曲线；
(c)AC/MXene-2∶1 膜电极的倍率性能曲线

自支撑 AC/MXene 膜可直接用作电极,使电极的制备工艺更为简化。在 AC/MXene 一体化膜电极中, AC 颗粒均匀包裹在 MXene 纳米片构建的 3D 导电网络中, 可促进电子和离子的快速传输, 同时, AC 颗粒避免了 MXene 纳米片层的堆叠, 有利于电解液的充分浸润。研究发现, 传统的 PVDF 黏结剂存在严重的堵孔现象, 影响活性炭电极的性能发挥, 相比之下, 以 MXene 为导电黏结剂构筑的活性炭电极孔隙结构发达, 相同活性物质含量(80%)下, AC/MXene-4∶1 电极的比表面积为 2090 m²/g, 而以 PVDF 为黏结剂的 AC-PVDF 电极比表面积仅为 1607 m²/g。与传统 AC-PVDF 电极相比, AC/MXene 电极不仅具有良好的柔性, 而且电化学性能更加优异。在 1 mol/L Et_4NBF_4/AN 电解液中, AC/MXene 电极的比电容可达 138 F/g, 比 AC-PVDF 电极高出 11.3%。MXene 构筑的三维导电网络使电极具有更为优异的倍率性能, 其中 AC/MXene-2∶1 电极在 100 A/g 的电流密度下容量保持率达 57.9%, 表明 MXene 是一种理想的多功能导电黏结剂。

　　导电聚合物也是一种常见的超级电容器电极材料, 具有容量高、成本低、环境友好等优点, 但由于结构不稳定, 充放电过程中体积膨胀/收缩导致其结构破坏, 循环性能较差[18-20]。Boota 等[21]通过研究发现, 以 $Ti_3C_2T_x$ MXene 代替传统的电极添加剂(导电炭黑、聚合物黏结剂)可以显著提高导电聚合物电极的比电容、循环稳定性和倍率性能(图 8-3)。其具体方法是: 在原位氧化聚合制备聚苯胺的过程

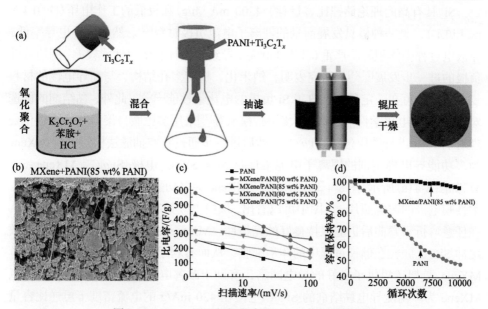

图 8-3　MXene 用于超级电容器 PANI 电极的构筑[21]

(a)以 MXene 为导电黏结剂制备 PANI 膜电极的流程图; (b)PANI 膜电极的截面 SEM 图; 以 MXene 为导电黏结剂制备的 PANI 膜电极和传统以 PTFE 为黏结剂制备的 PANI 电极的(c)倍率和(d)循环性能对比

中加入 Ti$_3$C$_2$T$_x$ MXene，形成均匀的分散液，进一步通过真空抽滤成膜、辊压、干燥即可得到以 MXene 为导电黏结剂的 PANI 膜电极。传统的黏结剂与电极材料仅形成点接触，而 MXene 的二维片层结构为 PANI 的键合提供了连续通道，有利于离子和电子在电极内部的快速传输。此外，MXene 良好的机械强度可显著提高 PANI 的结构稳定性，从而改善 PANI 电极的循环性能。MXene 是一种良好的赝电容材料，在以 MXene 为导电黏结剂的 PANI 膜电极中，MXene 还可作为辅助活性物质，贡献部分容量。因此，与传统以 PTFE 为黏结剂制备的 PANI 电极相比，以 MXene 为导电黏结剂的 PANI 膜电极不仅表现出较高的比电容，还具有良好的循环和倍率性能。在 MXene 添加量为 15 wt%时，制备的 MXene/PANI 电极比电容为 434 F/g，循环 10000 次后，容量保持率高达 96%，而传统的以 PTFE 为黏结剂制备的 PANI 电极容量保持率仅为 47%。以 MXene 为导电黏结剂可有效解决有机电极材料存在的结构稳定性差的问题，具有良好的发展前景。

8.3　MXene 多功能导电黏结剂在二次电池中的应用

8.3.1　锂离子电池硅负极

Si 具有高的理论储锂比容量(约 4200 mA·h/g)和较低的工作电压(约 0.4 V vs. Li/Li$^+$)，是一种极具发展前景的锂离子电池负极材料[22]。然而，硅电导率低，充放电过程中体积膨胀严重(可达 300%)，导致其循环和倍率性能较差，制约着硅负极的进一步发展[23,24]。研究表明，纳米化、构筑多孔结构、与高导电性的材料复合等策略可在一定程度上改善 Si 负极的电化学性能[25-28]。此外，黏结剂的优选对 Si 负极的电化学性能也有较大影响。徐斌等[29]采用多巴胺自聚合和后续碳化处理对纳米 Si 进行碳层包覆(Si@C)，然后进一步通过真空抽滤法构筑了以 MXene 为多功能导电黏结剂的锂离子电池柔性自支撑 Si@C 电极(Si@C：MXene=6：4)，如图 8-4(a)所示。图 8-4(b)给出了以 MXene 为多功能导电黏结剂构筑的 Si@C 柔性膜电极的数码照片，从图中可以看出，该膜电极具有优异的机械强度和柔性，在任意弯折、卷曲后仍能保持良好的完整性。MXene 片层构建的 3D 网络可有效缓冲 Si@C 颗粒在储锂过程中的体积膨胀，从而有利于改善电极的循环稳定性，MXene 骨架还提供了良好的导电网络，有助于改善电极的倍率特性。因此，以 MXene 为多功能导电黏结剂的 Si@C 电极在 420 mA/g 的电流密度下可逆比容量为 1660.6 mA·h/g，循环 150 次后，比容量仍能保持 1040.7 mA·h/g，且倍率性能优异，当电流密度增大至 4.2 A/g 时，比容量仍高达 941 mA·h/g，显著优于传统的以 PVDF 和 CMC 为黏结剂的电极。

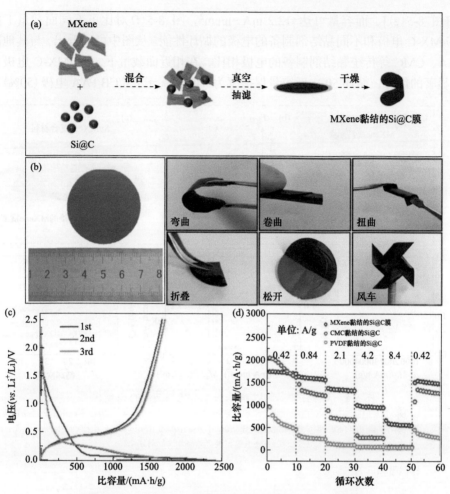

图 8-4　以 MXene 为多功能导电黏结剂的 Si@C 电极[29]

(a)制备流程和(b)柔性展示；(c)以 MXene 为多功能导电黏结剂的 Si@C 膜电极在 420 mA/g 电流密度下的充放电曲线；(d)不同黏结剂制备的 Si@C 电极的倍率性能曲线

真空抽滤法可制备柔性自支撑膜，但受设备的限制，通常难以制备大面积的膜电极，且耗时较长。张传芳等[30]将 MXene 与 Si 混合，通过浆料刮涂技术，成功制备了以 MXene 为导电黏结剂的 Si 电极，厚度可达 450 μm，如图 8-5 所示。其中 nSi(nanoscale Si)/MX-C(7∶3)电极的电导率高达 3448 S/m，明显优于相同 Si 含量下以 PAA、CMC 等为黏结剂的其他电极(电导率分别为 9.8 S/m、2.5 S/m)，表明 MXene 可显著改善电极的导电性。得益于其连续的导电网络，nSi/MX-C(7∶3)电极表现出优异的倍率性能，在 5 A/g 的电流密度下，具有快速的电流响应，储锂比容量可达约 3500 mA·h/g，如图 8-5(d)所示。此外，在高面载量下(3.8 mg/cm²)，以 MXene 为导电黏结剂的 Si 电极仍可表现出优异的电化学性能[图 8-5(e)]，面容量可达 12.2 mA·h/cm²。图 8-5(f) 对比了不同面载量下的 nSi/MX-C 电极和不同黏结剂制备的电极的循环性能。从图中可以看出，与其他以 PAA、CMC 等传统黏结剂制备的电极相比，在相近面载量下，nSi/MX-C 电极具有显著的优势，循环 50 次后容量保持率为 84%，优于 nSi/CB/PAA 电极(50%)。

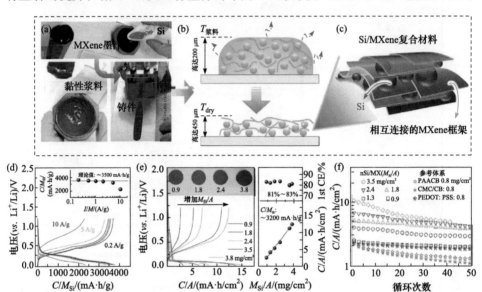

图 8-5　刮涂法制备的以 MXene 为导电黏结剂的 Si 电极[30]

(a～c)以 MXene 为导电黏结剂的 Si 电极的制备流程和结构示意图；(d)nSi/MX-C 电极在不同电流密度下的充放电曲线；(e)不同面载量的 nSi/MX-C 电极的充放电曲线；(f)不同面载量的 nSi/MX-C 电极和不同黏结剂制备的电极在 0.3 A/g 电流密度下的循环性能对比

8.3.2　钠/钾离子电池碳负极

碳材料来源广泛、成本低廉、结构稳定，被认为是最有实用前景的钠/钾离子电池负极材料[31-33]。然而，由于钠、钾离子尺寸较大，在嵌入/脱出过程中引起碳材料大的体积变化，严重影响着碳负极的循环稳定性，此外，传统涂覆工艺制备的碳负极柔性较差，难以满足柔性储能器件的发展需求。徐斌等将 MXene 用于硬碳材料的电极成型[34]，构筑了以 MXene 为多功能导电黏结剂的柔性自支撑硬碳电极，取得了良好的效果(图 8-6)。在以 Ti₃C₂Tₓ MXene 为多功能导电黏结剂的硬碳电极 HC-MX 中，MXene 作为导电剂、黏结剂和活性组分，避免了任何非活性组分的加入(高分子黏结剂、导电剂、集流体)。由于 MXene 可作为活性组分，提供一定的储钠活性位点，基于电极质量计算，HC-MX 电极的储钠比容量可达 368 mA·h/g，显著优于传统的 HC-PVDF 电极(313.1 mA·h/g)。高导电性的 MXene 片层搭建的三维网络可以有效地稳定电极结构、缓冲充放电过程中硬碳颗粒的体积膨胀，从而改善电极的循环性能；同时，良好的 3D 导电网络可促进电子/离子的快速传输，提高电极的倍率特性。因此，HC-MX 电极在 50 mA/g 的电流密度下循环 300 次后比容量保持在 383.2 mA · h/g，在 200 mA/g 的电流密度下循环 1500 次容量几乎无衰减。当电流密度增加到 10 A/g 时，HC-MX 电极的储钠比容量仍能保持 66.7 mA · h/g，而传统以 PVDF 为黏结剂制备的 HC-PVDF 电极在 2 A/g 的电流密度下，比容量仅为 15.6 mA · h/g。对于体积膨胀问题更为严重的钾离子电池，以 $Ti_3C_2T_x$ MXene 为多功能导电黏结剂的 HC-MX 电极同样取得了良好的改善效果，循环 100 次后的容量保持率从 36.8%提高至 84%，表明 MXene 是一种理想的多功能导电黏结剂，在柔性二次电池领域具有广阔的应用前景。

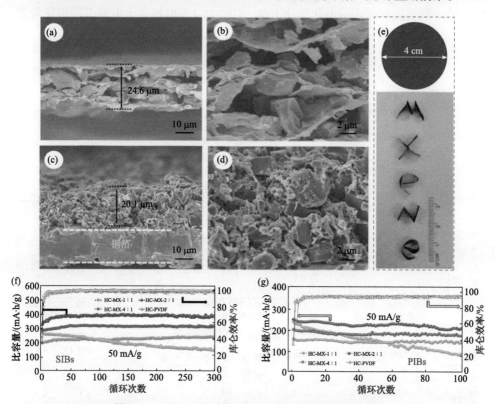

图 8-6　MXene 用于钠/钾离子电池硬碳电极的构筑[34]

(a, b)以 MXene 为多功能导电黏结剂的 HC-MX 电极和(c, d)传统以 PVDF 为黏结剂的 HC-PVDF 电极的形貌对比；(e)HC-MX 电极的柔性展示照片；两种不同电极用于(f)钠离子电池(SIBs)和(g)钾离子电池(PIBs)的循环性能

石墨难以用于钠离子电池，但可用作钾离子电池负极材料，理论比容量为 279 mA · h/g，然而，由于钾离子尺寸较大，钾离子在石墨中插层形成 KC_8 时层间体积膨胀可达 60%，导致反复充放电过程中石墨层状结构破坏，容量快速衰减[35,36]。徐斌等[37]通过将商业化的片状石墨(GNF)与 $Ti_3C_2T_x$ MXene 按照质量比

GNF：MXene=4∶1 进行液相分散、真空抽滤，制备了以 MXene 为多功能导电黏结剂的柔性石墨电极（GNFM），如图 8-7（a）所示。在 GNFM 电极中，MXene 不仅充当黏结剂，保证电极的结构稳定和良好柔性强度，还作为导电剂确保电极内部电子的稳定传导。在面载量为 1.5 mg/cm² 时，GNFM-1.5 电极的可逆储钾容量为 263.5 mA·h/g，优于传统以 PVDF 为黏结剂制备的 GNF-PVDF-1.5 电极（249 mA·h/g）。此外，高导电的柔性 MXene 骨架可有效地缓冲充放电过程中的体积变化，保持电极结构的完整。因此，GNFM-1.5 电极表现出优异的循环稳定性，在 50 mA/g 的电流密度下循环 100 次后，比容量稳定在 253.8 mA·h/g，容量保持率高达 96%，而传统 GNF-PVDF-1.5 电极的容量保持率仅为 69.9%。此外，由于较小的内部阻抗和改善的电化学动力学，GNFM-1.5 电极在大电流下的极化现象

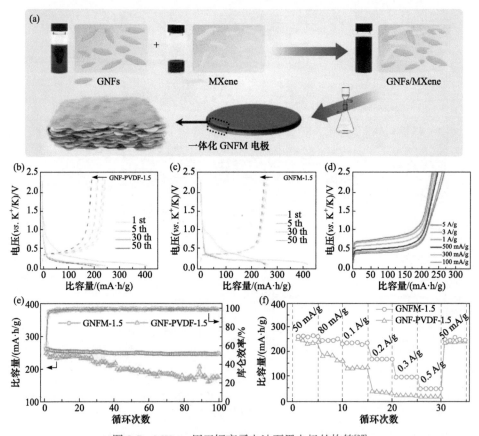

图 8-7   MXene 用于钾离子电池石墨电极的构筑[37]

（a）GNFM 电极的制备流程图；（b）GNF-PVDF-1.5 电极和（c）GNFM-1.5 电极在 50 mA/g 电流密度下的充放电曲线；（d）GNFM-1.5 电极在不同电流密度下脱钾的电压曲线；GNF-PVDF-1.5 和 GNFM-1.5 电极（e）在 50 mA/g 电流密度下的循环性能曲线和（f）倍率性能曲线

较弱，倍率性能更优，在 200 mA/g 的电流密度下比容量仍能保持 164.5 mA·h/g，而传统 GNF-PVDF-1.5 电极比容量仅为 31.2 mA·h/g。进一步以 GNFM 电极作为负极，选用多孔炭正极和不可燃电解液 [2 mol/L 双氟磺酰亚胺钾/磷酸三乙酯 (KFSI/TEP)] 组装钾离子电容器，表现出良好的循环稳定性和高能量/功率密度（113.1 W·h/kg，12.2 kW/kg）。密度泛函理论（DFT）结果表明，MXene 能有效促进 GNF/MXene 异质界面的电子转移和钾离子扩散传输，提高 GNF/MXene 的储钾性能。

8.3.3　钠离子电池金属化合物负极

对于体积膨胀较大的活性材料，MXene 二维片层构建的三维骨架可有效缓冲充放电过程中的体积变化，稳定电极结构，提高循环稳定性[38]。徐茂文等[39]利用氮掺杂碳基体限域 MoS_2，组装得到三维分级中空球形复合材料（H-MoS_2@NC），进一步以 $Ti_3C_2T_x$ MXene 为黏结剂取代传统聚合物黏结剂，通过层层抽滤法构筑了 MX-H-MoS_2@NC 柔性膜，如图 8-8（a）所示。其中，H-MoS_2@NC 球形颗粒（约 1.5 μm）均匀镶嵌在 MXene 片层搭建的三维网络中，氮掺杂碳基体和中空球形形貌可有效稳定 MoS_2 的结构，降低 Na^+ 的扩散势垒，改善反应动力学，此外，MXene 良好的力学柔韧性和开放的三维网络结构可进一步缓冲循环过程中电极的

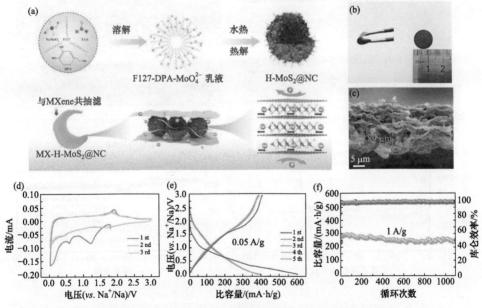

图 8-8　MXene 用于 MoS_2/氮掺杂碳复合材料的电极成型[39]

（a）H-MoS_2@NC 的制备流程和以 MXene 为导电黏结剂制备的 MX-H-MoS_2@NC 柔性膜电极结构示意图；MX-H-MoS_2@NC 柔性膜的 (b) 数码照片和 (c) 截面 SEM 图；MX-H-MoS_2@NC 柔性膜电极的 (d) 循环伏安曲线、(e) 充放电曲线及 (f) 循环性能曲线

体积变化。因此，MX-H-MoS₂@NC 柔性膜电极表现出优异的循环稳定性，在 1 A/g 的电流密度下循环 1100 次后，容量保持在 258.5 mA·h/g，容量保持率为 91.3%。

　　由于其丰富的表面端基，MXene 具有良好的亲水性，与传统 PVDF 黏结剂相比，MXene 在水系电解液体系中表现出更好的浸润性能，从而有利于提高电极的电化学性能。Malchik 等[40]以 $NaTi_2(PO_4)_3$/石墨烯[NTP(G)]为水系钠离子电池负极活性物质，$Ti_3C_2T_x$ MXene 为导电黏结剂，通过真空抽滤法构筑了柔性自支撑 NTP(G)/MXene 电极，在 10 mol/L NaClO₄ 高浓水系电解液中，NTP(G)/MXene 电极表现出优异的电化学性能(图 8-9)。传统以 PVDF 为黏结剂构筑的电极在 2 C 电流密度下比容量仅为 75 mA·h/g，当电流密度增加至 20 C 时，比容量为 60 mA·h/g，而在以 MXene 为导电黏结剂的电极中，当 NTP(G)含量为 80 wt% 时，NTP(G)/MXene 电极在 2 C 下的比容量可达 98 mA·h/g，并且倍率性能优异，在 20 C 的电流密度下，比容量仍能保持 85 mA·h/g。二维 MXene 具有良好的力学强度和优异的导电性，以 MXene 为导电黏结剂取代传统聚合物黏结剂的思路有望为高功率水系电池的研发提供新的思路。

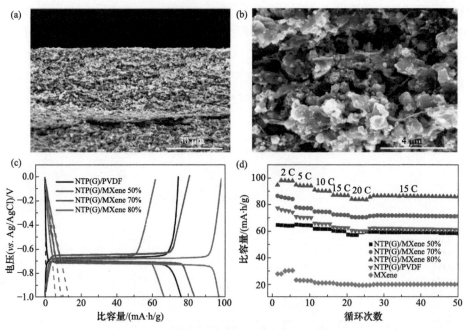

图 8-9　MXene 用于 NTP(G)的电极成型[40]

(a，b)NTP(G)/MXene 柔性电极的截面 SEM 图；以 PVDF 为黏结剂制备的传统电极和以 MXene 为黏结剂制备的电极(c)在 2 C 电流密度下的充放电曲线和(d)倍率循环性能曲线对比

8.3.4　锂硫电池硫正极

锂硫电池具有能量密度高、成本低廉、环境友好、易于规模化生产的优势，是一种极具发展前景的下一代高比能二次电池体系[41,42]。然而，单质硫导电性差、充放电过程中产生的多硫锂离子穿梭效应的问题极大地限制了锂硫电池的实际应用[43]。MXene 具有类金属的导电性，且可以有效地吸附可溶性的多硫化物，形成硫酸盐/硫代硫酸盐，并作为保护层，抑制多硫化物的穿梭，提高硫的利用率，从而实现锂硫电池的高容量、长循环和优异的倍率性能。

MXene 也可用于锂硫电池硫正极的电极成型。MXene 具有良好的亲水性，其二维纳米片层可以有效地分散 S 纳米颗粒，此外，MXene 片层表面丰富的电负性基团（—O，—OH）可通过静电作用与 S 反应，实现纳米 S 在 MXene 片层间的均匀锚定。张传芳等[44]利用硫化钠（Na_2S_x）和甲酸（HCOOH）的歧化反应在 $Ti_3C_2T_x$ 溶液中原位形成硫纳米颗粒，进一步洗涤、离心后得到了 $S@Ti_3C_2T_x$ 混合物的均匀浆料（图 8-10）。采用商业化的涂覆技术，将 $S@Ti_3C_2T_x$ 浆料直接刮涂在铝箔集流体上成功得到了 $S@Ti_3C_2T_x$ 正极，避免了传统涂覆工艺中聚合物黏结剂、导电炭和有机溶剂的使用，如图 8-10（c）所示，其中，S 的含量（30%、50%、70%）可通过改变 Na_2S_x 和 HCOOH 的含量进行调控。作者进一步通过真空抽滤的方式制备

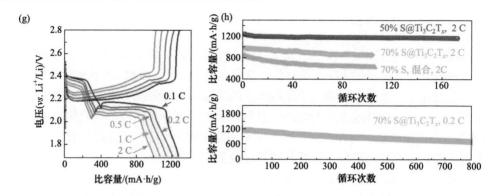

图 8-10　(a)原位制备 S@Ti$_3$C$_2$T$_x$ 混合浆料的流程示意图；(b，c，e)浆料特性和 TEM 表征；
(d，f)刮涂法制备的 S@Ti$_3$C$_2$T$_x$ 铝箔电极和真空抽滤制备的 S@Ti$_3$C$_2$T$_x$ 膜电极；S@Ti$_3$C$_2$T$_x$ 膜
电极(g)在不同电流密度下的充放电曲线和(h)在 0.2 C、2 C 电流密度下的循环性能曲线[44]

了柔性自支撑的 S@Ti$_3$C$_2$T$_x$ 膜电极，结果表明，当硫含量达到 70%时，S@Ti$_3$C$_2$T$_x$
膜电极仍表现出良好的力学强度和抗拉强度，如图 8-10(f)所示。在 S@Ti$_3$C$_2$T$_x$ 电
极中，纳米硫颗粒和 Ti$_3$C$_2$T$_x$ 片层搭建的交联网络可促进电子/离子的快速传输，
绝缘性的 S 颗粒与高导电性 MXene 的良好接触，有助于提高纳米 S 颗粒的利用
率和氧化还原活性，此外，MXene 可促使 Li$_2$S 直接成核，抑制多硫化物的穿梭。
因此，S@Ti$_3$C$_2$T$_x$ 膜电极用于锂硫电池表现出优异的电化学性能，在 0.1 C 的电
流密度下，可逆比容量可达 1244 mA·h/g，当电流密度提高至 2 C 时，仍能保
持 1004 mA·h/g 的比容量[图 8-10(g)]，且在 0.2 C 和 2 C 的电流密度下，均表现
出良好的循环稳定性[图 8-10(h)]。

　　徐斌等[45]以超微孔炭限域的小分子硫(S$_{2\sim4}$/UMC)为活性材料，Ti$_3$C$_2$T$_x$ 为
柔性骨架和导电黏结剂，通过真空抽滤法构筑了锂硫电池柔性小分子硫电极，
如图 8-11 所示。其中，MXene 不仅可作为黏结剂和柔性骨架提供一定的强度和
柔性，其二维片层构建的三维导电网络还有利于电荷的快速传输。此外，S$_{2\sim4}$/UMC
均匀包裹在 MXene 片层搭建的连续网络中，有效地避免了 MXene 的片层堆积，
有利于电解液的充分浸润。由于绝缘性放电产物 Li$_2$S 的累积和电极结构的破坏，
传统以 PVDF 为黏结剂制备的电极在循环 80 次后，容量快速衰减，而以 MXene
为导电黏结剂的小分子硫电极表现出优异的电化学性能，在 0.1 C 电流密度下比
容量为 1029.7 mA·h/g，循环 200 次后，容量保持率高达 91.9%。得益于 MXene
片层搭建的三维导电网络，以 MXene 为导电黏结剂的小分子硫电极的倍率性能
显著改善，当电流密度增加至 2 C 时，容量仍能稳定在 502.3 mA·h/g。

　　以 MXene 为导电黏结剂用于锂硫电池 S 正极的电极成型可以很好地解决 S
导电性差的问题，同时可抑制多硫化物的穿梭，提高硫的利用率，从而显著改善

Li-S 电池的电化学性能。此外，MXene 也有望用于 Na-S、Mg-S 电池的电极成型，为高性能储能体系的构筑提供了新的思路。

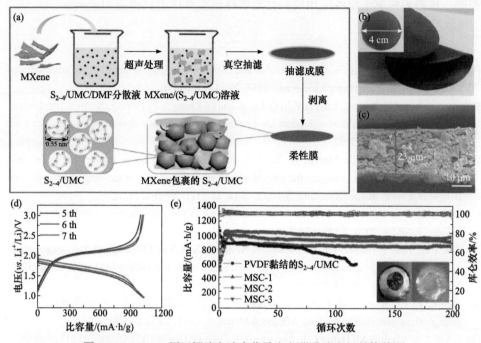

图 8-11　MXene 用于锂硫电池小分子硫/超微孔炭电极的构筑[45]

(a) 以 MXene 为导电黏结剂的小分子硫电极的制备示意图；小分子硫电极的(b)柔性照片、(c) SEM 图及(d, e)电化学性能

8.4　总结与展望

采用 MXene 作为多功能导电黏结剂为超级电容器和二次电池的电极成型提供了新途径。MXene 纳米片在电极中同时充当黏结剂、导电剂、活性物质和柔性骨架，使得构筑的电极不仅具有优异的柔性，而且电化学性能优于传统以高分子为黏结剂成型的电极。MXene 在超级电容器和二次电池中均有储能活性，构筑的三维导电网络不仅有利于活性物质的容量发挥，还可显著提高电极的导电性能，因此制备的电极比传统以高分子黏结剂构筑的电极具有更高的比容量和更佳的倍率特性。特别是，在以 MXene 为导电黏结剂的电极中，活性物质包裹在 MXene 构筑的三维导电网络中，可以有效地缓冲活性物质充放电过程中的体积膨胀，使得电极的循环性能显著改善。该方法简单，对超级电容器、锂/钠/钾离子电池和锂硫电池等储能体系的电极成型具有普适性，并表现出良好的柔性，在柔性储能器

件领域极具应用前景。随着人们在 MXene 材料领域研究的不断深入，绿色、高效的 MXene 材料的制备新方法和规模化制备技术的发展将推动 MXene 材料在面向高端、精密柔性电子设备应用的高性能柔性储能器件上获得应用。

参 考 文 献

[1] Liu W, Song M S, Kong B, Cui Y. Flexible and stretchable energy storage: recent advances and future perspectives. Advanced Materials, 2017, 29（1）: 1603436.

[2] Chen H, Ling M, Hencz L, Ling H Y, Li G, Lin Z, Liu G, Zhang S. Exploring chemical, mechanical, and electrical functionalities of binders for advanced energy-storage devices. Chemical Reviews, 2018, 118（18）: 8936-8982.

[3] Bresser D, Buchholz D, Moretti A, Varzi A, Passerini S. Alternative binders for sustainable electrochemical energy storage—the transition to aqueous electrode processing and bio-derived polymers. Energy & Environmental Science, 2018, 11（11）: 3096-3127.

[4] Das C M, Kang L, Ouyang Q, Yong K T. Advanced low-dimensional carbon materials for flexible devices. InfoMat, 2020, 2（4）: 698-714.

[5] Zhu Y H, Yuan S, Bao D, Yin Y B, Zhong H X, Zhang X B, Yan J M, Jiang Q. Decorating waste cloth via industrial wastewater for tube-type flexible and wearable sodium-ion batteries. Advanced Materials, 2017, 29（16）: 1603719.

[6] Wen L, Li F, Cheng H M. Carbon nanotubes and graphene for flexible electrochemical energy storage: from materials to devices. Advanced Materials, 2016, 28（22）: 4306-4337.

[7] Levitt A S, Alhabeb M, Hatter C B, Sarycheva A, Dion G, Gogotsi Y. Electrospun MXene/carbon nanofibers as supercapacitor electrodes. Journal of Materials Chemistry A, 2019, 7（1）: 269-277.

[8] Gwon H, Kim H S, Lee K U, Seo D H, Park Y C, Lee Y S, Ahn B T, Kang K. Flexible energy storage devices based on graphene paper. Energy & Environmental Science, 2011, 4（4）: 1277-1283.

[9] Li Z, Gadipelli S, Li H, Howard C A, Brett D J L, Shearing P R, Guo Z, Parkin I P, Li F. Tuning the interlayer spacing of graphene laminate films for efficient pore utilization towards compact capacitive energy storage. Nature Energy, 2020, 5（2）: 160-168.

[10] Sun N, Guan Y, Liu Y T, Zhu Q, Shen J, Liu H, Zhou S, Xu B. Facile synthesis of free-standing, flexible hard carbon anode for high-performance sodium ion batteries using graphene as a multi-functional binder. Carbon, 2018, 137: 475-483.

[11] Sun N, Guan Z, Zhu Q, Anasori B, Gogotsi Y, Xu B. Enhanced Ionic accessibility of flexible MXene electrodes produced by natural sedimentation. Nano-Micro Letters, 2020, 12（1）: 89.

[12] Yan J, Ren C E, Maleski K, Hatter C B, Anasori B, Urbankowski P, Sarycheva A, Gogotsi Y. Flexible MXene/graphene films for ultrafast supercapacitors with outstanding volumetric capacitance. Advanced Functional Materials, 2017, 27（30）: 1701264.

[13] Zhang C, McKeon L, Kremer M P, Park S H, Ronan O, Seral-Ascaso A, Barwich S, Coileain C O, McEvoy N, Nerl H C, Anasori B, Coleman J N, Gogotsi Y, Nicolosi V. Additive-free MXene inks and direct printing of micro-supercapacitors. Nature Communications, 2019, 10（1）: 1795.

[14] Guo W, Yu C, Li S, Qiu J. Toward commercial-level mass-loading electrodes for supercapacitors:

opportunities, challenges and perspectives. Energy & Environmental Science, 2021, 14（2）: 576-601.

[15] Dou Q, Park H S. Perspective on high-energy carbon-based supercapacitors. Energy Environmental Materials, 2020 , 3（3）: 286-305.

[16] Xu B, Wang H, Zhu Q, Sun N, Anasori B, Hu L, Wang F, Guan Y, Gogotsi Y. Reduced graphene oxide as a multi-functional conductive binder for supercapacitor electrodes. Energy Storage Materials, 2018, 12: 128-136.

[17] Yu L, Hu L, Anasori B, Liu Y T, Zhu Q, Zhang P, Gogotsi Y, Xu B. MXene-bonded activated carbon as a flexible electrode for high-performance supercapacitors. ACS Energy Letters, 2018, 3（7）: 1597-1603.

[18] Boota M, Anasori B, Voigt C, Zhao M Q, Barsoum M W, Gogotsi Y. Pseudocapacitive electrodes produced by oxidant-free polymerization of pyrrole between the layers of 2D titanium carbide （MXene）. Advanced Materials, 2016, 28（7）: 1517-1522.

[19] Zhu M S, Huang Y, Deng Q H, Zhou J, Pei Z X, Xue Q, Huang Y, Wang Z F, Li H F, Huang Q, Zhi C Y. Highly flexible, freestanding supercapacitor electrode with enhanced performance obtained by hybridizing polypyrrole chains with MXene. Advanced Energy Materials, 2016, 6（21）: 1600969.

[20] Meng Q, Cai K, Chen Y, Chen L. Research progress on conducting polymer based supercapacitor electrode materials. Nano Energy, 2017, 36: 268-285.

[21] Boota M, Jung E, Ahuja R, Hussain T. MXene binder stabilizes pseudocapacitance of conducting polymers. Journal of Materials Chemistry A, 2021, 9（36）: 20356-20361.

[22] Tian Y, An Y, Feng J. Flexible and freestanding silicon/MXene composite papers for high-performance lithium-ion batteries. ACS Appllied Materials Interfaces, 2019, 11（10）: 10004-10011.

[23] Shao F, Li H, Yao L, Xu S, Li G, Li B, Zou C, Yang Z, Su Y, Hu N, Zhang Y. Binder-free, flexible, and self-standing non-woven fabric anodes based on graphene/Si hybrid fibers for high-performance Li-ion batteries. ACS Appllied Materials Interfaces, 2021, 13（23）: 27270-27277 .

[24] Wu F, Maier J, Yu Y. Guidelines and trends for next-generation rechargeable lithium and lithium-ion batteries. Chemical Society Reviews, 2020, 49（5）: 1569-1614.

[25] Wu H, Chan G, Choi J W, Ryu I, Yao Y, McDowell M T, Lee S W, Jackson A, Yang Y, Hu L, Cui Y. Stable cycling of double-walled silicon nanotube battery anodes through solid-electrolyte interphase control. Nature Nanotechnology, 2012, 7（5）: 310-315.

[26] Song M S, Chang G, Jung D W, Kwon M S, Li P, Ku J H, Choi J M, Zhang K, Yi G R, Cui Y, Park J H. Strategy for boosting Li-ion current in silicon nanoparticles. ACS Energy Letters, 2018, 3（9）: 2252-2258.

[27] Luo L, Yang H, Yan P, Travis J J, Lee Y, Liu N, Piper D M, Lee S H, Zhao P, George S M, Zhang J G, Cui Y, Zhang S, Ban C, Wang C M. Surface-coating regulated lithiation kinetics and degradation in silicon nanowires for lithium ion battery. ACS Nano, 2015, 9（5）: 5559-5566.

[28] Zhu B, Liu G, Lv G, Mu Y, Zhao Y, Wang Y, Li X, Yao P, Deng Y, Cui Y, Zhu J. Minimized lithium trapping by isovalent isomorphism for high initial coulombic efficiency of silicon anodes.

Science Advances, 2019, 5 (11): eaax0651.

[29] Zhang P, Zhu Q, Guan Z, Zhao Q, Sun N, Xu B. A flexible Si@C electrode with excellent stability employing an MXene as a multifunctional binder for lithium-Ion batteries. ChemSusChem, 2020, 13 (6): 1621-1628.

[30] Zhang C J, Park S H, Seral-Ascaso A, Barwich S, McEvoy N, Boland C S, Coleman J N, Gogotsi Y, Nicolosi V. High capacity silicon anodes enabled by MXene viscous aqueous ink. Nature Communications, 2019, 10 (1): 849.

[31] Zhang L, Wang W, Lu S, Xiang Y. Carbon Anode Materials: a detailed comparison between Na-ion and K-ion batteries. Advanced Energy Materials, 2021, 11 (11): 2003640.

[32] Zhao R, Sun N, Xu B. Recent advances in heterostructured carbon materials as anodes for sodium-ion batteries. Small Structures, 2021 2: 2100132.

[33] Zhao L F, Hu Z, Lai W H, Tao Y, Peng J, Miao Z C, Wang Y X, Chou S L, Liu H K, Dou S X. Hard carbon anodes: fundamental understanding and commercial perspectives for Na-ion batteries beyond Li-ion and K-ion counterparts. Advanced Energy Materials, 2020, 11 (1): 2002704.

[34] Sun N, Zhu Q, Anasori B, Zhang P, Liu H, Gogotsi Y, Xu B. MXene-bonded flexible hard carbon film as anode for stable Na/K-ion storage. Advanced Functional Materials, 2019, 29 (51): 1906282.

[35] Jian Z, Luo W, Ji X. Carbon electrodes for K-ion batteries. Journal of the American Chemical Society, 2015, 137 (36): 11566.

[36] Cao B, Zhang Q, Liu H, Xu B, Zhang S, Zhou T, Mao J, Pang W K, Guo Z, Li A, Zhou J, Chen X, Song H. Graphitic carbon nanocage as a stable and high power anode for potassium-ion batteries. Advanced Energy Materials, 2018, 8 (25): 1801149.

[37] Cao B, Liu H, Zhang P, Sun N, Zheng B, Li Y, Du H, Xu B. Flexible MXene framework as a fast electron/potassium-ion dual-function conductor boosting stable potassium storage in graphite electrodes. Advanced Functional Materials, 2021, 31 (32): 2102126.

[38] Pang J, Mendes R G, Bachmatiuk A, Zhao L, Ta H Q, Gemming T, Liu H, Liu Z, Rummeli M H. Applications of 2D MXenes in energy conversion and storage systems. Chemical Society Reviews, 2019, 48 (1): 72-133.

[39] Wu Y, Zhong W, Yang Q, Hao C, Li Q, Xu M, Bao S J. Flexible MXene-Ti$_3$C$_2$T$_x$ bond few-layers transition metal dichalcogenides MoS$_2$/C spheres for fast and stable sodium storage. Chemical Engineering Journal, 2022, 427: 130960.

[40] Malchik F, Shpigel N, Levi M D, Penki T R, Gavriel B, Bergman G, Turgeman M, Aurbach D, Gogotsi Y. MXene conductive binder for improving performance of sodium-ion anodes in water-in-salt electrolyte. Nano Energy, 2021, 79: 105433.

[41] Li Y, Guo S. Material design and structure optimization for rechargeable lithium-sulfur batteries. Matter, 2021, 4 (4): 1142-1188.

[42] Zheng Z J, Ye H, Guo Z P. Recent progress on pristine metal/covalent-organic frameworks and their composites for lithium-sulfur batteries. Energy & Environmental Science, 2021, 14 (4): 1835-1853.

[43] Li S, Fan Z. Encapsulation methods of sulfur particles for lithium-sulfur batteries: a review. Energy Storage Materials, 2021, 34: 107-127.

[44] Tang H, Li W, Pan L, Cullen C P, Liu Y, Pakdel A, Long D, Yang J, McEvoy N, Duesberg G S, Nicolosi V, Zhang C. *In situ* formed protective barrier enabled by sulfur@titanium carbide (MXene) ink for achieving high-capacity, long lifetime Li-S batteries. Advanced Science, 2018, 5 (9): 1800502.

[45] Zhao Q, Zhu Q, Miao J, Zhang P, Xu B. 2D MXene nanosheets enable small-sulfur electrodes to be flexible for lithium-sulfur batteries. Nanoscale, 2019, 11 (17): 8442-8448.